# ESTUDOS DE HISTÓRIA E DE FILOSOFIA DAS CIÊNCIAS

**Coleção: Episteme - Política, História - Clínica**

Coordenador Manoel Motta

(Obras a serem publicadas)

*Cristianismo: Dicionário, do Tempo, dos Lugares e dos Símbolos*
André Vauchez

*Filosofia do Odor*
Chantal Jaquet

*A Democracia Internet*
Dominique Cardon

*A Loucura Maníaco-Depressiva*
Emil Kraepelin

*A Razão e os Remédios*
François Dagognet

*O Corpo*
François Dagognet

*Estudos de História e Filosofia das Ciências*
Georges Canguilhem

*O Conhecimento da Vida*
Georges Canguilhem

*Realizar-se ou se Superar – Ensaio sobre o Esporte Contemporâneo*
Isabelle Queval

*Filosofia das Ciências*
Jean Cavaillès

*História da Filosofia Política*
Leo Straus e Joseph Copsey

*História do Egito Antigo*
Nicolas Grimal

*Introdução da Europa Medieval 300 – 1550*
Peter Hoppenbrouwers – Win Blockmans

PROBLEMAS E CONTROVÉRSIAS

GEORGES CANGUILHEM

Professor Honorário na Sorbonne

# ESTUDOS DE HISTÓRIA E DE FILOSOFIA DAS CIÊNCIAS

*Concernentes aos vivos e à vida*

Tradução de
*Abner Chiquieri*

Revisão técnica
*Manoel Barros da Motta*

Rio de Janeiro

■ Traduzido de:
Georges Canguilhem, *Etudes d'histoire et de philosophie des sciences*
*Concernant les vivants et la vie*
7e edition augmentée


■ **Estudos de História e de Filosofia das Ciências**
ISBN 978-85-218-0481-9
Direitos exclusivos para o Brasil na língua portuguesa

**FORENSE UNIVERSITÁRIA um selo da EDITORA FORENSE LTDA.**
Uma editora integrante do GEN | Grupo Editorial Nacional
Travessa do Ouvidor, 11 – 6º andar – 20040-040 – Rio de Janeiro – RJ
Tel.: (0XX21) 3543-0770 – Fax: (0XX21) 3543-0896
bilacpinto@grupogen.com.br | www.grupogen.com.br



1ª edição – 2012

Tradução de
*Abner Chiquieri*
Revisão técnica
*Manoel Barros da Motta*
Figuras – Coleção MBM

■ CIP – Brasil. Catalogação-na-fonte.
Sindicato Nacional dos Editores de Livros, RJ.

C226e

Canguilhem, Georges, 1904-1995

Estudos de história e de filosofia das ciências: concernentes aos vivos e à vida/ Georges Canguilhem; tradução de Abner Chiquieri; revisão técnica Manoel Barros da Motta. – Rio de Janeiro: Forense, 2012.
(Problemas e controvérsias)

Tradução de: Etudes d'histoire et de philosophie des sciences
ISBN 978-85-218-0481-9

1. Ciência - Filosofia. 2. Ciência – História. I. Título. II. Série.

11-4247. CDD: 501
CDU: 50

## DO MESMO AUTOR

*A formação do conceito de reflexo nos séculos XVII e XVIII*. Paris: PUF, 1955; J. Vrin, 1977.

*O conhecimento da vida*. 2. ed. revista e aumentada. Paris: J. Vrin, 1965.

*O normal e o patológico*. Paris: PUF, 1966.

*Ideologia e racionalidade na história das ciências da vida*. Paris: J. Vrin, 1977.

Reedição, com um Prefácio, das *Lições sobre os fenômenos da vida comuns aos animais e aos vegetais*, de CLAUDE BERNARD. Paris: J. Vrin, 1966.

O GEN | Grupo Editorial Nacional reúne as editoras Guanabara Koogan, Santos, Roca, AC Farmacêutica, Forense, Método, LTC, E.P.U. e Forense Universitária, que publicam nas áreas científica, técnica e profissional.

Essas empresas, respeitadas no mercado editorial, construíram catálogos inigualáveis, com obras que têm sido decisivas na formação acadêmica e no aperfeiçoamento de várias gerações de profissionais e de estudantes de Administração, Direito, Enfermagem, Engenharia, Fisioterapia, Medicina, Odontologia, Educação Física e muitas outras ciências, tendo se tornado sinônimo de seriedade e respeito.

Nossa missão é prover o melhor conteúdo científico e distribuí-lo de maneira flexível e conveniente, a preços justos, gerando benefícios e servindo a autores, docentes, livreiros, funcionários, colaboradores e acionistas.

Nosso comportamento ético incondicional e nossa responsabilidade social e ambiental são reforçados pela natureza educacional de nossa atividade, sem comprometer o crescimento contínuo e a rentabilidade do grupo.

# ÍNDICE SISTEMÁTICO

*Nota Prévia* ........ IX

INTRODUÇÃO: O objeto da história das ciências ........ 1

I. COMEMORAÇÕES

O homem de Vesálio no mundo de Copérnico: 1543 ........ 19
Galileu: a significação da obra e a lição do homem ........ 31
Fontenelle, filósofo e historiador das ciências ........ 47

II. INTERPRETAÇÕES

AUGUSTE COMTE
1. A filosofia biológica de Auguste Comte e sua influência na França no século XIX ........ 59
2. A Escola de Montpellier julgada por Auguste Comte ........ 75
3. História das religiões e história das ciências na teoria do fetichismo em Auguste Comte ........ 81

CHARLES DARWIN
1. Os conceitos de "luta pela existência" e de "seleção natural" em 1858: Charles Darwin e Alfred Russel Wallace ........ 101
2. O homem e o animal do ponto de vista psicológico segundo Charles Darwin ........ 115

CLAUDE BERNARD
1. A ideia de medicina experimental segundo Claude Bernard ........ 131
2. Teoria e técnica da experimentação em Claude Bernard ........ 149
3. Claude Bernard e Bichat ........ 163

4. A evolução do conceito de método de Claude Bernard a Gaston Bachelard ........ 171

GASTON BACHELARD
1. A história das ciências na obra epistemológica de Gaston Bachelard .... 181
2. Gaston Bachelard e os filósofos ........ 197
3. Dialética e filosofia do não em Gaston Bachelard ........ 207

III. INVESTIGAÇÕES

BIOLOGIA
1. Do singular e da singularidade em epistemologia biológica ........ 223
2. A constituição da fisiologia como ciência ........ 241
3. Patologia e fisiologia da tiroide no século XIX ........ 295
4. O conceito de reflexo no século XIX ........ 319
5. Modelos e analogias na descoberta em biologia ........ 331
6. O todo e a parte no pensamento biológico ........ 349

O NOVO CONHECIMENTO DA VIDA
O conceito e a vida ........ 367

PSICOLOGIA
O que é a psicologia? ........ 401

MEDICINA
1. Terapêutica, experimentação, responsabilidade ........ 419
2. Poder e limites da racionalidade em medicina ........ 431
3. O estatuto epistemológico da medicina ........ 453

## NOTA PRÉVIA

Os estudos e artigos reunidos na presente coletânea somente se justificam por estarem reunidos aqui na medida em que aí se encontra, sem artifício, o traço, mais ou menos nítido em cada um, de uma identidade da intenção e de uma homogeneidade dos temas. Se está certo ou não, é a mim que pertence o mínimo para julgar. A ideia de tal coletânea não é minha. Que ela tenha chegado a outros me emocionou. Agradecimentos aos Senhores Editores e Senhores Diretores de revistas que permitiram a reprodução desses textos. A Senhora Françoise Brocas e a Senhorita Evelyne Aziza, que reuniram esses estudos e prepararam a edição encontram aqui a expressão do meu reconhecimento.

*Georges Canguilhem*

# INTRODUÇÃO

## O OBJETO DA HISTÓRIA DAS CIÊNCIAS[1]

Considerada sob o aspecto que ela oferece na Coletânea das Atas de um Congresso, a história das ciências pode ser entendida mais como uma rubrica do que como uma disciplina ou um conceito. Uma rubrica se avoluma ou se distende quase indefinidamente, pois é apenas uma etiqueta, ao invés do conceito, que, por encerrar uma norma operatória ou judicatória, não pode variar em sua extensão sem retificação de sua compreensão. É assim que, sob a rubrica história das ciências, podem inscrever-se tanto a descrição de um portulano recentemente descoberto quanto uma análise temática da constituição de uma teoria física. Não é, portanto, inútil interrogar-se primeiro sobre a ideia que fazem da história das ciências os que pretendem se interessar por ela a ponto de trabalhar com ela. Sobre esse fazer, é certo que várias questões foram feitas há muito tempo e continuam sendo. Essas questões são as do *Quem*?, do *Por quê*?, do *Como*? Mas acontece que uma questão inicial que

---

1 Conferência realizada em 28 de outubro de 1966, em Montreal, a convite da Sociedade Canadense de História e de Filosofia das Ciências. Seu texto foi remanejado e aumentado para a presente publicação. A problemática da história das ciências foi objeto de trabalhos e discussões de seminário no Instituto de História das Ciências e das Técnicas da Universidade de Paris, em 1964-1965 e em 1965-1966. Era-nos impossível não levá-lo em conta aqui e acolá. Em particular, uma parte dos argumentos expostos a seguir no exame das questões *Quem*? *Por quê*? *Como*? inspira-se numa exposição de Jacques Piquemal, então assistente de História das Ciências.

deveria ser feita não o é quase nunca: a questão *De que*? *De que* a história das ciências é a história? Que essa questão não seja feita tem a ver com o fato de que se acredita geralmente que sua resposta esteja na própria expressão de história *das* ciências ou *da* ciência.

Lembremos brevemente como se formula hoje, a maior parte do tempo, as questões do *Quem*, do *Por que*, do *Como*.

A questão *Quem*? Provoca uma questão *Onde*? Ou seja, a exigência de pesquisa e de ensino da história das ciências, conforme ela é percebida em tal ou tal domínio já especificado do saber, conduz à sua domiciliação aqui ou acolá no espaço das instituições universitárias. Bernhard Sticker, diretor do Instituto de História das Ciências de Hamburgo, destacou a contradição entre a destinação e o método.[2] Sua destinação deveria localizar a história das ciências na Faculdade de Ciências; seu método, na Faculdade de Filosofia. Se a tomarmos como uma espécie em um gênero, a história das ciências deveria ter seu lugar num instituto central de disciplinas históricas. De fato, os interesses específicos dos historiadores, por um lado, dos pesquisadores, por outro, não os conduz à história das ciências senão por uma via lateral. A história geral é antes de qualquer coisa história política e social, completada por uma história das ideias religiosas ou filosóficas. A história de uma sociedade como tudo, quanto às instituições jurídicas, na economia, na demografia, não requer necessariamente a história dos métodos e das teorias científicas enquanto tais, ao passo que os sistemas filosóficos têm relação com teorias científicas vulgarizadas, isto é, enfraquecidas em ideologias. Por outro lado, os cientistas não têm, como cientistas, independentemente do mínimo de filosofia sem o que eles não poderiam falar de sua ciência com interlocutores não cientistas, necessidade da história das ciências. É bastante raro, principalmente na França, com exceção de Bourbaki, que eles incorporem seus resultados na exposição de seus trabalhos especiais. Se eles se tornam ocasionalmente historiadores das ciências, é por razões es-

2 Die stellung der geschichte der naturwissenschaften im rahmen unserer heutigen universitäten. In: *Philosophia naturalis*. VIII, 1/2, 1964. p. 109-116.

tranhas aos requisitos intrínsecos de sua pesquisa. Não deixa, então, de haver exemplo quando sua competência os guia na escolha de questões de interesse primordial. Foi o caso de Pierre Duhem, em história da mecânica, de Karl Sudhoff e de Harvey Cushing, em história da medicina. Quanto aos filósofos, eles podem ser levados à história das ciências, seja tradicional e indiretamente pela história da filosofia, na medida em que tal filosofia pediu, em seu tempo, a uma ciência triunfante que o esclarecesse sobre os caminhos e os meios do conhecimento militante, seja mais diretamente pela epistemologia, na medida em que essa consciência crítica dos métodos atuais de um saber adequado ao seu objeto se convença a celebrar seu poder pela lembrança dos embaraços que retardaram sua conquista. Por exemplo, se pouco importa ao biólogo e ainda menos ao matemático probabilista pesquisar o que impediu Auguste Comte e Claude Bernard de admitir, no século XIX, a validade do cálculo estatístico em biologia, não acontece o mesmo para quem trata, em epistemologia, da causalidade probabilística em biologia. Mas falta mostrar – tentaremos fazê-lo mais adiante – que, se a filosofia mantém com a história das ciências uma relação mais direta, diferentemente da história ou da ciência, é com a condição de aceitar por isso um novo estatuto de sua relação com a ciência.

A resposta à questão *Por quê*? é simétrica à resposta à questão *Quem*? Há três razões para fazer a história das ciências: histórica, científica e filosófica. A razão histórica, extrínseca à ciência, entendida como discurso verificado sobre um setor delimitado da experiência, reside na prática das comemorações, no fato das rivalidades em pesquisa de paternidade intelectual, nas querelas de prioridade, como aquela, evocada por Joseph Bertrand em seu *Elogio acadêmico* de Niels Henrik Abel, que concerne à descoberta, em 1827, das funções elípticas. Essa razão é um fato acadêmico, ligado à existência e à função das Academias e à multiplicidade das Academias nacionais. Existe uma razão mais expressamente científica, experimentada pelos estudiosos enquanto pesquisadores e não acadêmicos. Aquele que consegue um resultado teórico ou experimental até então inconcebível, desconcertante para seus pares contemporâneos, não encontra nenhuma sustentação, por falta de comunicação possível, na cidade científica. E porque estudioso, ele deve acreditar na objetividade de sua descoberta, ele pesquisa se porventura o que ele pensa não já teria sido pensado. É procurando fazer crer em sua descoberta no passado, por não poder momentaneamente fazê-lo no presente, que um inventor inventa seus predecessores. É assim que Hugo de Vries redescobriu o mendelismo e descobriu Mendel. Enfim, a razão propriamente filosófica se deve ao fato de que, sem referência à epistemologia, uma teoria do conhecimento seria uma meditação no vazio, e que, sem relação com a história das ciências, uma epistemologia seria um dublê perfeitamente supérfluo da ciência sobre a qual ela pretenderia discorrer.

As relações da história das ciências e da epistemologia podem entender-se em dois sentidos inversos. Dijksterhuis, o autor de *Die mechaniesierung des weltbildes*, pensa que a história das ciências não é somente a memória da ciência, mas também o laboratório da epistemologia. A palavra foi frequentemente citada, a tese ganhou o favor de muitos especialistas. Essa tese tem um precedente menos conhecido. Em seu Elogio de Cuvier, Flourens, referindo-se à *História das ciências naturais*, publicada por Magdelaine de Saint-Agy, declara que fazer a história das ciências é "colocar o espírito humano em experiência... fazer uma teoria experimental do espírito humano". Tal concepção equivale a decalcar a relação da história das ciências nas ciências de que ela é a história sobre a relação das ciências nos objetos de que elas são ciências. De fato, a relação experimental é uma dessas relações, e é importante dizer que é essa relação que deve ser importada e transplantada da ciência na história. Além disso, essa tese de metodologia histórica resulta, para seu recente defensor, nessa tese de epistemologia que existe em método científico eterno, dormitando em algumas épocas, em vigília, e ativo em outras. Tese tida como ingênua por Gerd Buchdahl,[3] com o que concordaríamos, se o empirismo ou o positivismo que a inspira pudesse ser considerado assim. Não

---

3 On the presuppositions of historians of science. In: *History of science*. Ed. por Crombie e Hoskin, 1962. I, p. 67-77.

é sem razão que denunciamos aqui o positivismo. Entre Fourens e Dijksterhuis, Pierre Lafitte, discípulo confirmado de Auguste Comte, definiu o papel da história das ciências como o de um "microscópio mental",[4] tendo como efeito revelador introduzir atraso e distância na exposição corrente do saber científico, pela menção das dificuldades encontradas na invenção e propagação desse saber. Com a imagem do microscópio ficamos no interior do laboratório, e encontramos uma pressuposição positivista na ideia de que a história é somente uma injeção de duração na exposição de resultados científicos. O microscópio fornece o aumento de um desenvolvimento dado sem ele, ainda que visível somente por ele. Aqui ainda a história das ciências é para as ciências o que um aparelho científico de detecção é para objetos já constituídos.

Ao modelo do laboratório, pode-se opor, para compreender a função e o sentido de uma história das ciências, o modelo da escola ou do tribunal, de uma instituição e de um lugar onde são feitos julgamentos sobre o passado do saber, sobre o saber do passado. Mas aí é preciso um juiz. É a epistemologia que é chamada a fornecer à história o princípio de um julgamento, ensinando-lhe a última linguagem falada por tal ciência, a química, por exemplo, e permitindo-lhe assim recuar no passado até o momento em que essa linguagem deixa de ser inteligível ou traduzível em alguma outra, mais distensa ou mais vulgar, anteriormente falada. A linguagem dos químicos do século XIX encontra suas férias semânticas no período anterior a Lavoisier, porque Lavoisier instituiu uma nova nomenclatura. Ora, não se tinha notado o suficiente e admirado que, no Discurso preliminar ao *Traité élémentaire de chimie*, Lavoisier tivesse assumido, ao mesmo tempo, a responsabilidade de duas decisões pelas quais o reprovassem ou pudessem reprovar, a "de ter mudado a língua que nossos mestres falaram", e a de não ter dado em sua obra "nenhum histórico da opinião dos que me precederam",

4 Discurso de abertura do Curso de História Geral das Ciências, no Collège de France (26 de março de 1892). In: *Revue occidentale*, p. 24, 1º de maio de 1892.

como se ele tivesse compreendido, à maneira cartesiana, que é uma coisa só fundar um novo saber e cortá-lo de toda relação com o que ocupava abusivamente seu lugar. Sem a epistemologia, seria, pois, impossível discernir duas espécies de histórias ditas das ciências, a dos conhecimentos caducos, a dos conhecimentos sancionados, isto é, ainda atuais porque atuantes. Foi Gaston Bachelard quem opôs a história caduca à história sancionada,[5] à história dos fatos de experimentação ou de conceitualização científicas apreciados em sua relação com os valores científicos recentes. A tese de Gaston Bachelard encontrou sua aplicação e sua ilustração nos muitos capítulos de suas obras de epistemologia.[6]

A ideia que teve Alexandre Koyré da história das ciências e que suas obras ilustraram não é fundamentalmente diferente. Ainda que a epistemologia de Koyré fosse mais próxima da de Meyerson que da de Bachelard, mais sensível à continuidade da função racional do que à dialética da atividade racionalista, é em razão dela que foram escritos como o foram os *Estudos galileanos* e a *Revolução astronômica*. Aliás, não deixa de ser interessante, para retirar com uma diferença de apreciação das rupturas epistemológicas toda aparência de fato contingente ou subjetivo, observar que, sem entrar em detalhes, Koyré e Bachelard se interessaram em períodos da história das ciências exatas sucessivos e desigualmente armados para o tratamento matemático dos problemas de física. Koyré começa em Copérnico e termina em Newton, quando Bachelard começa. De forma que a orientação epistemológica da história segundo Koyré pode servir de verificação à opinião de Bachelard, de acordo com quem uma história das ciências continuístas é uma história das ciências jovens. As teses epistemológicas de Koyré historiador são: primeiro que a ciência é uma teoria e que a teoria é fundamentalmente matematização – Galileu, por exemplo, é arquimediano mais do que de platonizante –, em seguida, que não há economia possível do erro no advento da verdade cientí-

5 *L'activité rationaliste de la science contemporaine*, p. 25. Cf. também *L'actualité de l'histoire des sciences* (Conferência do Palais de La Découverte).

6 Ver mais adiante os estudos consagrados a Gaston Bachelard.

fica. Fazer a história de uma teoria é fazer a história das hesitações do teórico. "Copérnico... não é Coperniciano".[7] Invocando a imagem da escola ou do tribunal para caracterizar a função e o sentido de uma história das ciências que não se proíbe fazer julgamentos de valor científico, convém evitar um equívoco possível. Um julgamento, nessa matéria, não é um expurgo, nem uma execução. A história das ciências não é o progresso das ciências derrubado, isto é, a colocação em perspectiva de etapas ultrapassadas cuja verdade de hoje seria o ponto de fuga. Ela é um esforço para pesquisar e fazer compreender em que medida noções ou atitudes ou métodos ultrapassados foram, em sua época, uma ultrapassagem, e, por conseguinte, em que o passado ultrapassado continua o passado de uma atividade para a qual se deve conservar o nome de científico. Compreender o que foi a instrução do momento é tão importante quanto expor as razões da destruição na sequência.

Como se faz a história das ciências e como se deveria fazê-la? Essa questão aproxima-se ainda mais da seguinte questão: *de que* se faz a história em história das ciências? De fato, ela supõe, no mais das vezes, essa questão resolvida, parece, pelo simples fato de que ela não é feita. Foi o que apareceu em alguns debates opondo os que os autores anglo-saxões designam sob o nome de externalistas e de internalistas.[8] O externalismo é uma maneira de escrever a história das ciências condicionando certo número de acontecimentos – que se continua a chamar científicos mais por tradição que por análise crítica – por suas relações com interesses econômicos e sociais, com exigências e práticas técnicas, com ideologias religiosas ou políticas. É, em suma, um marxismo enfraquecido ou, antes, empobrecido, corrente nas sociedades ricas.[9] O internalismo – tido

---

7 *La Révolution astronomique*, p. 69.

8 Cf. o artigo já citado de Gerd Buchdahl.

9 Para uma crítica do externalismo, ver KOYRÉ, Perspectives sur l'histoire des sciences. In: *Etudes d'histoire de la pensée scientifique*. Paris, 1966. Trata-se do comentário de uma comunicação de GERLAC, Henri. Some historical assumptions of the history of science. In: *Scientific change*, ed. por A. C. Crombie, Londres: Heinemann, 1963.

pelos primeiros como idealismo – consiste em pensar que não há história das ciências, se não nos colocarmos mesmo no interior da obra científica para analisar suas *démarches* pelos quais ela procura satisfazer às normas específicas que permitem defini-la como ciência e não como técnica ou ideologia. Nessa perspectiva, o historiador das ciências deve adotar uma atitude teórica em relação ao que é retido como fato de teoria, consequentemente utilizar hipóteses, paradigmas, pela mesma razão que os próprios estudiosos.

É evidente que uma e outra posições equivalem a assimilar o objeto da história das ciências ao objeto de uma ciência. O externalista vê a história das ciências como uma explicação de um fenômeno de cultura pelo condicionamento do meio cultural global, e, em consequência, o assimila a uma sociologia naturalista de instituições, negligenciando inteiramente a interpretação de um discurso com pretensão de verdade. O internalista vê nos fatos da história das ciências, por exemplo, os fatos de descoberta simultânea (cálculo infinitesimal, conservação da energia), fatos de que não se pode fazer a história sem teoria. Aqui, por conseguinte, o fato de história das ciências é tratado como um fato de ciência, segundo uma posição epistemológica que consiste em privilegiar a teoria relativamente ao dado empírico.

Ora, o que deveria ser motivo de questão é a atitude que se pode dizer espontânea, e, de fato, quase geral, que consiste em alinhar a história sobre a ciência quando se trata da relação do conhecimento com seu objeto. Perguntemo-nos, então, de que exatamente a história das ciências é a história.

* * *

Quando se fala da ciência dos cristais, a relação entre a ciência e os cristais não é uma relação de genitivo, como quando se fala da mãe de um gatinho. A ciência dos cristais é um discurso sobre a natureza dos cristais, a natureza dos cristais não sendo outra coisa senão os cristais considerados em sua própria identidade, minerais diferentes dos vegetais e dos animais, e independentes de todo uso de que o homem se serve sem que eles sejam destinados naturalmente àquela finalidade. A partir do momento em que a cristalografia, a óptica cristalina, a química mineral são constituídas como ciências, a natureza dos cristais é o conteúdo da ciência dos cristais, isto é, uma exposição de proposições objetivas depostas por um trabalho de hipóteses e de verificações esquecido em proveito de seus resultados. Quando Hélène Metzger escreveu *la genèse de la science des cristaux*,[10] ela compôs um discurso sobre discursos realizados sobre a natureza dos cristais, discursos que não eram no início os certos nos termos dos quais os cristais se tornaram o objeto exposto em sua ciência. Então, a história das ciências é a história de um objeto que é uma história, que tem uma história, enquanto a ciência é ciência de um objeto que não é história, que não tem história.

Os cristais são um objeto dado. Mesmo se for preciso levar em conta na ciência dos cristais uma história da terra e uma história dos minerais, o tempo dessa história é ele próprio um objeto já definido aí. Assim, o objeto cristal tem, relativamente à ciência que o toma como objeto de um saber a adquirir, uma independência em relação ao discurso, o que faz com que se diga o objeto natural.[11] Esse objeto natural, fora de todo discurso feito sobre ele, não é, evidentemente, o objeto científico. A natureza não é por ela mesma recortada e repartida em objetos e em fenômenos científicos. É a ciência que constitui seu objeto a partir do momento em que ela inventou um método para formar, por proposições capazes de ser compostas integralmente, uma teoria controlada pela preocupação de surpreendê-la em erro. A cristalografia é constituída a partir do momento em que se define a espécie cristalina pela constância do ângulo das faces, pelos sistemas de simetria, pela regularidade dos truncamentos nas pontas em função do sistema de simetria. "O

---

10 Paris: Alcan ed., 1918.

11 Sem dúvida, um objeto natural não é naturalmente natural, ele é objeto de experiência usual e de percepção numa cultura. Por exemplo, o objeto mineral e o objeto cristal não têm existência significativa fora da atividade do cabouqueiro ou do mineiro, do trabalho na mineira ou na mina. Atrasar-se aqui nessa banalidade seria digressão.

ponto essencial", diz Haüy, "é que a teoria e a cristalização terminem por se encontrar e se colocar de acordo uma com a outra".[12]

O objeto em história das ciências nada tem de comum com o objeto da ciência. O objeto científico, constituído pelo discurso metódico, é segundo, ainda que não derivado, em relação ao objeto natural, inicial, e que se diria de bom grado, brincando com o sentido, pré-texto. A história das ciências se exerce sobre esses objetos segundos, não naturais, culturais, mas não deriva deles, assim como estes não derivam dos primeiros. O objeto do discurso histórico é, com efeito, a historicidade do discurso científico, enquanto essa historicidade representa a efetuação de um projeto interiormente normatizado, mas atravessada de acidentes, retardada ou desviada por obstáculos, interrompida por crises, isto é, momentos de julgamento e de verdade. Talvez não se tenha notado o bastante que o nascimento da história das ciências como gênero literário, no século XVIII, supunha condições históricas de possibilidade, a saber, duas revoluções científicas e duas revoluções filosóficas, porque duas eram necessárias. Em matemática, a geometria algébrica de Descartes, depois o cálculo do infinito de Leibniz-Newton; em mecânica e cosmologia, os *Princípios* de Descartes e os *Principia* de Newton. Em filosofia, e mais exatamente em teoria do conhecimento, isto é, em teoria do fundamento da ciência, o erratismo cartesiano e o sensualismo de Locke. Sem Descartes, sem quebra da tradição, uma história da ciência não pode começar.[13] Mas, segundo Descartes, o saber é sem história. É preciso Newton, e a refutação da cosmologia cartesiana, para que a história, ingratidão do começo reivindicado contra origens rejeitadas, apareça como uma dimensão da ciência. A história das ciências é a tomada de consciência explícita, exposta como teoria, pelo fato de que as ciências são discursos críticos e progressivos para a determinação do que, na experiência, deve ser tido como real. O objeto da história das ciências é, pois, um objeto não dado

12 Citado por METZGER, H. Op. cit. p. 195.

13 Ver, mais adiante, o estudo sobre Fontenelle, p. 52.

aí, um objeto para o qual a incompletude é essencial. De nenhuma maneira a história das ciências pode ser história natural de um objeto cultural. Muito frequentemente ela é feita como uma história natural, porque identifica a ciência com os estudiosos, e os estudiosos com sua biografia civil e acadêmica, ou então porque ela identifica a ciência com seus resultados, e os resultados, com seu enunciado pedagógico atual.

O objeto do historiador das ciências não pode ser delimitado senão por uma decisão que lhe atribua seu interesse e sua importância. Aliás, ele o é, no fundo, sempre, mesmo no caso em que essa decisão não obedeça senão a uma tradição observada sem crítica. Seja um exemplo o da história da introdução e da extensão da matemática probabilística na biologia e nas ciências do homem no século XIX.[14] O objeto dessa história não depende de nenhuma das ciências constituídas no século XIX; ele não corresponde a nenhum objeto natural cujo conhecimento seria a réplica ou o pleonasmo descritivo. Por conseguinte, o historiador constitui, ele próprio, um objeto a partir de um estado atual das ciências biológicas e humanas, estado que não é a consequência lógica nem o resultado histórico de nenhum estado anterior de *qualquer* ciência distinta, nem da matemática de Laplace, nem da biologia de Darwin, nem da psicofísica de Fechner, nem da etnologia de Taylor, nem da sociologia de Durkheim. Mas, em compensação, a biometria e a psicometria não podem ser constituídas por Quêtelet, Galton, Catell e Binet, senão a partir do momento em que práticas não científicas tiveram por efeito fornecer à observação uma matéria homogênea e susceptível de um tratamento matemático. O talhe humano, objeto de estudo de Quêtelet, supõe a instituição de exércitos nacionais e da conscrição e o interesse conferido a critérios de reforma. As aptidões intelectuais, objeto do estudo de Binet, supõem a instituição da escolaridade primária obrigatória e o interesse conferido a critérios de retardamento. Então, a história das ciências, na medida em que ela se aplica ao objeto acima delimitado, não tem somente

14 É em parte o objeto de um estudo em curso de Jacques Piquemal.

relação com um grupo de ciências sem coesão intrínseca, mas também com a não ciência, com a ideologia, com a prática política e social. Assim, esse objeto não tem seu lugar teórico natural em tal ou tal ciência, onde a história iria levantá-lo, nem, aliás, na política ou na pedagogia. O lugar teórico desse objeto não deve ser procurado senão na própria história das ciências, porque é ela, e somente ela, que constitui o domínio específico onde encontram seu lugar as questões teóricas colocadas pela prática científica em seu devir.[15] Quêtelet, Mendel, Binet-Simon inventaram relações imprevistas entre a matemática e práticas de início não científicas: seleção, hibridação, orientação. Suas invenções são respostas a questões que eles se fizeram em uma linguagem que eles tinham de colocar em forma. O estudo crítico dessas questões e dessas respostas, eis o objeto próprio da história das ciências, o que basta para afastar a objeção possível de concepção externalista.

A história das ciências pode, sem dúvida, distinguir e admitir vários níveis de objetos no domínio teórico específico que ela constitui: documentos a catalogar, instrumentos e técnicas a descrever, métodos e questões a interpretar, conceitos a analisar e a criticar. Esta última tarefa somente confere às precedentes a dignidade de história das ciências. Ironizar sobre a importância conferida aos conceitos é mais fácil que compreender por que sem eles não existe ciência. A história dos instrumentos ou das academias só é história das ciências se as colocarmos em relação, em seus usos e suas destinações, com teorias. Descartes precisa de Ferrier para talhar lentes de óptica, mas é ele quem faz a teoria das curvaturas que devem ser obtidas pela talha.

Uma história dos resultados do saber pode ser somente um registro cronológico. A história das ciências concerne a uma atividade axiológica, a pesquisa da verdade. É em nível das questões, dos

15 "A prática teórica entra na definição geral da prática. Ela trabalha com uma matéria-prima (representações, conceitos, fatos) que lhe é dada por outras práticas, sejam 'empíricas', sejam 'técnicas', sejam 'ideológicas'... A prática teórica de uma ciência se distingue sempre nitidamente da prática teórica ideológica de sua pré-história." (ALTHUSSER, Louis. *Para Marx*. Paris, 1965.)

métodos, dos conceitos que a atividade científica aparece como tal. Eis por que razão o tempo da história das ciências não poderia ser um fiozinho lateral do curso geral do tempo. A história cronológica dos instrumentos ou dos resultados pode ser recortada segundo os períodos da história geral. O tempo civil no qual se inscreve a biografia dos estudiosos é o mesmo para todos. O tempo do aparecimento da verdade científica, o tempo da verificação, tem uma liquidez ou uma viscosidade diferente para disciplinas diferentes, nos mesmos períodos da história geral. A classificação periódica dos elementos por Mendéléev precipitou a marcha da química e atropelou a física atômica, enquanto outras ciências conservavam um andar compassado. Assim, a história das ciências, história da relação progressiva da inteligência com a verdade, segrega ela própria seu tempo, e ela o faz diferentemente segundo o momento do progresso a partir do qual ela se dá ao trabalho de reanimar, nos discursos teóricos anteriores, o que a linguagem do dia permite ainda compreender. Uma invenção científica promove certos discursos incompreendidos no momento em que aconteceram, tal como o de Grégor Mendel anula outros discursos cujos autores pensavam, no entanto, dever fazer escola. O sentido das rupturas e das filiações históricas não pode vir ao historiador das ciências, aliás, senão pelo seu contato com a ciência nova. O contato é estabelecido pela epistemologia, com a condição de que ela seja vigilante, como o ensinou Gaston Bachelard. Assim compreendida, a história das ciências só pode ser precária, passível de retificação. Para o matemático moderno, a relação de sucessão entre o método de exaustão de Arquimedes e o cálculo infinitesimal não é o que ela era para Montucla, o primeiro grande historiador da matemática. É que não há definição da matemática possível antes da matemática, isto é, antes da sucessão ainda em curso das invenções e das decisões que constituem as matemáticas. "As matemáticas são um devir", disse Jean Cavaillès.[16] Nessas condições, o historiador da matemática só pode ter do matemático de hoje a definição pro-

---

16 La pensée mathématique. In: *Bulletin de la société française de philosophie*, CL (1946) 1, p. 8.

visória do que é matemática. Por essa razão, muitos trabalhos que interessavam outrora à matemática perdem seu interesse matemático, tornam-se, em vista de um novo rigor, aplicações triviais.[17]

De toda teoria exige-se, com propriedade, que ela forneça provas de eficácia prática. Qual é, então, para o historiador das ciências, o efeito prático de uma teoria que tende a reconhecer-lhe a autonomia de uma disciplina constituindo o lugar onde são estudadas as questões teóricas colocadas pela prática científica? Um dos efeitos práticos mais importantes é a eliminação do que J. T. Clark chamou de "o vírus do precursor".[18] A rigor, se houvesse precursores, a história das ciências perderia todo sentido, já que a própria ciência não teria dimensão histórica senão na aparência. Se, na Antiguidade, na época do mundo fechado, alguém pôde ter sido, em cosmologia, o precursor de um pensador da época do universo infinito, um estudo de história das ciências e das ideias como a de Alexandre Koyré[19] seria impossível. Um precursor seria um pensador, um pesquisador que teria feito outrora um pedaço de caminho acabado mais recentemente por um outro. O prazer em pesquisar, em encontrar e celebrar precursores é o sintoma mais claro de inaptidão à crítica epistemológica. Antes de colocar ponta a ponta dois percursos num caminho, convém primeiro certificar-se de que se trata realmente do mesmo caminho. Num saber coerente, um conceito tem relação com todos os outros. Por ter feito uma suposição de heliocentrismo, Aristarco de Samos não é um precursor de Copérnico, ainda que este se louve daquele. Mudar o centro de referência dos movimentos celestes, é relativizar o alto e o baixo, é mudar as dimensões do universo, em resumo, é compor um sistema. Ora, Copérnico censurou todas as teorias astronômicas antes

17 Sobre esse assunto, cf. SERRES, Michel. Les anamnèses mathématiques. In: *Archives internationales d'histoire des sciences*, XX (1967), 78-79, p. 3-38.

18 The philosophy of science and history of science. In: *Critical problems in the history of science*. 2. ed. Marshal Clagett Ed.: Madison, 1962. p. 103.

19 *From the closed world to the infinite universe*. Baltimore, 1957; traduzido em francês sob o título *Du monde clos à l'univers infini* [Do mundo fechado ao universo infinito]. Paris, 1962. Editado no Brasil por Forense Universitária.

da sua por não serem sistemas racionais.[20] Um precursor seria um pensador de vários tempos, do seu e daquele ou daqueles que lhe atribuem serem seus continuadores, como os executantes de sua tarefa inacabada. O precursor é, pois, um pensador que o historiador acredita poder extrair de seu enquadramento cultural para inseri-lo em um outro, o que equivale a considerar conceitos, discursos e gestos especulativos ou experimentais como podendo ser deslocados e recolocados em um espaço intelectual onde a reversibilidade das relações foi obtida pelo esquecimento do aspecto histórico do objeto de que se trata. Quantos precursores não foram assim procurados no transformismo darwiniano entre os naturalistas, ou os filósofos, ou somente os publicistas do século XVIII![21] A lista dos precursores seria longa. No limite, reescrever-se-ia, após Dutens, as pesquisas sobre a origem das descobertas atribuídas aos modernos (1776). Quando Dutens escreve que Hipócrates conheceu a circulação do sangue, que o sistema de Copérnico pertence aos antigos, sorri-se com a ideia de que ele esquece o que Harvey deve à anatomia do Renascimento e ao uso de modelos mecânicos, que ele esquece que a originalidade de Copérnico consistiu em pesquisar a possibilidade matemática do movimento da Terra. Dever-se-ia sorrir da mesma forma daqueles, mais recentes, que saúdam Réaumur ou Maupertuis como precursores de Mendel, sem ter observado que o problema que se colocou Mendel lhe era próprio, e que ele o resolveu pela invenção de um conceito sem precedente, o de caráter hereditário independente.[22] Em suma, enquanto uma análise crítica dos textos e dos trabalhos relacionados pelo choque da duração heurística não tiver estabelecido explicitamente que há de um e do outro pesquisador identidade da questão e da intenção de pesquisa, identidade de significação dos conceitos diretores, identidade do sistema dos conceitos de onde os precedentes tiram seu sentido, é

20 Cf. KOYRÉ, A. *La révolution astronomique*, p. 42.

21 Para uma crítica dessas tentativas, cf. FOUCAULT, Michel. *As palavras e as coisas*, p. 158-176.

22 Cf. PIQUEMAL, J. *Aspects de la pensée de Mendel* (Conférence du Palais de la Découverte, 1965).

artificial, arbitrário e inadequado a um projeto autêntico de história das ciências colocar dois autores científicos numa sucessão lógica de começo a fim, ou de antecipação à realização.[23] Substituindo o tempo lógico das relações de verdade ao tempo histórico de sua invenção, alinha-se a história da ciência sobre a ciência, o objeto da primeira sobre o da segunda, e cria-se esse artefato, esse falso objeto histórico que é o precursor. Alexandre Koyré escreveu:

> "A noção de precursor é para o historiador uma noção muito perigosa. É verdade, sem dúvida, que as ideias têm um desenvolvimento quase autônomo, isto é, nascidas num espírito, elas chegam à maturidade e levam seus frutos num outro, e que é, por isso, possível fazer a história dos problemas e de suas soluções; é verdade, igualmente, que as gerações posteriores não são interessadas pelas que as precedem senão enquanto elas veem nelas seus antepassados ou seus precursores. É, contudo, evidente – ou, pelo menos, deveria sê-lo – que ninguém jamais se considerou como precursor de algum outro, e não pôde fazê-lo. Assim, encará-lo como tal é o melhor meio de se proibir compreendê-lo".[24]

O precursor é o homem de saber do qual se sabe somente muito depois dele que ele correu na frente de todos os seus contemporâneos, e antes do que se tem como vencedor da corrida. Não tomar consciência do fato de que ele é uma criatura de certa história das ciências e não um agente do progresso da ciência é aceitar como real sua condição de possibilidade, a simultaneidade imaginária do antes e do depois numa espécie de espaço lógico.

Fazendo a crítica de um falso objeto histórico, tentamos justificar por contraprova a concepção que propusemos de uma delimitação específica de seu objeto pela história das ciências. A história das ciências não é uma ciência, e seu objeto não é um objeto científico. Fazer, no sentido mais operacional do termo, história das ciências é uma das funções, não a mais cômoda, da epistemologia filosófica.

---

23 Cf. mais adiante, um texto de BIOT, p. 185 e 186.

24 *La révolution astronomique*, p. 79.

# I

# Comemorações

## O HOMEM DE VESÁLIO NO MUNDO DE COPÉRNICO: 1543[1]

Os historiadores das ciências frequentemente exaltaram e celebraram a admirável conjunção que faz do ano de 1543 um ano incomparável na história dos progressos do espírito humano, pela publicação do *De revolutionibus orbium cælestium* [Sobre as revoluções dos orbes celestes], de Copérnico, e do *De humani corporis fabrica* [Sobre a estrutura do corpo humano], de Vesálio. Mas também alguns deles cederam à tentação, bastante forte, é verdade, de reconhecer a essas duas obras um poder crítico imediatamente irrecusável e um efeito destrutivo instantâneo em relação à visão medieval do mundo e do homem. Ora, se não há dúvida de que a astronomia copernicіana torna possível a explosão de um Cosmos antropocêntrico, ela mesma não se completa; e se não há dúvida de que a anatomia vesaliana torna possível uma antropologia liberada de toda referência a uma cosmologia antropomórfica, ela mesma não é no início o equivalente de sua posteridade. Eis a razão pela qual nos parece difícil aceitar sem nuances, e até sem algumas reservas, o julgamento estabelecido, em sua História da Anatomia, por esse grande historiador e grande admirador de Vesálio que foi Charles Singer: "A eles dois", diz ele de Copérnico e de Vesálio,

1 Extraído da coletânea *Commémoration solennelle du quatrième centenaire de la mort d'André Vésale* (19-24 de outubro de 1964, Académie Royale de Médecine de Belgique). p. 146-154.

"eles destruíram para sempre a teoria do Macrocosmo e do Microcosmo em favorecimento na Idade Média".

Solicitamos a permissão de nos perguntar, a propósito precisamente de Vesálio, se o Renascimento é um bloco, se as mutações intelectuais que o caracterizam ocorreram ou não ao mesmo tempo, com a mesma pressa e pelas mesmas razões, e se essas mutações foram tão radicais inicialmente quanto puderam parecê-lo na sequência quando os historiadores apontaram para o que eles chamavam de Noite da Idade Média as luzes do *Aufklärung*. Nossa interrogação nada tem de original. Os historiadores das ciências, hoje, são, no conjunto, bastante inclinados a considerar que o Renascimento foi um reconhecimento de tradições retomadas de suas origens, antes de ser e para ser uma recusa de precedentes tradicionais mais próximos, que ele foi um retorno a Pitágoras, Platão, Arquimedes e Galeno.

Vesálio e Copérnico oferecem, em sua carreira, muitas semelhanças. Os dois são, por primeira formação, humanistas. Os dois são atraídos pela luz da Itália. Copérnico estudou medicina em Bolonha e em Pádua também, onde ele precedeu Vesálio em 35 anos. Copérnico, cônego encarregado de múltiplas funções administrativas, não é menos ativo, menos aberto ao mundo que Vesálio, médico e cirurgião. Com certeza, Copérnico é um calculador, enquanto Vesálio é um observador. Mas Vesálio – e censurou-se isso nele – não contribuiu mais para enriquecer a anatomia descritiva que Copérnico fez para a astronomia de posição. O gênio de Copérnico é uma longa paciência, o de Vesálio é uma ardente impaciência, os dois, no entanto, têm em comum a atitude de propor ao homem uma nova estruturação de sua visão do mundo e dele mesmo. É aqui que convém avaliar, sem complacência a algum conformismo de historiador, o que essas visões do mundo e do homem retêm e rejeitam das que os precederam.

A astronomia de Copérnico continua uma cosmologia, uma teoria do Cosmos, de um mundo sempre finito, embora imenso, de um mundo sempre perfeito, ainda que voltado para trás. Se Copérnico se resolve com a separação do centro de referência cinemática e do lugar de percepção visual dos movimentos planetários, se ele confere mais crédito a uma suposição de Aristarco que a todo o sistema de Aristóteles, se ele abandona a carta da cosmologia ptolomeana, é pelo cuidado de maior fidelidade ao seu espírito, é para salvar mais, isto é, mais simplesmente, as aparências óticas. Copérnico, disse o saudoso Alexandre Koyré, ainda não é coperniciano. Entendamos que foi querendo-se mais ptolomeano que Ptolomeu que ele tornou possível a revolução coperniciana. Porque essa revolução deu a partida a todas as conquistas da astronomia moderna, porque essa primeira atitude de reviravolta pascaliana do a favor ao contra estendeu-se progressivamente até o universo das estrelas e das nebulosas, porque a cosmologia tornou-se a astrofísica, porque o Sol se viu atribuir uma posição excêntrica em relação ao sistema dos amontoados globulares, é preciso, apesar disso, não nos escapar que, para Copérnico, o céu das fixas continuava uma abóbada esférica centrada, que as órbitas esféricas imprimiam aos planetas que elas sustentavam um movimento circular e uniforme, isto é, perfeito. De forma que, ainda que Vesálio tivesse, em 1543, conhecido e aceitado o sistema de Copérnico, os céus para os quais os esqueletos e as escoriações das pranchas da *Fabrica* levantam sua face dolorosa não teriam sido, com certeza, os céus da cosmologia medieval, mas ficariam bem longe de se parecerem com os céus de Newton, de Fontenelle ou de Kant. Somente, e não se pode duvidar disso, o céu do homem de Vesálio, é o céu pré-coperniciano. A prova está na *Fabrica* (VII, 14, p. 646), quando Vesálio justifica a ordem de sua descrição das partes do olho, pela assimilação analógica desse órgão ao ovo ou ao mundo, seja que se procede do centro para a periferia ou da periferia para o centro, isto é, a Terra ("... *Aut ab hoc coelo ad centrum usque mundi, ipsam videlicet terram...*") [... Ou deste céu até o centro do mundo, sem dúvida a própria Terra...]. Sobre a Terra que ele pode acreditar ainda imóvel, o homem de Vesálio conserva a postura aristotélica: ele está de pé, a cabeça erguida para o alto do mundo, em correspondência com a hierarquia dos elementos, análogo e espelho da hierarquia dos seres. Como duvidar que Vesálio (assim como, aliás, Leonardo da Vinci) não tenha o homem como um microcosmo, visto que ele próprio afirma expressamente que os antigos, por justa razão, lhe deram esse nome: "*Veteribus haud ab re microcosmus nuncupabatur*" [O microcosmo recebia o nome pelos antigos, não pela coisa], diz o prefácio da edição de 1543; "*parvus mundus*" [mundo pequeno], diz o da segunda edição. Aqui está uma repetição quase literal de Galeno: "O animal é como um pequeno universo, no dizer dos antigos, instruídos pelas maravilhas da natureza" (*De usu partium* [Sobre o uso das partes], III, 10, *in fine*). Bem se notou muitas vezes, a *Fabrica* segue a ordem galênica de exposição das partes: ela começa pela osteologia, e primeiro pela descrição do crânio. Vesálio se explica em sua Carta-prefácio a Carlos V: ele terminará, como Galeno, pelas vísceras, isto é, lá onde começavam, e até, por vezes, se limitavam, Mondino e seus imitadores.

A respeito desse retorno por Vesálio à ordem descritiva *a capite ad calcem* [da cabeça aos pés], ordem aristotélica aparentemente lógica e talvez profundamente mágica, proporemos um comentário em forma de paradoxo. Procura-se de bom grado o traço distintivo do espírito científico moderno no repúdio ao antropomorfismo em matéria de cosmologia e de biologia. Ora, conhece-se a insistência que coloca Vesálio, tanto na *Fabrica* quanto, mais cedo, quando da Primeira Anatomia em Bolonha, em 1540, que, mais tarde, na Carta sobre as propriedades da decocção de espinha chinesa, com destaque para a impropriedade do material das dissecações de Galeno, cães, porcos ou macacos, e não cadáveres humanos. Essa insistência colocada na exigência de que o homem seja estudado sobre o homem não teria, fora do alcance que lhe reconheceram os historiadores da medicina, um sentido que pode causar surpresa de não ter visto sublinhar mais frequentemente?

A opinião aristotélica e galênica, segundo a qual o organismo de certos mamíferos pode servir de substituto ao organismo humano para um estudo de morfologia interna, era a expressão da crença na existência de uma série animal da qual o homem é o fim e, portanto, a referência de dignidade hierárquica, mas também foi o motor dos estudos de anatomia comparada que deviam chegar, no século XVIII, a aceitar a ideia de que as relações de analogia entre os animais e o homem poderiam muito bem exprimir relações de genealogia. Ora, e o que quer que tenha dito, há mais de um século, o anatomista belga Burggraeve, a anatomia de Vesálio ficou estranha a essa ordem de estudos. Quando a *Fabrica* insistia sobre esse imperativo metodológico de que a estrutura humana não pode ser observada senão sobre o homem, não contribuía ela, no mesmo instante, a fazer aparecer o fato biológico da singularidade do homem? Seria, então, excessivo dizer que a revolução anatômica é como a revolução cosmológica revirada? Em 1543, quando Copérnico propunha um sistema onde a terra natal do homem não era mais a medida e a referência do mundo, Vesálio apresentava uma estrutura do homem onde o homem era ele próprio, e somente ele, sua referência e sua medida. O humanista Copérnico desumanizava o lugar de onde é preciso ver o Cosmos na verdade. O humanista Vesálio fazia do corpo humano o único documento verídico sobre a fábrica do corpo humano. Quando Vesálio se interessa pela anatomia do cão ou do macaco, ao mesmo tempo em que pela do homem, é mais para confirmar a diferença do homem do que para atrair a atenção sobre analogias. Reportemo-nos à Carta-prefácio de 1543, onde Vesálio censura Galeno por ter desconhecido "a diferença infinitamente múltipla que existe entre os órgãos do corpo humano e os do macaco". É que o olho de Vesálio é um olho de médico e não de naturalista. É a serviço do homem que ele entende restaurar o conhecimento anatômico do homem.

Tudo concorre, na *Fabrica*, para atingir esse desígnio; a ligação estreita estabelecida por Vesálio, à maneira de Galeno, entre a estrutura e a função, e, consequentemente, a tarefa nova atribuída à nomenclatura e à iconografia: tornar sensível a subordinação da construção ao movimento, da forma à vida. Se o discurso do anatomista desmonta a fábrica do corpo, a imagem do gravurista restitui sua unidade dinâmica. E, aliás, a própria desmontagem se parece menos com uma divisão e dispersão de partes que com o esclarecimento progressivo de um conjunto. Sobre todos esses pontos, bem conhecidos, basta tomar nota dos julgamentos de Roth, Sigerist, Singer e dos exegetas da iconografia anatômica, de Choulant a Saunders, O'Malley e Premuda, passando por Jackschath.

Singer, em particular, insistiu justamente sobre o fato de que Vesálio não pode representar o corpo humano de outra maneira senão como uma totalidade orgânica em ação. Mas talvez seria marcar aí insuficientemente a distância que separa a anatomia vesaliana da anatomia moderna que ela tornou possível. O esqueleto, o despojo, o tronco aberto sobre as vísceras do abdômen, e até no Livro sete, a cabeça humana cujo cérebro aparece depois da ressecção da cúpula craniana, não são objetos anatômicos expostos. O homem de Vesálio fica um sujeito responsável de suas atitudes. A iniciativa da postura segundo a qual ele se oferece ao exame lhe pertence, e não ao espectador. O homem de Vesálio, homem do Renascimento, é um indivíduo, origem de suas determinações. Nesse sentido, embora ainda considerado como vivendo em harmonia com o Cosmos, esse homem se apresenta como dotado de espontaneidade e de uma espécie de autonomia orgânica.

Talvez haja mais. As pranchas anatômicas da *Fabrica*, sejam elas de Jean de Calcar, ou de algum outro aluno do Ticiano, por falta, sem dúvida, do próprio Ticiano, figuram o indivíduo humano sobre um fundo de paisagem singularizada, bem diferente de um meio anônimo. Sabe-se que há mais ou menos 60 anos Jackschath observou, pela primeira vez, que as paisagens desenhadas no pano de fundo das pranchas da miologia formam uma sequência contínua, e que Harvey Cushing identificou essa paisagem na região de Pádua. Ora, as termas em ruínas, as pontes, as torres, os campanários, os palácios no horizonte compõem aqui um ambiente de obras humanas. O homem de Vesálio vive num mundo humanizado que lhe remete às marcas de sua atividade. Ele é o homem da energia e do trabalho, o homem da valorização e da transformação da natureza, o engenheiro da Renascença em busca das leis do movimento e da utilização das forças motoras. Certamente, Singer teve razão de dizer que Vesálio, como Galeno, considera o homem mais em sua destinação do que na sua origem. Mas, nessa relação também, a diferença deve ser mantida. O homem de Galeno tira sua especificidade de sua razão, arte de todas as artes, e de sua mão, instrumento de todos os instrumentos, mas essa arte e esses instrumentos não podem senão imitar a natureza. A função eminente do homem é a contemplação, imitação da ordem universal.

Completamente outro é o homem de Vesálio, visto que completamente outro é Vesálio. Ser seu próprio demonstrador de anatomia, erguer sua mão à dignidade de um instrumento de ensino e mesmo de um instrumento de conhecimento (seria preciso lembrar a exortação aos estudantes de Bolonha em 1540: "*Tangatis vos ipsi vestris manibus et his credite?*" [Peguem vocês mesmos em suas mãos e acreditem nelas]), introduzir num tratado de anatomia a descrição minuciosa dos instrumentos e das técnicas de dissecção e de vivissecção não é conceber o conhecimento como uma operação e não mais como uma contemplação, apagar a fronteira de dignidade que separava a teoria da prática? Dir-se-á que Galeno não se privava de praticar dissecções e vivissecções animais? Quem não o sabe? Mas uma coisa é trabalhar para conhecer, e outra, considerar o conhecimento como um trabalho.

Privemo-nos, no entanto, de reproduzir uma vez mais o clichê bastante usado segundo o qual a Renascença científica, e a da anatomia em especial, consistiram em substituir a observação pela autoridade dos mestres e a experiência pelo raciocínio. Dizer que o conhecimento anatômico se tornou operativo por Vesálio não é fazer dele um empirista. Seria esquecer a passagem da Carta-prefácio onde ele faz justiça a esses médicos, menos limitados que os filósofos aristotélicos, embora igualmente confusos pelo esclarecimento de um erro de Galeno, e que acabam por se entregar às constatações da inspeção anatômica. Conduzidos pelo amor da verdade, eles acabam por conferir menos crédito aos escritos de Galeno que aos seus olhos e a raciocínios não ineficazes ("*suisque oculis ac rationibus non inefficacibus*"). Um raciocínio não ineficaz, isto é, que culmina em algum efeito, é uma experimentação geradora de seu fenômeno de controle. Finalmente, o frontispício da *Fabrica*, se virmos aí somente o que ele mostra com evidência, nos parece tão precioso que se não víssemos aí senão símbolos a decifrar ou personagens a identificar. O que é manifesto aqui é a identificação em um só homem de três personagens nas antigas Aulas de anatomia: *magister*, *demonstrator*, *ostentor* [o mestre, o demonstrador, o expositor]; é a transformação do conceito tradicional de ciência pela subordinação da explicação à prova, do inteligível ao verificável. Certamente Vesálio não tem o monopólio de uma originalidade que alguns até lhe disputam, como acontece às vezes quando muita erudição sufoca a admiração. Sabemos hoje tudo o que a Renascença da anatomia teria podido dever a Leonardo da Vinci. Mas trabalhamos com a história, que não é a ucronia. Em 1543, o homem que veio ao mundo no mundo de Copérnico foi o homem de Vesálio.

Porque o mundo de Copérnico começa com custo em 1543 a brilhar aos olhos da inteligência, o homem de Vesálio pode ainda ignorar que sua natureza de todo orgânica, distinto do mundo ainda que conferido a ele, está prestes a ser questionada. Ela o será efetivamente no dia em que o cosmos antigo e medieval, habitat do homem centrado sobre o homem, e como feito para ele, dará lugar ao universo cujo centro está em toda parte, e a circunferência em lugar nenhum. A partir do momento em que as mecânicas galileana e cartesiana serão tidas como modelo de uma ciência universal em seu objeto e homogênea em seu método, abolindo toda diferença ontológica entre as coisas do céu e as da terra, entre as coisas inertes e os seres vivos, então poder-se-á colocar a questão de saber se, em 1543, o renascimento da biologia humana se operou no mesmo sentido que a revolução astronômica. Essa biologia foi fiel, por meio de sua história até nossos dias, à lição de Vesálio, como a astronomia prolongou e enriqueceu o ensino de Copérnico? Convenhamos que os argumentos são muito fortes em apoio de uma resposta negativa. Desde o início do século XVII, com efeito, o desenvolvimento dos métodos e as aquisições menos contestadas da anatomia e da fisiologia parecem mais diretamente inspirados pelo espírito de Copérnico que pelo de Vesálio, no próprio domínio de Vesálio. A exemplo de uma cosmologia tornada positiva renunciando ao Cosmos, a antropologia tendia, para tornar-se positiva também ela, a rejeitar todo antropomorfismo no estudo do homem. Foi assim que os organismos em geral, e o do homem tanto quanto, foram progressivamente descritos e explicados, em sua estrutura e suas funções, como pontos de convergência de forças físicas, como concreções meio, e finalmente como seres não vivendo outra vida senão a que lhes impõe o ambiente material. A biologia se esforçou, em consequência, para se criar um vocabulário tal que se pudesse falar dos vivos sem falar da vida, sem apelar para outras línguas além das do físico ou do químico. Em resumo, a totalidade orgânica se dissolveu num universo obtido pelo descentramento: a abertura e a explosão do Cosmos. A desumanização da representação que o homem tinha de si mesmo acabou quando Darwin, atribuindo ao homem uma ascendência animal, veio dar um sentido positivo à fórmula de Buffon: "Sem os animais, a natureza do homem seria incompreensível". Assim, à luz da história, poder-se-ia querer concluir que havia, em 1543, um atraso da antropologia sobre a cosmologia, ou seja, que, em um universo completamente jovem, o homem de Vesálio restava um velho.

Com essa conclusão, às vezes formulada, é possível opor-se a partir de duas posições muito diferentes. Por um lado, poder-se-ia pretender que a ideia do homem que tentamos destacar da *Fabrica* é muito romântica para ser exata, que é preciso tomar ao pé da letra o termo de *Fabrica*, e que, exibindo as peças da construção do homem, Vesálio é o iniciador indiscutível dos métodos e dos progressos de uma antropologia que se tornou positiva, utilizando sempre melhor os métodos de decomposição e de análise das estruturas e das funções. Ao que nós oporíamos, por nossa vez, a repetição de nossas hesitações iniciais em subscrever uma ideia, ela também muito romântica, segundo a qual um começo, na história de uma ciência é uma espécie de germe orgânico contendo em potência todo o desenvolvimento ulterior. É, pois, por uma outra razão que tentamos defender, 400 anos depois da morte de Vesálio, essa ideia do homem publicada em 1543. Esse atraso que consistiria na fidelidade de Vesálio ao conceito de totalidade orgânica humana, no mesmo momento em que o conceito de totalidade cósmica, começa a cair em desuso, esse atraso aparente não poderia, ao contrário, ser interpretado como uma lembrança da situação fundamental do homem enquanto ele é esse vivente em que a relação do vivente com a vida chega, mesmo se confusa ou desastrosamente, à consciência de si? Nesse sentido, a ideia do homem concebida e ilustrada por Vesálio seria, longe de estar em atraso em relação ao seu tempo, em avanço sobre todos os tempos, isto é, essencial ao homem de todo tempo. Seria uma ideia cujo poder poderia apagar-se a ideia do homem se experimentando do interior como participante ativo desse movimento universal de organização, isto é, de retardamento ao crescimento da entropia, que é necessário, por bem ou por mal, continuar a chamar à vida? Não nos escusemos de ver na *Fabrica* de Vesálio bem mais que um documento capital para a história da medicina, um monumento de nossa cultura. Como os Escravos de Miguel Ângelo, morto também ele há 400 anos, os esqueletos e as escoriações da *Fabrica* se desenham em filigrana na imagem ao mesmo tempo nostálgica e profética que o homem continua a formar dele mesmo, inclusive quando não lhe é mais possível acreditar, o que pensava Vesálio, que ele seja a obra mais perfeita do "*Summus rerum Opifex*" [Supremo Criador das coisas], mesmo quando ele precisa seguir sua razão nos espaços de um universo sem amarras.

Em sua memorável obra sobre *A civilização do Renascimento na Itália*, Jacob Burckhardt cita um texto muito belo de Pico de Mirândola, extraído do *Discurso sobre a dignidade do homem* (escrito em 1489). O Criador disse ao primeiro homem:

> "Eu te coloquei no meio do mundo a fim de que possas mais facilmente passear teus olhares em volta de ti e melhor ver o que ele encerra. Fazendo de ti um ser que não é nem celeste nem terrestre, nem mortal nem imortal, eu quis te dar o poder de te formar e de te vencer a ti mesmo; tu podes descer até o nível da besta e tu podes elevar-te até te tornares um ser divino. Vindo ao mundo, os animais receberam tudo o que lhes é necessário, e os espíritos de uma ordem superior são desde o princípio, ou pelo menos logo após sua formação, o que eles devem ser e continuar na eternidade. Tu somente, tu podes crescer e te desenvolveres como tu o queres, tu tens em ti os germes da vida sob todas as formas."

Se nosso conhecimento do mundo de Copérnico nos interdiz hoje de subscrever o que nesse texto concerne à situação do homem no universo, que nossa admiração pelo Homem de Vesálio nos ajude a fortificar a certeza, aqui expressa, de que o homem possui nele "os germes da vida sob todas as formas".

# GALILEU: A SIGNIFICAÇÃO DA OBRA E A LIÇÃO DO HOMEM[1]

O ano de 1964 mal basta para as comemorações que lhe propõe uma excepcional conjunção, há 400 anos, de falecimentos e nascimentos ilustres, em uma época à qual nosso tempo deve reportar-se se ele quiser compreender-se. Em 1564, morreram Miguel Ângelo, Vesálio e Calvino; nasceram Galileu e Shakespeare.

Desses personagens ilustres uma comemoração atual não pode iluminar os mesmos traços, não pode ressuscitar a mesma presença. Para tomar só Shakespeare e Galileu, que diferença no que as sombras do passado dissimulam ao nosso olhar! Do primeiro temos uma obra da qual discutimos ainda para saber se ela deve mesmo lhe ser atribuída. É possível que Shakespeare, autor dramático, seja mais do que um só homem. Alguns de nossos contemporâneos pensam saber mais sobre Hamlet ou sobre Otelo do que sobre o inventor de seu personagem. Ao contrário, sobre Galileu Galilei, nascido em Pisa, filho de Vincenzo Galilei, nós temos a certeza de que o homem e a obra são um só, a prova disso está no processo a que submeteram o homem por causa da obra. Quando um tribunal obtém a confissão de um homem e o condena, é toda

---

1 A locução pelo quarto centenário do nascimento de Galileu, em 3 de junho de 1964, no Instituto Italiano, rua de Varenne, 50, em Paris. Primeira publicação nos *Archives internationales d'histoire des sciences*, XVII, 68-69, julho-dezembro 1964.

uma sociedade que lhe dá o mais possante e temível testemunho que ele possa desejar em sua existência separada, então, de sua realidade de indivíduo. Condenado como heterodoxo, Galileu foi consagrado como indivíduo. Indivíduo simbólico: demais, talvez. Não parece contestável, hoje, que o processo de Galileu contribuiu durante muito tempo para sobredeterminar os julgamentos feitos sobre o conteúdo e a significação da obra.

Mas esses homens, como, aliás, todos os que nasceram em 1564, têm para nós esse traço comum de terem vindo ao mundo sob o mesmo céu, percebido e concebido por todos os homens de então como uma abóbada real, de terem sido humanizados por uma cultura comum àqueles, bem raros, que pensam como Copérnico e, desde 1543, que a Terra gira em torno do Sol, e àqueles, quase todos, que pensam, como Aristóteles, que a Terra está fixa no centro do mundo. Eles concordam em celebrar a harmonia como a lei dos céus. Dir-se-ia que o Deus do Gênese inscreveu no firmamento um texto de cosmologia musical do qual os pitagóricos conseguiram descobrir o número e transmitir a lição. Essa visão do mundo no momento em que Galileu vem ao mundo, sobre essa terra da Itália que os pintores florentinos e venezianos dispõem sobre seus quadros segundo as proporções musicais, peçamos precisamente a Shakespeare que nos lembre.

No *Mercador de Veneza*, Lorenzo diz a Jessica:

> "Senta-te Jessica. Vê como a abóbada do céu está por toda parte incrustada de discos de ouro luminosos. De todos os globos que tu contemplas, não há nenhum até o menor que, em seu movimento, não cante como um anjo, em perpétua consonância com os querubins de olhos brilhantes de juventude! Uma harmonia semelhante existe nas almas imortais; mas enquanto essa argila perecível a cubra com sua roupa grosseira nós não podemos ouvi-lo".

Tais palavras nos tocam ainda, com certeza, mas, convenhamos, elas não nos dizem mais nada. E se elas não nos dizem mais nada, é porque, um dia, elas pararam de dizer alguma coisa a Galileu, porque um dia a linguagem e o cálculo de Arquimedes lhe tornaram estranhos a linguagem e o cálculo dos pitagóricos. Estejamos certos, entretanto, que tais palavras eram falantes para o pai de Galileu, Vincenzo, instrumentista e teórico da música, como elas o tinham sido para todos os seus antepassados Bonaiuti, de boa nobreza florentina.

Por isso o primeiro dever de nossa comemoração deve ser hoje um dever de esquecimento. Para bem apreender o sentido e medir a importância da obra científica de Galileu, é preciso tentar fazer-se uma alma não ingênua, mas sábia de um saber para nós ultrapassado, deposto, abolido, no esquecimento voluntário – e, aliás, quase impossível – do que, agora, nos parece ter sido sabido sempre, pelo retorno sistemático a uma maneira de pensar o mundo que a história do pensamento tornou histórica, isto é, subjetiva, ainda que coletiva. É necessário colocar-se na situação de homens tais que eles devessem considerar como erro e loucura, dissidência e impiedade, o que o homem moderno sabe por uma tradição que sustenta o progresso das provas, por uma familiaridade de cultura que sustenta a domesticação progressiva da natureza.

Um homem instruído, mesmo mediocremente, na época pré-galileana, tem o costume de ver o mundo através do saber de Aristóteles incorporado à teologia católica. Ele imagina o movimento de um móbile como determinado, não pelo ponto e pelo instante da partida e pela velocidade, mas pelo termo e pelo lugar de chegada para o qual o dirige uma espécie de apetite. Ele vê no movimento das coisas terrestres uma espécie de doença passageira que as afasta de seu estado fisiológico, o repouso. Ele pensa que a terra e os céus se opõem, quanto às regras de sua ordenação, tão totalmente como o fazem o que é corruptível e perecível, e o que é incorruptível e imutável. Ele garante que o movimento das esferas dá a chave de todos os outros. Essa oposição da terra e dos céus provoca essa consequência que conceitos tais como os de mecânica celeste e de física celeste, aos quais se prendem para nós os nomes de Newton e de Laplace, são impensáveis, absurdos.

Um homem instruído dessa época entende a totalidade dos seres pelo Cosmos, isto é, uma ordem onde cada ser tem uma qualidade que o situa naturalmente em uma hierarquia, o análogo de um organismo cujas partes são solidárias, feitas umas para as outras, um todo, por conseguinte, acabado, finito, fechado sobre si.

O lugar do homem em tal Cosmos é central. Ele ocupa o cume da hierarquia dos vivos porque sua razão, espelho da ordem, lhe fornece a contemplação do todo. Ele conhece o mundo ao mesmo tempo em que sabe como tudo no mundo tem relação com ele.

Esse conhecimento especulativo do mundo não tem o que fazer de acessórios mecânicos, de objetos técnicos para uso teórico, isto é, instrumentos. A Idade Média não conheceu outro instrumento além do astrolábio que é, em miniatura, uma projeção do céu. As lentes e até as lupas só serviram até então para corrigir a vista, e não para aguçá-la ou estendê-la. A balança é um instrumento de ourives ou de banqueiro, e ninguém tem a ideia de que pesar possa preparar para conhecer. De um modo geral, a vida dos homens não é uma matéria de cálculo. A medida do tempo pelos relógios com pesos e algumas raras exibições de relógios, a arte de dar a hora, concerne mais à vida religiosa do que à vida prática e à vida científica.

Antes mesmo do nascimento de Galileu algumas dessas evidências foram abaladas pela cosmologia heliocêntrica de Copérnico. Antes dos seus 15 anos, observações e cálculos de Ticho Brahe atropelaram outras certezas. Em 1552, Ticho observou uma estrela nova que apareceu nas paragens de Cassiopeia; em 1557, ele calculou a distância de um grande cometa em relação à Terra, e ele situou o cometa na esfera de Vênus. Então, o firmamento não seria um domínio ontológico estranho à novidade, e, no mundo perfeito das esferas, haveria lugar para corpos cujo movimento não é circular.

Não pode ser o caso aqui de refazer a história dos trabalhos e pesquisas de Galileu. Deve-se necessariamente supor conhecidos muitos textos e datas, e dar crédito ao nosso resumo do que ele contém sem exibi-lo. As pesquisas de Galileu se orientaram e ordenaram a partir de problemas e de conceitos precisos, herdados de um passado distante ou recente, em dois domínios compatíveis mais inicialmente separados, e entre os quais uma tentativa de junção sistemática só foi feita bastante tarde. Trata-se, por um lado, do estudo abstrato das condições de possibilidade do movimento, por outro lado, da cosmologia. Que haja inicialmente independência de dois domínios é o que trabalhos atualmente em curso[2] pensam poder concluir de dois fatos: 1º- não há, para Galileu, mecânica celeste propriamente dita; foi Newton e não Galileu quem fundamentou mecanicamente a astronomia kepleriana; 2º- os métodos seguidos nos dois domínios de estudo são diferentes: a pesquisa dos princípios de uma nova cosmologia procede por experiências de pensamento, isto é, por decomposição e recomposição de situações ideais; a mecânica racional se constitui por posição *a priori* de princípios cuja validação é pesquisada por dois caminhos, demonstração matemática primeiro, confirmação experimental em seguida.

Em Pisa, em Pádua, em postos universitários sem brilho, Galileu se aplica a igualar um modelo muito admirado por ele, "o divino Arquimedes".

Esse único projeto basta para situá-lo separado da filosofia e da física de sua época, já que ele implica, contrariamente à opinião dos aristotélicos, que a matemática pode ser uma chave para o conhecimento da natureza. Sem ter conhecido sua noite de entusiasmo, Galileu forma, antes de Descartes, o mesmo projeto que Descartes.

Em 1604, Galileu está em posse da lei que todos os escolares de hoje designam por seu nome, a lei que liga a duração da queda de um corpo ao espaço percorrido, a primeira lei de física matemática. Essa lei, que é para nós o fundamento da dinâmica, Galileu não publica: ele a comunica a alguns amigos, e em especial a Paolo Sarpi, numa carta. Não examinamos a razão e como Galileu se esforçou para deduzir uma relação verdadeira de um princípio que não podia implicá-lo. No primeiro dos seus *Estudos galileanos*, Alexandre Koyré tratou essa questão de maneira decisiva. Não examinamos também em que e até onde Galileu é primeiro tributário em suas pesquisas de dinâmica da teoria do *impetus* proposta pe-

---

2 Agora terminado, o estudo de Clavelin vai ser publicado sob o título *A filosofia natural de Galileu*. Paris: A. Colin, 1968.

los nominalistas parisienses do século XIV (Jean Buridan, Albert de Saxe, Oresme), admitida por Leonardo da Vinci, Cardan, Benedetti e Tartaglia. Parece que, sobre esse ponto, Pierre Duhem, o estudioso autor dos *Estudos sobre Leonardo da Vinci* e do *Sistema do mundo*, com sua preocupação legítima de reabilitar a ciência medieval, aumentou a dívida de Galileu para com seus predecessores. Devemos somente destacar a novidade radical, revolucionária, do conceito que Galileu introduz em física: o movimento é um estado das coisas que se conserva indefinidamente. Por essa mesma razão, não há que procurar causas para o movimento, mas somente causas da variação do movimento de um corpo. Eis descoberto e definido por Galileu *o primeiro invariante científico de expressão matemática.*

Não é, entretanto, por essa lei que Galileu se revela aos seus contemporâneos em sua singularidade suspeita. A maior parte dos historiadores está de acordo. Até seus 45 anos, Galileu é conhecido como um dos Engenheiros e Mecânicos da época, hábil em gnomônica, fortificação, hidráulica, e muito apreciado, como tal, pelo Senado da República de Veneza. Mas, em 1610, ele publica o *Sidereus nuncius* (O mensageiro sideral). Essa mensagem das estrelas, captada e publicada por Galileu, se sustenta em algumas palavras: Aristóteles se enganou, Copérnico tem razão.

Há muito tempo Galileu pensava que Copérnico tinha razão, e há pelo menos 13 anos que ele o tinha escrito a Kepler, mas antes de se pronunciar publicamente ele queria trazer em apoio do heliocentrismo provas físicas e não somente matemáticas, entendamos por aí óticas e cinemáticas. Essas provas, o *Sidereus nuncius* obtinha da utilização especulativa de um aparelho de ótica, o *perspicillum*, a luneta de aumento. A invenção do telescópio, no sentido técnico, tem origens discutidas. Mas a invenção do uso teórico da invenção técnica pertence a Galileu.

Eis, pois, *o primeiro instrumento de conhecimento científico.* E é importante observar que Galileu inventou o uso científico da luneta em sua dupla aplicação para a grandeza astronômica e para a pequenez biológica. O gosto de Michelet pelas simetrias simbólicas o conduziu, em seu livro sobre o *Inseto*, a comparar Swammerdam a Galileu: "Ninguém ignora que em 1610, Galileu, tendo recebido da Holanda a lente de aumento, construiu o telescópio, o apontou e viu o céu. Mas sabe-se menos comumente que Swammerdam, apoderando-se com engenhosidade do microscópio esboçado, o virou para baixo e primeiro entreviu o infinito vivo, o mundo dos átomos animados. Eles se sucedem. Na época em que morre o grande italiano, nasce esse holandês, o Galileu do infinitamente pequeno". Que Michelet não leve a mal, mas o Galileu do infinitamente pequeno foi antes o próprio Galileu Galilei.

Quais são os argumentos físicos que o olho de Galileu, aplicado na luneta, descobriu nos céus? Essencialmente dois. Primeiro a descoberta dos satélites de Júpiter. Demos a palavra a Galileu; depois de ter justificado pela persistência das relações de distância a afirmação de que as estrelas observadas completam com Júpiter uma revolução em volta do centro do mundo, ele acrescenta: "Os fatos são de natureza a dissipar os escrúpulos daqueles que, tolerando no sistema de Copérnico o movimento dos planetas em volta do Sol, se confundem com a ideia do movimento de uma Lua em volta da Terra durante o curso de um movimento comum dos dois astros em volta do Sol, a ponto de considerar como impossível a constituição que esse sistema atribui ao Universo." O segundo argumento é o fato de que o telescópio não aumenta a grandeza das estrelas fixas tanto quanto o fazem outros objetos. Nessas condições, a redução do diâmetro visível faz cair uma objeção de Ticho Brahe ao heliocentrismo coperniciano: não é mais necessário supor para as estrelas fixas uma grandeza incomparável à do sistema solar.

Por outro lado, o que o telescópio reduz em grandeza, ele o multiplica em número. As constelações se enriquecem. A via láctea e as nebulosas se revelam amontoados de estrelas inumeráveis. Quem acreditaria a partir de agora que essas estrelas inacessíveis ao olhar humano só foram criadas para o homem? Somente retenhamos aqui essas novidades de um novo mundo, esqueçamos tudo o que a observação da Lua traz de peso para a assimilação da Terra a uma Lua, isto é, a um satélite. E perguntemo-nos por que esses argumentos físicos, bons ou maus, são chamados por Galileu a sustentar *a verdadeira primeira revolução de pensamento que possa ser dita científica*?

Sem dúvida, é mesmo, em 1543, o *De revolutionibus orbium cælestium* que anuncia o fim da era do Cosmos, do mundo finito, era que compreende, como o mostrou Alexandre Koyré, a Antiguidade e a Idade Média. Fim do mundo finito, fim do reino da terra materna do homem, pedra de estabilidade e de segurança, referência para todos os lugares e refúgio depois de todos os desvios.

Sim, é 1543 que anuncia, mas 1610 e 1613 (Cartas sobre as Manchas do Sol) que proclamam "o grande sistema coperniciano, doutrina cuja revelação universal se anuncia presentemente por brisas favoráveis que deixam pouco a temer das nuvens ou ventos contrários". Por que Copérnico nos Infernos deveria esperar Galileu para saber que ele tem não somente o direito, mas o dever de ser coperniciano?

A cosmologia da Idade Média compunha a física de Aristóteles e a astronomia matemática de Ptolomeu que se afastava dela de fato e em projeto. De fato, porque na *Composição matemática* ou *Almageste* os movimentos dos planetas são descritos por uma combinação de epiciclos e de excêntricos, isto é, de círculos tendo seu centro sobre círculos cujo centro não coincide com a Terra. Em projeto porque essa astronomia matemática repousa sobre hipóteses, isto é, suposições de movimentos circulares uniformes cuja combinação pode complicar-se de maneira a salvar as aparências, isto é, a coincidir com a observação dos fenômenos. Ao contrário a astronomia física, cujo modelo inicial é o *De cœlo* aristotélico, exige que as hipóteses estejam de acordo com a essência das coisas. Hipóteses diferentes, mesmo se elas explicam semelhantemente as mesmas aparências, não poderiam ser equivalentes, visto que uma única dentre elas tem um fundamento na natureza. Quando se admite que o movimento é determinado absolutamente pelo lugar natural do móbile, que o repouso é absoluto, que o alto e o baixo são absolutos, pensa-se que a concordância dos princípios do conhecimento com as coisas é ditado pelas próprias coisas.

Ptolomeu não era aristotélico, ele era matemático: a norma da escolha de suas hipóteses era a simplicidade da descrição das aparências. É por ser, nesse último ponto, mais ptolomeano que o próprio Ptolomeu que Copérnico abandonou o geocentrismo aristotélico, do qual até então a astronomia matemática se tinha acomodado por bem ou por mal. Mas, ao mesmo tempo, Copérnico não apresentava sua teoria por uma hipótese matemática, mas por uma tese conforme aos princípios da física, aos princípios da física de Aristóteles, é verdade. Ora, o *De revolutionibus* foi publicado, Copérnico estando à beira da morte, por Osiander, autor de um Prefácio destinado a atenuar o efeito produzido sobre os filósofos e os teólogos por uma doutrina que adiantava o heliocentrismo não como uma ficção, mas como a realidade. Esse Prefácio apresentava o *De revolutionibus* como uma hipótese de matemático. Kepler sempre protestou contra essa interpretação, e Galileu aprovou Kepler em uma carta de 1597.

De fato, a catolicidade não se alarmou no começo pelo tratado de Copérnico. O Concílio de Trento não deu uma palavra contra o heliocentrismo. Muitos amigos eclesiásticos de Copérnico e muitos astrônomos jesuítas aderiram ao heliocentrismo como hipótese matemática fundamentada sobre a relatividade ótica do movimento. No momento mesmo da primeira condenação de 1616, o Cardeal Bellarmino reconheceu que a hipótese de Copérnico "salva ainda mais as aparências que os excêntricos ou os epiciclos", sob reserva, é claro, de não afirmar que "o Sol, em absoluta verdade, está no centro do Universo e gira somente sobre seu eixo". Se alguém clamou escândalo e sacrilégio, antes mesmo da publicação do *De revolutionibus*, foi Lutero: "Esse imbecil", disse de Copérnico, "quer colocar toda arte da astronomia às avessas."

Essa chamada de concepções e de posições era indispensável para a inteligência da atitude de Galileu e a apreciação objetiva das condições nas quais intervieram o aviso de 1616 e a condenação de 1633.

Galileu refutou a interpretação de Copérnico por Osiander, aquela com a qual se conformavam os filósofos aristotélicos e os teólogos católicos. Fiel a Copérnico, ele se fixou como missão estabelecer que o heliocentrismo é verdadeiro de uma verdade física. Mas seu gênio próprio é de ter percebido que a nova teoria do movimento, a dinâmica galileana, fornecia um modelo das verdades físicas ainda a promover, verdades que fundamentariam a astronomia coperniciana como refutação radical e integral da física e da filosofia aristotélicas. Foi prosseguindo essa missão que Galileu obrigou a Igreja a condenar Copérnico em sua pessoa (em 1616 e em 1633).

Não vamos refazer a história das circunstâncias nas quais o santo ofício proibiu uma primeira vez Galileu de confessar a verdade segundo Copérnico, e uma segunda vez lhe impôs a abjuração do heliocentrismo. A notável obra publicada, há uns 10 anos, por Giorgio de Santillana, parece colocar sobre essa questão toda luz compatível com o estado atual da informação. Nós queremos, quaisquer que tenham sido os motores e as razões dos adversários, compreender os motores e as razões de nosso protagonista.

Concedemos àqueles que o levantaram que os argumentos *físicos* de Galileu, seja na época do *Sidereus nuncius*, seja, mais tarde, nas *Cartas sobre o movimento das marés*, ou no *Diálogo sobre os dois principais sistemas do mundo*, que pôs, em 1632, realmente fogo na pólvora pontifical, não tinham o valor probatório que ele lhes atribuía, que, em especial, Galileu não conseguia trazer a prova buscada por Ticho Brahe em apoio do movimento terrestre: o desvio para o oeste de um corpo caindo em queda livre. Sobre esse assunto e para o conjunto da obra, assim como para a mecânica tanto quanto para a cosmologia, Alexandre Koyré fez uma atualização cuja nitidez, vinda de um espírito tão matizado quanto rigoroso, deve provocar reflexão. Se entendemos por experiência, a experiência usual, pragmática, a física aristotélica se conforma mais com a experiência do que a física galileana; se entendemos por experiência a experimentação instituída em função de uma explicação hipotética, nenhuma das experiências de Galileu (e sabe-se hoje que ele fez muito menos do que se lhe atribuía quando se fazia seu retrato tomando Bacon como modelo) conseguiu confirmar as antecipações do cálculo, nenhuma conseguiu convencer estudiosos no entanto tão pouco aristotélicos quanto ele. É bem verdade que na segunda metade do século XVII o sistema de Copérnico estava longe de fazer unanimidade. Por um lado, ele não era tido como muito mais simples que o de Ptolomeu, garante-se até que ele comporta de fato 8 epiciclos a mais (48 contra 40); por outro lado, a prova física que devia impô-lo, a medida dos paralaxes das estrelas fixas, prova que Kepler não tinha conseguido dar, por falta de instrumentos astronômicos, e que ele tinha sugerido a Galileu pesquisar, essa prova só foi parcialmente fornecida por Bradley em 1728 e completamente somente no século XIX. Pascal não era um amigo dos jesuítas, frente aos quais a *XVIII^e Provinciale* lança a condenação de Galileu:

> "Foi também em vão que vós obtivestes contra Galileu esse decreto de Roma que condenava sua opinião referente ao movimento da Terra. Não será isso que provará que ela fica em repouso; e se fizéssemos observações constantes que provassem que é ela que gira, todos os homens juntos não a impediriam de girar e não se impediriam de girar com ela."

Pascal fala no condicional: *se fizéssemos* observações constantes. Não foi ele quem escreveu, em 1647, ao Papai Noel:

> "Todos os fenômenos dos movimentos e retrogradações dos planetas acontecem perfeitamente com as hipóteses de Ptolomeu, de Ticho, de Copérnico e de muitos outros que se pode fazer, de todas as quais uma somente pode ser verdadeira. Mas quem ousará fazer um discernimento tão grande, e quem poderá, sem risco de erro, sustentar uma em prejuízo das outras...?"

Quem se espantaria a partir de então com o célebre *Pensamento 218* (da edição Brunschvicg): "Eu acho bom que não se aprofunde a opinião de Copérnico."

E, no entanto, diremos com Alexandre Koyré, é Galileu que está com a verdade.

Estar com a verdade não significa sempre dizer a verdade. E é aqui que a lição do homem virá esclarecer a significação da obra.

Pelo fato de a Igreja romana ter esperado 73 anos antes de condenar, em 1616, o heliocentrismo, pelo fato de a segunda condenação de 1633 não obrigar a maior parte dos soberanos da Europa (entre os quais o rei da França) a proibir sua difusão, que muitos religiosos puderam dizer-se sem erro convencidos pelas teorias de Galileu, vários historiadores das ciências tentaram apresentar o caso Galileu como um acidente que a Igreja tinha feito de tudo para evitar e que um homem menos orgulhoso, menos obstinado e menos agitado que Galileu poderia ter-se poupado, à cristandade e à história. Uma certa filosofia das ciências de inspiração pragmatista reforçou nesse ponto a indulgência muito natural dos historiadores católicos a propósito das decisões da Igreja. Dado que a hipótese heliocêntrica era para Copérnico e continuava para Galileu uma hipótese de cinemática, Henri Poincaré escrevia em 1906 em *A ciência e a hipótese*: "Essas duas proposições: 'a Terra gira' e 'é mais cômodo supor que a Terra gira' têm um único e mesmo sentido; não há nada de mais em uma do que na outra."

Poder-se-ia então não dar razão nem a Galileu nem ao Cardeal Bellarmino. O curioso é que, por razões de mesma natureza, numa obra publicada em 1958 e traduzida em francês em 1960 sob o título *Os sonâmbulos*, Arthur Kœstler tenta estabelecer que, privado de argumentos físicos válidos, Galileu engajou na batalha pró-coperniciana não sua ciência, mas seu prestígio social:

> "Ele tinha dito que Copérnico tinha razão e quem quer que fosse de outra opinião injuriaria a autoridade do maior sábio da época. Eis o que, essencialmente, impulsionava Galileu a bater-se, perceberemos isso cada vez mais. Nem por isso seus adversários ficam desculpados; mas o fato tem sua importância quando se pergunta se o conflito era historicamente inevitável." (p. 420)

O autor de *Um testamento espanhol* e do *Zero e o infinito*, que, no entanto, fez a experiência e a teoria das dissidências ideológicas e de suas consequências, pondera, ao longo de toda uma obra – não sem interesse, até histórico, aliás – como Pierre Duhem, historiador da ciência defensor da fé:

> "A lógica estava do lado de Osiander e de Bellarmino, não do lado de Kepler e de Galileu. Os primeiros somente tinham compreendido todo o alcance do método experimental."

A rigor, uma interpretação pragmatista e nominalista das teorias científicas podia sustentar-se antes da física de Einstein e de Planck. Kœstler parece ignorar que ele goza, no meio do século XX, de menos liberdade que Pierre Duhem.

Aceitando o compromisso que consistia em sustentar o heliocentrismo como uma hipótese sem perigo para a Escritura, para a reputação de Josué e para os dogmas, Galileu, pensa Kœstler, teria confessado não possuir nenhuma prova e se teria feito ridicularizar! Donde sua obstinação.

Kœstler, depois de muitos outros, não se deu conta de que o que constituía para Galileu a *prova* estava bem além das algumas observações que ele tinha podido trazer, e, aliás, bem além das que seus adversários lhe pediam porque eram essas que eles podiam compreender: provas de tipo aristotélico, referências absolutas, movimentos naturais, causas formais e qualidades. Ora, não era somente o Cosmos dos pagãos acordado com as Sagradas Escrituras dos cristãos que a ciência de Galileu fazia explodir, era toda a cultura e a mentalidade que o Cosmos representava. Galileu era sincero sem deixar dúvida quando se propunha a chegar a demonstrar a compatibilidade do verdadeiro segundo Copérnico e do verdadeiro segundo a Escritura, mas ele também via bem por que não podia ser compreendido:

> "Seria necessário demonstrar com provas irrefutáveis, diz ele, numa *Carta a Dini*, que ela (a teoria de Copérnico) é verdadeira e, então, que seu contrário não poderia sê-lo de maneira alguma. Mas como posso fazê-lo, e como todos esses esforços não seriam eles vãos, se me fecham a boca, se esses peripatéticos que é preciso persuadir se mostram incapazes de compreender os raciocínios mesmo os mais simples e fáceis?"

Vê-se, aqui, a prova de que Galileu tinha consciência de poder trazer, se o deixassem trabalhar em paz, era um futuro de sua ciência, o desenvolvimento da ciência nova, a convergência da matemática, da astronomia e da física. A prova era a promessa de igualar com as dimensões do universo o poder do cálculo que tinha permitido enunciar a primeira lei de física matemática. O trágico da situação de Galileu é que, sendo mais aristotélico do que acreditava, ele não se tinha dado conta de que Kepler lhe fornecia argumentos do mesmo tipo e valor em astronomia que os que ele próprio julgava certos em física. Kepler lhe havia enviado, em 1609, a *Astronomia nova*, que contém as duas primeiras leis (órbitas elípticas; lei das áreas). Mas Galileu continuava circularista em cosmologia, a elipse não era para ele senão uma anamorfose do círculo. Aliás, Kepler, antes de Newton, era tão obscuro para todos, e primeiro para ele mesmo, por sua confissão, que o recurso a Kepler teria, sem dúvida, criado para Galileu mais embaraço que ajuda.

A única questão que temos de nos fazer hoje me parece ser a seguinte. Galileu errou ou teve razão de esperar e de prometer aos seus adversários, sem provas suficientes, a prova que hoje todas as provas constituem, presumidas por ele, mas imprevisíveis para todos, de seu sistema? Galileu errou ou acertou sendo, em consequência, abrupto, altivo, intransigente na presença de adversários dos quais muitos desejavam o compromisso?

A essa questão eu respondo, no que me concerne, que Galileu teve razão. A lição do homem é ter subordinado sua vida à consciência que ele tinha do sentido de sua obra. Obrigando-se a produzir provas, se lhe dessem tempo, Galileu tinha consciência por ideia clara do poder de seu método, mas assumia para ele, em sua existência de homem, uma tarefa infinita de medida e de coordenação de experiências que demanda o tempo da humanidade como sujeito infinito do saber. Ora, sabemos hoje que essa intuição da fecundidade da física matemática era profundamente justa. A ciência da natureza é progressiva, ela alia o que Galileu fez surgir à dignidade de ciência: a matemática e a instrumentação, ela cria, por ruptura com o seu passado, à imagem da ruptura galileana, mas sucessivamente renovada, um novo espírito científico. Como, então, acharíamos condenável ou somente lamentável que aquele que instituiu a ciência moderna em seu objetivo e seu método tenha dado mostra de teimosia a ponto de ser conduzido ao impasse em que sua resistência cede?

Sabe-se bem que foi no século XVIII que Galileu se tornou um símbolo. Historiadores procuram aí a razão do sentido que se deu mais frequentemente ao caso Galileu: o pensamento livre perseguido pela intolerância. De fato, não é somente a hostilidade à teologia e ao clericalismo que estão em causa. Mas é também e principalmente porque se tem, então, o recuo indispensável para compreender que a ciência de Newton, modelo de toda ciência na época, leva a cabo a ciência de Galileu. Em 1684, os *Princípios matemáticos da filosofia natural* confirmam e justificam o que tinha começado e preparado o enunciado, em 1604, da lei do movimento acelerado. No século XVIII somente se pode compreender que a resistência de Galileu, homem, ao convite ao compromisso era o emblema da resistência de sua dinâmica na crítica científica.

Desde o século XVIII a história do caso Galileu é muito bem retraçada na obra de Santillana. A ótica muda com o tempo e o lugar, isto é, o campo. Em um sentido, certas apreciações sectárias ou parciais foram justamente retificadas. Num outro sentido, é inquietante constatar a que ponto as soluções de compromisso têm o favor de certos historiadores. Parece, no entanto, que, hoje, e depois de alguns casos recentes em que a ciência e o poder político entraram em conflito aqui e acolá, se possa suspeitar toda sociedade, de fato de segregar as condições de possibilidade de situações análogas à que viveu dolorosamente o homem de quem nós comemoramos o nascimento. É, sem dúvida, uma razão suplementar para não deixar desnaturar o sentido do combate de Galileu, para não favorecer exegeses históricas ou epistemológicas que parecem, hoje ainda, reconhecer as palavras amargas e lúcidas de Galileu no fim de sua vida: "É difícil para um homem perdoar a injustiça que ele sofreu."

## FONTENELLE, FILÓSOFO E HISTORIADOR DAS CIÊNCIAS[1]

Compondo o *l'Eloge* de Cassini, Fontenelle escreveu sobre o ilustre astrônomo que ele morreu com a idade de 87 anos e meio, "sem doença, sem dor, somente pela necessidade da velhice". Fontenelle devia retardar, ainda mais que Cassini, o instante de morrer somente pela necessidade de fazê-lo, não tendo experimentado a não ser em seu último momento o que ele chamou, tão profundamente quanto espiritualmente, "uma dificuldade de ser". Todos os seus biógrafos concordam em reconhecer que, nascido com uma complexão frágil, não conheceu, no entanto, nenhuma doença considerável, nem mesmo a varíola.

Sem dúvida, haveria excesso em atribuir ao zelo cartesiano de Fontenelle a rara fortuna que nos permite celebrar ao mesmo tempo, com um mês mais ou menos de diferença, o terceiro Centenário de seu nascimento e o segundo Centenário de sua morte. Em todo caso, dando esse exemplo de longevidade, o autor de *La pluralité des mondes* e de *La théorie des tourbillons cartésiens* realizava, sem querer, um sonho tenaz e profundo do autor do *Discurso do método*, a ambição de isentar todos os homens "de uma infinidade de doenças tanto do corpo quanto do espírito, e até, quem sabe, do enfraquecimento da velhice".

---

1 Extraído dos *Annales de l'Université*, XXVII, 3: Homenagem à memória de Fontenelle, julho-setembro de 1957.

Eis a razão pela qual, quando Fontenelle disse de Malebranche moribundo que "sua dor se acomodou à sua filosofia", não conseguiríamos dizer dele mesmo, invertendo seus termos, que sua filosofia se acomodou à sua dor. Essa filosofia parece não ter tido de superar nenhuma provação íntima, nem mesmo de ordem intelectual. Aristóteles pensava que a filosofia começa com o espanto. Mas de Fontenelle a Marquesa de Lambert pôde escrever: "É um espírito sadio, nada o espanta, nada o altera... um filósofo feito pelas mãos da natureza, porque ele nasceu o que os outros se tornam."

Não examinaremos se um filósofo sem drama e sem conflito seria ainda hoje tido como autêntico. O que devemos a Fontenelle, neste dia de celebração, é escutar sua lição mais do que fazê-lo ouvir a nossa.

Celebrar Fontenelle é, para nós, tomar consciência do fato de que há 200 anos, e mais de 100 anos depois da morte de Descartes, se podia morrer cartesiano, sem, no entanto, por essa razão, excluir-se não da filosofia, é verdade, mas da ciência. É verdade que o cartesianismo de Fontenelle admitia nuances. Pronunciando o elogio do biólogo Hartsœcker, "cartesiano em excesso", Fontenelle aconselhava: "É preciso admirar sempre Descartes e segui-lo algumas vezes." Tendo principalmente retido da filosofia cartesiana o desprezo da autoridade, Fontenelle podia, no próprio terreno do seu mestre, tomar distância em relação a ele. Essa liberdade de comportamento se deve essencialmente ao fato de que Fontenelle e seus contemporâneos tinham transformado, em sua medida, o sentido da questão cartesiana. Salta aos olhos que esse cartesianismo de fidelidade flexível nas consequências matemáticas e cosmológicas do sistema está bastante distante de um cartesianismo de identificação restrita com os passos metafísicos iniciais. Julgamos hoje que a questão propriamente cartesiana dizia respeito à certeza, donde a batalha da dúvida hiperbólica. Mas Fontenelle não experimenta inquietude quanto à certeza, somente algumas exigências quanto à clareza. Em sua filosofia, a ciência não conhece crise de fundamentos, e as dificuldades são aí chamadas, elegantemente, de "espinhos". Para reter só o principal espinho da época, o que se refere ao infinito, vemos Fontenelle, em *A pluralidade dos mundos*, como nos *Elementos da geometria do infinito*, falar disso com bastante serenidade. Certamente, ele reconhece ao infinito, na ciência dos antigos, a dignidade de um mistério diante do qual o espírito é escusável de ter experimentado timidez ou pavor, e também convém que a despeito do cálculo de Newton e de Leibniz "toda essa matéria é cercada de trevas bastante espessas". Mas a maneira como ele próprio esclarece essa questão é bem digna de ser lembrada. Ele afasta a ideia de um infinito geométrico de suposição, isto é, a ideia de um artifício cômodo que se elimina como um meio doravante inútil quando ele forneceu a solução procurada. Ele toma o infinito matemático como real: "Tudo o que ela (a geometria) concebe é real da realidade que ela supõe em seu objeto. O infinito que ela demonstra é, pois, tão real quanto o finito." Ora, esse infinito geométrico, "grandeza maior que toda grandeza finita, mas não maior que toda grandeza", é o que faz aparecer o infinito metafísico como "um puro ser de razão, cuja falsa ideia só serve para nos confundir e nos perder". Vendo Fontenelle tomar o infinito metafísico como um conceito derivado e de suposição, compreendemos que as *Meditações metafísicas* de seu mestre Descartes não eram seu livro de cabeceira. Se ele tivesse aprendido de Descartes que temos em nós a noção do infinito "antes que a do finito", ele não teria escrito que "a própria ideia do infinito só é tomada do finito de que eu tiro os limites". E não nos surpreendamos que Fontenelle se espante pelo fato de Leibniz parecer "ter um pouco titubeado" diante do infinito, isto é, hesitado a admitir a realidade de infinitos matemáticos de diferentes ordens. Leibniz sustentava, com efeito, que não há número infinito se o tomarmos por um todo verdadeiro; ele louvava os autores que tinham distinguido o infinito sincategoremático e o infinito categoremático; ele dizia que "o verdadeiro infinito, a rigor, não está senão no *absoluto*, que é anterior a toda composição, e não é formado pela adição das partes".

Inversamente, Leibniz podia censurar Fontenelle (*Sistema novo da natureza*, 1695) por não ter sabido fazer sentir aos leitores das *Conversações sobre a pluralidade dos mundos* a distância infinita entre a arte divina e a arte do artesão, entre as máquinas naturais e as máquinas montadas pelo homem, por não ter estabelecido entre elas senão uma diferença do grande ao pequeno, e por ter concluído que, vendo a natureza de perto, nós a achamos menos admirável do que se acreditava, e bastante parecida, em suma, a uma oficina de operário. E é verdade que a noite estrelada inspira à alma de Fontenelle sentimentos menos sublimes que a tantos outros. O firmamento onde se inscreve a pluralidade dos mundos o encanta da mesma maneira que o faria alguma sombria beleza. O silêncio dos espaços infinitos o convida a fruir do repouso e das liberdades do devaneio. Sob essa abóbada celeste que o cálculo humano fez eclodir, lançando em distâncias desiguais na imensidão do universo, tantos sóis quantas estrelas, tantos turbilhões quantos centros possíveis para mundos análogos ao nosso, sob essa abóbada Fontenelle passeia como "curioso", respirando "com mais liberdade" e "num ar mais livre", e tirando essa conclusão de que "os raciocínios matemáticos são feitos como o amor", onde, desde que aceitamos algum princípio, nos encontramos levados a concordar mais, "e, no fim, isso vai longe". Entre a vertigem pascalina e a veneração kantiana, admiremos Fontenelle por ter encontrado na nova física do céu "ideias rindo sozinhas, que, no mesmo tempo em que elas contentam a razão, dão à imaginação um espetáculo que lhe agrada tanto quanto se ele fosse feito de propósito para ela".

Mas seria injusto não conceder a Fontenelle que ele soube prolongar o eco do ensinamento cartesiano para tudo o que concerne menos ao método propriamente dito, com suas exigências matemáticas específicas, que a um certo estilo do pensamento. De Descartes Fontenelle conservou o desprezo da lógica silogística usual: "O que se chama comumente a lógica sempre me pareceu uma arte bastante imperfeita: você não aprende aí nem qual é a natureza da razão humana, nem quais são os meios de que ela se serve em suas pesquisas, nem quais são os limites que Deus lhe prescreveu, ou a extensão que ele lhe permitiu, nem os diferentes caminhos que ela deve tomar segundo os diferentes fins a que ela se propõe." De Descartes Fontenelle aprendeu uma nova forma de rigor intelectual: "O que um antigo demonstrava divertindo-se causaria, no momento atual, muita dificuldade ao pobre moderno; porque com que rigor não fazemos os raciocínios!... Antes de Descartes, raciocinava-se mais comodamente; os séculos passados são bem felizes por não terem tido aquele homem. Foi ele, ao que me parece, que trouxe esse novo método de raciocinar muito mais estimável que sua própria filosofia, de que uma boa parte se revela falsa ou muito incerta, segundo as próprias regras que ele nos ensinou." Façamos aqui um desconto a Fontenelle das dívidas quanto ao rigor que alguns leitores da *Géométrie de l'infini* colocaram em sua conta. Ele se desculpou dizendo que oito pessoas somente na Europa podiam compreender sua obra, e que ele mesmo não era um deles. Como Descartes, enfim, Fontenelle vê no método e no exercício da razão, negativamente, um meio de defesa contra o parasitismo das ideias, contra a presença no entendimento de julgamentos que ele próprio não formou e escolheu, e positivamente um meio de apropriação das ideias por um eu consciente de suas conexões e de sua ordem, um eu em quem a ciência não é somente posse e uso, mas cultura: "A verdadeira causa que impede de acreditar na palavra de um autor é que o que ele quer me fazer crer é estranho ao meu espírito, e não nasceu aí como no dele. Uma opinião que eu fiz por mim mesmo está na minha cabeça em todos os princípios..."

É aqui o caso de se perguntar se houve ou não inconsequência da parte de Fontenelle em procurar a caução de Descartes para uma certa filosofia da história da ciência. Da recusa dos direitos da autoridade em matéria de ciência, Fontenelle conclui com o progresso histórico das condições de afirmação do verdadeiro. Mas, poderíamos pensar, não haveria abuso em prolongar em filosofia historizante uma filosofia fundamentalmente anti-historizante? Só receber a verdade do testemunho da evidência e da luz natural não seria tirar da verdade toda dimensão histórica, não seria fundamentar a ciência sob um certo aspecto de eternidade? Pode-se pensar, inversamente, que Fontenelle teve o grande mérito de perceber uma significação completamente diferente da revolução cartesiana. Porque não é duvidoso que a dúvida cartesiana, comandando, frente à física antiga e medieval, uma recusa de comentar, uma recusa de herdar, e, então, uma recusa de consolidar, erigindo contra elas outras normas de verdade, fazia cair essa ciência em desuso, em passado ultrapassado. Fontenelle, então, viu que a filosofia cartesiana, quando ela matava a tradição, isto é, a continuidade não refletida do passado e do presente, fundava, ao mesmo tempo, em razão, a possibilidade da história, isto é, a conscientização de um sentido do devir humano. Deixando de tomar o passado como juiz do presente, tornava-se o passado testemunho, em todos os sentidos do termo, de um movimento que o ultrapassava e o depunha em face do presente. Fontenelle percebeu que para que se possa falar dos antigos, que fosse o caso de louvá-los, é preciso que os antigos deixem de ser vivos, deixem de ser presentes, é preciso que os modernos tomem distância em relação a eles.

Acontece que Fontenelle justifica o sentido histórico por um meio paradoxal em vista do fim. Se ele afirma que os modernos podem não somente igualar os antigos pela invenção de novas soluções a novos problemas, mas devem também ultrapassá-los nos terrenos que percorreram, é porque a natureza, segundo ele, continua sempre igual a ela mesma, porque ela produz homens com capacidade intelectual invariável. Para fundamentar a ideia do progresso intelectual, Fontenelle inventa e invoca uma espécie de princípio, bem cartesiano na forma e no espírito, um princípio de conservação da quantidade de gênio. A história do espírito, escrita a Fontenelle, não é uma história catastrófica. E poder-se-ia, de início, pensar que é porque ela repousa sobre um paralelismo total entre a cultura e a natureza. Mas não é tão simples. Entre a natureza e a cultura, o paralelismo estabelecido pela analogia da idêntica fecundidade da primeira e do incessante progresso da segunda acaba no momento em que o espírito humano chegou a sua idade de virilidade, na época das luzes. Como Pascal, Fontenelle pensa que todos os séculos de cultura são comparáveis a um só homem que teve sua infância, dócil aos prestígios da imaginação, e que acaba de entrar em sua idade adulta. Mas a comparação fica por aí. "Eu sou obrigado a confessar", diz Fontenelle, "que esse homem não terá velhice..., isto é, que os homens não degenerarão jamais e que as visões sadias de todos os bons espíritos que se sucederão se acrescentarão sempre umas às outras." Vê-se que se Fontenelle anuncia, sob algumas relações, a teoria de Auguste Comte sobre a correspondência da lei dos três estados do espírito no indivíduo e na espécie humana, como também sobre o caráter definitivo da idade científica ou positiva, alguma filosofia da história mais dialética, hegeliana ou marxista, teria perguntas a fazer-lhe.

Esse otimismo histórico inspira continuamente um gênero de exercícios que Fontenelle criou indiscutivelmente e ao qual ele conferiu tão logo uma certa forma de perfeição. Trata-se dos *Eloges* acadêmicos de sábios. Secretário perpétuo da Academia das Ciências, de 1699 a 1740, Fontenelle compôs, durante esse período, 69 elogios, os de todos os acadêmicos falecidos no intervalo, à exceção de três. A tradição de nosso ensino quer que as Orações Fúnebres dos Grandes do século XVII tenham seu lugar indicado nos textos de explicação francesa, enquanto os Elogios dos Sábios do século XVIII não aparecem aí. Pode-se lastimar que essa primeira via de acesso à história das ciências não esteja aberta a jovens espíritos. Em sua obra sobre *A academia das ciências e os acadêmicos de 1666 a 1793*, o matemático Joseph Bertrand fez sobre os *Eloges* devidos a Fontenelle um julgamento matizado e reservado. Ele afirma que Fontenelle não teve na ciência suficiente autoridade pessoal para tomar aí o papel de historiador e de juiz, mas que foi seu incomparável novelista. É certo que Condorcet, Cuvier, Arago e J.-B. Dumas deviam mostrar-se superiores a Fontenelle por sua competência na discriminação entre o importante e o anedótico, pela informação de seu julgamento, pela exatidão de suas alusões. Concebe-se, então, que, sucessor dessa posteridade, Joseph Bertrand tenha podido mostrar-se mais exigente que Fontenelle. Essa exigência é clarividente quando ela visa ao princípio constante de suas regras de exposição dos trabalhos científicos: "Crendo tudo incerto, ele crê tudo possível... Sob a força dos maiores gênios, ele se compraz em mostrar a fraqueza do espírito humano, e se lhe acontece de dizer de uma teoria: isso é algo mais que verossímil, ele atinge nesses dias o limite de seu dogmatismo." Mas Joseph Bertrand acrescenta: "Fontenelle sem saber tudo podia compreender tudo. Ele conhecia, sem se submeter sempre a elas, as regras de um raciocínio exato e severo. Intérprete de todos os seus confrades, ele entende a língua de cada um e sabe falá-la espirituosamente."

Parece, entretanto, que haja mais a fazer entrar no ativo de Fontenelle. Uma Academia das Ciências é, à sua maneira, um público. Seus membros não são igualmente versados em todas as pesquisas. Os espíritos aí se dividem em famílias diferentes. Os geômetras aí são vizinhos dos naturalistas. Expor a esse público a obra de um dos que o compuseram um momento não é, com certeza, vulgarizar, mas é tornar um especialista assimilável por outros. O talento é aqui necessário tanto quanto a competência. E nesse aspecto Fontenelle não foi igualado. Além disso, ele pertence a um século em que a ciência não perdeu o contato com o mundo, onde o sábio ainda não se tornou um universitário ou um funcionário. Donde a preocupação, para Fontenelle, de jamais separar nos seus *Eloges* o sábio e o homem. Digamos isso sem hesitar, os belos elogios de Viviani, de Cassini, do Marquês do Hospital, de Varignon, de Newton, de Leibniz, contêm sem dúvida inexatidões, mas também julgamentos que a história das ciências, hoje mais bem armada, deve confirmar, admirando que eles possam ter sido feitos tão justos quase imediatamente, e alusões aos costumes científicos ou aos traços de caráter cuja suavidade nos restitua a imagem viva de um personagem, melhor que tantos comentários acumulados desde então. Não nos é indiferente que Fontenelle nos esclareça por que Leibniz ficou solteiro: "O senhor Leibniz não se tinha casado; ele tinha pensado nisso com 50 anos, mas a pessoa que ele tinha em vista quis ter o tempo para fazer suas reflexões. Isso deu a Leibniz o tempo de fazer as suas e ele não se casou." Sorrimos com a ideia de que Leibniz não pôde deixar de integrar essa experiência pessoal em sua teoria da harmonia preestabelecida.

Não se conhecia realmente, antes do século XVIII, senão a história da pintura, da música e da medicina. Incontestavelmente, Fontenelle deu seu impulso à história das ciências. Enquanto vivo, nós a vemos já se introduzindo no *Traité des sections coniques et des courbes anciennes*, de La Chapelle (1750). Vemo-la tomar toda sua amplitude, um ano apenas depois de sua morte, na *l'Histoire des mathématiques*, de Montucla (1758). Dutens, o editor de Leibniz, escreveu uma espécie de história a contracorrente, em suas *Recherches sur l'origine des découvertes attribuées aux modernes*

(1766). Saverien publica, um pouco mais tarde, uma *Histoire des Progrès de l'esprit humain dans les sciences exactes* e uma *Histoire des Progrés de l'espirit humain dans les sciences naturelles* (1775). Na mesma data, Bailly começa a publicar sua *Histoire de l'astronomie* (1775-1782).

Admitimos que alguns dos seus contemporâneos, tais como Montucla, são mais bem informados e mais exatos que Fontenelle em matéria de história das ciências. E, também, nós reconhecemos no *Cosmotheoros*, de Huyghens, mais exatidão científica que nas *Entretiens sur la pluralité des mondes*. Mas devemos confessar que Fontenelle é um filósofo pelo qual passa a corrente da história tal qual a descrevemos ainda hoje. Afirmando simultaneamente a imensidão do universo e a abertura do espírito, Fontenelle reencontra, pela consciência que ele tem e que ele dá aos seus contemporâneos das primeiras conquistas da ciência moderna, a intuição fundamental dos filósofos atomistas gregos. Foram eles que primeiro abalaram a solidez da crença antiga na finitude perfeita do Cosmos e na fatalidade do eterno retorno. Teórico do progresso intelectual e da pluralidade dos mundos, Fontenelle conserva a glória de ter tornado razoável e estimulante para o pensamento dos modernos uma ideia absurda e deprimente aos olhos dos antigos, a de uma humanidade sem destino num universo sem limites.

# II

# Interpretações

# AUGUSTE COMTE

## 1. A FILOSOFIA BIOLÓGICA DE AUGUSTE COMTE E SUA INFLUÊNCIA NA FRANÇA NO SÉCULO XIX[1]

Há 80 anos, em 1878, a revista de Charles Renouvier, a *Critique philosophique*, consagrava vários artigos de François Pillon para exame das concepções biológicas de Augusto Comte, comparadas às de Claude Bernard, e, por sua vez, Renouvier colocava aí a questão: "*O Curso de Filosofia positiva* está ainda a par da ciência?" Sem dúvida, apresentando ele próprio o seu *Curso* como cânone de toda ciência positiva por vir, seu autor tinha legitimado a forma dessa interrogação. De fato, a única questão válida que pudesse ser colocada, à medida que o tempo passava desde a publicação do *Curso*, era a seguinte: O *Curso de filosofia positiva* esteve, em seu tempo, a par da ciência contemporânea, e, mais especialmente, foi, nos anos 1836-1837, um quadro informado e fiel da biologia do momento? A essa questão, Paul Tannery respondia com sua perspicácia costumeira, em um estudo póstumo publicado em 1905, sob o título: *Auguste Comte et l'histoire des sciences*,[2] que a filosofia de Comte é mais exatamente contemporânea da ciência do tempo no que concerne à biologia que no que concerne à matemática ou à física, que foi no domínio da biologia que a filosofia positiva se

---

1 Extraído do *Bulletin de la société française de philosophie*, número especial 1958 (Celebração do centenário da morte de Auguste Comte).

2 *Revue générale des sciences*, p. 410-417, 1905.

revelou a mais nova e exerceu a influência mais real, a ponto de se duvidar que a sociologia conserve da obra comtiana um traço tão profundo quanto o faz a biologia. Não há, a nosso ver, nenhuma impertinência nesse julgamento. Comte conhecia a matemática como profissional, enquanto se interessava pela biologia como amador. E, como observa Tannery, o ensino que se dá de uma ciência feita está necessariamente em atraso em relação à instrução que se recebe de estudiosos que trabalham no adiantamento de uma ciência que se faz.

Enviado para residência vigiada em Montpellier, por ter provocado o licenciamento da Escola Politécnica, Comte seguiu aí alguns cursos na Faculdade de Medicina, 10 anos depois da morte de Paul-Joseph Barthez. Mas seu verdadeiro iniciador e mestre em biologia foi Henry Ducrotay de Blainville, sucessivamente professor no Muséum e na Sorbonne, encontrado junto a Saint-Simon. De 1829 a 1832, Comte seguiu o *Cours de physiologie générale et comparée*. Ele admirou sua informação enciclopédica e o espírito sistemático. A 40ª lição do *Curso* é abundante de elogios a um estudioso ao qual o conjunto do *Curso* é dedicado, ao mesmo tempo que a Fourier. Mais tarde, a admiração do filósofo pelo biólogo se mesclará de reservas bastante graves. Eis por que convém ir procurar no *Discurso* pronunciado em 1850 nas exéquias de Blainville, exercício sacerdotal de comemoração sem dúvida, mas de fustigação tanto quanto, a medida da estima que não deixou de inspirar Comte, "o último pensador realmente eminente que tinha incluído a biologia preliminar"[3] e "o espírito mais coordenador que tinha cultivado a biologia desde Aristóteles, com exceção do gênio de Bichat, cuja universal preeminência, tanto dedutiva quanto indutiva, exclui toda comparação".[4]

É certamente por ter buscado no ensinamento de Blainville um vivo sentimento da conexão orgânica de todas as pesquisas em biologia que Comte se mostra, cada vez que o requer a exposição

---

3 *Système de politique positive*. 4. ed. 1912. tomo I, p. 737.
4 *Ibidem*, p. 739.

das grandes fases preliminares ao desenvolvimento do espírito positivo, excepcionalmente apto a desenhar quadros de história da biologia, da qual a tal página da 56ª lição do curso sobre os naturalistas do século XVIII constitui um exemplo brilhante.[5] Comte se sobressai em caracterizar brevemente o aporte original dos estudiosos que ele escolhe para guardar entre tantos outros, como também em apreciar a importância respectiva desses aportes. A lista das obras que valoriza aos seus olhos sua admissão na Biblioteca positivista, de Hipócrates a Claude Bernard, passando por Barthez, Bichat, Meckel e Lamarck, é o índice seguro de uma cultura autêntica que, unida a um sentido avisado dos novos caminhos de pesquisa em biologia, explica a maestria com a qual Comte se eleva espontaneamente a uma altura de vistas de onde ele concebe a história dessa ciência como uma história crítica, isto é, não somente ordenada para o presente, mas julgada por ele. É assim que, na 43ª lição, a história da rivalidade dos Mecanicistas e dos Vitalistas é conduzida de maneira a fazer aparecer "a intenção evidentemente progressiva"[6] que animou inicialmente os últimos a se reabilitar, por intermédio de Barthez e Bichat, a Escola Médica de Montpellier, muito injustamente desacreditada, na época, na Escola de Paris. É, pois, sem vaidade que Comte pôde reconhecer para si um sentido da história da ciência que faltava a seu mestre, e nós devemos aceitar como fundada a severidade da qual ele dá prova, em 1851, no *Sistema de política positiva*,[7] para a *História das ciências da organização*, professada por Blainville, de 1839 a 1841, e redigida, a partir de suas anotações, pelo padre Maupied, num espírito perfeitamente retrógrado aos olhos do inventor da lei dos três estados.

Seja permitido ver, em tal concepção filosófica da história das ciências, a fonte do que foi e do que deveria permanecer, a nosso ver, a originalidade do estilo francês em história das ciências. Por que não lembrar que, depois de ter sofrido a influência filosófica

---

5 *Cours de philosophie positive*. Ed. Schleicher. tomo VI, p. 150-151.

6 *Cours de philosophie positive*. III, p. 342.

7 Tomo I, p. 571.

de Jules Lachelier, no Liceu de Caen, depois de ter, como Comte, conquistado sua cultura científica na Escola Politécnica, Paul Tannery encontrou, numa leitura aprofundada do *Curso de filosofia positiva*, o excitante intelectual e a influência decisiva que deviam fazer desse Engenheiro dos tabacos o primeiro e o mais eminente de nossos mestres em história das ciências? Sabe qual foi sua tristeza de se ver afastar, depois de ter sido chamado para lá, da cadeira deixada vaga no Collège de France por um discípulo de Comte, Pierre Laffitte, para quem ela tinha sido criada. O título dessa cadeira, História geral das ciências, era o mesmo que Comte tinha desejado para a cadeira que em 1832 ele tinha em vão pedido a Guizot que criasse para ele, título retomado por Tannery para a obra da qual sua morte, em 1904, nos privou, *Discurso sobre a história geral das ciências*.

É óbvio que, sob o nome de História geral das ciências, Comte imprimia mais filosofia, ou, pelo menos, uma filosofia completamente diferente, que não sonhava em fazer, depois dele, Paul Tannery. Segundo Comte, a generalidade é expressamente o caráter do pensamento filosófico. Mas, progressivamente, no decorrer de sua carreira filosófica, a generalidade subjetiva e sintética dos últimos termos da hierarquia das ciências se subordina à generalidade objetiva e analítica dos primeiros. Ora, é muito precisamente no nível da ciência biológica que intervém essa reviravolta decisiva.

Inventado simultânea e separadamente, por volta de 1802, por Lamarck e por Treviranus, retomado por Fodera, em 1826, num *Discurso sobre a biologia ou ciência da vida*, cuja confrontação com o *Curso de filosofia positiva* falta fazer, e não seria sem proveito, o termo Biologia é sistematicamente utilizado por Comte para designar, ao mesmo tempo, a ciência abstrata de um objeto geral, as leis vitais, e a ciência sintética de uma atividade fundamental, a vida. Por isso, e o que quer que haja, qualquer que seja sua desconfiança pela biologia metafísica dos alemães, isto é, pela *Naturphilosophie*, Comte se coloca ele próprio num ponto de vista propriamente filosófico, em sua acepção permanente, o da unidade concreta da existência – mesmo concebida como simplesmente fenomenal – e da ação. E quando ele escolhe abordar a apreciação dos postulados e dos deveres da ciência biológica pelo exame crítico das concepções de Bichat sobre a relação da vida e da morte, ele confirma a acuidade de seu sentido filosófico da originalidade da biologia.

A invenção do termo de biologia era a expressão da conscientização, pelos médicos e fisiologistas, da especificidade de um objeto de investigação que foge a toda analogia essencial com o objeto das ciências da matéria. A formação do termo é o testemunho da autonomia senão da independência da disciplina. A filosofia biológica de Comte é a justificação sistemática desse testemunho, a plena aceitação e a consolidação da "grande revolução científica que, sob o impulso de Bichat, transporta da astronomia à biologia a presidência geral da filosofia natural".[8] Comte não erra propriamente em ver, nos dissabores de sua carreira, uma das consequências do fato de que, na cidade dos sábios da época, ele se colocou, ele matemático, do lado da escola biológica lutando para manter, "contra o irracional ascendente da escola matemática, a independência e a dignidade dos estudos orgânicos".[9]

Que a biologia não possa ser uma ciência separada, Comte justifica em sua concepção do *meio*. Que a biologia deva ser uma ciência autônoma, Comte justifica em sua concepção do *organismo*. É na correlação desses dois conceitos – alguns diriam hoje em sua relação dialética – que residem a originalidade e a força de sua posição.

Comte recebe de Lamarck por intermédio de Blainville o termo aristotélico de meio, vocábulo usual nos séculos XVII e XVIII na mecânica e na física dos fluidos, mas é ele que faz dele, para uso dos biólogos e dos filósofos a vir, tomando o termo em seu sentido absoluto, um conceito ao mesmo tempo geral e sintético. Propondo, em 1837 (43ª lição do *Curso*), como primeiro dever da biologia a elaboração de uma teoria geral dos meios, Comte – que desconhece talvez nesse domínio os trabalhos de William Edwards (1824) e de Etienne Geoffroy-Saint-Hilaire (1831) – pode pensar proclamar

---

8 *Système de politique positive*. I, p. 584.

9 *Cours de philosophie positive*. Prefácio pessoal. tomo VI, p. XVII.

a superioridade de Lamarck sobre Bichat. A repulsa desse último pelos métodos dos iatromatemáticos do século XVIII o levou a afirmar não somente a distinção legítima do vivo e do inerte, mas sua hostilidade fundamental. "Ora", diz Comte, "se tudo o que cerca os corpos vivos tendesse realmente a destruí-los, sua existência seria, por essa mesma razão, radicalmente ininteligível".[10]

E, no entanto, os julgamentos sucessivamente feitos sobre Lamarck são reveladores da significação profunda das visões biológicas de Comte e merecem bem ser exatamente apreciados hoje, quando o centenário iminente das teorias de Darwin orienta necessariamente a atenção para os fundadores do transformismo.

Comte percebe inicialmente, para além da primeira consequência da teoria lamarckiana do meio, saber a variabilidade das espécies e a gênese progressiva de novidades específicas, o desenvolvimento possível de uma tendência monista e finalmente mecanicista. Se o organismo é concebido como passivamente deformável sob a pressão do ambiente, se toda espontaneidade própria é recusada ao vivo, nada interdiz a esperança de chegar a reabsorver, no limite, o orgânico no inerte. E eis o espírito de Bichat que se insurge, em Comte, contra "a usurpação cosmológica"[11] ameaçadora, contra a confiscação possível do lamarckismo por um matematismo intemperante.

É o mesmo móbil irreprimível que induz Comte a considerar, como Bichat e segundo ele, o tecido como elemento último da análise anatômica dos corpos organizados, a rejeitar, sob o nome de "mônada orgânica", a célula como elemento primordial de todo ser vivo complexo. Porque não é somente por desconfiança pela pesquisa microscópica, então ainda na espera de suas técnicas especiais, é essencialmente em nome de uma exigência de coerência que Comte interdiz de considerar a célula como um elemento orgânico. O organismo lhe parece consistir na indivisibilidade de uma composição de partes. Não poderia haver aí ser vivo real enquanto

10 *Cours de philosophie positive*. 40ª lição. tomo III, p. 151.

11 *Système de politique positive*. I, p. 574, 592, 650.

indivíduo simples. Nem o conhecimento sumário das teorias do naturalismo filosófico alemão, e especialmente de Oken, a leitura de Dutrochet, na época do *Curso*, nem a leitura de Schwann, à qual faz alusão o *Sistema*, conduziram Comte a ver nas primeiras bases da teoria celular o esboço de uma teoria dos graus de individualidade. Para Comte, o conceito de célula inclui uma perigosa analogia entre o corpo orgânico e o corpo inorgânico composto, em última análise, de moléculas indivisíveis.[12]

Nos dois casos, lamarckismo e teoria celular, o apego de Comte à ideia de especificidade do orgânico é tal que ele o priva, de maneira inesperada, dos apoios que ele poderia precisamente procurar nas ideias diante das quais ele recua ou se reserva. Recusando-se a admitir em nome do "verdadeiro espírito filosófico" que se possa "ver um cristal como nascendo de um outro",[13] ele não entrevê, por essa mesma razão, que sustentação encontrará mais tarde, na teoria celular, a lei fundamental que ele reconhece no aforismo *omne vivum ex vivo* [todo vivo é proveniente do vivo]. Reprovando Lamarck por subestimar o poder de reatividade espontânea própria aos organismos e incentivar finalmente a pesquisa nos materiais inorgânicos das "origens absolutas",[14] dos seres vivos, Comte não suspeita que Lamarck será mais tarde julgado muito pouco mecanicistas pelos biólogos de obediência darwiniana; para dizer a verdade, até o momento recente em que são as teorias darwinianas que, por terem patrocinado a teoria genética da hereditariedade, aparecerão muito "idealistas" a certos biólogos preocupados em preservar as possibilidades de condicionamento dos seres vivos pelo meio, e onde se esquematizará uma espécie de volta a Lamarck, de onde não está mesmo radicalmente excluída a transmissão hereditária dos caracteres adquiridos, tão desacreditada desde Weissmann.

---

12 *Cours*. 41ª lição. p. 280.

13 *Système de politique positive*. I, p. 591.

14 *Ibidem*.

Sobre esse ponto preciso, Comte, na época do sistema, confere crédito à lei lamarckiana de modificação morfológica pelo hábito e à lei de consolidação pela hereditariedade das modificações adquiridas. É que ele vê nelas, vindo acrescentar-se ao princípio mecânico de subordinação da dinâmica à estática, um novo argumento de peso em favor de sua concepção geral do progresso. A noção do progresso material pertence realmente à biologia. A repetição, automatizando as capacidades adquiridas, e a hereditariedade, naturalizando as modificações artificiais, são ao pé da letra os princípios de encarnação do progresso da vida e os fundamentos da identidade entre o desenvolvimento dos seres e seu aperfeiçoamento.[15] Mas aqui ainda o alcance de um princípio de gênese das formas vivas não está de acordo com o princípio de suas variações progressivas. "A opinião da instabilidade das espécies é uma perigosa emanação do materialismo cosmológico, segundo um irracional exagero da reação vital dos meios inertes, que jamais foi concebido."[16]

Vê-se que a ideia-mãe de todas as posições de Comte em biologia é o dualismo obrigatório da vida e da matéria. O século XVIII legava ao século XIX, em matéria de filosofia biológica, a dupla tentação do materialismo e do hilozoísmo. Comte combate em duas frentes, como Descartes, e sua tática, pelo menos, é toda cartesiana. O dualismo da matéria e da vida é o equivalente positivista do dualismo metafísico da extensão e do pensamento. Esse dualismo é a condição de possibilidade do progresso universal que nada mais é do que a submissão e o controle da matéria inerte pela totalidade da vida, à luz da humanidade. Por um lado, "nós somos", diz Comte, "no fundo ainda mais incapazes de conceber todos os corpos como vivos quanto como inertes. Porque a única noção de vida supõe existências que não são dotadas dela... Finalmente os seres vivos não podem existir senão em meios inertes, que lhes fornecem ao mesmo tempo uma sede e um alimento, aliás, direto ou indireto... Se tudo

15 *Système de politique positive*. p. 608-609.
16 *Ibidem*, p. 593.

vivesse, nenhuma lei natural seria possível. Porque a variabilidade, sempre inerente à espontaneidade vital, só se encontra realmente limitada pela preponderância do meio inerte".[17] Mas, por outro lado, o que caracteriza a vida, mesmo no nível dos seres onde ela só se manifesta pela vegetação, é o "contraste radical da vida com a morte". Se dos vegetais aos animais há somente uma "distinção real", há, contrariamente, entre vegetais e corpos inertes uma "separação radical". Eis a razão pela qual à divisão tradicional da natureza em três reinos, que permite, a rigor, conceber uma transição gradual entre todos os seres, Comte substitui uma divisão em dois impérios, bem convencido do fato de que "a ciência vital não conseguiria existir sem esse dualismo irredutível".[18]

No fundo, Lamarck se vê aqui assimilado a Descartes, o que não convém discutir hoje. É que, mais perspicaz talvez a respeito do futuro que totalmente justo com o presente, Comte entrevê as consequências por vir da ideia de uma determinação integral do animal pelo meio, em uma palavra, a possibilidade do que o behaviorismo realizou. A suposição de uma relação direta entre as impressões exteriores e as reações musculares exclui "a espontaneidade animal, que consiste, sobretudo, a ser determinada por motivos interiores".[19] Isso equivaleria a "restabelecer o automatismo cartesiano que, excluído pelos fatos, vicia ainda, sob outras formas, as altas teorias zoológicas".[20]

Compreende-se, então, a razão da importância atribuída por Comte às teorias de Gall. Gall defendia o inatismo das inclinações fundamentais, dos motivos da conduta animal e humana. O método cranioscópico não era, de fato, senão a consequência, muito facilmente celebrada ou zombada, de uma hostilidade de princípio ao sensualismo. A determinação das sedes encefálicas das faculdades psíquicas supunha o postulado de preexistência originária

---

17 *Ibidem*, p. 440.

18 *Système de politique positive*. I, p. 578, 579, 580.

19 *Ibidem*. I, p. 602.

20 *Ibidem*.

dessas faculdades. Nada podia estar mais distante das ideias de Gall, e também de Comte, que a ideia lamarckiana segundo a qual as funções biológicas são independentes de seus órgãos e podem até criá-los. Sem dúvida, Gall compunha a topografia cerebral a partir do estudo das funções mentais nos sujeitos de suas observações, mas esse método era a refutação e não a confirmação do lamarckismo. Gall trazia a Comte um argumento em favor do ineísmo das aptidões, e mais geralmente das funções, um argumento voltado em garantia da continuidade do progresso pelo desenvolvimento de uma ordem preexistente.

Se nosso esforço para localizar o ponto de doutrina de onde Comte pretende dominar sintética e criticamente a biologia de sua época foi feliz, deve-nos ser possível agora juntar e ordenar as afirmações fundamentais que ele produz.

Primeiramente, Comte pensa poder isentar o pensamento biológico de toda consideração metafísica de finalidade, substituindo, com Cuvier, o princípio das condições de existência pelo dogma das causas finais, admitindo somente entre organismo e meio, entre órgãos e funções, relações de concurso e de conveniência que não exprimem nada, senão o fato da viabilidade do vivo. "Entre certos limites, tudo está necessariamente disposto de maneira a poder ser", diz o *Curso*.[21] A harmonia entre função e órgão se encontra, então, "sempre reduzida ao que exige a vida real", diz o *Sistema*.[22] Além disso, a relação obrigatória dos organismos e dos meios, tornando o vivo funcionalmente dependente das influências cósmicas, tece, entre a biologia e a cosmologia, elos tais que o princípio da invariabilidade das leis, inicialmente formulado por ocasião da astronomia, e estendido passo a passo até a química, vem, enfim, expulsar da biologia a crença na variabilidade e na instabilidade essenciais dos processos orgânicos. Enfim, a redução dos fenômenos patológicos às leis da fisiologia, pela generalização de um princípio emprestado de Broussais, permite abolir toda

21 *Cours*. 40ª lição. p. 243, nota.

22 *Système de politique positive*. I, p. 661.

diferença de qualidade entre o estado de saúde e de doença em proveito de uma simples diferença de grau, e, em consequência, subordinar a medicina a uma anatomo-fisiologia enfim analiticamente sistematizada.

Mas a constituição da fisiologia positiva em bases do método experimental vê paradoxalmente surgir a partir do *Curso*, na estrutura orgânica do vivo, um obstáculo ao progresso linear da análise. Um organismo é um *consenso* de órgãos e de funções cuja harmonia é "muito diferentemente íntimo do que sua harmonia com o meio".[23] Um organismo é um todo cuja decomposição só é possível "segundo um simples artifício intelectual".[24] E é a razão pela qual o *Sistema* prescreve a obrigação de proceder, em biologia, do conjunto aos detalhes, do todo às partes. "Como se persistiria a conceber o todo segundo suas partes, lá onde a solidariedade é levada até a estrita indivisibilidade?"[25] Entre Kant e Claude Bernard, Comte reintroduz a finalidade na essência do organismo, sob o aspecto da totalidade.

Não está aí, aliás, o único ponto de reviramento do método positivo, seguido até a biologia no sentido do simples ao complexo e do conhecido ao desconhecido. Celebrando a promoção da anatomia à dignidade quase filosófica de anatomia comparada, base da classificação onde o espírito apreende sinoticamente a multidão das formas específicas, Comte é levado a adotar, contra a ideia de uma pluralidade irredutível de entroncamentos animais, cara a Cuvier, a de uma série única, contínua e hierárquica dos seres, sustentada por Lamarck e Blainville. Ora, a justificação dessa escolha constitui uma vez mais uma subordinação do simples ao complexo, do começo ao fim. "O estudo do homem", diz Comte no *Curso*, "deve sempre dominar altamente o sistema completo da ciência biológica, seja como ponto de partida, seja como objetivo".[26] Por-

23 *Cours*. 40ª lição. tomo III, p. 171.
24 *Ibidem*. 41ª lição. p. 281.
25 *Système de politique positive*. I, p. 641.
26 *Cours*. 40ª lição. III, p. 163.

que a noção geral do homem é "a única imediata".[27] E é a razão pela qual Comte pode gabar-se de permanecer fiel ao andamento geral, "o que consiste em passar constantemente do mais conhecido ao menos conhecido", quando ele busca ordenar a série animal em sentido contrário à ordem de complicação, de modo a ler aí "o estado evidente do homem cada vez mais degradado, e não o estado indeciso da esponja cada vez mais aperfeiçoada".[28] Seria necessária muita boa vontade para tentar aproximar aqui o procedimento de Comte e o de Goldstein e procurar no primeiro uma biologia fenomenológica antes da hora ou detectar no segundo uma inspiração positivista desconhecida. De fato, Comte entrevê, ainda que, sem dúvida, de maneira confusa, aonde ele quer ir. A observação do sentido de degradação da animalidade, a partir das funções intelectuais, eminentemente animais, equivale a subordinar toda a biologia à sociologia, na medida em que é a sociologia, e não uma vã psicologia, que nos fornece a verdadeira teoria da inteligência.

Tal é, apressadamente delineado, o quadro, que nos parece completo, da filosofia biológica de Comte. O poder de estimulação intelectual e o prestígio dessa composição sistemática foram consideráveis. Só se reteve, muito frequentemente, nas fileiras dos filósofos, sua influência sobre a filosofia e sobre a literatura do século XIX, sobre autores vivendo nas fronteiras dos gêneros, como Taine, teórico bastante e por demais dogmático da influência do meio. De fato, não há na França, de 1848 a 1880, biólogo ou médico que não tenha tratado, para situar sua pesquisa na cooperação ou o choque das ideias, para se definir a si mesmo o sentido e o alcance de seu trabalho, diretamente os temas da filosofia biológica comtiana, ou indiretamente a ela por temas que dela decorriam. Lembraremos alguns fatos, bastante conhecidos na história da medicina e, no mais das vezes, esquecidos na história da filosofia.

No *Système de politique positive* (1851), Comte chama dois jovens médicos que ele tem como seus discípulos, os doutores Se-

27 *Ibidem.*
28 *Ibidem*, p. 254.

gond e Robin. Estão aí dois fundadores, em 1848, da *Sociedade de biologia*, cujos trabalhos e Resumos, sempre seguidos ainda hoje, dão a imagem mais completa, a mais viva dos progressos das pesquisas biológicas na França há um século. O primeiro Escritório dessa Sociedade, em 1848, era composto por Rayer, na sequência Decano da Faculdade de Medicina, presidente; por Claude Bernard e Charles Robin, vice-presidentes; por Brown-Sequard e por Second, secretários. O primeiro regulamento da Sociedade tinha sido redigido por Robin; seu artigo primeiro dizia: "A Sociedade de Biologia é instituída para o estudo da ciência dos seres organizados, no estado normal e no estado patológico." O espírito que animava os fundadores da Sociedade era o da filosofia positiva. Em 7 de junho de 1848, Robin lia uma dissertação *Sur la direction que se sont proposée en se réunissant les membres fondateurs de la société de biologie pour répondre au titre qu'ils ont choisi*. Robin expunha aí a classificação comtiana das ciências, tratava, no espírito do *Curso*, de tarefas da biologia, no primeiro lugar das quais a constituição de um estudo dos meios, para a qual Robin inventava até o termo de *mesologia*. Quando, em 1899, a Sociedade de Biologia comemorou seu 50º aniversário, o fisiologista Emile Gley leu um relatório sobre *La société de biologie et l'évolution des sciences biologiques en France*, onde os traços de impulso dado pelo positivismo aos estudos biológicos na França são visíveis em muitas ocasiões. A leitura do Relatório de Gley é hoje ainda cheia de interesse.[29]

Charles Robin, de quem Georges Pouchet publicou em 1886, no *Jornal da anatomia e da fisiologia* uma notável bibliografia, tornou-se em 1862 o primeiro titular da cadeira de histologia na Faculdade de Medicina de Paris. Nessa cadeira, ele não deixou de continuar fiel a uma das ideias da filosofia biológica de Comte, na medida em que recusou sempre ensinar a teoria celular, sob a forma dogmática que lhe tinha dado Virchow. Robin não deixou

---

29 Cf. Comptes rendus de la société de biologie, n. 40, 1899. Esse relatório está reproduzido em *Essais de philosophie et d'histoire de la biologie*. Paris, 1900.

de ensinar que a célula é um dos elementos anatômicos e não o elemento anatômico fundamental dos organismos. É preciso observar que, na escola de Robin, uma tese foi defendida em 1865 sobre *La Génération des éléments anatomiques*. Seu autor, que devia traduzir ulteriormente o livro de John-Stuart Mill sobre *Auguste Comte e a filosofia positiva*, deixou na França um nome cuja celebridade dissimula a muitos sua primeira vocação intelectual. Trata-se de Georges Clemenceau.

Lembrando que Robin é com Émile Littré o autor do *Dictionnaire de Médecine*, que substitui definitivamente, a partir de 1873, as edições sucessivamente remanejadas do *Dicionário* de Nysten, chamamos a atenção sobre uma outra influência da filosofia biológica de Comte, sobre o desenvolvimento que ela imprimiu aos estudos lexicográficos, às edições críticas de textos médicos, à história das ciências médicas. Basta citar, ao lado do de Littré, o nome de Charles Daremberg, o autor, para nós inigualável, da *l'Histoire des sciences médicales* (1870).

Seria uma tarefa completamente diferente pesquisar em que medida a maior parte das teorias que os historiadores da fisiologia atribuem a Claude Bernard, para honrá-lo, encontra, na realidade, sua origem na filosofia biológica de Comte. Pelo menos, é certo que, mesmo sem a *l'Introduction à l'etude de la médecine expérimentale*, o século XIX se teria familiarizado com as teorias do determinismo dos fenômenos biológicos, da identidade de natureza dos fenômenos fisiológicos e patológicos, da especificidade irredutível dos seres orgânicos.

Em resumo, Comte não estava errado em afirmar, em 1854, no fim do *Sistema de política positiva*, que, a despeito de sua severidade em relação a eles, ele tinha sempre encontrado nos médicos preciosas simpatias com uma doutrina que aumentava sua independência teórica, "incorporando seu ofício no sacerdócio da Humanidade".[30] É bem verdade que a medicina é uma escolha pré-concebida para a vida. E a filosofia biológica de Comte justifica sistematicamente essa escolha.

---

30 *Système de politique positive*. IV, p. 427.

Na construção erudita e bem informada que é a filosofia biológica de Comte se esconde uma convicção intuitiva de alcance grandioso. O impulso para agir dessa convicção releva, sem dúvida, do fato de que o gênio da utopia anima aí, sem contradizê-las, as proposições mais audaciosas de uma ciência nova e as aquisições mais experimentadas de uma reflexão quase tão antiga quanto a vida. Essa convicção é de que a vida se agita e age no mundo do inerte, sem encontrar aí sua origem, que ela deixa para a morte organismos individuais que não provêm dela. "O conjunto dos corpos naturais não forma um todo absoluto."[31] Essa convicção, composta com a ideia da série linear contínua dos vivos, encontrando o sentido de sua ordem e a direção de seu progresso em seu coroamento humano, mudou-se na ideia da Biocracia, condição obrigatória da Sociocracia. Está aí o equivalente positivista da velha ideia metafísica do Reino dos Fins.

Comte não teria aceitado de forma alguma entender-se qualificado, mesmo por homenagem, como metafísico. Talvez até ele tivesse suportado mal entender-se designado como o último e maior representante no século XIX da Escola Médica de Montpellier. E, no entanto, parece-nos bem o que ele é. A certeza intuitiva, vital e quase vivida, da autonomia da vida, talvez se tenha enraizado no espírito de Comte, ao ler-se Bichat, esse Bichat de quem ele fala sempre como não fala de nenhum outro. Profundamente, apesar de suas reservas, suas críticas mesmo, Comte retoma em sua conta a definição famosa: *a vida é o conjunto das funções que resistem à morte*. Seguramente, Comte vê nessa resistência mais atividade, mais agressividade, mais invenção do que Bichat. "Se deve existir uma porção de maneiras de viver, não pode haver, no fundo, senão uma só maneira natural de morrer."[32] Mas a intuição dramática da vida como luta ininterrupta subsiste essencialmente de Bichat, e, aliás, também de Lamarck, até Comte. O primeiro dever da humanidade para com a vida é "unir cada vez mais toda a natureza viva

31 *Système*. I, p. 579.
32 *Cours*. 40ª lição. III, p. 190.

para uma imensa luta permanente contra o conjunto do mundo inorgânico".[33] A base sistemática completa da política positiva é o esforço durável para "dirigir toda a natureza viva contra a natureza morta, a fim de explorar o domínio terrestre".[34] Sem dúvida, o progresso do controle do inerte pelo vivo permanece modesto, embora contínuo, na medida em que ele não poderia jamais chegar a derrubar as bases da ordem material repousando principalmente sobre "o inalterável império da natureza morta".[35] Não se trata aqui de uma carga capaz de derrotar todas as resistências e de superar todos os obstáculos, e talvez até vencer a morte. Trata-se de um esforço cuja obstinação é comandada pela lucidez somente, não pela esperança de abolir o obstáculo na passagem à transcendência de um poder absoluto. Trata-se, segundo a bela fórmula, de um grande homem que soube muitas vezes ser um grande escritor, "da conspiração contínua da vida contra a morte".[36]

33 *Système*. I, p. 595.
34 *Ibidem*. I, p. 615.
35 *Système*, p. 618.
36 *Ibidem*. IV, p. 439.

# 2. A ESCOLA DE MONTPELLIER JULGADA POR AUGUSTE COMTE[1]

Escolhendo as obras dignas de compor a Biblioteca positivista, Auguste Comte se detém em *Les nouveaux éléments de la science de l'homme* (2. ed. 1806) e *La théorie du beau*, de Paul-Joseph Barthez. Essa referência nos dá a medida da influência que exerce, ainda, sobre o espírito de Comte, à época do *Système de politique positive* (1851-1854), a obra de um grande médico do qual os biólogos do tempo, Claude Bernard especialmente, consideram o ensino como ultrapassado. Duas vezes o *Sistema* associa os nomes de Barthez e de Bichat, e uma vez pelo menos é para louvar um e outro por terem recusado e refutado a "pretensa explicação" química do calor animal. "No século passado", diz Comte, "eram principalmente os médicos que cultivavam a química; agora, ao contrário, a biologia está invadida por simples químicos, indiferentes a toda concepção vital". Se Comte, em 1851, consente ainda em fundamentar sua admiração por Barthez em uma das aplicações menos felizes da doutrina do princípio vital, concebe-se que à época do *Curso de filosofia positiva* (1836-1837. tomo III) ele tenha podido considerar "a intenção dominante" da própria doutrina como uma "intenção evidentemente progressiva", não somente, como o era a da doutrina

---

1 Comunicação no XVI Congresso Internacional de História da Medicina. Montepllier, 22-28 de setembro de 1958. Extraído de *Scalpel*, n. 3, 21 de janeiro de 1961.

de Stahl, em razão de sua reação contra os dogmas mecanistas, mas, sobretudo, em razão do caráter expressamente refletido do método que ela ilustra. Numa nota da 28ª lição do *Curso*, Comte saúda na pessoa do ilustre Barthez "um filósofo de um bem de mais alto alcance" que Condillac, e no discurso preliminar aos *Novos elementos da ciência do homem* um texto "eminente por sua força filosófica", uma "excelente teoria lógica", bem superior ao *Traité des systèmes* do "metafísico" Condillac. Na 43ª lição, Barthez é louvado por ter estabelecido "os caracteres essenciais do sadio método filosófico, depois de ter tão vitoriosamente demonstrado a inanidade de toda tentativa sobre as causas primordiais e a natureza íntima dos fenômenos de uma ordem qualquer, e reduzido altamente toda ciência real na descoberta de suas leis efetivas". Não é de se duvidar que a leitura de um tratado de medicina, publicado em 1778, tenha podido fornecer a Comte as afirmações fundamentais de sua filosofia positiva, que ele encontra confirmadas na *l'Exposition du système du monde* publicada por Laplace, em 1796, e no discurso preliminar à *Théorie analytique de la chaleur*, de Fourier, em 1822.

Concebe-se, pois, que Comte, tendo caracterizado a doutrina de Stahl como "a fórmula mais científica do estado metafísico da fisiologia", possa declarar que a fórmula de Barthez (*o princípio vital*) "representa um estado metafísico da fisiologia mais distante do estado teológico que o supunha a fórmula empregada por Stahl". Comte não se deixa abusar, como tantos dos seus contemporâneos e como tantos contemporâneos de Barthez, pela aparente facilidade de uma substituição de denominações. Ele não pensa que Barthez se tenha contentado em designar diferentemente essa mesma entidade que Stahl tinha chamado alma. Ele faz aqui, ao contrário, uma observação pertinente e profunda: "Para uma ordem de ideias tão quimérica, uma tal mudança de enunciado indica sempre necessariamente uma modificação efetiva do pensamento principal."

O precioso historiador de Barthez, Jacque Lordat, seu amigo, observa que Haller é o principal responsável pelo desprezo quase geral que evita, no entanto, Comte. Foi Haller que escreveu em sua *Bibliothèque anatomique* (II, p. 583) que Barthez admitia um

Arqueu que ele chamava de Princípio Vital, que é a fonte das forças da vida. É Haller quem escreve a Barthez, agradecendo-o pelo envio do Discurso Acadêmico *De principio vitali hominis* [Sobre o princípio vital do homem], pronunciado em 1772, na volta às aulas da Universidade de Medicina de Montpellier, que ele não ousa, por conta própria, entregar-se "à admissão de um princípio cuja natureza seria desconhecida e nova".

Notemos aqui que se é certo que a obra de Barthez é uma das fontes da filosofia científica de Comte, é pelo menos verossímil que a *l'Exposition de la doctrine médicale* de Barthez publicada por Lordat, em 1818, é uma das sustentações do julgamento feito por Comte sobre essa obra. Lordat era professor de anatomia e de fisiologia em Montpellier na época em que Comte, enviado para sua cidade natal em residência vigiada, por ter provocado, em 1816, o fechamento (temporário) da Escola Politécnica, seguiu aí como ouvinte os cursos da Faculdade de Medicina, 10 anos depois da morte de Barthez. Talvez não falte interesse em destacar aqui que, qualificando de "fórmula" a expressão de "Princípio vital" inventada por Barthez, Comte só empresta de Lordat o termo de que se serve esse autor quando ele condena Haller por não ter compreendido que essa expressão não implicava crença em uma substância particular, em um ser distinto do corpo e da alma. É, talvez, porque ele aprendeu a conhecer as doutrinas da escola de Montpellier no próprio lugar em que ela ilustrava com a glória das ideias, que a admiração sustentou em Comte a clarividência da apreciação, estimulada, aliás, por uma animosidade declarada a respeito de certos mestres da Escola de Paris. Em todo caso, melhor que Blainville, de quem, no entanto, à época do *Curso*, ele só tem elogios a fazer, ele percebe a originalidade do vitalismo montpellieriano, sistematizado por Barthez, e importado em Paris por Pinel e Bichat. Em sua *História das ciências da organização* (1847), sobre a redação da qual Comte faz, no *Sistema de política positiva*, severas reservas, Blainville, isto é, sem dúvida o Padre Maupied afirma várias vezes a identidade fundamental do animismo e do vitalismo, a continuidade de uma doutrina de Stahl a Barthez e a Bichat.

E, no entanto, Comte parece, no final das contas, juntar-se à opinião segundo a qual Barthez teria cedido à tentação ontológica conferindo ao princípio vital a realidade de uma substância: "... depois de ter inicialmente introduzido seu princípio vital a título de simples fórmula científica, unicamente consagrada a designar abstratamente a causa desconhecida dos fenômenos vitais, ele foi inevitavelmente conduzido a investir em seguida esse pretenso princípio de uma existência real e muito complicada, embora profundamente ininteligível, que sua Escola, em nossos dias, desenvolveu tão amplamente". Pensamos que aqui Comte dá provas, uma vez mais, de uma espécie de incapacidade para discernir a metafísica da crítica, no sentido kantiano do termo. A razão que tinha levado Barthez a invocar, sob o nome escolhido por ele, um fato vital único e último (ou primeiro), dominando os diferentes atos vitais elementares, é a unidade de combinação de todos esses fenômenos, é a individualidade do organismo, primeiramente considerada como um dado da experiência médica. Lordat foi muito feliz quando disse do princípio vital que "era uma causa experimental da ordem mais elevada". Bérgson não soube dizer melhor quando se defendeu de ter feito do elã vital outra coisa que não uma rubrica recapitulativa de vários fatos biológicos experimentalmente admitidos. A posição de Barthez era uma posição crítica. Se ele não polemizou, com o ardor que teria desejado Comte, contra os sustentadores da natureza substancial do princípio vital, é unicamente porque os adversários dessa opinião, de alcance transcendente, não podiam trazer como apoio de sua negação argumentos mais fortes ou mais numerosos que os que eles invocavam positivamente para sustentar sua própria tese. Barthez não dava razão nem à tese nem à antítese, e deixava a questão em suspenso.

> "Eu não saberia dizer muito, insiste Lordat, seu primeiro dogma é a Unidade, a Individualidade fisiológica do sistema vivo... Todo o resto dessa doutrina se compõe de resultados gerais que exprimem os modos de ação do princípio dessa unidade. Aliás, professando um cepticismo absoluto sobre a natureza do princípio vital, Barthez sentiu que esse estado de *época* era violento, e que muitos homens carecem de força de espírito necessária para guardar semelhante equilíbrio. Ele não quis que especulações in-

> diferentes se tornassem a ocasião de um cisma. Deixa, então, aos seus discípulos a liberdade de comprazerem nas conjecturas que lisonjeiam mais sua imaginação, porquanto não introduzam na ciência uma linguagem exclusivamente apropriada a seus sentimentos particulares, e que não pretendam tirar dessas agradáveis ilusões objeções contra os princípios fundados sobre os fatos."

Mas fora de todas as questões de método e de doutrina, Comte soube perceber qual apreensão direta e autêntica dos fatos orgânicos se dissimulava por trás da abstração do princípio vital. É à lição de Barthez tanto quanto à de Bichat que ele deve seu vivo sentimento da ligação obrigatória dos conceitos de organização e de vida ao de *consenso*. Aqui, talvez, tenhamos o motivo que impulsiona Comte a reduzir só a Barthez a Escola de Montpellier. Comte ignora ou finge ignorar Bordeu. Ele não é temerário para pensar que a doutrina das vidas elementares cuja soma constituiria a vida do inteiro – essa doutrina com que Diderot se encanta no Sonho de d'Alembert – não podia melhor satisfazer Comte quanto o fazia a teoria das moléculas orgânicas, e que ela levanta as mesmas objeções que a 41ª lição do *Curso* desenvolve contra os primeiros esboços da teoria celular. Como Bichat desviou Comte de seguir Oken, Barthez eclipsou para ele Bordeu. O conceito de molécula orgânica ou de animálculo componente de um vivo complexo veicula uma analogia perigosa entre a química e a biologia. A vida é necessariamente a propriedade de um todo. "Os animálculos elementares seriam evidentemente ainda mais incompreensíveis que o animal composto, independentemente da insolúvel dificuldade que se teria a partir de então gratuitamente criada quanto ao modo efetivo de uma tão monstruosa associação". É o espírito de Barthez que inspira essa declaração de Comte, na qual se pressentem tantos interditos quanto aí se detectam de escrúpulos: "Um organismo qualquer constitui, por sua natureza, um todo necessariamente indivisível que nós não decompomos, segundo um simples artifício intelectual, senão a fim de melhor conhecê-lo, e tendo sempre em vista uma recomposição ulterior."

A evolução intelectual de Comte, do *Cours au Système*, o confirmará em sua hostilidade e sua resistência à "usurpação cosmológica", isto é, à pretensão das ciências físico-químicas de fornecer à biologia seus princípios de explicação. É de Barthez que Comte tira os motivos de suas reservas mais firmes, ainda que progressivamente mais nuançados, contra o lamarckismo. O organismo, tanto sob a relação da formação quanto sob o da operação, não pode ser integralmente determinado pelo meio. Por intermédio de Lamarck, é Descartes que é explicitamente visado. Comte sempre foi e se afirma progressivamente sempre o mais resolutamente dualista. O autor do *Sistema* escreve que, sem o dualismo irredutível do mundo inorgânico e do mundo orgânico, a ciência vital não poderia existir. "O conjunto dos corpos naturais", diz ele ainda, "não forma um todo absoluto". Apesar de suas reservas em relação à fórmula inaugural das *Pesquisas fisiológicas sobre a vida e a morte*, Comte é tão intuitivamente convencido quanto Bichat de que a vida é uma luta contra a morte. O progresso da humanidade consiste na consciência crescente do sentido desse esforço espontâneo e do dever que daí decorre, "de unir cada vez mais toda a natureza viva para uma imensa luta permanente contra o conjunto do mundo inorgânico". A fonte desses pensamentos de Comte deve ser buscada em Montpellier. Fazendo justiça a Barthez, Comte construiu uma teoria da vida que não o abandona em nada, pela amplitude e fôlego, para os sistemas de biologia romântica. Podemos dizer dele, que foi, no século XIX, em filosofia biológica, se não em biologia, o mais ilustre representante da Escola de Montpellier.

# 3. HISTÓRIA DAS RELIGIÕES E HISTÓRIA DAS CIÊNCIAS NA TEORIA DO FETICHISMO EM AUGUSTE COMTE[1]

Sob o nome de *fetichismo*, Auguste Comte procurou construir uma teoria abstrata e total das relações da religião e da natureza humana. Essa teoria foi mais frequentemente discutida que analisada, em razão, especialmente, do fato de que, em sua segunda carreira filosófica, Comte pareceu reduzir a garantia de progresso intelectual contida na lei dos três estados em proveito de uma garantia de continuidade entre o estado positivo final e o fetichismo inicial. Desconheceu-se que a teoria comtiana das origens da forma religiosa de pensar repousa menos sobre o conhecimento descritivo de formas sociais cronologicamente iniciais do que sobre o esclarecimento da significação permanente de uma reação do homem à sua situação originária. Não parece ter-se conferido um interesse suficiente à identificação dos temas de reflexão

---

1 Extraído das *Mélanges Alexandre Koyré*, II, *A aventura do espírito*. Paris: Hermann, 1964.
Desde a redação desse estudo, as relações entre o pensamento de Auguste Comte e a obra de De Brosses foram o objeto de um importante artigo da Senhora Madeleine David, A noção de fetichismo, em A. Comte e a obra do presidente De Brosses, Do culto dos deuses fetiches. In: *Revue d'histoire des réligions*, número de abril-junho de 1967.
(*Curso* designa o *Curso de filosofia positiva* na edição Schleicher, Paris, 1907. *Sistema* designa o *Sistema de política positiva*. 4. ed. Paris: Crès, 1912.)

sutilmente compostos por Comte numa teoria tão nutrida de leituras que pode passar por uma síntese, seguramente original, no século XIX, da história filosófica das religiões e da história filosófica das ciências, elaboradas por diferentes autores do século XVIII.

O fetichismo, segundo Comte, é uma atitude primordial do homem em relação ao mundo, na medida em que a variedade dos casos e circunstâncias nos quais ela aparece permite tomá-la como um invariante da natureza humana. Individualmente, o fetichismo é um modo de especulação característico do animal,[2] da criança,[3] do adulto normal quando a prática exige que uma decisão ultrapasse os resultados de uma análise,[4] do adulto apaixonado,[5] do alienado.[6] Coletivamente, o fetichismo é o estado intelectual fundamental revelado pelo exame racional das civilizações menos avançadas.[7] Essa atitude é fundamentada sobre um modo de explicação das coisas e dos acontecimentos. Regulação da existência humana concreta,[8] a religião é, antes de mais nada, uma regulação das relações do organismo e do meio cujas operações da inteligência constituem a forma mais elevada, ainda que originariamente a menos possante. O fetichismo é o primeiro dos tipos de explicação por causalidade, a forma mais rude de busca das origens e dos destinos absolutos, emprestando à totalidade dos seres, concebidos por analogia com o homem, vontades tomando-lhes o lugar de leis.[9] Não é o animismo, no sentido restrito e, aliás, posterior desse termo, não é nem, a rigor, antropomorfismo, visto que o próprio animal é capaz disso. É antes um biomorfismo, consistindo na "explicação do mundo conforme o homem, segundo a assimilação

2 *Curso*. V, p. 19-20 e 66, nota 1; *Système*. II, p. 84, e III, p. 82.
3 *Système*. II, p. 84.
4 *Système*. II, p. 81, e III, p. 82-83.
5 *Système*. II, 85, 88, e III, p. 84.
6 *Curso*. V, p. 19.
7 *Système*. III, p. 6.
8 *Système*. II, p. 9 e 12-14.
9 *Système*. II, p. 81.

espontânea da natureza morte à natureza viva",[10] na "confusão entre o mundo inorgânico e a natureza viva".[11] A negação espontânea do dualismo entre natureza morta e natureza viva é, sem dúvida, um erro capital,[12] mas que gera nela mesma sua refutação, porque "se pode constatá-la plenamente e dela se liberar". Em vez do politeísmo, substituindo a vontade direta de ser supostamente vivos pela vontade indireta de agentes exteriores à matéria passiva, não comporta inicialmente mais possibilidade de refutação que de confirmação.[13]

O modo de explicação segundo uma causalidade de tipo animal, isto é, afecção e vontade, provoca em relação ao meio cósmico um sentimento humano de adoração, porque, "ao mesmo tempo que esse culto se estende a potências malfeitoras, abertamente admitidas pela ingenuidade fetichista, ele determina uma veneração que sempre enobrece o medo correspondente".[14] Sem dúvida, a visão fetichista do mundo comanda resignação e fatalismo,[15] mas ela autoriza também, em compensação, a esperança de conseguir que a vontade dos agentes exteriores a nós conspire com a nossa própria, de maneira que "a tentação natural de fundamentar nossas opiniões sobre nossos desejos"[16] se revela uma ilusão tão fecunda quanto ela é fundamental.

Não se insistiu, talvez, o suficiente sobre o fato de que, segundo Comte, o andamento da história por uma ilusão propulsora é necessário à chegada do espírito positivo. A história humana é o desenvolvimento da natureza humana, entendida como uma pluralidade de virtualidades cuja passagem ao ato se opera em velocidades diferentes. Inicialmente, a natureza humana é desarmônica: poderes e exigências, meios e fins não são ajustados a ela. A vida

---

10 *Système*. II, p. 80-81.
11 *Système*. II, p. 85.
12 *Système*. III, p. 86.
13 *Ibidem*.
14 *Système*. III, p. 108.
15 *Curso*. V, p. 38; *Système*. III, p. 123.
16 *Système*. III, p. 94.

e a experiência humanas são um aspecto da correlação biológica entre os organismos e os meios. Essa correlação se expressa em duas tendências igualmente, ainda que inversamente vitais: submissão às condições de existência, iniciativa em vista de modificá-las. Dessa oposição concreta nascem todas as espécies de conflitos, entre a especulação e o empreendimento, entre a inteligência e a afetividade, entre a realidade e a ficção. Essa oposição e esses conflitos tomam forma de círculos. Mas a natureza viva não é mais, segundo Comte que segundo Bergson, prisioneira das exigências da lógica. A oposição lógica condenaria a história a não recomeçar. Ora, a natureza humana não é inicialmente bloqueada, mas somente tórpida.[17] Os círculos da natureza humana não concernem, então, senão à energia das tendências primordiais e à velocidade de seu desenvolvimento.[18] A história, ou o progresso, ou o desenvolvimento da natureza humana consiste somente numa modificação, progressivamente mais refletida, e mais sistematicamente provocada pela cultura, da energia proporcional das tendências primordiais, sem alteração, no entanto, de sua relação inicial, "sem inversão real da ordem fundamental".[19]

Entre Pascal e Comte, Voltaire e Condorcet perceberam nos progressos do espírito humano o corretivo das consequências do princípio de contradição aplicado à natureza humana, o antídoto da misantropia gerada pela exigência lógica do tudo ou nada. A insuficiência inicial dos meios da humanidade relativamente aos seus fins não é mais, segundo Comte, a marca de uma degradação em relação a um estado original de perfeição. Se é verdade que "por uma deplorável coincidência o homem tem precisamente mais necessidade do gênero de atividade ao qual ele é o menos apropriado",[20] isto é, se é verdade que o homem é aquele entre todos os animais para quem a inteligência tem mais a fazer para atenuar a discordância entre "as imperfeições físicas" e "as neces-

17 *Curso*. V, p. 38-39.
18 *Curso*. IV, p. 286-289.
19 *Ibidem*, p. 289.
20 *Ibidem*, p. 287.

sidades morais" de sua condição, esse fato exprime somente que a humanidade começa por uma infância. Em toda infância, há desacordo e desproporção entre o fraco alcance dos meios quaisquer e a ambição de poder. Isso é verdadeiro na ordem da teoria como na ordem da prática. Sob essa dupla relação, o homem tem uma predileção instintiva pelas dificuldades que ele não poderia inicialmente resolver.[21]

Ora, em todos os casos, os círculos aparentes da natureza humana encontram uma solução espontânea e natural: a filosofia teológica,[22] modo de explicação e modo de vida em perfeita harmonia com as necessidades próprias ao estado primitivo da humanidade.[23] A religião é a ilusão inevitável que dá ao homem confiança e coragem para agir a fim de melhorar "a miserável insuficiência"[24] de seus recursos pessoais, para "o alívio de suas misérias".[25] Ela é a luz e a esperança que brilha "no meio das profundas misérias de nossa situação originária".[26] Reter-se-á essa última expressão. Reação compensadora à miséria de uma situação – e não mais verdade trans-histórica fundamentando uma condição de miséria – a religião originária não é celebrada na angústia nem no medo. É somente com o tempo que se verá a religião gerar "um terror

---

21 *Curso*. I, p. 5, e IV, p. 353. Sem pretender que Comte se inspira aqui de Hume, censurar-se-á, entretanto, a tese positivista sobre a discordância natural inicial entre as exigências e os poderes do homem e as reflexões de Hume sobre a origem da justiça, no Tratado da Natureza Humana: "De todos os seres animados que povoam o globo, não há um contra o qual, parece, à primeira vista, a natureza se tenha exercido com mais crueldade que contra o homem, pela quantidade infinita de necessidades com que ela o esmagou e pela fraqueza dos meios que ela lhe confere para suprir essas necessidades... É no homem somente que se pode observar, em seu mais alto ponto de realização, essa união monstruosa da fraqueza e da necessidade." (trad. A. Leroy, Aubier ed. II, p. 601-602)

22 *Curso*. I, p. 5, e IV, p. 351.

23 *Curso*. IV, p. 362.

24 *Curso*. IV, p. 353.

25 *Curso*. V, p. 38-39.

26 *Curso*. IV, p. 356.

opressivo e um langor apático".[27] Inicialmente, a filosofia teológica somente inspira "a confiança consoladora e a ativa energia".[28]

Tomando a liberdade de parafrasear Comte num vocabulário diferente do seu, diremos que a ruptura dos círculos de oposições entre as tendências da natureza humana se faz por uma presunção inicial instituindo uma síntese espontânea dos contrários. Entendemos aqui por presunção a antecipação operativa que supõe resolvido um problema, a assunção *a priori* de uma solução cuja construção efetiva e eficaz depende de uma afirmação de possibilidade. O fetichismo é a visão do mundo sem a qual a vida vivida em consciência, mesmo medíocre, não seria possível, o sentimento de uma conveniência obrigatória dos meios aos organismos. A tarefa da história, humanizar o mundo, está supostamente já concluída. Essa ilusão só pode impulsionar o homem a empreender de superar tudo o que, à primeira e mais simples vista, a desmente. O excitante da natureza humana, o que a arranca do torpor, o princípio da história, é uma quimera,[29] um sonho acordado.[30] No começo era a ficção.

Compreende-se agora por que o fetichismo constitui "o verdadeiro fundo primordial do espírito teológico, encarado na sua mais pura ingenuidade elementar",[31] por que razão ele é tido como religião primitiva".[32] Na história do espírito humano, não há nada antes do fetichismo. Se se suprime em pensamento o fetichismo humano, nem por isso se cai na simples atividade do bruto. O bruto não é tão bruto. O animal vertebrado superior é também fetichis-

27 *Ibidem*, p. 363.

28 *Ibidem*.

29 *Ibidem*, p. 356.

30 *Curso*. V, p. 34: "Sob o fetichismo, e mesmo durante quase todo o reino do politeísmo, o espírito humano está necessariamente, em relação ao mundo exterior, em um estado habitual de vaga preocupação que, embora então normal e universal, produz o equivalente efetivo de uma espécie de alucinação permanente e comum onde, pelo império exagerado da vida afetiva sobre a vida intelectual, as mais absurdas crenças podem alterar profundamente a observação direta de quase todos os fenômenos naturais."

31 *Curso*. V, p. 21.

32 *Système*. III, p. 124.

ta.[33] Porque ele tem suas raízes no vivo, aquém do homem, na série hierárquica das formas animais, o fetichismo é para o homem, em matéria de religião, uma origem absoluta. Ele é a projeção universal do sentimento de viver, vivido pelo vivo individuado. É o vivo comportando-se como se não pudesse viver senão em conspiração com a vida universal. O vivo recusa inicialmente a morte sob suas duas formas: como reino da inércia, contrário universal da vida universal, como limite inelutável da vida individual. Por essa razão o fetichismo comporta em toda parte o culto dos ancestrais.[34]

* * *

Porque Comte concebe o fetichismo como a forma espontânea da indispensável unidade realizada pela religião, faz dele o começo obrigatório de todas as religiões, o estágio inicial do primeiro dos três estados do espírito humano. Politeísmo e monoteísmo só existem depois dele em função dele. E, então, vê-se Comte rejeitando todas as teses de historiadores da religião que tomam o fetichismo como segundo.[35] A humanidade não começou pelo politeísmo, porque o politeísmo desdobra o que o fetichismo tinha confundido.[36] Por uma razão mais forte, a humanidade não começou pelo monoteísmo,[37] como o tinha inicialmente sustentado Huet em sua *Demonstratio evangelica* (1679).

Comte rebate, ainda, no *Curso*, a ideia segundo a qual o fetichismo, enquanto forma primitiva do exercício da inteligência, sucederia uma selvageria anterior, um estado de vida coletiva no qual o homem não teria sido capaz senão de técnicas concernentes à existência material. Nessa hipótese, "as necessidades intelectuais não teriam sempre existido, sob uma forma qualquer, na humanidade".[38] Seria necessário, nesse caso, tomar a especulação como um adven-

---

33 *Curso*. V, p. 20; *Système*. I, p. 625, e II, p. 349.

34 *Système*. III, p. 111.

35 *Curso*. V, p. 16 e seguintes.

36 *Ibidem*, p. 17 e 51.

37 *Ibidem*, p. 17 e 62.

38 *Ibidem*, p. 18.

to; seria necessário derivá-la de outras funções humanas além dela mesma. Mas aí está uma hipótese incompatível com a teoria biológica da natureza humana, já que ela equivale a negar que por toda parte e sempre "o organismo humano teve de apresentar, em todos os sentidos, as mesmas necessidades essenciais".[39]

Mais tarde, no *Système*, Comte refuta a tese simétrica inversa, a saber, "uma pretensa anterioridade do estado positivo em relação ao estado teológico".[40] Foi Bailly que, em sua *l'Astronomie ancienne* (1755), supôs a existência "de um povo destruído e esquecido que precedeu e esclareceu os mais antigos povos conhecidos",[41] que procurou estabelecer que, "quando se considera com atenção o estado da astronomia na Caldeia, na Índia e na China, encontram-se aí mais as ruínas que os elementos de uma ciência".[42] É Bailly quem, em suas *Lettres sur l'origine des sciences et sur celles des peuples de l'Asie* (1777), tenta convencer Voltaire de que a existência desse povo perdido está provada pelo quadro das antigas nações da Ásia, pelo "traço do espírito humano retomando seus passos",[43] e que o século das luzes não é sem precedente:

> "A resistência que se pode fazer à opinião de um antigo estado das ciências aperfeiçoadas nasceria de um sentimento de inveja? Nosso século é muito esclarecido, a Europa vê hoje a época mais brilhante das ciências; o que importa à sua glória que essa época tenha sido precedida por alguma outra? Nossos próprios sucessos apoiam minha conjectura. Confessareis, Senhor, que o que nós fizemos, pôde-se fazer antes de nós".[44]

Se não temos a prova de que Comte tenha lido Bailly, não podemos duvidar do fato de que ele leu Buffon.[45] Ora, em *Les Epo-*

---

39 *Ibidem.*

40 *Système.* III, p. 73.

41 Prefácio das *Cartas sobre a origem das ciências*, p. 1.777.

42 *Histoire de l'astronomie ancienne.* 1. I, § 12. p. 18.

43 *Lettres sur l'origine des sciences*, p. 204.

44 *Ibidem*, p. 206-207.

45 *Curso.* V, p. 37. Comte não cita jamais Bailly. Não se poderia concluir que ele não o leu nem utilizou. Ele também não cita nas Lições 19 a 25 do *Curso* o *Précis de l'Histoire de l'astronomie*, de Laplace, que ele utiliza abundante-

*ques de la Nature* (1778; VII Época: quando o poder do homem secundou o da natureza), Buffon admite, depois, e conforme Bailly, que a humanidade pode degenerar de um estado anterior de ciência e de civilização. Buffon pensa que no meio dos primeiros povos aterrorizados pelos últimos cataclismos telúricos surgiu um povo ativo sobre uma terra privilegiada, a Ásia Central; um povo feliz, pacífico e sábio, tendo um conhecimento da astronomia da qual a dos caldeus e a dos egípcios não representa senão ruínas.[46]

Fundamentando o primitivismo do fetichismo na natureza do homem, Auguste Comte não entende absolutamente em fazer dele a religião natural. Sabe-se que esse conceito metafísico lhe parece uma monstruosidade: não poderia haver religião senão sobrenatural.[47] Nada está mais distante do pensamento de Comte que o teísmo. A religião não tem sua origem em alguns axiomas ou noções comuns, normas de um instinto natural à razão, cujas religiões históricas representam uma alteração, na maior parte do tempo interessada. Mas, além de não apreciar teses do gênero das de Herbert de Cherbury ou de Voltarie, Comte não poderia ainda menos considerar a religião como uma espécie de leitura e de interpretação da ordem da natureza por uma razão primitiva. Apesar de sua estima por Fontenelle, filósofo a quem sua modéstia interdiz de se dar como tal,[48] Comte não admite, à sua maneira, que o politeísmo seja a forma natural da religião. Conhece-se a tese desenvolvida por Fontenelle na *Origem das fábulas* (1724). O homem teria interpretado o desconhecido por familiar:

> "De onde pode vir esse rio que corre sempre, deve ter dito um contemplativo daqueles séculos? Estranha espécie de filósofo,

---

mente. De fato, a história da astronomia, ele não cita expressamente senão *a Histoire de l'astronomie moderne*, de Delambre. Mas nenhuma história da astronomia figura na biblioteca positivista.

46 *Euvres philosophiques de Buffon*, editadas por Jean Piveteau, Paris, 1954. p. 188-189.

47 *Curso*. IV, p. 41.

48 *Curso*. V, p. 390.

> mas que teria sido talvez um Descartes neste século. Depois de uma longa meditação, ele encontrou muito felizmente que havia alguém que tinha cuidado de derramar sempre essa água de dentro de uma moringa. Mas quem lhe fornecia sempre essa água? O contemplativo não ia tão longe".[49]

Fontenelle pensava que o homem procura principalmente explicar o curso *ordinário* das coisas, por exemplo, o fluxo e o refluxo do mar, a queda da chuva.[50] A unidade dos temas fabulosos dependeria da uniformidade do curso das coisas. Compreende-se por que os chineses têm explicações que parecem com as *Metamorfoses* de Ovídio: "A mesma ignorância produziu mais ou menos os mesmos efeitos em todos os povos."[51] Donde esse desafio lançado por antecipação à prudência dos etnólogos contemporâneos: "Eu mostraria talvez bem, se fosse preciso, uma conformidade surpreendente entre as fábulas dos americanos e as dos gregos."[52] Em resumo, segundo Fontenelle, "os homens que têm um pouco mais de gênio que os outros são naturalmente levados a procurar a causa do que eles veem",[53] o que eles veem sendo o curso da natureza, cujos princípios de explicação são imaginados por analogia com os procedimentos de sua experiência técnica usual. Ora, encontramos em Comte a tese contrária, se não expressamente, pelo menos exatamente. O fetichismo é a reação do homem ordinário ao que o mundo exterior lhe oferece de extraordinário;[54] a experiência humana, fonte analógica dos princípios de explicação cosmológica, não é a experiência pragmática, é a experiência afetiva, não é a técnica, mas o desejo. Se Comte pode dizer do fetichismo que ele é um fundo primordial, uma "ingenuidade elementar",[55] não é porque a uniformidade da reação religiosa é ditada por um meio

---

49 *Euvres* de Fontenelle, nova edição, Paris: Ed. Bastien e Servières, 1790. t. V, p. 353-354.
50 *Ibidem*, p. 366.
51 *Ibidem*, p. 367.
52 *Ibidem*, p. 365.
53 *Ibidem*, p. 353.
54 *Curso*. V, p. 7.
55 *Ibidem*, p. 21.

estável, é porque ela é a expressão das tendências essenciais compostas na natureza humana. Se Comte não considera que a técnica seja o princípio de explicação das coisas generalizado pela religião, é porque as noções práticas iniciais respondem a fenômenos naturais regulares e, em consequência, não alimentam originariamente o espírito teológico, mas, ao contrário, o espírito positivo.

* * *

Dessa teoria, Comte encontrou a ideia-mãe diretamente em Adam Smith (*Histoire de l'Astronomie*, 1749?) e indiretamente em Hume (*História natural da religião*, 1757). Foi Adam Smith quem forneceu a Comte – como ele próprio reconhece, desde 1825, e várias vezes em seguida[56] – a ideia de que a religião primitiva não tem validade e jurisdição sobre a totalidade da experiência humana. O erro capital que é o fetichismo não é, então, um erro integral, sem o que sua retificação teria sido impossível. De fato, desde a origem, embora sem conflito manifesto, a religião enfrenta seu antagonista, o espírito positivo. A natureza humana, cuja história humana é somente o desenvolvimento, não está num só germe, mas em dois: "O germe elementar da filosofia positiva é certamente tão primitivo, no fundo, quanto o da própria filosofia teológica, embora não se tenha podido desenvolver senão muito mais tarde".[57]

Não se deveria perder de vista que, quando Comte descreve as circunstâncias nas quais o espírito humano é primitiva e naturalmente excitado em busca de causas, se trata sempre de circunstâncias extraordinárias,[58] de anomalias,[59] de "fenômenos atraindo com alguma energia a fraca atenção da humanidade nascente".[60] É

56 O mais antigo reconhecimento de dívida assumida por Comte em relação a Adam Smith encontra-se no opúsculo de 1825, Considerações filosóficas sobre as ciências e os sábios. In: *Système* , IV. Apêndice geral, p. 139. Ver em seguida *Curso*. IV, p. 365, e VI, p. 168.

57 *Curso*. IV, p. 365, e VI, p. 430.

58 *Curso*. V, p. 7.

59 *Curso*. I, p. 2.

60 *Curso*. V, p. 22.

possível que ao lado de sua leitura de Adam Smith, e graças a ela, Comte redescobre aqui a tese de Hume sobre a origem da religião. Hume, nas primeiras páginas de sua *História natural da religião*, toma a idolatria ou politeísmo como a mais antiga religião do mundo, mas observa que sua origem não é o espetáculo da natureza, porque não nos fixamos em procurar as causas dos objetos ou dos acontecimentos familiares. A religião exprime o interesse que os homens têm pelos diversos acontecimentos de sua vida, às esperanças e aos temores que os agitam sem parar. O homem só é levado ao invisível pelas paixões. O que é mais próprio a inspirar ao homem um vivo sentimento religioso são as desordens que parecem violências feitas à natureza. Em todo caso, Comte não separa Hume de "seu imortal amigo Adam Smith" quando ele declara quanto esse último, por seus engenhosos resumos... sobre a história geral das ciências e principalmente da astronomia", influenciou sobre sua primeira educação filosófica.[61]

De fato, as teses de Smith vêm de Hume. A teoria da imaginação em Hume (*Tratado da natureza humana*) sustenta a teoria do espanto em Smith. É por essa teoria do espanto, retomada quase palavra por palavra pelo menos duas vezes por Comte,[62] que Smith lhe forneceu o meio de estabelecer, por um lado, que a especulação é uma necessidade original e originária do espírito humano e, então, que a teoria tem um fim e um valor específicos, independentemente de toda relação com a prática, e, por outro lado, que o império da teologia é não originalmente universal. Comte deve, então, a Smith duas ideias-mestres do positivismo: a ciência não nasce da técnica, a ciência não nasce da religião.

Adam Smith distingue o espanto, reação ao insólito e ao estranho, da surpresa, reação ao inesperado na ordem do conhecido, e da admiração, reação ao belo e ao grande, mesmo na ordem do

61 *Curso*. VI, p. 167-168.

62 *Curso*. I, p. 35, e VI, p. 451.

familiar.[63] O espanto é uma emoção desagradável, sintoma de um estado patológico da imaginação. Com efeito, constata Smith, observar semelhanças é um prazer, relacionar o que se nos oferece a tal classe de seres semelhantes é uma inclinação. Mas a novidade e a singularidade dos objetos percebidos excitam em vão nossa imaginação, recusam-se a toda associação. Imaginação e memória flutuam, então, de pensamento em pensamento. Essa flutuação, unida à emoção da alma, constitui o sentimento do espanto, feito de incerteza e de inquieta curiosidade. O que é verdadeiro de um objeto individual o é também de uma sucessão singular de objetos dos quais nenhum, tomado à parte, é singular. Uma sucessão singular gera para a imaginação dificuldade para acompanhar. O espanto é a dificuldade da imaginação em ligar as aparências, em constituir hábitos de relação, é uma "perturbação violenta", uma "cruel doença" da alma.[64] Ora, pode-se definir a filosofia como "a ciência dos princípios de ligação das coisas".[65] A filosofia pode, então, ser encarada "como uma dessas artes que se dirigem à imaginação",[66] e todos os sistemas da natureza conhecidos no Ocidente (única parte do globo cuja história é um pouco conhecida) podem ser examinados sob a relação segundo o qual "cada um deles era próprio a facilitar a marcha da imaginação e a fazer do teatro da natureza um

---

63 *L'Histoire de l'astronomie*, de Smith, faz parte de alguns manuscritos inéditos que o autor não mandou destruir sob suas vistas alguns dias antes de sua morte. Cf. sobre esse ponto o artigo de S. Moscovici, A respeito de alguns trabalhos de Adam Smith sobre a história e a filosofia das ciências. In: *Revista de história das ciências*, p. 1-30, 1956. Comte leu Smith na tradução francesa de P. Prévost, professor de filosofia em Genebra: *Essais philosophiques par Feu Adam Smith, précédés d'un Précis de sa vie et de ses écrits par Dugald Steward*. Paris, ano V (1797). O catálogo da Livraria Émile Blanchard para a coleção da biblioteca positiva (Paris, abril de 1914 indica uma edição inglesa da *História da astronomia*, pelo Dr. Burnell, Mangalore, 1889. Para a distinção entre espanto, surpresa e admiração, ver a edição em francês, 1ª parte, p. 139 e seguintes.

64 *Ibidem*, p. 163. Os efeitos da novidade sobre a imaginação são descritos a partir da p. 150.

65 *Ibidem*, p. 167.

66 *Ibidem*.

espetáculo mais ligado e, por isso mesmo, mais magnífico".[67] Quem comparar a essas análises de Smith a definição do espanto dada por Comte e a descrição de seus efeitos poderá formar, parece-nos, uma ideia mais justa das origens intelectuais do positivismo.[68]

Essa teoria do espanto torna-se, sem esforço da parte de Smith, uma teoria das origens da filosofia natural. Não é verdade, segundo ele, que o homem tenha inicialmente procurado descobrir "essas cadeias escondidas dos acontecimentos que unem em conjunto as aparências naturais cuja ligação não surpreende imediatamente".[69] Ao contrário, o que lançou o homem numa espécie de estupor são "as irregularidades que se oferecem com mais aparelho, e cujo brilho não pode deixar e surpreendê-la".[70] Smith não toma como exemplos, à maneira de Fontenelle, o fluxo e o refluxo do mar ou o curso regular dos rios. Ao contrário, ele invoca contrastes, rupturas de continuidade: a alternância da calma e da tempestade, da prosperidade e da penúria, "a fonte que ora corre com abundância e ora se esgota".[71] É preciso citar toda a passagem

---

67 *Ibidem*, p. 168.

68 Segundo Smith, o espanto é o sentimento contrário do que gera a "facilidade" da imaginação a passar de um acontecimento ao que o segue. Quando Comte invoca o espanto como sinal da existência no homem de uma necessidade fundamental (isto é, não derivado), de conhecimento, ele se refere aos efeitos fisiológicos dessa emoção sem os descrever (enquanto Smith os descreve, op. cit., p. 154), e ele acrescenta: "A necessidade de dispor os fatos em uma ordem que nós possamos conceber com *facilidade*... é de tal forma inerente à nossa organização etc." (*Curso*. I, p. 35 – grifamos). Mais tarde, Comte fará uma parte maior, no espanto, "às inquietudes práticas" (e isso o aproximaria de Hume), mas ele mantém que "a inteligência humana experimenta, sem dúvida, independentemente de toda aplicação ativa, e *por uma pura impulsão mental*, a necessidade direta de conhecer os fenômenos e de ligá-los" (*Curso*. VI, p. 451 – grifamos). A *impulsão mental* de Comte se parece muito bem com o *movimento natural da imaginação* de Smith (op. cit. p. 158-159) e, para além, com a *força calma* e com a *transição fácil* que Hume atribui à imaginação, faculdade de ligação e de relação.

69 *Histoire de l'astronomie*. p. 171.

70 *Ibidem*.

71 *Ibidem*, p. 174.

que Comte resume dizendo mais do que propriamente falar "o homem jamais foi completamente teólogo",[72] ora que Smith "muito felizmente observou... que não se encontrava, em nenhum tempo nem em nenhum país, um Deus para a gravidade".[73]

"Pode-se observar", escreve Adam Smith, "que em todas as religiões politeístas, entre os selvagens, assim como nos primeiros tempos da antiguidade pagã, os acontecimentos irregulares da natureza são os únicos que elas atribuem à ação e um poder de suas divindades. O fogo queima e a água refresca; os corpos pesados descem, as substâncias mais leves voam e se elevam, pela necessidade de sua natureza própria; e a invisível mão de Júpiter jamais foi usada para produzir tais efeitos. Mas o trovão e o relâmpago, o céu sereno e a tempestade eram atribuídos ao seu favor ou à sua cólera. O homem, a única potência dotada de intenção e de desígnio que era conhecida pelos autores dessas opiniões, não age jamais senão para parar ou mudar o curso que tomariam sem ele os acontecimentos naturais. Era muito simples pensar que esses seres inteligentes que sua imaginação lhe pintava, e que lhe eram desconhecidos, agiam nas mesmas visões, que eles não usavam sua atividade para favorecer o curso ordinário das coisas, o que é óbvio, mas, sim, a pará-lo, a dobrá-lo, a confundi-lo".[74]

Ter-se-á notado na passagem a profundidade sem ostentação da observação segundo a qual o homem só é conduzido a forjar-se uma sobrenatureza na medida em que sua ação constitui, no seio da natureza, uma contranatureza. Mas queremos antes de tudo esclarecer a conclusão que Smith tira de suas análises do espanto e da função de ligação assegurada pela imaginação: "É, pois, o espanto, e não a espera de nenhuma vantagem ligada a novas descobertas, que é o primeiro princípio do estudo da filosofia, dessa ciência que se propõe a descobrir as ligações secretas que unem as aparências tão variadas da natureza."[75]

72 *Système*. IV, Apêndice geral, p. 139.

73 *Curso*. IV, p. 365.

74 Op. cit. p. 174-175.

75 *Ibidem*, p. 177.

* * *

Tal é, pois, no dizer do próprio Comte, uma das fontes da teoria do estado teológico, e de que não se pode medir a importância pela confrontação dos textos de Smith e de Comte. Essa fonte foi a esse ponto negligenciada ou esquecida que Lucien Levy-Bruhl, que, embora historiador das ideias de Comte, pôde prestar homenagem ao próprio Comte da tese que este declara considerar de Smith.[76]

Falta agora dar conta do fato de que, diferentemente de Hume e de Smith, Comte não considera o politeísmo, mas o fetichismo, como o estado inicial, originário, da filosofia teológica.

Se a *Enciclopédia* contém um artigo "Fetiche" (como nome feminino), ela não cede espaço ao termo "Fetichismo", neologismo proposto em 1760 pelo Presidente Charles de Brosses em sua obra *Du Culte des Dieux fétiches ou parallèle de l'ancienne religion de l'Egypte avec la religion actuelle de Nigritie.*[77]

A terceira secção da obra de De Brosses contém o exame das causas às quais se atribui o fetichismo. Como Hume e Smith, é a uniformidade da natureza humana, e não como Fontenelle, a

---

76 "O que eu chamei de 'sobrenatureza' intervém constantemente no curso dos acontecimentos. Então, a regularidade desse curso, ainda que real, está sujeita a contínuas exceções. Estas... se impõem mais fortemente à atenção do que a própria ordem da natureza. Não que eles [os primitivos] negligenciem levar em conta sequências regulares dos fenômenos... Mas eles não têm nenhuma razão de refletir sobre essas ligações de fenômenos que se verificam sempre. Elas são óbvias. Elas estão aí. Aproveita-se disso, e isso basta. Assim se explica o fato, destacado por A. Comte, que em nenhum lugar se encontrou o Deus da gravidade. Além de 'gravidade' ser um conceito abstrato, por que se interessariam por esse fenômeno regular e constante? Não se desmentindo jamais, ele não reserva surpresas. Ele não faz, então, nunca, perguntas." *A mitologia primitiva*. 2. ed. 1935. p. 40-41.

77 De Brosses (op. cit. p. 10) declara que ele chamará *Fetichismo* "o culto... de certos objetos terrestres e materiais chamados *Fetiches* entre os negros africanos entre os quais esse culto subsiste". Se a *Enciclopédia* não contém artigo "fetichismo", o *Dictionnaire de la philosophie ancienne et moderne* da *l'Encyclopédie méthodique* de Panckoukc contém, pelos cuidados de Naigeon, um tal artigo que reproduz a Dissertação de De Brosses.

uniformidade da natureza exterior, que De Brosses atribui como origem à religião.[78] Segundo ele, o fetichismo é um "culto direto", absolutamente um culto simbólico, efeito da degenerescência de uma "Religião pura e intelectual", desfigurada pela superstição.[79] É como escrever romances hipotéticos, supor um homem "sozinho, abandonado desde a infância em alguma ilha deserta, que se faz dele mesmo à vista do curso da natureza, as mais sutis questões físicas e metafísicas".[80] Essa suposição equivale a identificar o selvagem e o homem civilizado, providos de segurança que tornam possível a atitude contemplativa. Na realidade, o selvagem necessitado não para interrogando-se "sobre a causa primeira dos efeitos que ele costuma ver desde sua infância". Ao contrário, "é a irregularidade aparente na natureza, é algum acontecimento monstruoso ou prejudicial que excita sua curiosidade, e lhe parece um prodígio".[81] Esquematizando um paralelo entre o culto dos egípcios e a religião fetichista, De Brosses se gaba de menos interpretar o passado remoto pela observação do presente do que reencontrar a autêntica significação da situação religiosa primitiva: "Não está em suas possibilidades, é no próprio homem que é necessário estudar o homem: não se trata de imaginar o que ele teria podido ou deveria ter feito, mas olhar o que ele fez."[82]

Lendo De Brosses, não se pode ficar surpreso com a correspondência entre suas hipóteses e as de Comte. Ele é o primeiro autor que, antes de Comte, tentou demonstrar o primitivismo do fetichismo, sua anterioridade lógica sobre o politeísmo e o monoteísmo. Ele é, como Comte e antes dele, hostil à explicação das religiões primitivas pelo simbolismo ou pela alegoria. Quando De Brosses escreve "A irregularidade aparente na natureza", Comte escreve: "As anomalias aparentes do universo". Comte designa com o termo *escamoteadores* os homens que, nas populações fetichis-

78 Op. cit. p. 185.
79 *Ibidem*, p. 189-190.
80 *Ibidem*, p. 209.
81 *Ibidem*, p. 210.
82 *Ibidem*, p. 284-285.

tas, assumem uma profissão especial onde se pode ver o esboço da função sacerdotal no estágio astrolátrico do fetichismo.[83] Esse termo se acha também sem dúvida em Chateaubriand, em *Les Natchez*. Mas, sem ter o meio de estabelecer que De Brosses é o primeiro a utilizá-lo nesse sentido, constatamos o uso que faz dele em sua dissertação de 1760, especialmente na Seção III.

Se nos falta a prova de que Comte leu De Brosses, que ele não cita, temos, como no caso de Bailly, a certeza de que ele não podia ignorá-lo. Comte, tendo lido e relido Charles-Georges Leroy (1723-1789), encontrou nas *Lettres posthumes sur l'homme*, acrescentadas à reedição das *Lettres philosophiques sur l'intelligence et la perfectibilité des animaux*, uma utilização das teses de De Brosses, com referência expressa; o culto dos deuses fetiches é dado por Leroy como a religião primitiva, a que inspiram o medo e a inquietude.[84] Enfim, é de De Brosses que ele tira a ideia segundo a qual a uniformidade na ilusão releva da própria natureza da espécie humana:

> "... O conjunto das disposições e das ações principais da espécie humana se parece em toda parte... Parece que a razão deveria ser o ponto de reunião comum ou que, pelo menos, ela não deveria tardar a retificar os julgamentos da espécie inteira. É o contrário que é verdadeiro: o erro pertence à espécie, e ele se produz, como o vimos, sob formas que não são infinitamente variadas".[85]

* * *

Sabe-se que a teoria do fetichismo primitivo, proposta por De Brosses, sistematizada por Comte, foi criticada por Max Müller.[86] Segundo ele, o fetichismo é uma das formas mais humildes,

---

83 *Curso*. V, p. 31.

84 *Lettres philosophiques sur l'intelligence et la perfectibilité des animaux avec quelques Lettres sur l' Homme*, por Charles-Georges Leroy, sob o nome do físico de Nuremberg, nova edição à qual se juntaram *Lettres posthumes sur l'Homme*, do mesmo autor, Paris, ano X (1802). Cf. p. 305 e 312.

85 *Ibidem*, p. 324.

86 *Origine et développement de la religion étudiés à la lumière des religions de l'Inde*. Trad. fr. por J. Darmesteter. Paris, 1879. A primeira edição alemã é de 1878.

mas não a forma primitiva da religião. Ele não constitui em lugar nenhum toda a religião. A religião é a percepção do infinito. O fetichismo é uma corrupção. A história comparada das religiões, esclarecida por um melhor conhecimento das religiões da Índia, refuta a tese de Comte.

Mas Müller não compreendeu que o termo fetichismo pouco importa a Comte. O importante para Comte é compor a história das religiões, inclusive alguns dados etnográficos, com a história das ciências, de modo que a natureza do homem e a história do homem sejam homogêneas uma com a outra. Existe um *a priori* da história que impede de extrapolar o progresso em utopias.[87] A natureza é o assíntoto da curva da história.[88] Inversamente, sem o testemunho da história, o deciframento da natureza inicial não é totalmente possível. O fetichismo é a hipótese que permite afirmar que há somente um espírito humano, e que sua lógica admite variações, mas não variantes.

O positivismo de Comte difere da filosofia das luzes no fato de que o progresso, ainda que irreversível, não provoca depreciação do passado. No mito racionalista do progresso, assim como no dogma teológico da decadência, o fetichismo aparece desvalorizado, em relação à perfeição por vir ou a uma perfeição perdida.

O positivismo, em seu relativismo, considera o fetichismo como um estado do espírito imperfeito, mas sem censuras. Ele deve ser ultrapassado, mas, à época do *Curso*, ele não deve ser nem condenado nem renegado, e, à época do *Sistema*, ele deve ser integrado ao espírito positivo. Comte pode, então, legitimamente, gabar-se de ter procurado "inspirar uma espécie de simpatia intelectual em favor do fetichismo".[89] Para retomar a oposição, que se tornou moda

---

87 Em tal ciência [a sociologia] nós reconhecemos a possibilidade característica de conceber aí, *a priori*, todas as relações fundamentais dos fenômenos, independentemente de sua exploração direta, conforme as bases indispensáveis fornecidas antecipadamente pela Teologia biológica do homem. *Curso*. IV, p. 346. Cf. também *ibidem*, p. 245 e 252.

88 *Système*. II, p. 471, e II, p. 623.

89 *Curso*. V, p. 60; cf. também VI, p. 44.

– e moda passageira –, estabelecida por Dilthey entre explicar e compreender, diremos que a *Aufklärung* explicava a religião primitiva, enquanto Comte procurou fazê-la "compreender". A teoria do fetichismo nos dá a considerar a utilização singular, no espírito do romantismo, de vários temas históricos que o século XVIII tinha visto surgir num espírito racionalista, na França especialmente. A filosofia escocesa inspirou Comte nesse trabalho de acomodação. O resultado é uma filosofia da história das ciências cujos princípios diretores são de origem biológica e embriológica especialmente.[90] No século XVIII, os progressos do espírito humano eram apresentados como invenções, isto é, vitórias não garantidas previamente. Segundo Comte, o progresso é o desenvolvimento de germes vivos, não alterando fundamentalmente sua estrutura. Se Comte é matemático por sua formação, ele é biólogo por segunda cultura e por decisão, senão por destinação. Mas a biologia à qual se refere Comte é pré-formista e não transformista. A teoria do fetichismo é a peça indispensável de uma concepção biológica da história, elaborada na mesma época em que a história começa a penetrar em biologia:

> "... As leis lógicas que finalmente governam o mundo intelectual são, de natureza, essencialmente invariáveis e comuns, não somente a todos os tempos e a todos os lugares, mas também a todos e quaisquer assuntos... Os filósofos deveriam unanimemente banir o uso... de toda teoria que força a supor, na história do espírito humano, outras diferenças reais além das da maturidade e da experiência gradualmente desenvolvidas."[91]

---

90 Cf. História e embriologia: o progresso enquanto desenvolvimento segundo Auguste Comte. In: *Du développement à l'évolution au XIX$^e$ siècle*, por G. Canguilhem, G. Lapassade, J. Piquemal e J. Ulmann. *Thalès*, XI ano, 1960; Paris: PUF, 1962.

91 *Curso*. V, p. 53.

# CHARLES DARWIN

## 1. OS CONCEITOS DE "LUTA PELA EXISTÊNCIA" E DE "SELEÇÃO NATURAL" EM 1858: CHARLES DARWIN E ALFRED RUSSEL WALLACE[1]

Para o historiador das ciências da vida, o ano de 1958 é o de um centenário, o da publicação simultânea, por Charles Darwin e Alfred Russel Wallace, de suas teorias concernentes ao mecanismo da evolução biológica, em 1858, mas também o de um bicentenário, o da fixação do uso da nomenclatura binária, em botânica e em zoologia, na décima edição do *Systema naturæ*, de Lineu, em 1758. Ainda que a lembrança dessa data tenha sido eclipsada pela comemoração, própria sobretudo aos países anglo-saxões, da primeira publicação das ideias de Darwin, é preciso ver no bicentenário de uma reforma de taxonomia a razão maior da importante significação dada ao centenário de uma revolução em biologia. É que, com efeito, simplificando as denominações de espécies, tomando como negligenciáveis as variedades das quais os botânicos não têm com que se preocupar (*Philosophia botanica*, 1751, § 100), Lineu, quaisquer que tenham sido, aliás, suas incertezas concernentes à relação numérica entre espécies criadas e espécies atuais, devia conferir crédito entre os naturalistas à ideia da espécie como unidade biológica real.[2] De maneira que, quando Darwin e Wallace declaram, em 1858, dever considerar a formação de variedades, de

1 Conferência feita no Palais de La Découverte, em 10 de janeiro de 1959 (Série História das Ciências).

2 Cf. CUÉNOT, Lucien. *A espécie*. Ed. Doin, 1956. p. 20-22.

subespécies e de espécies como fenômenos susceptíveis de serem explicados a partir do fato de variação individual dos organismos, é uma filosofia biológica cujos fundamentos explícitos datam, então, exatamente de um século que eles deixam de lado.

Foram eles os primeiros a fazê-lo? A espécie de resposta dada a essa questão já arrasta a ideia que se faz da história das ciências. Existem várias maneiras de compor a história das ciências. Aquela cujo sucesso é mais imediatamente garantido porque é a mais conciliadora, a mais "amável", esforça-se em encontrar para cada invenção de conceito, de método ou de dispositivo experimental, antecipações ou esboços. É raro que a pesquisa dos precursores não seja compensadora, mas é também raro que ela não seja artificial e forçada. A história dos precursores do que se chamou, bastante tarde no século XIX, transformismo foi feita 100 vezes, mas ela carrega várias observações e reservas. Se se entende por transformismo o que inicialmente se chamou de teoria da descendência, e se se atribui a Lamarck a primeira exposição explícita, geral e sistemática dessa teoria, a história dos precursores do lamarckismo é também, até Lamarck, a história dos precursores do darwinismo. Com relação a isso, essa história é antes a de um mito que de uma teoria científica. Nada menos científico e menos instrutivo que a aproximação, de qualquer jeito, dos nomes de Empédocles e de Lucrécio, de De Maillet e de Robinet, ao lado dos de Maupertuis, Buffon, Erasmo Darwin e Etienne Geoffroy-Saint-Hilaire. Mas se se decompõe o transformismo em teoria da descendência e em teoria causal dos mecanismos de evolução, então o darwinismo é essencialmente uma teoria causal (o que é, aliás, também o lamarckismo), e é com relação a ela exclusivamente que se deve procurar precursores para Darwin. Essa operação é menos fácil que a primeira. Ela acaba encontrando nas leituras de Darwin, nas obras de Lyell, Auguste-Pyrame de Candolle, Malthus, fontes de reflexão, confessadas pelo próprio Darwin em sua *Autobiografia*, mas, para falar propriamente, nenhum esquema de conceito digno de merecer ao seu autor o título de precursor de Darwin. Sem dúvida, o fato de que no meio do século XIX Darwin e Wallace tenham chegado simultaneamente, embora separadamente, à mesma teoria biológica, autoriza a dizer, como Darwin o disse ao pé da letra, que sua ideia estava no ar. Mas essa banalidade, ritual em todo comentário de convergência heurística, não explica e não esclarece nada. O ar do tempo é um conceito pré-científico da história das ciências, um conceito vago de geografia dos organismos, importado sem crítica para o arsenal da crítica literária.

Por outro lado, existe uma outra maneira de escrever a história das ciências além daquela que se esforça para restabelecer uma continuidade latente dos progressos do espírito, é a que procura tornar apreensível e surpreendente a novidade de uma situação, o poder de ruptura de uma invenção. É a essa espécie de história que gostaríamos de trazer uma contribuição.

Num trabalho de primeira ordem, insuficientemente conhecido e utilizado pelos historiadores e filósofos da biologia, na tese de Henri Daudin sobre *Cuvier e Lamarck: as classes zoológicas e a ideia de série animal* (1926), a novidade da obra de Darwin é destacada no fato de que ela é o fruto de métodos de estudo radicalmente diferentes dos que tinham estado em uso, e quase de regra no século XVIII e nos 30 primeiros anos do século XIX. Até então, o zoólogo observador, o explorador das formas vivas, se tinha encontrado subordinado ao sábio do Museu ou da Academia cujas coleções ou bibliotecas constituíam o material de estudos. "Darwin", diz Daudin, "'é um naturalista de campo', um viajante que vai longe, um pesquisador em seu país, na volta".[3] Essa observação é de grande alcance. Sim, Darwin é um fugitivo da Universidade, o contrário de um espírito livresco. É como leitura de viagem que ele leva, a bordo do *Beagle*, os *Princípios da Geologia*, de Lyell, e é para se distrair que, um dia de 1838, ele lê o *Ensaio sobre o princípio da população*, de Malthus. E deve-se guardar que Wallace não procedeu, inicialmente, diferentemente de Darwin. Aos olhos dos naturalistas de gabinete, eles são amadores. Mais do que o ar do tempo, são os costumes do tempo que convém invocar aqui.

Em sua *Histoire de La zoologie* (1872, traduzida do francês em 1880), Victor Carus insistiu na ligação sistemática estabeleci-

---

3 Tomo II, p. 259-264.

da, durante a primeira metade do século XIX, entre as expedições de navegação empreendidas para fins de reconhecimento geográfico e explorações dos naturalistas. Relacionada a isso, a célebre viagem do *Beagle* é apenas um episódio na história desses empreendimentos, organizados pelos franceses inicialmente, pelos ingleses e pelos russos em seguida, pelos americanos por fim.[4] Mas, mais fortemente ainda que esse fato geral de época, deve-se reter o estilo especificamente inglês das inumeráveis contribuições trazidas à morfologia zoológica e botânica pelos exploradores, os administradores, os militares coloniais da época vitoriana. Essa renovação do tipo, e quase da silueta do naturalista, de seu estilo e de seus métodos de trabalho foi percebida, imediatamente, pelo olhar avisado de Michelet. Numa curiosa passagem do seu livro *O inseto* (1857), ele escreve a propósito do estudo de Darwin sobre *A estrutura e a distribuição dos recifes de coral* (1842):

> "A Inglaterra, esse pólipo imenso cujos braços envolvem o planeta e que apalpa incessantemente, podia sozinha observá-la bem nessas solidões longínquas, onde ela continua à vontade seu eterno parto... Percebe-se que na Europa uma literatura completa saiu da Grã-Bretanha há 20 anos. Eu a qualifico como *uma imensa* enquete sobre o globo, pelos ingleses. Só eles podiam fazer isso. Por quê? As outras nações *viajam*, mas só os ingleses *permanecem*. Eles recomeçam, todos os dias, em todos os pontos da Terra, o estudo de Robinson, e isso por uma multidão de observadores isolados, aí levados por seus negócios e tantos menos sistemáticos."[5]

Em suma, Michelet e Daudin valorizam, em seu retrato do novo naturalista inglês, durante as duas últimas décadas da primeira metade do século XIX, os traços de personalidade e de carreira que serviram à Academia das Ciências como pretexto, se não como razão, para recusar eleger Darwin entre seus correspondentes, quando de uma primeira candidatura em 1870.[6] Seu julgamento se encontra no fundo confirmado pelo estudo que R. A. Crowson, mestre de conferências de taxonomia na Universidade

4 Cf. p. 531-550 da tradução francesa.
5 8. ed. Hachette, 1876. p. 377.
6 Darwin devia ser lido em 1878, mas na seção de Botânica.

de Glasgow, acaba de consagrar a *Darwin e à classificação*.[7] Sem dúvida, Crowson vê em Darwin mais um dos últimos representantes dos naturalistas do século XVIII que era precursor do grupo de seus sucessores do século XX, os biólogos de laboratório... Mas está relacionado com a devoção às ideias, com o culto da atitude puramente especulativa, o fato de que Crowson julgue assim Darwin. Quanto ao seu estilo de vida e de trabalho, Darwin lhe aparece como um desses amadores de formação liberal que animavam a *Sociedade de Zoologia*, durante os anos 1850, junto aos criadores, proprietários rurais cultos, oficiais do exército das Índias, todos naturalistas e mais preocupados com observações e experiências que com sistemática e classificação. Foi somente para sua *Monografia dos Cirrípedes* (1851-1854) que Darwin trabalhou, de maneira pouco contínua, com as coleções do *British Museum*.

O benefício intelectual dessa formação de naturalista foi posto em evidência por Henri Daudin com uma rara penetração. Porque ele era bastante estranho às práticas dos sistemáticos, Darwin se encontrou, imediatamente, liberado de toda obediência, mesmo inconsciente, em relação a um postulado até então comum a todas as tarefas de classificação, a saber, "a crença na existência necessária e na estabilidade de uma ordem natural".[8] Era, com efeito, a pré-noção que a metafísica de Aristóteles tinha legado, por intermédio da teoria das classificações, a todos os naturalistas anteriores, inclusive Lamarck, que ele tinha convertido na ideia de uma série única, graduada e progressiva, de todas as formas vivas. Mesmo quando Lamarck admitia a multiplicidade das séries genéticas, ele levava em conta por causas "acidentais", isto é, as circunstâncias variáveis segundo o espaço e o tempo, que tinham, de alguma maneira, obrigado a natureza a diversificar suas produções. "É somente com Darwin", diz Daudin, "que desaparece da representação científica do mundo animal e vegetal a ideia de um sistema de relações necessárias e permanentes entre os seres que o compõem.

---

7 *A century of Darwin*. Editado por S. A. Barnett, Londres: Heinemann, 1958. p. 102-129.

8 Op. cit. II, p. 252.

Nenhum traço, na disposição desse mundo, é de uma essência superior à dos fatos que suscitam e que abolem as circunstâncias e que, por essa mesma razão, podem cair sob o jugo da experiência e da arte humana".[9] E Daudin acrescenta: "Grande resultado, ainda que a comparação das fórmulas corra o risco de fazê-lo julgar inicialmente negativo: ele transporta, na realidade, a morfologia completa no domínio das ciências físicas; ele abre sem reserva à análise experimental o acesso dos materiais imensos que ela reuniu."[10]

Eis o que convém, a nosso ver, lembrar em 1958 para compreender a novidade de 1858. Sabemos que o próprio Darwin, em uma Nota histórica preliminar à *Origem das espécies*, a partir da terceira edição (1861), quis dar-se predecessores. Cortesia de sábio e possivelmente também preocupação em desarmar aqueles dentre seus leitores, para quem a teoria da seleção natural já era objeto de escândalo, ainda mais que de surpresa. Nesse histórico, Darwin distingue os que formaram ou aceitaram antes dele a ideia da mutabilidade das espécies e aqueles para quem, a rigor, se poderia encontrar uma antecipação dos mecanismos de evolução por ele propostos. Entre estes últimos, Naudin. Aquele, num artigo de 1852, *Considérations philosophiques sur l'espèce et la variété*, tinha proposto ver uma só diferença de grau entre as variedades criadas pelo homem e as espécies naturais. Mas além de essa afirmação se destacar sobre um fundo de teoria mais próxima do lamarckismo que do darwinismo, a única coisa que Darwin esquece, em sua modéstia intelectual exemplar, é que o ano de 1852, mesmo precedendo 1858 e 1859, sucede a 1842 e a 1844. Ora, foi nesses anos que Darwin, continuando sua ideia desde 1838 no temor e no tremor de se enganar, compôs inicialmente um rascunho de umas 30 páginas, depois um *Ensaio* de mais de 200 páginas, que ele conservou em sua gaveta. O ano de 1858 é a data em que se tornou pública uma teoria que persegue e atormenta há 20 anos o pensamento de seu autor.

---

9 *Ibidem*, p. 262.
10 *Ibidem*, p. 262.

O que justamente acontece em 1858? Em 18 de junho, Darwin, que seus amigos Lyell e Hooker pressionavam há vários anos para publicar uma exposição de suas ideias (Hooker teve a ocasião de percorrer o manuscrito de 1844), recebe de Alfred Russel Wallace, morando então em Ternato, na Malásia, uma dissertação de algumas páginas intitulada *Sobre a tendência das variedades em se afastar indefinidamente do tipo original.* Sir Gavin de Beer observou, a esse respeito, que Wallace, 14 anos mais jovem que Darwin, tinha a mesma idade que ele, escrevendo o *Ensaio* de 1844.[11] Por que Wallace envia para Darwin essa dissertação? Porque, no ano anterior, Lyell tinha aconselhado a Darwin a leitura de um artigo publicado por Wallace em 1855,[12] e que, tendo seguido esse conselho, Darwin, com sua gentileza costumeira, tinha informado a Wallace que interesse ele tinha encontrado em lê-lo. Enviando sua dissertação a Darwin, Wallace pede a ele que o submeta a Lyell se ele julgar por bem. No mesmo dia, Darwin avisa Lyell sobre o envio de seu correspondente, sem poder dissimular sua emoção, nascida do conflito entre a decepção de um autor na iminência de ser precedido na publicação de ideias que são as suas, e a alegria de um estudioso confirmado nessas mesmas ideias que ele hesitou até então em publicar:

> "Sua profecia se averiguou singularmente: estou sendo precedido... Nunca vi coincidência mais surpreendente; se Wallace tinha lido o manuscrito de meu esquema de 1842, ele não poderia ter feito melhor resumo... Seus próprios termos são os títulos dos meus capítulos... Wallace não me diz que ele deseja publicar seu manuscrito, mas, naturalmente, eu oferecerei a ele enviá-lo a

---

11 Darwin nasceu em 1809; Wallace, em 1823. S. Gavin de Beer, prefácio a *Evolution by natural selection.* Cambridge: University Press, 1958. Essa obra contém, além dos dois *Ensaios* de Darwin em 1842 e 1844, os textos de Darwin e de Wallace apresentados à *Linnean Society*, em 1º de julho de 1858, por Lyell e Hooker. Os *Ensaios* de 1842 e 1844 já tinham sido publicados em 1909 por Francis Darwin.

12 Da lei que regeu a introdução de novas espécies (*Annals and magazine of natural history*, setembro de 1855). Tradução em *A Seleção Natural*, por A. R. Wallace, em francês por L. de Candolle, 1872. p. 1-27.

> qualquer revista. De tal maneira que minha originalidade, qualquer que ela possa ser, vai achar-se anulada etc."[13]

Nas cartas a Lyell, em 25 e 26 de junho, Darwin insiste sobre os meios que ele teria de provar que suas ideias, se ele fizesse um resumo delas agora, não devem nada a Wallace, mas ele se pergunta, dado que não tinha ainda a intenção de publicar um primeiro resultado de suas pesquisas, se seria elegante e honesto fazê-lo agora, as coisas sendo a partir de agora o que são, e se não pareceria que ele estava submetendo-se a motivos mesquinhos.[14] Em 29 de junho, ele confessa a Hooker: "Estou com vergonha de estar apegado minimamente à prioridade."[15] Tanta retidão e delicadeza chamam e sugerem uma solução de bom senso e de equidade que Lyell e Hooker inventam rapidamente. Na noite de 1º de agosto de 1858, Lyell e Hooker dão a ler a *Linnean Society*, sob um título comum: *Sobre as tendências das espécies em formar variedades e sobre a perpetuação das variedades e das espécies pelos meios naturais de seleção*, dois textos de Darwin, um extraído do *Ensaio*, de 1844, e outro extraído de uma carta a Asa Gray, de 5 de setembro de 1857, em parte, e a dissertação de Wallace, em outra. Numa nota introdutória da qual eles são os cossignatários, Lyell e Hooker expõem a sucessão e o sentido dos acontecimentos que resultaram nessa publicação comum, dão conta dos escrúpulos de Darwin e do argumento pelo qual eles os retiraram: "Nós lhe explicamos que não considerávamos unicamente os direitos relativos de prioridade de seu amigo ou dele mesmo, mas os interesses da ciência em geral." E eis como a história da ciência foi privada de uma dessas querelas de prioridade que frequentemente se alimentam aí. A cortesia sincera com a qual, depois dessa comunicação, cada um dos dois naturalistas reconheceu e celebrou os méritos do outro é susceptível de duas interpretações, segundo a filosofia do historiador. Pode-se dizer, com toda candura idealista, que a ciência autêntica tem a

13 *Vie et Correspondance de Charles Darwin*. Tradução de Varigny, 1888. I, p. 620-621.
14 *Ibidem*, p. 621-623.
15 *Ibidem*, p. 625.

virtude própria de substituir as competições de amor próprio pela comunhão na verdade. Diferentemente, algum realista, mais atento ao comportamento do estudioso que, à essência do saber, poderia perguntar-se se tal preocupação de bem distinguir publicação e publicidade não deve também algo à geografia e à história, no fato de que, no caso que nos ocupa, os interessados eram ingleses um e outro, e que os Prêmios Nobel não tinham ainda sido fundados.

Se convém reter esse exemplo de cortesia, é na medida em que ele ultrapassa o traço de costumes científicos, na medida em que ele teve, no caso, um efeito de hipérbole quanto à apreciação pelos dois parceiros da consonância de suas teorias, mascarando-lhes em parte a diferença real, senão profunda, de seus caminhos de abordagem do mesmo assunto, da amplidão respectiva de seu material de prova, da ordem de condicionamento de seus principais conceitos. Não entendemos falar, é claro, senão das diferenças que podiam aparecer desde 1858, sem nos ocuparmos das que o desenvolvimento da teoria inicial devia contribuir para acentuar, e, especialmente, da que devia provocar a hostilidade de Wallace à explicação darwiniana das origens do homem. Notemos, aliás, que Darwin, desde o primeiro dia, viu, com a perspicácia que dá a preocupação de defender uma originalidade, que sua atitude intelectual pessoal não era a de Wallace: "Nós diferimos num único ponto, no que fui levado a adotar minhas visões em consequência do que a seleção artificial fez para os animais domésticos."[16] E é verdade que, convertido à ideia da mutabilidade das espécies graças às observações de ordem morfológica, paleontológica, ecológica que ele fez durante a viagem do *Beagle*, Darwin se apegou, desde sua volta à Inglaterra, ao problema dos efeitos da domesticação e da seleção pelo homem dos animais e das plantas. O que ele, então, procurou apaixonadamente é o equivalente, no estado de natureza, do artifício humano consistente, por acumulação e acentuação das variações individuais hereditárias, em fixar variedades vegetais ou animais cujas estruturas, constituições ou instintos se manifes-

16 *Vie et Correspondance de Charles Darwin*. Tradução de Varigny, 1888. I, p. 622 (Carta a Lyell, de 25 de junho de 1858).

tem desejáveis em função de sua utilidade. Ao contrário, Wallace apreendeu diretamente, nas populações naturais, a passagem das variações à variedade. Ele opôs, *do ponto de vista de seus efeitos*, a luta pela existência no estado de natureza, e a condição dos animais no estado doméstico: "Nós vemos, pois, que a observação dos animais domésticos não pode fornecer nenhum dado sobre a permanência das variedades no estado de natureza."[17]

Ora, essa diferença de abordagem teve um resultado ao qual parece que Darwin não tenha sido imediatamente sensível. Ela provocou, na explicação de Wallace, a economia de um conceito cuja formação era imposta a Darwin pela via de estudos e o gênero de observações que ele tinha adotado. Os termos de *seleção natural* não figuram na dissertação de Wallace. Na medida em que as ideias de Darwin pareciam colocar-se sob a expressão de seleção natural como sob um estandarte, não se deveria achar inicialmente estranho que Darwin reconhecesse suas próprias ideias, a ponto de temer a possibilidade de uma contestação de paternidade, no escrito de um autor de onde estão ausentes essas palavras-chave?

Além disso, Darwin e Wallace não se apegam aos mesmos efeitos da luta pela existência, que eles admitem em comum como a lei natural geral do mundo vivo. Wallace é sensível unicamente aos efeitos de adaptação. Os indivíduos, as espécies, as variedades que sua organização e seu gênero de vida adaptam melhor ao seu meio são necessariamente conduzidos, pelo fato da concorrência, a suportar as vicissitudes do ambiente, a passar através do crivo cego das mudanças que sobrevêm no meio cósmico e orgânico. Wallace, em sua dissertação de 1858, não se interessa aos progressos da organização senão na medida em que as variações favorecem a adaptação.

Enfim, enquanto a dissertação de Wallace não dá em nada conta da seleção sexual – e Wallace se tornará em seguida cada vez mais firmemente hostil a esse elemento do darwinismo – o extrato do segundo capítulo do *Ensaio* de 1844, publicado em 1858, contém no final, um resumo das ideias de Darwin sobre essa questão.

---

17 *La sélection naturelle*, por a. R. Wallace, tradução em francês por L. de Candolle, 1872. p. 41.

Que concluir dessa confrontação? Isto, que se Darwin encontrou no escrito de Wallace o essencial de suas próprias ideias, a despeito da ausência dos termos de *seleção natural*, é que esses termos já não designam em seu pensamento nada mais que a totalização de certos elementos conceituais. A seleção natural não é uma força que se acrescenta à luta pela existência, ela não é uma causa suplementar, ela é um conceito recapitulativo que retém, sem o realizar, com maior razão sem o personificar, o sentido de um procedimento humano utilizado, como mecanismo analógico, na explicação do fenômeno natural. A teoria de Darwin encerra, no conceito de seleção natural, a referência a *um de seus modelos* de explicação. Por não ter compreendido isso, espíritos de segunda ordem, como era o caso de Flourens, acreditaram poder censurar em Darwin suas ilusões antropomórficas. Em seu *Examen du livre de M. Darwin sur l'origine des Espèces* (1864), Flourens escreve:

> "Com o Sr. Darwin têm-se duas classes de seres: os seres eleitos, que a eleição natural melhora sem parar, e os seres abandonados, que a concorrência vital está sempre pronta a exterminar. Ajudando-se assim mutuamente, a concorrência vital e a eleição natural conduzem todas as coisas a um bom fim."

Flourens se engana aqui radicalmente, não percebendo que a seleção natural nada mais é, uma vez dada a variabilidade, além do efeito necessário da concorrência vital. Darwin não parou de dizer desde 1859, desde as primeiras reações dos naturalistas à publicação da Origem das Espécies, que a seleção natural não é um poder de escolha, que o termo não recupera nenhuma representação antropomórfica de um poder natural divinizado, que ele designa somente uma lei que exprime os efeitos de composição da variação acidental, da hereditariedade e da concorrência vital. Sem dúvida, uma frase, no extrato de sua carta a Asa Gray, poderia inclinar a esse contrassenso os leitores apressados ou prevenidos, frase na qual se trata da seleção natural como "poder infalível" de escolha. Mas era somente, como se acaba de ver, uma metáfora para designar uma analogia causal. Uma frase, no extrato do *Ensaio*, deveria ter evitado a todo leitor atento o contrassenso possível: "A natureza pode ser comparada a uma superfície sobre a qual se encontram 10 mil cunhas afiadas que se tocam uma a outra, e que são cravadas com golpes incessantes." Nada aqui permite imaginar a natureza como um homem... ou como uma mulher!

Mas se Darwin pode negligenciar de apurar, na dissertação de Wallace, a ausência de um conceito que continha antes de tudo para ele a referência a um *modelo de explicação intermediária*, é porque ele achava, nessa dissertação, a presença de um mesmo *modelo de explicação fundamental*, o modelo econômico malthusiano. Por Wallace também tinha lido Malthus, por volta de 1845, e tinha-se lembrado dele em 1858. Ele também tinha encontrado na lei de Malthus a ocasião e a permissão de formar, de um ponto de vista de biologia geral, o conceito de luta pela existência. A biologia forneceu muitas vezes às ciências sociais modelos, e muito frequentemente falsos modelos. Estamos aqui em presença de um caso particular notório onde é a ciência social que fornece um modelo à biologia. Há muito tempo, e independentemente de qualquer referência à sociologia marxista do conhecimento, que um ilustre historiador da biologia, Radl, disse que Darwin tinha composto uma *Sociologia da natureza*,[18] segundo o princípio emprestado de Adam Smith e de Malthus, do "deixem fazer, deixem passar, a natureza vai por conta própria". O modelo comum a Darwin e a Wallace é o malthusianismo, como teoria econômica, ao mesmo tempo causa e efeito das mudanças de estrutura da sociedade inglesa, que a substituição do capitalismo agrário pelo capitalismo industrial transforma sob o imperativo da livre concorrência.

Parece, pois, que em 1858, Darwin, mais nítida e deliberadamente que Wallace, marca a introdução no método biológico de dois meios de investigação realmente inéditos: a enquete e o modelo. Como isso não foi percebido no início, os julgamentos que puderam ser feitos, em seguida, sobre seus trabalhos, foram contraditórios. Uns não acharam aí senão visões do espírito. Foi o caso dos positivistas franceses e especialmente de Charles Robin, um dos membros da Academia das Ciências mais hostis, na época, à

18 *The history of biological theories*. Traduzido por Hatfield, Oxford, 1930. p. 18.

candidatura de Darwin. Os outros, e é um pouco o caso de Radl,[19] retiveram o fato de que Darwin era um biólogo não sistemático, não se preocupando em reduzir a diversidade dos fatos à unidade de um princípio. Radl faz alusão à passagem de *A descendência do homem*,[20] no qual Darwin admite com Nägeli que ele cedeu muito aos efeitos da seleção natural. Mas conceitos não são nem visões do espírito, nem princípios dogmáticos, são ferramentas e modelos. De fato, Darwin não é nem empirista, nem um estudioso com princípios. Foi ele quem disse que "para ser um bom observador é preciso ser um bom teórico".[21] Mas teórico não quer dizer sistemático. Darwin teorizava na medida em que ele procurava utilizar modelos conceituais. Inversamente é dele próprio que nós sabemos que ele sempre trabalhou com vários assuntos ao mesmo tempo. Mas a busca da diversidade e a multiplicação dos campos de investigação, em resumo, a abertura à riqueza da experiência não é o empirismo, porque o empirismo não é muitas vezes senão uma apologia a antolhos.

Eis a razão pela qual acabamos de voltar especialmente nossa atenção aos conceitos fundamentais do darwinismo, tais como se podia levantá-los na comunicação feita em 1858 à *Linnean Society*. É para fazer redescobrir o frescor desses conceitos mais do que experimentar sua validade que a evocação de um acontecimento centenário devia nos inclinar. Mostrar em que medida o que tentamos fazer reviver no seu instante de surgimento continua ainda hoje vivo seria, ao pé da letra, uma outra história.[22]

---

19 *Ibidem*, p. 25-31.

20 Tradução francesa por Barbier, 3. ed. 1891. p. 62.

21 A palavra é relatada por Francis Darwin, em *Vida e correspondência de Darwin*. I, p. 161.

22 Apraz-nos observar que uma tese de doutorado de 3º ciclo, recentemente defendida por Camille Limoges, sobre *A constituição do conceito darwiniano de seleção natural*, e da qual se deve desejar e esperar a publicação, chega a conclusões distantes das nossas. Limoges contesta a importância geralmente atribuída à leitura de Malthus por Darwin, e destaca a diferença da problemática em Darwin e em Wallace.

## BIBLIOGRAFIA SUMÁRIA

I° *Evolution by Natural Selection Darwin and Wallace.* Darwin's Sketch of 1842, his Essay of 1844, and the Darwin-Wallace Papers of 1858. Com Introdução de Sr. Francis Darwin e Prefácio de Sr. Gavin de Beer (Cambridge University Press, 1958.

O leitor desejoso de ler em tradução francesa os documentos de 1858 pode proceder assim:

a) O *Essai* de 1844 foi traduzido quase por completo por Auguste Lameere em *Darwin* (Collection des Cent Chefs-d'Œuvre Étrangers. Paris: La Renaissance du Livre, 1922). O extrato desse *Essai*, publicado em 1858, corresponde às páginas 66-72 da tradução de Lameere.

b) A carta de 5 de setembro de 1857 a Asa Gray está traduzida em *La vie et la correspondance de Charles Darwin avec un chapitre autobiographique*, publicada por seu filho Francis Darwin, tradução francesa de H. de Varigny. Paris: Reinwald éd. 1888. tomo I, p. 625 e seguintes. O extrato dessa carta publicado em 1858 corresponde às páginas 628-632.

c) A dissertação de Wallace está traduzida em *La sélection naturelle, essais*, por Alfred Russel Wallace, traduzida do inglês na 2. ed. por Lucien de Candolle. Paris: Reinwald éd., 1872. p. 28-44.

II° *A Century of Darwin*, edited by S. A. Barnett. London: Heinemann, 1958. (Coletânea de 15 artigos escritos por biólogos da Grã-Bretanha e dos Estados Unidos da América.)

III° DAUDIN, Henri: *Cuvier et Lamarck:* les classes zoologiques et l'idée de série animale. Paris: Alcan éd., 1926. tome II, Conclusion.

IV° *The History of Biological Theories*, by Emanuel Radl, translated and adapted from the German, by E. J. Hatfield. London: Oxford University Press, 1930.

V° *Evolution, Die Geschichte ihrer Probleme und Erkentnisse*, von W. Zimmermann. Munique: Freiburg éd., 1953.

VI° A. R. Wallace, by Loren C. Eiseley. *Scientific American*, v. 200, n. 2, february 1959.

## 2. O HOMEM E O ANIMAL DO PONTO DE VISTA PSICOLÓGICO SEGUNDO CHARLES DARWIN[1]

"... E Bouvard, aquecendo-se, chegou a dizer que o homem descendia do macaco!

Todos os fabriqueiros se entreolharam muito admirados, e, como para se assegurarem que não eram macacos.

Bouvard retomou:

– Comparando o feto de uma mulher, de uma cadela, de um pássaro, de uma rã...

– Basta!

– Quanto a mim, vou mais longe, exclamou Pécuchet; o homem descende dos peixes!

Risos ressoaram. Mas sem se perturbar:

– *O Telliamed*! Um livro árabe!...

– Vamos, senhores, em sessão.

E entramos na sacristia."

Nessa passagem de *Bouvard et Pécuchet*,[2] Flaubert levou às dimensões do ridículo as discussões e polêmicas suscitadas por uma tese que *A origem das espécies* autorizava sem a conter. Desde 1860, o Congresso da British Association, com sede em Oxford, tinha visto se afrontarem darwinianos e clericais, e Thomas Huxley tinha aí rei-

---

1 Extraído da *Revista de história das ciências e de suas aplicações*, XIII, 1, janeiro-março de 1960.

2 Flaubert trabalhou em *Bouvard et Pécuchet*, de 1872 até sua morte.

vindicado a honra de ser o descendente de um macaco, antes mesmo de ter publicado sua obra *Do lugar do homem na natureza* (1863).

Se *A origem das espécies* não diz nada das origens humanas, não é que Darwin não tenha, já desde 1838, pensado na questão, mas é para não suscitar um motivo maior de prevenção contra a teoria da seleção natural. Muito honesto, no entanto, para dissimular que aos seus olhos o poder da seleção natural é universal, Darwin observa, nas últimas páginas de sua obra:

> "Eu vejo, no futuro, campos abertos diante das pesquisas bem mais importantes. A psicologia repousará sobre uma nova base, já estabelecida por Herbert Spencer, isto é, sobre a aquisição necessariamente gradual de cada faculdade mental. Uma viva luz iluminará então a origem do homem e sua história."

Essa luz, os darwinianos tentaram projetá-la antes do próprio Darwin. Huxley, Vogt, Büchner e principalmente Haeckel obrigaram, por assim dizer, o mestre a não fazer menos que os seus discípulos. Por outro lado, as reservas de Wallace concernentes à ação da seleção natural sobre o desenvolvimento do homem obrigavam Darwin a refutar essa objeção.

A *Descendência do homem* (1871; 2. ed. 1874) é composto com o objetivo de estabelecer que, segundo uma fórmula literalmente paradoxal, "o homem descende de um tipo inferior". Paradoxo que é, na realidade, a simples expressão do princípio do evolucionismo: a identidade, naturalmente baseada, das duas relações de anterioridade a posterioridade e de inferioridade a superioridade.

Quanto ao seu projeto, a *Descendência* pode ser considerada como a primeira obra de antropologia sistematicamente expurgada de antropocentrismo. Quanto à sua influência, é certo que a obra, reforçada em 1872 pela *Expressão das emoções no homem e no animal*, forneceu as bases e a caução científicas à psicologia comparada cujas publicações de Spencer e de Lewes continham, na mesma época, anúncios, mais do que esquemas.

Mas queríamos tentar mostrar que a *Descendência* não poderia ser considerada como a primeira antropologia sem antropomorfismo, e que se a psicologia comparada dos animais e do homem se desenvolveu historicamente a partir dela, ela se constituiu metodologicamente em parte contra ela.

* * *

Quando Darwin começa a elaborar sua teoria da concorrência vital e da seleção natural, a anatomia comparada já encontrou, em Cuvier e Von Baer, graves oposições à ideia da série animal única e linear, assim como ao postulado da unidade do tipo animal diversificado pelas circunstâncias. Georges Cuvier tinha mostrado que comparar é colocar às claras diferenças tanto quanto semelhanças, e tinham-no censurado por ser muitas vezes mais sensível a estas do que àquelas. K. E. Von Baer tinha combatido a lei do paralelismo que a *Anatomie transcendante* de E. R. A. Serres tinha, depois dos naturalistas da escola da *Naturphilosophie*, instituído entre as formas transitórias do desenvolvimento embrionário humano e as formas permanentes adultas nas classes inferiores da escala animal. Segundo Von Baer, a separação radical de quatro tipos de organização interdiz de considerar as semelhanças entre o embrião de um vertebrado e um invertebrado adulto, por exemplo, como transgredindo realmente a obrigação estrutural feita a todo vertebrado de ser, desde seus inícios, um vertebrado autêntico. Johannes Müller, na segunda edição do *Handbuch der physiologie*, se tinha colocado ao lado de Von Baer. E é a Müller que se refere a Darwin, no *Ensaio* de 1844.

Com Darwin, o que era apenas paralelismo para os *Naturphilosphen* (Kelmeyer, Oken), e para os embriologistas da escola de Etienne Geoffroy Saint-Hilaire torna-se genealogia. O homem não é a partir de agora tido como a única forma viva capaz de desenvolvimento integral, para a medida, *a priori* dada, dos desenvolvimentos respectivos de todas as outras formas, desigualmente aproximadas de um resultado singular. O homem é apresentado como o resultado efetivo de uma descendência, e não como o polo ideal de uma ascensão. Ele acumula toda a herança animal. Ele não culmina mais no cume de uma hierarquia, visto que ele pode ser ultrapassado:

> "Pode-se perdoar o homem por experimentar algum orgulho pelo fato de se ter elevado, embora não seja por seus próprios

> esforços, ao ápice verdadeiro da escala orgânica; e o fato de que ele se tenha assim elevado, em vez de ter aí sido colocado primitivamente, pode fazê-lo esperar um destino ainda mais alto num futuro distante."[3]

Assim se explica que Darwin interprete, em anatomia humana, os órgãos rudimentares como remetimentos signaléticos a formas ancestrais acabadas, embora inferiores, e, em embriologia humana, as pausas da ontogênese como retornos a um estágio filogenético anterior. Esse último ponto principalmente é importante. Distinguindo precisamente crescimento e desenvolvimento, Darwin opõe o adulto ao embrião sob as duas referências da dimensão e da estrutura. Todo ser vivo pode continuar a crescer parando de se desenvolver. Comparável a um adulto, em peso e em volume, ele continuará fixo a tal ou tal estágio de sua infância específica, com relação ao desenvolvimento. A diferença entre dimensões e estrutura dá ao biólogo a possibilidade de considerar o ser cujo crescimento continuou depois da parada do desenvolvimento não como um filhote de sua própria espécie, mas como um adulto de uma outra espécie que se dirá seu ancestral, na medida exata em que, com referência ao desenvolvimento, ela é inferior e, em virtude do postulado evolucionista, anterior. A é inferior a B, na medida em que se deve dar o completo desenvolvimento de A para encontrar uma analogia entre A e um B incompletamente desenvolvido. Então, as analogias entre os animais e os homens não são mais, para Darwin, correspondências simbólicas entre partes e um todo, como para os adeptos da *Naturphilosophie*, elas são conexões etiológicas.

"Nós podemos... considerar como um caso de retorno o cérebro simples de um idiota microcéfalo, enquanto ele se parece com o de um macaco."[4]

Que tais assimilações possam fazer rir, isso pouco importa a Darwin. O riso, de que Aristóteles tinha feito o próprio do ho-

---

3 *Descendência*. 3. ed. fr. por Barbier, conforme a 2. ed. inglesa, Paris: Reinwald, 1891. p. 678.

4 *Ibidem*, p. 35.

mem, é, ao contrário, para o autor da *Expressão das emoções*, uma prova suplementar da origem e da natureza animais do homem:

> "Nós podemos adiantar ousadamente que o riso, enquanto sinal do prazer, foi conhecido de nossos ancestrais muito tempo antes que eles fossem dignos do nome de homem.[5]
> Aquele que rejeita com desprezo a ideia de que a forma dos caninos e o desenvolvimento excessivo desses dentes em alguns indivíduos resultem do fato de que nossos primeiros ancestrais possuíam essas armas formidáveis revela provavelmente zombando sua própria linha de filiação."[6]

O conceito darwiniano de retorno (*reversão*) alicerça, no século XIX, uma concepção nova das relações entre a humanidade e a animalidade. A humanidade não é mais uma essência originária cuja animalidade retrata, pela série de suas classes, gêneros e espécies, uma escala de aproximação sem chegar ao limite, como no século XVII, ou com passagem, como no século XVIII. O homem é o ser mais recente, cujo devenir gerador deixou na estrutura terminal as referências de um caminho. O homem é para ele mesmo seus arquivos orgânicos. Ao olhar-se somente, ele pode reconstituir uma boa parte do caminho de volta para suas origens. Ele é uma repetição, isto é, uma recapitulação de sua linhagem animal. O termo repetição toma um sentido completamente novo. Enquanto a ideia de uma série animal gradual e coroada pelo homem povoava a consciência – ou o inconsciente – dos naturalistas e filósofos, a animalidade em geral era a repetição da humanidade, mas no sentido teatral do termo de ensaio. Queiram tomar literalmente o título da obra publicada por Robinet em 1768: *Considérations philosophiques sur la gradation naturelle des formes de l'être*. Mas, para Darwin, a natureza não é nem um teatro, nem uma oficina de artista, nada se prepara aí, nada se aprende. A seleção é apenas um crivo, mas o crivo não é aqui um instrumento, e o que ele deixa passar não era, antes, julgado mais preciso que a limpadura. Na

---

5 *L'Expression dês émotions*. Tradução francesa. 2. ed. Paris: Rheinwald, 1890. p. 388, cf. também p. 13.

6 *A descendência do homem*. p. 39-40.

árvore genealógica do homem – substituto da série animal linear – as ramificações marcam etapas e não esquemas, e as etapas não são os efeitos e os testemunhos de um poder plástico visando para além deles mesmos, são causas e agentes de uma história sem desfecho antecipado.

Ora, ao mesmo tempo em que a humanidade deixa de ser considerada como a promessa inicial – e, para certos naturalistas, inacessível – da animalidade, a animalidade deixa de ser considerada como ameaça permanente da humanidade, como a imagem de um risco de queda e de degradação presente no próprio seio da apoteose. A animalidade é a lembrança do estado pré-específico da humanidade, é a sua pré-história orgânica, e não sua antinatureza metafísica.

* * *

Tal concepção da relação entre o animal e o homem não provoca, entretanto, imediatamente no domínio da psicologia comparada, todas as consequências que daí se poderia esperar. No que diz respeito às faculdades mentais, Darwin se propõe, na *Descendência*, mostrar "que não há nenhuma diferença fundamental entre o homem e os mamíferos mais elevados".[7] Mas há duas maneiras de abolir uma diferença entre dois termos, segundo se tome como termo de referência um ou outro. A condição, pelo menos necessária, de uma filogênese autêntica, na ordem do psiquismo, é começar pelo animal, estudado na especificidade de seu psiquismo. Ora, Darwin procede exatamente como Bergson censurará, mais tarde, Spencer de tê-lo feito:[8] ele esquematiza em grandes linhas a continuidade do desenvolvimento intelectual do animal ao homem, dando-se, por antecedência, a inteligência humana como presente, por todos os seus elementos, nos antecedentes do homem. Em 1871, há muito tempo que o desenvolvimento parou de

7 *Descendência*. p. 68.

8 *Evolution créatrice*, cap. III: "Explicar a inteligência do homem pela do animal consiste, pois, simplesmente em desenvolver em humano um embrião da humanidade."

significar pré-formação. E, no entanto, parece subsistir, em Darwin, a respeito da mentalidade humana, uma espécie de crença na possibilidade de detectar, pela observação dos animais, os traços ilusoriamente tidos como características.

No século XVIII, a comparação entre o animal e o homem, em relação ao psiquismo, tinha tomado dois caminhos: o estudo fisiognomônico e a gênese sensualista. Darwin se liga a uma e outra dessas tradições, mas refutando a intenção da primeira. Depois de Charles Le Brun (1678) e Pierre Camper (1774), Lavater tinha comparado (1776-1778) o homem aos animais, quanto à expressão das afeições ou do "caráter", segundo a forma do rosto ou a arquitetura do crânio. Camper era mais sensível à passagem das formas animais à forma humana por continuidade das deformações. E assim também Goethe, de que se sabe que foi o correspondente e o colaborador de Lavater. Mas este último era mais atento às descontinuidades entre espécies animais, por um lado, e por outro, entre as espécies mais elevadas e o homem:[9]

> "A humanidade tem sempre esse caráter de superioridade a qual o animal não pode atingir de maneira nenhuma... A distância é imensa entre a natureza do homem e a do macaco. Eu o repito: Alegra-te, homem, da tua humanidade! Colocado numa posição que nenhum outro ser pode atingir, alegra-te com esse lugar, unicamente o teu! Não procures grandeza em adotar a pequenez do bruto, ou humildade em rebaixar tua natureza."[10]

Reeditadas por Moreau de La Sarthe, em 1806-1809, as obras de Lavater fornecem não somente a romancistas, como Balzac, mas a outros desenhistas caricaturistas, uma fonte inesgotável de temas e de inspirações. Grandville pode intitular *Animalomania* um de seus álbuns (1836), e, quando, em 1844, ele inverte a linha de animalidade que Lavater tinha representado "da rã a Apolo",[11] para ilustrar "a descida de Apolo à rã", é como se ele ilustrasse, no

---

9 *A fisiognomonia*. Tradução francesa por Bacharach. Paris, 1841, caps. 29 a 35.

10 *Ibidem*, p. 91 e 100.

11 Para um estudo de conjunto sobre essa questão, ver *Aberrations*, de J. Baltrusaitis, Paris, 1957: *Physionomie animale*.

mesmo ano em que Darwin redige seu *Ensaio*, o argumento que oporá às *Origens* e à *Descendência* os que Lavater tinha convencido de não pesquisar a humildade no rebaixamento da natureza humana. De fato, a *Expressão das emoções* pode passar pela refutação da *Fisiognomonia*. Em 1872, a fisiologia neuromuscular suspendeu a anatomia descritiva para o uso dos artistas do cuidado de explicar os mecanismos da expressão, na mesma medida exatamente em que a antomo-fisiologia do encéfalo acabou por arruinar a influência inicialmente considerável da craniologia de Gall, êmulo de Lavater à sua moda. Darwin leu Charles Bell, Duchenne de Boulogne e Gratiolet, e mediu o progresso feito antes dele, desde Le Brun, Camper e Lavater.[12] Suas próprias pesquisas fortificam nele a ideia sob a direção da qual ele as empreendeu: "O estudo da teoria da expressão confirma numa certa medida a concepção que faz derivar o homem de algum animal inferior".[13]

Mas, na *Descendência*, a semelhança das emoções sentidas por eles é apenas um dos argumentos da comparação entre o homem e os animais. A enumeração dos poderes psíquicos que lhes são comuns adota a ordem tradicional da psicologia sensualista e associacionista, a partir da sensação. O homem e os animais possuem os mesmos órgãos sensoriais, têm as mesmas intuições fundamentais, experimentam as mesmas sensações.[14] Em consequência, Darwin empresta ao animal: atenção, curiosidade, memória, imaginação, linguagem, raciocínio e razão, sentido moral e sentido religioso. Ele lhe empresta até a capacidade de tornar-se louco.[15] E isso é admiravelmente coerente. Viu-se que o idiota humano, por interrupção de desenvolvimento, é assimilável ao macaco. Em contrapartida, o animal superior deve estar sujeito à loucura. Se o homem não tem o privilégio de possuir a razão, ele não tem também o privilégio de perdê-la. Todas essas assimilações repou-

---

12 Sobre tudo isso, ver *Expressão*, Introdução. p. 1-27.

13 *Ibidem*, p. 393.

14 *Descendência*. p. 68 e 82.

15 *Ibidem*, p. 83.

sam, sem dúvida, em algumas observações feitas por Darwin, mas principalmente em leituras de obras de etologia de Georges Leroy, Brehm, Houzeau etc. Uma só experimentação propriamente dita é invocada, a de Möbius sobre seu famoso lúcio.[16] Experiência de condicionamento que Darwin cita a título de exemplo de raciocínio animal. Deve-se reconhecer que, entre os argumentos propostos por Darwin, os de autoridade são os mais numerosos. Ao fim de dois capítulos de comparação, concernentes às faculdades mentais e ao sentido moral, Darwin pode esquematizar a curva sem pontos de retorno nem de inflexão, do desenvolvimento intelectual, quanto à filogênese e à ontogênese humanas. Por um lado, a diferença entre o espírito do homem e o dos animais mais elevados é só de grau, e não de espécie;[17] por outro, a gradação é perfeita entre o estado mental do mais completo idiota, bem inferior ao animal, e as faculdades intelectuais de um Newton.[18]

Não se pode evitar aqui perguntar se não é por ter importado, sem crítica suficiente, na descrição do psiquismo animal, os conceitos da psicologia inglesa de sua época que Darwin consegue reconstituir tão facilmente a filogênese intelectual do homem. Comparação e gênese não seriam na *Descendência*, senão em intenção e em aparência? No *Ensaio sobre os fundamentos da psicologia*, Maine de Biran se perguntava se Condillac tinha, no *Tratado das sensações*, realmente retraçado uma gênese, se, mais do que se colocar no lugar do ser que sente, ele não tinha colocado a estátua no lugar da inteligência humana. Parece que, da mesma maneira, a gênese darwiniana da inteligência humana, empírica em aparência, fica na realidade exclusivamente lógica, pois guiada no início pelo que ela tem a ambição de produzir. O esquema da evolução psicológica, na *Descendência*, consiste em reencontrar o homem no animal, bem mais do que examinar, a partir de experiências de animal autentica-

---

16 *Ibidem*, p. 79.
17 *Ibidem*, p. 136.
18 *Ibidem*, p. 137.

mente reconstituídas, o que elas permitem – e o que elas não permitem eventualmente – explicar na experiência do homem.[19]

* * *

Concebemos que a suspeita de antropomorfismo na antropologia darwiniana possa surpreender. E, no entanto, não queremos dizer outra coisa senão isto: se o darwinismo é incontestavelmente uma das causas da constituição de uma psicologia comparada do animal e do homem, ele não comporta em si mesmo psicologia comparada, por não ter previamente pesquisado as condições de possibilidade de uma psicologia animal independente. Sua psicologia dos animais se parece mais com a que é corrente desde a Antiguidade grega do que com a que vai nascer, sob sua influência, no último quarto do século XIX. Por que dissimular que os exemplos invocados por Darwin, na *Descendência*, são na maior parte réplicas dos que invoca Montaigne na *Apologia de Raymond Sebond*? Com certeza, Montaigne e Darwin não têm o mesmo projeto: este visa a levantar a inteligência dos animais, aquele a rebaixar a ciência do homem. Mas eles utilizam diferentemente os mesmos clichês de etologia animal, esse antigo cabedal legado pelos Estoicos, por meio de Rararius. É claro, Darwin não cultiva de modo algum o maravilhoso, só tem aversão pela teleologia, e não seria ele quem escreveria uma *Teologia dos insetos*.[20] Mas, enfim, ele aceita muitas anedotas, das quais algumas se parecem muito com fábulas. Confrontemos Darwin e Montaigne. Seus animais têm uma linguagem, o discernimento refletido do útil, uma indústria, espertezas, o senso da beleza, a capacidade de abstrair e a de raciocinar. Nesse último ponto, o exemplo é idêntico em Montaigne e em Darwin.

---

19 Sobre essa maneira de abordar o estudo dos comportamentos humanos, cf. TINBERGEN, *O estudo do instinto*. Payot, 1953. p. 285 e seguintes: estudo etológico do homem. Pode-se citar, como exemplo de estudo etológico do homem, a fim de determinar o que cabe, respectivamente, à natureza e à cultura em um comportamento humano, as enquetes do zoólogo americano Kinsey.

20 É o título de uma obra de Lesser, traduzido do alemão para o francês por P. Lyonnet, em 1745.

À raposa da *Apologia*, da qual os habitantes da Trácia utilizam a faculdade de "raciocinação" para determinar a espessura de uma camada de gelo, correspondem, na *Descendência*, aos cães do trenó do Dr. Hayes.[21] Montaigne acorda ao elefante "alguma participação de religião", Darwin empresta ao seu cão uma forma de "crença nos espíritos", e ao macaco um sentimento pela sua guarda, que é "adoração". E, preservando-nos de encontrar em Montaigne uma antecipação do conceito de seleção sexual, lembramos que ele escreveu: "Os animais têm escolha, como nós, em seus amores, e fazem alguma triagem de suas fêmeas." Em conclusão, Montaigne e Darwin zombam em comum, embora com finalidades opostas, a bobagem antropocentrista. "A presunção", diz o primeiro, "é nossa doença natural e original". "Se o homem não tivesse sido seu próprio classificador", diz o segundo, "ele não teria jamais sonhado em fundar uma ordem separada para aí se colocar".[22]

O antropocentrismo é mais cômodo para se rejeitar que o antropomorfismo. Montaigne dá o testemunho disso quando, depois de ter notado que cada ser vivo traz para suas próprias qualidades as qualidades de todas as outras coisas – "o leão, a águia, o golfinho não prezam nada acima de sua espécie" – ele imagina, mas de um modo humano, que representação de seu universo podem fazer-se um gansinho ou um grou. Assim também Darwin. Ele denuncia o preconceito que, na elaboração da sistemática zoológica, conduziu de início o homem a arranjar para ele um reino separado. Mas ele não se dá conta de que, em boa lógica, uma vez afirmada a homogeneidade das faculdades mentais de um Newton (ou de um Darwin) e a dos animais, mesmo ditos superiores, todas as classificações, explícitas ou implícitas, formadas por vivos se equivalem, enquanto procedimentos vitais de organização e de localização de seus meios respectivos de vida, visto que, em todas essas classificações, todo ser vivo refere sua experiência aos seus interesses específicos. Darwin admite a existência de um certo sentido das afi-

---

21 *Descendência*. p. 78.

22 *Ibidem*, p. 163.

nidades zoológicas[23] e da capacidade de adotar atitudes idênticas em relação a uma regra indeterminada, portanto, de generalizar.[24] O que significa que, segundo ele, nada, nas classificações operadas pelo homem, transcende as possibilidades do animal. Ora, para poder censurar ao homem o antropocentrismo de suas classificações, seria necessário admitir que as classificações animais não são zoocêntricas, seja que a razão humana é capaz de classificações segundo outras normas além daquelas às quais os animais estão submetidos. Se, então, se formula uma tal censura, no contexto de uma teoria evolucionista das faculdades mentais, é que de fato continua-se a emprestar, sem disso ter consciência, à inteligência animal, precursor da inteligência humana, os poderes de uma inteligência humana capaz de se instituir juíza de uma inteligência animal, isto é, no fundo, de separar-se dela.

Em suma, a *Descendência do homem* teria somente forçado a nomenclatura. O adjetivo *sapiens*, até então unido a *homo*, seria, a partir de então, colado a *animal*, inclusive *homo*. Mas, nessa transferência, o adjetivo conservaria alguma marca do substantivo ao qual ele era inicialmente aplicado.

Não poderia ser o caso, se é necessário dizer, de incriminar Darwin. Trata-se, ao contrário, de apreender, na limitação interior de seu projeto, um ensinamento sobre a própria natureza desse projeto. Não se deu, parece-nos, muita atenção a uma passagem da *Descendência* em que Darwin reconhece ao vivo, enquanto tal, sua originalidade relativamente à matéria.

"O organismo mais humilde é ainda algo de bem superior à poeira inorgânica que pisamos."[25]

Quem pode falar assim da poeira, senão um vivo que não é humilde, se é verdade que a humildade é o estatuto do húmus calcado pelos pés? Não seria isso biomorfismo? Mas será que se pode ser biólogo sem se sentir do lado dos vivos, mesmo se pesquisamos

23 *Ibidem*, p. 75.
24 *Ibidem*, p. 87-88.
25 *Ibidem*, p. 180-181.

formas de passagem entre a matéria e a vida? Assim também, não se poderia censurar o pensamento de um antropólogo, tratando do psiquismo comparado do animal e do homem de um ponto de vista genético, por algum resto de aderência à forma do homem. Não é segundo as normas de uma mentalidade de animal que se poderia explicar a mentalidade do homem, se é verdade que o único animal capaz de perceber um homem como homem – condição necessária para explicar sua natureza – é o homem.

É que, com efeito, os estudos recentes em psicologia animal chegam, entre seus resultados mais interessantes, a estabelecer que o homem é percebido pelo animal como animal-estímulo, congênere, associado ou inimigo, desencadeando ou orientando reações, em situações cuja configuração é determinada por constantes inatas específicas do animal que percebe, tais como distância de fuga, marcas do território, relação hierárquica, atitude nupcial. O gansinho Martina, observado por Konrad Lorentz, não se parece em nada com o gansinho de que Montaigne imagina que ele percebe o homem em um universo de gansinho, sob a forma de um mestre que se tornou servidor. Desde seu nascimento, o gansinho Martina adota Lorentz como sua mãe, mas na medida em que Lorentz se empenha em comportar-se diante dele como sua mãe gansa.[26] E assim também Hediger mostrou que "a tendência à assimilação que aparece no homem sob forma de antropomorfismos diversos toma para os animais a forma correspondente de um verdadeiro zoomorfismo".[27]

O animal percebe o homem animalizando-o, e, por exemplo, incorporando-o em sua hierarquia social (problema do cornaca, do guarda de zoológico, do domador).

Essa maneira de considerar o animal como o "sujeito" de sua experiência, no ponto de vista do qual é importante colocar-se, para chegar a falar dele sem assimilação antropomórfica, tornou-se

26 "Um homem ativo, diligente, julgaria insensato viver como um ganso, entre os gansos, durante todo um verão, como eu o fiz...", diz Lorentz (*Os animais, esses desconhecidos*. Paris, 1953. p. 97).

27 *Les animaux sauvages en captivité*. Payot, 1953. p. 211.

possível por três etapas, sucessivas e subordinadas uma à outra, na história da psicologia.

Primeiramente, foi preciso parar de considerar que as condutas animais não podem receber sentido senão por interpretação analógica, a partir de uma experiência humana conscientemente vivida. Foi preciso, em seguida, que o estudo objetivo do comportamento animal abandonasse sua referência inicial à fisiologia, tida como uma província da mecânica, a fim de referir-se à biologia, entendida como estudo específico das relações entre o organismo e o meio. Convinha, enfim, que a experimentação perdesse a forma exclusiva de uma inserção do animal num meio de vida analítico, isto é, artificialmente criado, e que ela tomasse também a forma de uma reconstituição das situações espontaneamente vividas pelo animal, num meio tão próximo quanto possível daquele no qual ele exerce naturalmente seu modo de vida específico.[28]

Nessa reviravolta de perspectiva, os princípios e as consequências da biologia darwiniana manifestamente contribuíram, na medida em que os conceitos de concorrência, de luta pela vida, de adaptação por seleção natural progressivamente se converteram, em parte sob a influência da filosofia pragmatista, em conceitos de psicologia "instrumentalista" ou "operacionalista"; na medida, também, em que as polêmicas entre darwinianos e lamarckianos conduziram à instituição de experiências destinadas a distinguir, nos comportamentos dos animais, o que releva da hereditariedade genética e o que depende da aprendizagem.

Em1883, a obra de Romanes, *Mental evolution in animals*, apresenta-se ainda como uma soma de histórias e de narrações, nas quais, como o indica o título, um grande espaço é aberto à "mentalidade" animal. Mas essa noção de mentalidade está ausente, em 1900, do título da obra de C. Lloyd Morgan, *Animal behaviour*. Pela eliminação explícita desse conceito, Morgan ilustra o alcance

28 Foi o caso das célebres observações de W. Köhler, na estação de Tenerife, onde os antropoides gozavam de toda a liberdade compatível com as exigências da observação.

do princípio comparatista sobre o qual ele funda uma psicologia animal sem referência à psicologia humana: para interpretar um comportamento animal, é preciso evitar supor mais – isto é, poderes psíquicos mais "elevados" –, se basta menos. Jacques Lœb faz um uso radical do princípio de Morgan, rebaixando até zero, isto é, até o mecanicismo, o nível de psiquismo requerido pela interpretação de certos comportamentos de orientação. Embora, em seus primeiros trabalhos, em 1899, J. von Uexküll se ligue à escola da mecânica animal, é ele que, depois de Morgan, traz à psicologia animal seu segundo princípio fundamental. J. von Uexküll estuda o comportamento segundo a ideia de uma relação funcional entre o organismo do animal e o meio que ele determina por sua estrutura. No ambiente (*Umwelt*) do animal, o que o observador humano percebe é somente com um meio específico de estimulações e de influências (*Merkwelt*) em que o animal se encontra em relações em seu gênero de vida.

Assim, a noção de meio específico de vida se substituiu, em psicologia animal, à noção de meio geográfico que Darwin tinha emprestado dos trabalhos dos naturalistas e dos geógrafos dos primeiros anos do século XIX. A esses meios específicos de vida correspondem modos de vida que podem desde então suportar comparações que transgridem as afinidades da estrutura anatômica. A psicologia animal pôde, então, renunciar às rubricas abstratas que a psicologia humana, mesmo sendo a dos associacionistas, impunha ainda, na *Descendência do homem*, à comparação entre o homem e os animais. Darwin falava da atenção, da curiosidade etc. como de faculdades comuns, variáveis simplesmente em sua amplitude. Mas a curiosidade de um macaco é a de um animal arborícola,[29] e, relacionado a isso, o macaco se parece mais com o esquilo do que com o cachorro. A atenção de um animal é inseparável de sua maneira de capturar suas presas. A rã espera, e o sapo procura. Há dissociação do comportamento e da estrutura.

* * *

29 Cf. BUYTENDIJK. *Tratado de psicologia animal*. Paris, 1952. p. 288-289.

Concluindo, é bem verdade que Darwin tem o mérito de ter substituído a ideia segundo a qual o animal é uma aproximação ou um "defeito" do homem, pela ideia segundo a qual o homem é um animal evoluído, isto é, aperfeiçoado. Assim, a animalidade se via reconhecer, para a explicação da humanidade, um valor positivo. Mas estudar o animal como um ser positivo, e, não mais, a partir de então, como um ser privativo, obrigava a estudar positivamente o animal enquanto animal, sem o fazer passar para o futuro humano que lhe atribuía, no entanto, a teoria da evolução. Esse estudo, no que concerne à psicologia, foi favorecido pelo darwinismo, sem que se possa dizer, entretanto, que Darwin o tenha, ele próprio, inaugurado.

# CLAUDE BERNARD

## 1. A IDEIA DE MEDICINA EXPERIMENTAL SEGUNDO CLAUDE BERNARD[1]

Comemorar, um século depois, a publicação, em 1865, da *Introduction à l'étude de la médecine expérimentale*, é primeiramente, para o historiador das ciências biológicas ou para o historiador da medicina, interrogar-se sobre o sentido de sua tarefa. As comemorações são, por instituição acadêmica, estimulantes ocasionais de estudos ou de pesquisas em história das ciências. Sem chegar a deplorar, é preciso convir que elas imprimem a essa história um curso desordenado, um comportamento de incoerência que, no limite, lhe interdiriam as motivações duráveis, o trabalho contínuo, as convergências orgânicas. Quem decide, com efeito, sobre o interesse que a história das ciências deva prestar-se à lembrança de tal acontecimento, à revivificação de tal teoria? Seria somente o calendário dos conjuntos de estudiosos? Seria o orgulho nacional ou, na falta disso, a vaidade nacionalista? Seria uma necessidade própria à cidade científica de fixar a data do batismo em uma idade tão avançada que é, algumas vezes, póstuma? E por que essa necessidade obedece a uma regra de periodicidade tão inconstante que ora ela faz renascer tal morto 25 ou 50 anos depois, e ora faz descarregar as salvas da celebridade para o sesquicentenário de um nascimento?

---

1 Conferência realizada no Palais de La Découverte, em 6 de fevereiro de 1965 (Série Histoire des sciences).

Mas celebrar a publicação de uma obra não é, para a história das ciências, submeter-se à contingência de um acidente. Se não se sabe bem qual é o poeta latino que disse que os livros têm seu destino, pelo menos é certo que uma das tarefas do historiador das ciências é interrogar-se sobre esse destino, pesquisar se ele está conforme ou não ao próprio conteúdo da obra, ao sentido dos enunciados que ele contém e a uma certa relação desse sentido ao de outros trabalhos da mesma ordem, anteriores, contemporâneos ou posteriores, e, enfim, perguntar-se se a relação desse sentido com seu futuro de duração, de reforço eventual, ou, ao contrário, de degradação em barulho puro e simples, foi ignorado, ou pressentido, ou expressamente previsto pelo próprio autor da obra.

A influência de uma obra é um tipo de relação entre o passado e o presente que se estabelece em sentido retrógrado. Passado o tempo da comunicação direta entre mestre e alunos, a cultura científica se opera pela aspiração dos leitores, e não pela pressão das leituras. Se a *Introduction* de Claude Bernard é um livro cheio de sentido atual, isto é, ativo, atuante, é porque ele é sempre reativado. Um livro não é lido porque ele existe. Ele só existe como livro, como depósito de sentido, porque continua a ser lido. Se o livro de Claude Bernard é sempre reaberto, é porque seu próprio título indica ao pensamento científico uma abertura. O *estudo* da medicina experimental não é a aprendizagem de uma disciplina constituída, acabada, é a dedicação a uma tarefa que deve continuar. "O que eu faço", diz Claude Bernard, "é só indicar um caminho progressivo". É porque o caminho indicado por Claude Bernard está ainda hoje progressivo que a *Introduction* conserva seu sentido de delimitação de um campo heurístico onde a constituição da verdade é, por essência, histórica. E foi porque o autor da *Introduction* teve consciência disso que a obra de 1865 concerne à história das ciências de maneira completamente diferente da sua tese de doutorado em ciências de 1853.

As *Recherches sur une nouvelle fonction du foie considéré comme organe producteur de matière sucrée chez l'homme et chez les animaux* são um objeto para a história positiva das pesquisas e descobertas que constituíram, no século XIX, esse ramo da fisiologia animal que se chama, desde 1909, endocrinologia. Esse trabalho faz começar a ciência das secreções internas. Quanto à *Introduction*, ela concerne à história reflexiva das regras metodológicas e dos conceitos especificamente biológicos, tal como o do *meio interior*, que, no próprio julgamento de Claude Bernard, devem tornar possíveis a extensão e o sucesso das pesquisas em fisiologia, de que suas primeiras descobertas são o começo autêntico. A *Introduction* não é somente, como a tese de 1853, um objeto para a história das ciências. Ela já é, sendo reflexiva, um trabalho de historiador em algum grau. Ela traz uma contribuição à história das ciências, porque contém um resumo de história da medicina e da biologia de que Claude Bernard estima, com justa razão, não poder abandonar para tornar mais sensível, aos olhos de todos, seu projeto de médico fisiologista. Falando da *Introduction*, relacionado a isso, não se deve, e convém atentar para isso, separá-la da obra de que ela se dá como a introdução, a saber, esses *Principies de médecine expérimentale*, nos quais ele trabalhou muito tempo, retomando-os sem cessar, para deixá-los finalmente inacabados, e da maneira como foram publicados em 1947. Não se pode dissociar essas duas obras. É preciso emprestar muito da segunda para bem compreender a primeira. Na *Introduction*, a história da biologia e da medicina é somente alusiva porque, nos *Principes*, ela é mais desenvolvida, e colocada em forma como história dos sistemas e dos métodos. Esse mesmo fato comanda a forma conceitual da breve exposição que nos propomos consagrar à ideia de Medicina experimental segundo Claude Bernard.

* * *

No ano de 1804, Cabanis publica a obra, já quase terminada em 1795, *Coup d'œil sur les révolutions et sur la réforme de la médecine*, cujo primeiro capítulo coloca a questão, "a arte de curar é fundada em bases sólidas?", questão que recebe, depois de exame, a seguinte resposta: "A arte de curar é, pois, realmente fundada, como todas as outras, na observação e no raciocínio." Mais adiante, interrogando-se sobre o que deve ser a reforma da medicina de seu tempo, Cabanis a faz consistir na aplicação à arte de curar de quatro espécies de análise, segundo a *Logique* de Condillac: para os fatos, análise de descrição, análise histórica, análise de decomposição; para as ideias, análise de dedução. A reforma do ensino deve proceder dos mesmos princípios. Eis a razão pela qual a patologia, a semiótica e a terapêutica não podem ser bem cultivadas e ensinadas senão nas escolas clínicas instituídas nos hospitais, e não nas salas de Universidade, "onde se entende a partir dos livros sem ver a natureza".

Um leitor de Cabanis, hoje, fica surpreso pelo fato de que, se o autor utiliza constantemente os termos de fato, observação, exame, experiências ou experiência, comparação, *empirismo racional*, jamais o de experimentação vem sob sua pena. Uma única vez é o caso de um "método experimental e prático, fruto da observação contínua e do emprego, repetido sem cessar, dos instrumentos" (*Cap. III*, § 7). Mas, notemos bem, esse método geral, aplicado à parte prática da medicina, nos remete ao leito dos doentes. A reforma, cujo projeto expõe Cabanis, no alvorecer do século XIX, não se inclina nada a fazer da medicina outra coisa senão uma ciência de observação. Quando, em 1797, nomeado professor de clínica no Hospício de Aperfeiçoamento, Cabanis tinha consagrado seu curso a Hipócrates. No discurso de abertura, que se tornou célebre, ele declara que tudo anuncia uma grande revolução da medicina; ele pensa que o que se vai fazer na arte de curar está indicado pelo que se fez em vários ramos das ciências físicas, "pelo aperfeiçoamento da arte experimental e pela aplicação mais rigorosa dos métodos de raciocínio", ele reconhece aos modernos a glória exclusiva de ter criado "a arte de interrogar a natureza, mudando as circunstâncias segundo as quais suas operações se executam no estado mais regular". Mas é para acrescentar logo: "Para o talento da observação, nós não podemos... lutar com os Antigos." A reforma será, então, um retorno às origens, aos antigos, "porque se há uma ciência cujos dogmas devem fundar-se principalmente na observação é a medicina, sem dúvida". Vê-se que temos aqui apenas uma nuance de restrição em relação ao aforismo milenar: *ars medica tota in observationibus* [toda a arte médica (está) nas observações].

Em resumo, reformada pela análise condillaciana, mas fiel à tradição hipocrática, tal é a medicina que anuncia Cabanis, numa obra que termina assim: "No momento em que a nação francesa vai consolidar sua existência republicana, a medicina, apresentada em toda sua dignidade, começa ela própria uma era nova, igualmente rica em glória e fecunda em benefícios". Se é bem verdade que depois de breve olhar... de Cabanis, a medicina entrou numa era nova, convenhamos que ele não foi muito mais feliz na antecipação do futuro médico que já era anunciando à França a consolidação de sua existência republicana, o mesmo ano da sagração de Napoleão I Imperador.

Compondo a *Introduction*, elaborando dificilmente os *Principes*, Claude Bernard não se propôs, é claro, a responder a Cabanis, ao cabo de meio século. E, no entanto, a leitura comparativa dos dois textos nos faz encontrar em Cabanis, de quem, entretanto, Claude Bernard sabe bem que está muito longe de um metafísico doutrinário, a soma de todas as posições que a medicina experimental se propõe a atacar. Assim como certos filósofos acreditam numa filosofia eterna, muitos médicos, hoje ainda, acreditam numa medicina eterna e originária, a medicina hipocrática. Poderá, então, parecer chocante que façamos consistir – na recusa das atenuações e por endurecimento voluntário – o corte histórico em que começa a medicina moderna na ideia da medicina experimental como declaração de guerra à medicina hipocrática. Não há, no entanto, por isso, uma depreciação de Hipócrates. Claude Bernard utiliza, com efeito, embora de maneira mais livre, a lei dos três estados do espírito humano, formulada por Auguste Comte. Ele reconhece que "o estado de medicina experimental supõe uma evolução anterior" (*Principes*, p. 71). Mas se a história da medicina leva a fazer justiça a Hipócrates, fundador da medicina de observação, a preocupação do futuro prescreve à medicina não negar a medicina de observação, mas separar-se dela (*Principes*, p. 32). O hipocratismo é um naturismo; a medicina de observação é passiva, contemplativa, descritiva como uma ciência natural. A medicina experimental é uma ciência conquistadora. "Com o auxílio dessas *ciências experimentais ativas*, o homem torna-se um inventor de fenômenos, um verdadeiro contramestre da criação; e não se poderia, em relação a isso, atribuir limites à potência que ele pode adquirir sobre a natureza..." (*Introduction*, p. 71). Em geral, ao contrário, uma ciência de observação "prevê, se cuida, evita, mas não muda nada ativamente" (*Principes*, p. 26). E, em especial, "a medicina de observação vê, observa e explica as doenças, mas não toca na doença... Quando ele (Hipócrates) sai da expectação pura para dar remédios, é sempre com o objetivo de favorecer as tendências da natureza, isto é, fazer a doença percorrer seus períodos" (*Principes*, p. 152, nota 2). Claude Bernard designa como hipocratistas todos os médicos que, nos tempos modernos, não colocaram no início de suas preocupações a cura dos doentes, mas se preocuparam antes de tudo com definições, classificação das doenças, que preferiram ao tratamento o diagnóstico e o prognóstico. São nosologistas: Sydenham, Sauvages, Pinel, até Laënnec, todos os que consideram as doenças como essências cujas doenças dos doentes alteram o tipo mais frequentemente do que elas o manifestam. Assim também Claude Bernard considera como simples naturalistas todos os médicos, inclusive Virchow, que desde Morgagni e Bichat fundaram uma nova ciência das doenças sobre a anatomia patológica, pela pesquisa das relações etiológicas entre as alterações de estrutura e as perturbações sintomáticas. Não duvidemos, já que Claude Bernard o proclama, a medicina experimental, se ela não o pode imediatamente, quer, pelo menos, num prazo, destruir as nosologias e ignorar a anatomopatologia (*Principes*, p. 156), porque, para ela, as doenças não existem como *entidades* distintas. Só existem organismos em condições de vida normais ou anormais, e as doenças são apenas funções fisiológicas desarranjadas. A medicina experimental é a fisiologia experimental do mórbido. A *Introduction* diz (p. 365): "As leis fisiológicas se reencontram nos fenômenos patológicos." Os *Principes* (p. 171) repetem: "Tudo o que existe patologicamente deve encontrar-se e explicar-se fisiologicamente." Donde a conclusão: "O médico experimentador exercerá sucessivamente sua influência sobre as doenças desde que ele experimente seu determinismo exato, isto é, a causa próxima" (*Introduction*,

p. 401). É mesmo o descarte da medicina expectadora. Tínhamos visto Cabanis separar historicamente a arte de observar dos antigos e a arte de experimentar dos modernos; Claude Bernard não vê diferentemente a história da medicina científica. "A antiguidade", diz ele, "parece não ter tido a ideia das ciências experimentais ou, pelo menos, não ter acreditado em sua possibilidade" (*Principes*, p. 139). Mas, enquanto Cabanis remetia a medicina aos antigos e à observação, Claude Bernard a faz entrever no caminho da experimentação um futuro de dominação e de pujança. "Dominar cientificamente a natureza viva, conquistá-la em proveito do homem: tal é a ideia fundamental do médico experimentador" (*Principes*, p. 165). A ideia da medicina experimental, a dominação científica da natureza viva, é o hipocratismo terminado, na medida em que a ideia do hipocratismo se expressava em 1768 num tratado de Guindant, *La nature opprimée par la médecine moderne*.[2]

Por falta, aliás, de poder fazer mais do que indicar um caminho novo, Claude Bernard se vê levado a consentir na coexistência provisória da medicina experimental principiante com a medicina empírica estabelecida. Medicina empírica designa, na *Introduction*, como nos *Principes*, essa tradição da medicina que age em socorro dos doentes, não se contentando com a observação, mas praticando em suas tentativas de tratamento experiência pouco ou nada premeditadas, pouco analíticas, pouco críticas, condensadas em prescrições terapêuticas cujas eficácia e fidelidade relativas permanecem rebeldes a toda legitimação explicativa. Em um sentido, o empirismo dá um primeiro passo para o método experimental, com as costas viradas para a medicina hipocrática. "Todo médico que dá medicamentos ativos aos seus doentes coopera com a edificação da medicina experimental" (*Introduction*, p. 373). Mas, acrescenta Claude Bernard, para sair do empirismo e merecer o nome de ciência, essa experimentação médica deve ser *fundada* no conheci-

---

2 O título completo da obra: "La nature opprimée par la médecine moderne, ou la nécessité de recourir à la méthode ancienne et hippocratique dans le traitement des maladies" (Paris: Debure, 1768. XXIV-400, p. in-12).

mento das leis vitais fisiológicas ou patológicas (*ibidem*). *Fundar*, o termo volta várias vezes em Claude Bernard, como também o de *constituir*. Mesmo se esses termos não têm, na época, e tratando-se de fisiologia experimental, um sentido tão rigoroso e tão puro quanto o que eles assumem hoje na epistemologia da matemática, eles devem reter nossa atenção, como exprimindo o sentido profundo do projeto de Claude Bernard e sustentando sua consciência cheia de sombras de uma responsabilidade pessoal incessante. "A medicina experimental está dito nos *Principes* (p. 151), está ainda procurando seus fundamentos". E, mais adiante: "A medicina empírica reina em cheio hoje. *Sou eu quem funda a medicina experimental, em seu verdadeiro sentido científico; eis minha pretensão.*"

Examinemos essa pretensão.

* * *

Fiquemos inicialmente com a própria expressão de *medicina experimental*. Claude Bernard não pode ter esquecido as lições de seu mestre Magendie. Em uma de suas *Leçons sur le sang* (15 de dezembro de 1837), Magendie tinha indicado à medicina suas obrigações mais urgentes:

> "Esclareçamos, com todas as luzes que nos fornece a época em que vivemos, a patologia: em vez da simples e estéril anotação dos sinais, *criemos a medicina experimental* que nos revelará, sem dúvida, o mecanismo das alterações mórbidas, e a partir daí ser-nos-á possível atacar com vigor as causas dessas alterações, modificá-las, e até preveni-las" (*Lições sobre os fenômenos físicos da vida*. t. IV, p. 6).

Na mesma lição, ele havia definido o estudo realmente científico da medicina como a pesquisa da maneira como se produzem as alterações patológicas, e ele tinha qualificado de história natural o quadro dos períodos de uma doença como a tísica pulmonar, história natural inútil à terapêutica. "É a causa que seria preciso conhecer", acrescentava ele.[3] Em resumo, Magendie convida para

3 Não é, então, Claude Bernard, não é nem Magendie, quem primeiro caracterizou como história natural a medicina de estilo hipocrático. Parece que

a ação coletiva: *Criemos* a medicina experimental. Claude Bernard, que vem depois, declara: "*Sou eu quem funda...*". Em todo caso, a expressão de medicina experimental pertence a Magendie antes de Bernard. Magendie criou, inventou essa expressão, ou então ele somente a reinventou, o que, aliás, significa a mesma coisa? É certo que a expressão se encontra no século XVII, num escrito do padre Mariotte, seu *Essai de Logique*:

> "Os médicos poderão contentar-se em saber que tal remédio é próprio para curar tal mal; ou, pelo menos, que tal remédio vindo de tal país cura ordinariamente de tal mal um homem de tal temperamento. Mas é preciso ter um conhecimento exato dessas experiências, e tê-las encontrado muito frequentemente verdadeiras a propósito; é o que se poderá chamar de Medicina experimental e de que se poderá servir até que se tenha descoberto as verdadeiras causas das doenças e dos efeitos dos remédios".[4]

Confessamos nossa dificuldade em aceitar as engenhosas conjecturas de Pierre Brunet que, em um artigo dos *Archives internationales d'Histoire des sciences* (n. 1, outubro de 1947) sobre a metodologia de Mariotte, se pergunta se a influência de Mariotte não pôde ser transmitida até Claude Bernard por intermédio de Zimmermann, de quem ele tinha lido, e várias vezes citado, o *Traité de l'expérience* (1763; tradução francesa em 1774), Zimmermann tendo sido ele mesmo influenciado, durante sua estada na Holanda, pelos físicos holandeses, grandes admiradores de Mariotte. Parece-nos que a existência da expressão em Magendie acaba com todas essas suposições de influência bem indireta. E quando dizemos que Magendie reinventou a expressão, queremos dizer que ele deslocou o conceito, porque o que ele chama – e o que Bernard chamará – de medicina experimental é precisamente a descoberta das ver-

---

tenha sido de Blainville: "O método hipocrático tão elogiado é medicina? Não seria antes história natural das doenças?" (*Curso de fisiologia geral e comparada*. 1833. tomo I, p. 21).

4 Antes de Mariotte, Malebranche, em 1674, opôs a *medicina experimental* à *medicina arrazoada* (cf. *Pesquisa da verdade*: conclusão dos três primeiros livros). *L'Essai de logique* de Mariotte é de 1678.

dadeiras causas das doenças e dos efeitos dos remédios, de que a medicina experimental, segundo Mariotte, isto é, ao pé da letra o empirismo terapêutico, é somente um substituto temporário.

Recebendo de Magendie o nome, Claude Bernard recebe também dele uma certa ideia da disciplina a constituir a identidade de objeto e de método em fisiologia e em patologia. Em uma de suas *Lições sobre os fenômenos físicos da vida* (28 de dezembro de 1836), Magendie afirma: "A patologia é ainda a fisiologia. Para mim, os fenômenos patológicos são apenas fenômenos fisiológicos modificados." A tomá-la como simples proposição teórica, a ideia não é nova. Para um médico, mesmo mediocremente culto, no início do século XIX, a ideia de uma patologia dependente da fisiologia se associa ao nome ainda prestigioso de Haller. No discurso preliminar que ele colocou no início de sua tradução francesa da dissertação de Haller *De partibus corporis humani sentientibus et irritabilibus* (1752) [Das partes do corpo humano sensíveis e irritáveis], Tissot escreve, em 1755:

> "Se a dependência da patologia à fisiologia fosse mais conhecida, não haveria necessidade de fazer sentir quanto a nova descoberta terá como influência sobre a arte de curar; mas infelizmente falta-nos uma obra intitulada *Aplicação da teoria à prática*, é o que me determina a aventurar algumas ideias sobre as vantagens práticas da irritabilidade."

Seguem considerações sobre a administração do ópio, dos tônicos, dos purgativos etc. Sem dúvida, não se trata aqui senão de um sistema, enquanto Magendie pretende ler e fazer ler nos próprios fatos, separadamente de toda interpretação, a identidade física do fisiológico e do patológico. E, no entanto, foi preciso um sistema médico, o último dos sistemas no dizer do próprio Claude Bernard (*Principes*, p. 181, nota), para que a ideia da medicina experimental, a ideia da identidade dos métodos de pensamento no laboratório e na clínica, se apresentasse sobre as ruínas dos sistemas nosológicos, para fornecer à medicina o acesso ao estatuto de uma ciência progressiva. Esse sistema que tornou possível a medicina sem sistemas é o de Broussais.

* * *

Claude Bernard não foi sempre feliz, parece-nos, em sua concepção das relações entre uma ciência experimentável como a fisiologia e a história dessa mesma ciência (cf. *Introduction*, p. 277 e 283). Por outro lado, é preciso reconhecer que ele soube tirar reflexões sobre sua prática de pesquisar um critério de discriminação, em história das ciências, entre períodos pré-científicos e períodos autenticamente científicos, e que ele situou muito lucidamente, para a medicina, o momento do corte na época de Broussais. "Com as teorias", diz ele nos *Principes* (p. 180), "não há mais *revolução* científica... com as doutrinas e os sistemas há revoluções... (ler Cabanis, sobre a revolução em medicina)". Digamos de outra forma: no século XVIII, os sistemas se justapõem ao mesmo tempo em que se refutam. O que Cabanis e Claude Bernard chamam de revoluções – Bouillaud igualmente, no *Essai sur la philosophie médicale et sur les généralités de la clinique médicale*, 1836 – não impede absolutamente a sobrevivência de sistemas incompatíveis com outros sistemas mais jovens, porque a refutação de uma explicação em proveito de uma outra é uma operação de lógica, a partir de observações não decisivas por falta de análise experimental. A informação médica conserva tudo. Os *Elementa physiologiæ* de Haller são um tratado de fisiologia cujo estilo é o de uma soma histórica. As nosologias se contradizem sem eliminar-se uma a outra.

Ao contrário, diz Claude Bernard: "Jamais um experimentador sobrevive a ele mesmo; ele está sempre no nível do progresso; ele sacrifica tantas teorias quantas necessárias para avançar" (*Principes*, p. 179). Propor a medicina experimental não é, portanto, propor um sistema, mas a negação dos sistemas, é propor o recurso à experimentação para verificar a teoria médica: "É com relação a isso que a medicina experimental é uma medicina nova" (*Principes*, p. 181).

Claude Bernard não ignora que, antes de Magendie, Broussais, derrubando o sistema mais majestoso e o mais imperioso da época, o de Pinel, tornou possível o novo espírito da medicina. "Era a opinião de Broussais que a patologia não era a fisiologia, visto que ele a chamava de medicina fisiológica. Aí esteve todo o progresso de sua maneira de ver" (*Principes*, p. 211). Sem dúvida, Broussais se fechou no sistema da irritação e se desconsiderou pelo abuso das sanguessugas e da sangria. Entretanto, não se há de esquecer que a publicação, em 1816, do *Examen de la doctrine médicale généralement adoptée* foi, segundo a expressão de Louis Peisse (*A medicina e os médicos*. t. II, p. 401), "um 89 médico". Para refutar a *Nosographie philosophique*, e a doutrina da essencialidade das febres, Broussais emprestava da anatomia geral de Bichat a noção da especificidade das alterações próprias a cada tecido em razão mesmo de sua textura. Ele identificava os conceitos de febre e de inflamação, distinguia segundo os tecidos diferentes lugares de nascimento e diferentes vias de propagação, e fundava assim a diversidade sintomática das febres. Ele explicava a inflamação por um excesso de irritação modificando o movimento do tecido, e capaz, com o tempo, de desorganizá-lo. Ele derrubava o princípio fundamental da anatomia patológica, ensinando que a disfunção precede a lesão. Ele fundamentava a medicina sobre a fisiologia, e não mais sobre a anatomia. Tudo isso está resumido em uma passagem bem conhecida do prefácio ao *Exame* de 1816: "As três características das doenças devem ser buscadas na fisiologia... descubram-me por uma sábia análise os gritos frequentemente confusos dos órgãos doentes... façam-me conhecer suas influências recíprocas." Evocando, em seu *Ensaio de filosofia médica* (1836), essa nova idade da medicina, Bouillaud escrevia: "A queda do sistema da Nosografia filosófica não é um dos acontecimentos mais culminantes de nossa era médica e não é por ter feito uma revolução cuja lembrança não se apagará ter assim derrubado um sistema que tinha governado o mundo médico? (p. 175)". De forma mais lapidar Michel Foucault escreve no *Nascimento da clínica*:[5] "Desde 1816 o olho do médico pode dirigir-se a um organismo doente." Littré, para quem o conceito de "divisão" entre tipos de explicação é familiar (ele fala da "grande divisão que fez Bichat" entre qualidades ocultas e qualidades irredutíveis), podia, então, constatar,

5 Nota do revisor FOUCAULT, Michel. *O nascimento da clínica*. Publicado pela Editora Forense Universitária.

em 1865 mesmo: "Enquanto outrora a teoria em medicina era suspeita e não servia, por assim dizer, senão como alvo para os fatos que a demoliam, hoje, em virtude da subordinação às leis fisiológicas, ela tornou-se um instrumento efetivo de pesquisa e uma regra fiel de conduta" (*Medicina e médicos*, p. 362). Sem dúvida Claude Bernard tem razão de dizer que a medicina fisiológica de Broussais "não era na realidade fundamentada senão sobre ideias fisiológicas, e não sobre o próprio princípio da fisiologia" (*Principes*, p. 442). Não é menos verdade que a ideia de Broussais podia tornar-se *programa* e suscitar uma *técnica* médica completamente diferente da técnica à qual ela mesma aderia. E, de fato, o que era ideia de doutrina para Broussais tornava-se ideia de método para Magendie. Eis a razão pela qual a revolução operada pelo sistema de Broussais não está no alinhamento das outras. A medicina fisiológica, mesmo se ela afetava a forma de um sistema, operava uma divisão decisiva, na primeira metade do século XIX, entre os sistemas e a pesquisa, entre o tempo das revoluções e o tempo do progresso, porque a ideia suscitava meios que a época tornava possíveis. Entre Haller e Broussais, tinha havido Lavoisier. O fim dos sistemas não se deve, diz Claude Bernard, à penúria dos homens de grande inteligência. "É o tempo da medicina que está bastante adiantado para não mais permitir *sistemas*" (*Principes*, p. 432).

* * *

Reconhecendo que Broussais tinha destruído a patologia como tipo de conhecimento das doenças especificamente separadas do conhecimento dos fenômenos fisiológicos, nem por isso Claude Bernard deixava de reivindicar para ele mesmo a originalidade de sua ideia, o que significava dizer que ele só havia chamado a fisiologia experimental a suportar o peso das responsabilidades de uma medicina científica ou fisiológica. Mas o que fazia ele de Magendie? Em 1854, como substituto de Magendie, suas primeiras palavras eram para dizer aos seus ouvintes: "A medicina científica que devo ensinar não existe". Em 1865, ele constata que "a medicina experimental ou a medicina científica tende de todos os lados a constituir-se tomando por base a fisiologia... essa direção é hoje definitiva" (*Introduction*, p. 405-406). Nos *Principes* (p. 51 e seguintes), ele faz o balanço dos 20 anos decorridos desde sua primeira aula. É então que ele próprio revela a razão da convicção que é a sua: "Sou eu quem funda a medicina experimental." Magendie abriu um caminho, diz Bernard, mas isso não bastava, porque ele não fixou nem objetivo, nem método. Além disso, mesmo se ele tivesse tido esse gosto ou a intenção, Magendie não teria podido fazê-lo, porque ele não dispunha dos meios para administrar a prova que se pode deduzir uma conduta terapêutica de um conhecimento fisiológico, ele não tinha os meios para unir efetivamente a clínica e o laboratório. É a consciência dessa possibilidade, dessa realidade que sustenta a tarefa fundadora de Claude Bernard.

> "Eu creio que existe atualmente um número bastante grande de fatos que provam claramente que a fisiologia é a base da medicina, no sentido de que se pode englobar um certo número de fenômenos patológicos nos fenômenos fisiológicos e mostrar que são as mesmas leis que regem uns e outros" (*Principes*, p. 53).

Simplifiquemos. A pretensão de *fundar* uma disciplina da qual ele não reivindica nem a ideia da possibilidade, nem as primeiras aquisições, repousa para Claude Bernard na fisiopatologia do diabetes, isto é, em definitivo na descoberta da função glicogênica do fígado. Essa descoberta é publicada em 1853. Desde o ano universitário de 1854-1855, as *Leçons de physiologie expérimentale appliquée à la médecine* expõem (22ª lição, 13 de março de 1855), depois da fisiologia do que se chamou a partir daí a glicemia, a patologia do diabetes. Desenvolvimentos análogos são retomados em 1858 nas *Leçons sur les propriétés physiologiques et les altérations pathologiques des liquides de l'organisme* (Lições 3, 4 e 5). Aos olhos de Claude Bernard, a explicação experimental do mecanismo do diabetes garante a validade simultânea e separável dos princípios que ele destaca na *Introduction* de 1865: princípio da identidade das leis da saúde e da doença; princípio do determinismo dos fenômenos biológicos; princípio da especificidade das funções biológicas, isto é, distinção do meio interior e do meio exterior. Fundamentar a medicina experimental é demonstrar a coerência e a compatibilidade desses princípios e, em seguida, colocar a medicina experimental fora de contestação, mostrando aos contraditores, aos sistemáticos atrasados da ontologia e do vitalismo, que esses princípios fundamentam também, como aparências inevitáveis, os fenômenos sobre o que eles procuram basear suas objeções. Magendie afirmava, repelia, anatematizava. Magendie mecanizava o vivo e considerava o vitalismo uma loucura. A descoberta das secreções internas, a formação do conceito do meio interior, a evidenciação de alguns fenômenos de constância e de alguns mecanismos de regulação na composição desse meio, eis o que permite a Claude Bernard ser determinista sem ser mecanicista, e compreender o vitalismo como erro e não como bobagem, isto é, introduzir na discussão das teorias fisiológicas um método de troca das perspectivas. Quando Claude Bernard anuncia, com uma segurança que se poderia tomar por suficiência, que não haverá mais revoluções em medicina, é porque ele não sabe chamar filosoficamente o que ele, no entanto, tem consciência de operar. Ele não sabe nomear a ideia que tem de sua ideia da medicina experimental. Ele não sabe dizer que opera uma revolução copernicana. No momento em que se pode demonstrar que a existência de um meio interior garante a um organismo uma possibilidade de autonomia relativamente às variações de suas condições de existência no meio exterior, pode-se, ao mesmo tempo, explicar e refutar a ilusão vitalista. No momento em que se pode demonstrar que, numa doença como o diabetes, não é o estado patológico que criou os fenômenos que constituem seu principal sintoma, tem-se o direito de afirmar que, colocando-se no ponto de vista da saúde, se coloca, ao mesmo tempo, em situação de compreender a doença. Nesse momento, a reação cultural do homem à doença muda de sentido. Quando se admitia que as doenças eram essências ou que elas tinham sua natureza, não se pensava, como o diz, já se viu, Claude Bernard, senão em "evitá-las", o que era uma maneira de se acomodar com elas. A partir do momento em que a medicina experimental se julga capaz de determinar as condições da saúde e de definir a doença como um desvio dessas condições, a atitude prática do homem em relação a doenças torna-se uma atitude de recusa e de anulação. A medicina experimental não é, então, senão uma das figuras do sonho demiúrgico com que sonham, no meio do século XIX, todas as sociedades industriais, na idade em que, pelo viés de suas aplicações, as ciências se tornaram um poder social. É por isso que Claude Bernard será espontaneamente reconhecido por sua época como um dos homens que a exprimem. "Não é um grande fisiologista, é a Fisiologia", diz J.-B. Dumas a Victor Duruy no dia do funeral, transformando assim um homem em instituição.

Podemos perguntar-nos se, com toda modéstia, aliás, Claude Bernard não se identificou com a fisiologia. Quando ele enuncia sua pretensão de ser o que funda a medicina experimental, ele só se mostra consciente disso, que são suas próprias pesquisas e só elas, como acabamos de dizer, que permitem, pela explicitação principial dos conceitos implicados nas regras de sua eficácia, refutar compreensivelmente as objeções à ideia da medicina experimental.

Claude Bernard sabe que ele não inventou nem o termo, nem o projeto, mas, reinventando o conteúdo, ele fez da ideia sua ideia. "A medicina científica moderna é, pois, fundamentada no conhecimento da vida dos elementos, num *meio interior*; é, então, uma concepção diferente do corpo humano. Essas ideias são minhas, e aí está o ponto de vista essencial da medicina experimental" (*Principes*, p. 392). Mas, lembrando-se, sem dúvida, de ter escrito na *Introdução*: "A arte sou eu, a ciência somos nós", ele acrescenta:

> "Essas ideias novas e esse ponto de vista novo eu não os inventei em minha imaginação, nem criei por completo, eles se mostraram a mim, como sendo o resultado puro e simples da evolução da ciência, e é o que eu espero provar. Donde resulta que minhas ideias são bem mais sólidas do que se elas fossem uma visão puramente pessoal" (*ibidem*).

Tornamos a encontrar aqui as questões iniciais desta conferência. Cem anos depois de 1865, devemos convir que é na ocasião de um acontecimento que procuramos a significação histórica de uma contribuição pessoal a uma tarefa impessoal. O que autoriza Claude Bernard a pretender *fundar* uma ciência que ele não criou e que não cessará doravante de se recriar, o que o autoriza a pretender fundar, ele mesmo, uma "fisiologia experimental que não estará jamais terminada nem fechada sistematicamente" (*Principes*, p. 35), é a fisiologia bernardiana, uma fisiologia que, em sua orientação, em seu sentido de pesquisa e de progressão, em seu conteúdo, por conseguinte, não é a fisiologia de Magendie, nem de Du Bois-Reymond, nem de Ludwig. De fato, Claude Bernard não soube dizer que fundação, promoção e renovação de uma ciência vão juntas. É, no entanto, o que bem parece que ele queira dizer quando diz que é *a sua* fisiologia que funda a *fisiologia*.

Dissemos repetidamente: "... Claude Bernard não soube dizer..." Poderiam nos objetar que ele não disse isso somente que pensamos que ele deveria ter dito. Não há dificuldade para nós em convir que não partilhamos de certa admiração de encomenda por Claude Bernard escritor. Mas, talvez, concordarão que, tentando situar historicamente e conceitualizar epistemologicamente a *Introdução* de Claude Bernard, nós lhe prestamos uma homenagem mais justa, uma vez que emprestamos tudo dele. Como disse um filósofo que não citamos de bom grado, Victor Cousin: "A glória não está jamais errada: trata-se apenas de reencontrar seus títulos."

## BIBLIOGRAFIA


BERNARD, Claude. *Introduction à l'étude de la médecine expérimentale*. Genebra: Éditions Du Cheval Ailé, 1945.

________. *Principes de médecine expérimentale*. Les Classiques de la Médecine. Paris: Masson, n. 5, 1963.

________. *Leçons de physiologie expérimentale appliquée à la médecine*. Paris, 1855.

________. *Leçons sur le diabete et La glycogenèse animale*. Paris, 1877.

BOUILLAUD. J. *Essai sur la philosophie médicale et sur les généralités de la clinique médicale*. Paris, 1936.

BROUSSAIS, F. J. V. *Examen de la doctrine médicale généralement adoptée et des systèmes modernes de nosologie*. Paris, 1816.

CABANIS, P. J. G. *Coup d'oeil sur les Révolutions et sur la Réforme de la Médecine*. Paris: PRF, 1956. tomo II (Euvres philosophiques, publicadas por Lehec et Cazeneuve).

FOUCAULT, Michel. *O Nascimento da clínica*. Paris: PUF, 1963. – Forense Universitária. Brasil-RJ.

HAAS, F. J. *Essai sur les avantages cliniques de la doctrine de Montpellier*. Paris: Montpellier, 1864.

MAGENDIE, F. *Leçons sur les phénomènes physiques de la vie*. Paris, 1842.

## 2. TEORIA E TÉCNICA DA EXPERIMENTAÇÃO EM CLAUDE BERNARD

Num dos *elogios* que ele compôs em 1713 para os acadêmicos mortos antes da renovação da Academia Real das Ciências, no Elogio de Mariotte, Condorcet se fixa e se detém em uma de suas obras menos conhecidas que as outras, seu *Essai de Logique*. Condorcet considera essa lógica como a exposição, completamente original, de um método efetivamente seguido na pesquisa, como um passo pessoal diretamente proposto à observação de outro, e ele acrescenta: "Os autores de lógicas se parecem muitas vezes com mecânicos que dão descrições de instrumentos de que eles não teriam condição de se servir." Destacando essa apreciação sobre a origem das relações entre a prática científica e sua teoria, nossa intenção se refere a Mariotte mais ainda do que a Condorcet. É porque o *Essai de Logique* contém, com cerca de 150 anos de adiantamento sobre Magendie, a expressão "medicina experimental", ela mesma emprestada provavelmente da *Recherche de la Vérité*, de Malebranche. Mas, no século XVII, medicina experimental significa medicina empírica, e é nesse sentido que a entendem Malebranche e Mariotte. Malebranche a opõe à "medicina arrazoada" e Mariotte só a considera como o substituto provisório do "conhecimento das causas das doenças e dos efeitos dos remédios". Ora, a obra da qual celebramos hoje a longevidade secular se nos apresenta como o manifesto de uma medicina experimental arrancada do empirismo inicial, de uma medicina experimental arrazoada, mas também como a formação refletida de uma experiência de experimentador. É a redação, durante um lazer imposto pela doença, dos pensamentos nascidos no tempo do labor, das notas lançadas sobre o papel no próprio laboratório. Estamos de novo, como o dizia Condorcet, bem longe de um mecânico compondo um discurso sobre instrumentos de que ele não faria uso.

Como, aliás, não lembrar hoje, no Collège de France, o que nesses mesmos lugares, por ocasião do centenário do nascimento de Claude Bernard, em 1913, Henri Bergson dizia da *Introduction à la médecine expérimentale*:

> "Nós nos encontramos diante de um homem de gênio que começou por fazer grandes descobertas e que se perguntou em seguida como era preciso se dedicar para fazê-las; atitude paradoxal em aparência, e, entretanto, somente natural, a maneira inversa de proceder tendo sido muito tentada mais frequentemente e não tendo conseguido."

Confessemo-lo, no entanto, há 100 anos que filósofos a leem e a comentam, o paradoxo de concepção e de execução ao qual a célebre *Introdução* deve sua existência, e seu estilo jamais foi objeto, de sua parte, de uma exposição e de uma elucidação sistemáticas. É como se o texto tivesse sido sustentado por sua própria clareza contra as empresas indiscretas da exegese e da crítica. Para dizer a verdade, durante muito tempo um leitor da *Introduction*, que quisesse controlar a pertinência das respostas que ele propunha às questões que ela parecia lhe fazer, não tinha à sua disposição, além do *Rapport* de 1867 e dos artigos reunidos na *Ciência experimental*, senão as célebres aulas do Collège de France, da Sorbonne e do Muséum redigidas por alguns alunos do mestre. A publicação sucessiva, há mais ou menos 20 anos, de inéditos por muito tempo confidenciais, no primeiro lugar dos quais se deve mencionar os *Principes de médecine expérimentale*, e há apenas algumas semanas, o *Caderno de notas*, isto é, o famoso *Cahier rouge* em sua integralidade; a enumeração, empreendida pelo Dr. Grmek, dos cadernos de laboratório de Claude Bernard e dos papéis conservados no Collège de France, tudo isso deve permitir, ao final, a leitura do texto da *Introdução* como em sobreimpressão de tudo o que seu autor pôde escrever em qualquer ocasião que fosse, de parecido ou de diferente sobre assuntos aí tratados.

Nas algumas linhas meio-admirativas por convenção, meio-severas por convicção, que consagra a Bacon (menos severas, no entanto, do que era, à mesma época, o julgamento de Liebig), Claude Bernard escreve: "Os grandes experimentadores apareceram antes dos preceitos da experimentação." Não podemos duvidar de que ele não se aplique sua própria máxima. O *Caderno de notas* nos dá essa explicação: "Cada um segue o caminho. Uns estão preparados de longa data e caminham seguindo o sulco que estava traçado. Eu cheguei ao campo científico por caminhos desviados e me estabeleci regras lançando-me a corta-mato...". De que regras o homem que se formou inicialmente na prática experimental à sombra de Magendie tem consciência de se ter estabelecido? Os nomes de dois fisiologistas que ele cita várias vezes no-lo indicam: Helmholtz, pelo qual ele sempre mostra estima, du Bois-Reymond, que ele aprecia menos. As regras de que se trata são regras da investigação própria aos físicos de obediência matemática.

> "Disseram-me que eu encontrava o que não procurava, enquanto Helmholtz não encontra o que ele procura; é verdade, mas a direção exclusiva é ruim. O que é a fisiologia? Física, química etc., não se sabe mais nada, é melhor fazer anatomia. Müller, Tiedemann, Eschricht ficaram desgostosos e se lançaram na anatomia."

Em resumo, Claude Bernard reivindica para si mesmo um modo de pesquisa em fisiologia cujas hipóteses de partida e ideias diretrizes tenham sido elaboradas no domínio próprio à fisiologia: o corpo organizado vivo, com desconfiança dos princípios, das perspectivas e dos hábitos mentais importados das ciências, no entanto, ao mesmo tempo, tão prestigiosas, e tão indispensáveis como instrumentos subordinados, quanto o podem ser para um fisiologista, no meio do século XIX, a física e a química.

Não se atribuirá, a nosso ver, jamais importância suficiente a esse fato de ordem cronológica que Claude Bernard ensina publicamente, pela primeira vez, a especificidade da experimentação em fisiologia, na aula do dia 30 de dezembro de 1854, a terceira do curso que ele dá pela última vez, como suplente de Magendie, no Collège de France, sobre a fisiologia experimental aplicada à medicina. Essa aula retoma as experiências e as conclusões da tese, defendida no ano anterior, para o doutorado em ciências, sobre uma nova função do fígado, considerado como produtor de matéria açucarada no homem e nos animais. "É de se surpreender", diz Claude Bernard, "que uma ação orgânica de tal importância, e tão fácil de ver, não tenha sido descoberta antes". Isso se deve, mostra ele, ao hábito, até então invencível em fisiologia, de estudar os fenômenos de dinâmica funcional de um ponto de vista emprestado da anatomia e da física ou da química. Ora, desse ponto de vista, não se pode descobrir nada de original em relação ao domínio no qual se ficou fechado. Quem quer explicar uma função deve primeiro explorar seu andamento onde ela encontra, ao mesmo tempo, sua sede e seu sentido, no organismo. Donde um preceito do qual não se pode dizer que, 11 anos mais tarde, a *Introduction* será apenas o desenvolvimento:

> "Nem a anatomia nem a química bastam para resolver uma questão fisiológica; é preciso principalmente a experimentação em animais que, permitindo acompanhar em um ser vivo o mecanismo de uma função, leva à descoberta de fenômenos que somente ela pode esclarecer e que nada mais poderia ter feito prever."

É rigorosamente porque as primeiras aulas do Collège de France são posteriores à tese de doutorado em ciências que a afirmação segundo a qual os grandes experimentadores são anteriores aos preceitos da experimentação, que a reivindicação de não conformismo científico – "eu me estabeleci regras lançando-me a corta-mato" – devem aparecer-nos como bem mais que o uso literário de aforismos ou de apotegmas, mas expressamente como a generalização refletida do ensino tirado de uma aventura intelectual integralmente vivida. É, parece, isso somente que sempre mereceu o nome de método. Gaston Bachelard escreveu:

> "Os conceitos e os métodos, tudo é função do domínio de experiência; todo o pensamento científico deve mudar diante de uma experiência nova; um discurso sobre o método científico será sempre um discurso de circunstância, ele não descreverá uma constituição definitiva do espírito científico."

Confrontado com essas exigências dialéticas do *Novo espírito científico*, não é certo que Claude Bernard não tenha sido tentado a acreditar que ele descrevia na *Introdução* a constituição definitiva do espírito científico em fisiologia, mas estamos certos de que ele compreendeu e ensinou que todo o pensamento científico em fisiologia devia mudar diante de uma experiência nova, tão nova que o fazia consentir no julgamento que alguns faziam sobre ele como uma censura: ter encontrado o que ele não procurava. É preciso até dizer: ter encontrado o contrário do que ele procurava.

Na terceira parte da *Introduction*, o primeiro exemplo proposto da pesquisa experimental dirigida no início por uma hipótese ou uma teoria é precisamente a sucessão das experiências ao termo das quais um homem pode dizer: "Essa glicogenia animal que eu descobri..." Claude Bernard expõe com simplicidade como a pesquisa do órgão destruidor do açúcar, supostamente fornecido de maneira exclusiva ao animal pela alimentação vegetal, o levou à descoberta imprevista e inicialmente incrível do órgão formador da mesma substância. Ele acrescenta que, abandonando a teoria segundo a qual a elaboração do açúcar é um fenômeno de síntese vegetal, e considerando como certo um fato bem constatado, incompatível com a teoria, ele se conformou com um preceito indicado no segundo capítulo da primeira parte da *Introdução*. É, no entanto, aqui completamente evidente que, por não ter sido vivida antes de ser colocada em forma, essa conduta de abandono de teoria seria apenas um preceito banal de higiene mental, da ordem: não é bom acreditar sem estar pronto para desacreditar.

Assim também, se Claude Bernard recomenda, na primeira parte da *Introdução*, jamais aceitar uma diferença de comportamento do fenômeno observado várias vezes, sem supor e pesquisar uma diferença correspondente nas condições de sua manifestação, não é tanto em virtude de uma espécie de fé geral no determinismo, quanto em razão de dois acontecimentos pessoalmente vividos, um de crítica, o outro de pesquisa, relatados na terceira parte. Trata-se, por um lado, das circunstâncias nas quais ele mesmo pôs fim à controvérsia entre Longet e Magendie sobre a sensibilidade recorrente das raízes raquidianas anteriores; e é, sobretudo, também em razão das circunstâncias que suscitaram, a partir de uma contradição aparente nos resultados de dosagens fortuitamente espaçadas de algumas horas, a célebre experiência dita do fígado lavado.

A *Introduction à l'étude de la médecine expérimentale* deve, pois, ser lida, no sentido retrógrado. Uma leitura no sentido direto do discurso levou muito frequentemente a apresentá-la como a verificação de uma recomendação de Auguste Comte. Ele ensina, na primeira lição do *Curso de filosofia positiva*, que "o método não é susceptível de ser estudado separadamente das pesquisas onde ele é empregado", o que subentende que o uso de um método supõe previamente a posse do método. Muito ao contrário, o ensinamento de Claude Bernard é que o método não é susceptível de ser formulado separadamente das pesquisas de onde ele saiu.

É, com efeito, a natureza singular, paradoxal na época, do que ele descobriu sem ter tido a ideia de pesquisar que permitiu a Claude Bernard uma primeira conceitualização dos resultados de suas primeiras pesquisas, comandando, em seguida, logicamente, o resultado de todas as suas outras pesquisas. Quem não se refere ao conceito de *meio interior* não pode compreender os motivos da obstinação de Claude Bernard em preconizar e em promover uma técnica experimental que ele não cria, sem dúvida, mas que ele renova, dando-lhe um fundamento específico: a técnica das vivissecções, que é preciso defender, ao mesmo tempo, contra os gemidos da sensibilidade exagerada e as objeções da filosofia romântica.

> "A ciência antiga não pôde conceber senão o meio exterior; mas é preciso, para fundamentar a ciência biológica experimental, conceber, além disso, um *meio interior*. Eu creio ter sido o primeiro a exprimir claramente essa ideia e ter insistido nela para fazer compreender melhor a aplicação da experimentação nos seres vivos."

Insistamos nesse ponto: é o *conceito* de meio interior que é dado como fundamento teórico à *técnica* da experimentação fisiológica. Desde 1857, na terceira *Leçons sur les propriétés physiologiques des liquides de l'organisme*, Claude Bernard afirma: "O sangue é feito para os órgãos, é verdade; mas eu não poderia repeti-lo muito, ele é feito também pelos órgãos." Ora, não é o conceito de *secreção interna*, formado dois anos antes, que permite a Claude Bernard essa revisão radical da hematologia? Porque a diferença é considerável entre a relação do sangue com o pulmão e a relação do sangue com o fígado. No primeiro caso, o sangue é o órgão pelo qual o organismo é aplicado ao mundo inorgânico, enquanto, no segundo, ele é o órgão pelo qual o organismo é aplicado a ele mesmo, voltado para ele mesmo, em relação com ele mesmo. Não hesitamos em tornar a dizê-lo: sem a ideia de secreção interna, não há ideia do meio interior, e sem a ideia do meio interior, não há autonomia da fisiologia como ciência.

No século XVIII, Kant tinha identificado as condições de possibilidade da ciência física com as condições transcendentais do conhecimento em geral. Essa identificação tinha encontrado seus limites, na época da *Crítica do julgamento* (segunda parte: Crítica do julgamento teleológico), no reconhecimento do fato de que os organismos são totalidades cuja decomposição analítica e explicação causal são subordinadas ao uso de uma ideia de finalidade, reguladora de toda pesquisa em biologia. Segundo Kant, não pode haver Newton do brotinho de erva, isto é, não há biologia cujo estatuto científico seja comparável, na enciclopédia do saber, ao da física. Até Claude Bernard, os biólogos só podiam se dividir entre a assimilação, materialista e mecanicista, da biologia à física, e a separação, comum aos vitalistas franceses e aos filósofos alemães da natureza, da física e da biologia. O Newton do organismo vivo é Claude Bernard, isto é, o homem que soube perceber que as condições de possibilidade da ciência experimental do vivo não devem ser procuradas junto ao sábio, mas junto ao próprio vivo, que é o vivo que fornece por sua estrutura e suas funções a chave de sua decifração. Claude Bernard podia, enfim, não dando razão nem ao mecanicismo nem ao vitalismo, ajustar a técnica da experimentação biológica à especificidade de seu objeto. Como não se surpreender pela oposição, provavelmente não premeditada, de dois textos. Nas *Leçons sur les phénomènes physiques de la vie*, Magendie afirmava: "Eu vejo no pulmão um fole, na traqueia, um tubo de aeração, na glote, uma palheta vibrante... Temos o olho como um aparelho de ótica, a voz como um instrumento musical, o estômago como um alambique vivo" (Aulas de 28 e 30 de dezembro de 1836). No *Caderno de notas*, Claude Bernard escreve: "A laringe é uma laringe, e o cristalino, um cristalino, isto é, suas condições mecânicas ou físicas não são realizadas em nenhum outro lugar além do organismo vivo". Em resumo, Claude Bernard, mesmo se ele reteve de Lavoisier e de Laplace, pela mediação de Magendie, a ideia do que ele devia chamar ele próprio o determinismo, só deve a ele mesmo esse conceito biológico de meio interior que permite, enfim, à fisiologia ser, pelo mesmo motivo que a física, uma ciência determinista, sem ceder à fascinação do modelo proposto pela física.

O conceito de meio interior não supõe somente a elaboração prévia por Claude Bernard do conceito de secreção interna, mas também a referência à teoria celular de que ele retém, afinal das contas, e apesar de uma complacência decrescente pela teoria do blastema formador, o aporte essencial: a autonomia dos elementos anatômicos dos organismos complexos e sua subordinação funcional ao conjunto morfológico. É aceitando decididamente a teoria celular – "essa teoria celular não é uma palavra inútil", diz ele, nas *Leçons sur les phénomènes de la vie communs aux animaux et aux végétaux* – que Claude Bernard permitiu à fisiologia, num plano experimental da análise das funções, apresentar-se como ciência fundando seu próprio método. Com efeito, a teoria celular permitia compreender a relação entre o todo e a parte, entre o composto e o simples, na ordem dos seres organizados, completamente diferente se fosse segundo um modelo matemático ou mecânico. Essa teoria revelava um tipo de estrutura morfológica completamente diferente do que se tinha chamado até então de *fábrica* ou *máquina*. Podia-se doravante conceber um modo de análise, de separação e de modificação do vivo, utilizando meios mecânicos, físicos ou químicos, permitindo intervir artificialmente na economia de um todo orgânico sem alterar essencialmente a qualidade orgânica desse todo. A quinta das *Leçons de physiologie opératoire* contém, sobre essa nova concepção das relações do todo e da parte, textos decisivos. Por um lado, Claude Bernard nos ensina que "todos os órgãos, todos os tecidos são apenas uma reunião de elementos anatômicos, e a vida do órgão é a soma dos fenômenos vitais próprios a cada espécie desses elementos". Por outro lado, ele nos previne que a recíproca dessa proposição não é verdadeira:

> "Procurando fazer a análise da vida pelo estudo da vida parcial das diferentes espécies de elementos anatômicos, temos de evitar cair num erro muito fácil, e que consistiria em concluir da natureza, da forma e das necessidades da vida total do indivíduo, à natureza, à forma e às necessidades da vida dos elementos anatômicos."

Em resumo, uma ideia de fisiologia geral, compondo o conceito de meio interior com a teoria celular, permitiu a Claude Bernard constituir em teoria e em prática um método experimental específico da fisiologia, um método de estilo não cartesiano, e, no entanto, sem concessão às teses do vitalismo ou do romantismo. Com relação a isso, a oposição é radical entre Claude Bernard e Cuvier, o autor da Carta a Mertrud que prefacia as *Leçons d'anatomie comparée*, entre Claude Bernard e Auguste Comte, o autor da 40ª lição do *Curso de filosofia positiva*, fiel ao ensinamento de De Blainville na introdução ao *Cours de physiologie générale et comparée*. Para esses três autores, a anatomia comparada é o substituto da experimentação impossível, pelo fato de que a pesquisa analítica do fenômeno simples equivale a alterar a essência de um organismo funcionando como um todo. A natureza, apresentando-nos, como o diz Cuvier, "em todas as classes de animais quase todas as combinações possíveis de órgãos", nos permite, seja de sua reunião, seja de sua privação, "conclusões muito verossímeis sobre a natureza e o uso de cada órgão". Ao contrário, a anatomia comparada é, aos olhos de Claude Bernard, a condição de possibilidade de uma fisiologia geral, a partir de experiências de fisiologia comparada. A anatomia comparada ensina ao fisiologista que a natureza preparou os caminhos à análise fisiológica pela variedade das estruturas. A crescente individuação dos organismos, na série animal, é o que permite, paradoxalmente, o estudo analítico das funções. Nos *Principes de médecine expérimentale*, Claude Bernard escreve:

> "Examinou-se frequentemente a questão de saber se, para analisar os fenômenos da vida, valia mais a pena estudar os animais elevados do que os animais inferiores. Foi dito que os animais inferiores eram mais simples: não penso assim, e, aliás, todos os animais são completos, tanto uns quanto os outros. Penso até que os animais elevados são mais simples porque a diferenciação é levada mais longe."

E, assim também, nas *Notas separadas*: "Um animal elevado na escala apresenta fenômenos vitais mais bem diferenciados, mais simples de alguma maneira em sua natureza, enquanto um animal inferior na escala orgânica oferece fenômenos mais confusos, menos expressos e mais difíceis de distinguir." Em resumo, quanto mais o organismo é complexo, mais o fenômeno fisiológico pode ser separado. Em fisiologia, o distinto é o diferenciado, o distinto funcional deve ser estudado no ser morfologicamente complexo. No elementar, tudo é confuso porque confundido. Se as leis da mecânica cartesiana são estudadas em máquinas simples, as leis da fisiologia bernardiana são estudadas em organismos complexos. Quando se trata das propriedades dos corpos como em física e em fisiologia, é preciso considerar o fenômeno como classificação e, em vez de ter *corpos simples*, é preciso ter *fenômenos simples*. "É o que eu devo, então, fazer para a fisiologia", escreve Claude Bernard no *Caderno de notas*. Paremos, então, de ser ludibriados pela aparente semelhança dos termos e dos conceitos. O fenômeno simples de que fala Claude Bernard não tem nada de comum com a natureza simples cartesiana. Um método de estabelecimento de um fenômeno fisiológico simples, como, por exemplo, a dissociação, sob a ação do *curare*, da contractilidade muscular e da excitabilidade do nervo motor, não poderia ter nada além do nome em comum com um método geral de resolução das equações algébricas. A exortação à dúvida não tem o mesmo sentido conforme ela espere ceder diante da evidência ou diante da experiência. A recomendação de "dividir" a dificuldade não tem o mesmo sentido conforme se trate de dissociar, na função de motricidade animal, o elemento nervoso sensitivo, o elemento nervoso motor e o elemento muscular, ou que se trate de classificar as curvas geométricas e resolver as equações pelo rebaixamento de seu grau e multiplicação de binômios ou de equações arbitrárias. Nem Claude Bernard nem Descartes têm nada a ganhar com a confusão dos gêneros de seus objetivos e de seus métodos.

Contrariamente, tendo chegado em nossa leitura retrógrada na primeira parte da l'*Introduction*, é-nos, enfim, permitido ver aí algo além de um discurso sobre um método universal, prometido a uma maior oferta de admiração por parte de seus prefaciadores sucessivos. Pode parecer surpreendente que nenhum deles se tenha preocupado em aplicar na elucidação do texto o próprio método de Claude Bernard, o método das variações e o método comparativo. Um conhecimento histórico, mesmo sumário, do estado da pesquisa e do ensino de biologia e de medicina, na França, na primeira metade do século XIX, permite compreender que, publicando sua l'*Introduction*, Claude Bernard obedecia à regra de um gênero muito cultivado desde os primeiros anos do século. Quando, em 1831, a Faculdade de Medicina de Paris abre um concurso para uma cadeira de fisiologia, os candidatos, entre os quais Bérard primogênito, Bouillaud, Gerdy, Piorry, Trousseau e Velpeau, têm de compor uma "Dissertação sobre as generalidades da fisiologia, sobre o plano e o método que conviria seguir no ensino dessa ciência". Todas essas dissertações comportam desenvolvimentos sobre a observação em medicina, sobre a experimentação em biologia animal e humana, tanto quanto sobre as relações da fisiologia com a física e com a química. A melhor dessas dissertações, em nossa opinião, a de Bouillaud (que, aliás, não foi aprovado nesse concurso e devia sê-lo no concurso para a cadeira de clínica médica), contém um capítulo consagrado ao método experimental e racional, à ideia de análise e de síntese. Depois de tantos outros, desde Christian Wolff, Haller ou Zimmermann, Bouillaud se interroga sobre a diferença da observação e da experimentação, sobre a relação dos fatos e das ideias, da experiência e da teoria. A esse desenvolvimento pode-se fazer corresponder, quase tema por tema, a primeira parte da l'*Introduction*. Ele será retomado, cinco anos mais tarde, por Bouillaud, em seu *Essai sur la philosophie médicale et sur les généralités de la clinique médicale*.

A composição dessa obra, histórica em sua primeira parte, metodológica em sua segunda, clínica em sua terceira, estatística na quarta, corresponde, mais ou menos na ordem, à composição dos *Princípios de medicina experimental*. Entre os outros candidatos ao concurso de 1831 encontrava-se, dissemos, Gerdy, professor efetivo de anatomia, de fisiologia, de higiene e de cirurgia. Um ano mais tarde, Gerdy publicava uma *Physiologie médicale dialectique et critique*. Se a arte de estudar a anatomia e a fisiologia aí está desenvolvida em cerca de 20 páginas, as considerações gerais sobre a vida, as propriedades vitais, o princípio vital aí estão contemplados em 70 páginas. Quando se sabe que Gerdy é citado, na terceira parte da l'*Introduction*, como sendo esse crítico de Claude Bernard, na sociedade filomática, em 1845, para quem os resultados das experiências sobre o vivo podem ser diferentes, pelo fato da vitalidade, a despeito da identidade das condições operatórias, não é de se surpreender o fato de ler-se, em sua *Fisiologia médica*, que as experiências são de pouca vantagem para reconhecer os usos e o mecanismo da ação dos órgãos. Assim, também, Jules-Joseph Virey, célebre por sua polêmica, em 1831, com Etienne Geoffroy Saint-Hilaire, na *Gazette médicale*, sobre os princípios do vitalismo em fisiologia, publicava, em 1844, *De la physiologie dans ses rapports avec la philosophie*.

Já fizemos alusão às considerações sobre o método em biologia que Auguste Comte tinha exposto na 40ª Lição do *Curso de filosofia positiva*, redigida em 1836. Quando se sabe que papel desempenhou Charles Robin na *Sociedade de biologia*, em 1848, da qual ele próprio e Claude Bernard foram os primeiros vice-presidentes, quando se sabe que Charles Robin redigiu o manifesto de fundação na restrita fidelidade ao ensinamento de Auguste Comte, não é surpreendente ver Claude Bernard, obrigado tão frequentemente, na exposição de suas convicções metodológicas, situar-se, sem mesmo dizê-lo, com referência aos dogmas positivistas. Na morte de Claude Bernard, em 1878, a revista de Charles Renouvier, *Critique philosophique*, publicou uma série de artigos de François Pillon sobre a biologia e a filosofia biológica de Claude Bernard comparadas com as de Auguste Comte.

Enfim, não é permitido comentar a primeira parte da l'*Introduction* sem levar em conta relações de Claude Bernard e de Michel-Eugène Chevreul, do diálogo ininterrupto entre os dois mestres do Muséum, no Muséum mesmo, da leitura de Chevreul por Claude Bernard. Se Chevreul só é citado na introdução da l'*Introduction*, as referências a suas teses metodológicas aí são frequentes, embora menos numerosas e menos explícitas que na terceira das *Leçons de physiologie opératoire*. Sem dúvida, o tratado *De La méthode "a posteriori" expérimentale* é de 1870, e a *Distribution des connaissances humaines du ressort de la philosophie naturelle* é de 1865. Mas as *Lettres à M. Villemain sur la méthode em général et sur la définition du mot "fait"* são de 1855, e a famosa definição do fato como abstração foi longamente meditada por Claude Bernard. As *Notes détachées*, o *Cahier de Notes*, as *Leçons de physiologie opératoire* são testemunhos disso.

Tais são alguns representantes de um gênero do qual, na mesma época, a *Introduction* é uma espécie. E ainda não dissemos nada de Littré, o positivista, nem de Chauffard, o antipositivista, nada de Lordat e do último quartel montpellieriano de vitalistas. Vê-se a que ponto a primeira parte dessa *Introduction* está ligada à sua época pelos problemas que ela examina, pelas intenções de crítica e de polêmica que ela produz, pelos modelos metodológicos que ela aceita ou rejeita. É preciso lê-la ao lado de outros textos contemporâneos ou pouco anteriores para que apareça plenamente sua diferença surpreendente. É uma ideia propriamente prometeica da medicina experimental e da fisiologia que lhe dá sua ressonância própria, porque o método experimental segundo Claude Bernard é mais do que um código para uma técnica de laboratório, é uma ideia para uma ética. A diferença radical entre a l'*Introduction* e qualquer outro ensaio ou tratado de método na época se relaciona com essa proclamação:

> "Com a ajuda dessas ciências experimentais ativas, o homem torna-se um inventor de fenômenos, um verdadeiro contramestre da criação; e não saberíamos em relação a isso atribuir limites ao poder que ele pode adquirir sobre a natureza pelos progressos futuros das ciências experimentais."

A experimentação, no próprio nível de sua técnica, encerra uma teoria filosófica da ciência da vida que remete ela própria a uma filosofia da ação da ciência sobre a vida.

A primeira parte da *Introduction* não trataria do método experimental como ele o faz, se, de 1845 a 1855, Claude Bernard não tivesse conseguido, por meio de erros e retificações, premeditações e improvisações, contra e a favor da incompreensão ou da má-fé dos críticos, coordenar todos os resultados de suas experiências na teoria da produção animal do açúcar, se ele não tivesse, em seguida, percebido a etiologia do diabetes no prolongamento da glicogênese, e, de um modo geral, a patologia na consequência da fisiologia, de maneira que, desde a experimentação, a pesquisa fisiológica se aureolava da glória da terapêutica.

Isso foi perfeitamente compreendido por um grande fisiologista desaparecido, um dos titulares da cadeira de História Natural dos Corpos Organizados no Collège de France, André Mayer. No artigo sobre A História Natural e a Fisiologia que ele compôs para o livro jubilar do quarto centenário dessa Casa, André Mayer descreve o estado de espírito que os mestres do Collège contribuíram em criar, no século XIX, em matéria de pesquisas sobre a estrutura e as funções do organismo, e ele nos mostra como as primeiras conquistas de uma pesquisa mal inspirada suscitaram uma espécie de romantismo científico, uma confiança sem reservas no futuro do poder do homem sobre os seres vivos e sobre o próprio homem.

Se é permitido comparar Claude Bernard a Descartes, não é em razão de alguns preceitos de metodologia reduzidos à sua forma literária e cortados de toda relação, de caráter técnico, de seus objetivos específicos. É em razão de uma ambição comum de demiurgia apostada pela confiança no futuro do saber. Mas não se trata do mesmo saber. É preciso dizer, Claude Bernard não podia sonhar de novo, no século XIX, o sonho cartesiano de dominação do homem sobre a natureza e sobre a vida, senão com a condição de romper com a concepção cartesiana da vida. Era preciso ser o teórico revolucionário do meio interior e de suas regulações para escrever como ela está escrita, até em sua exposição de aparentes generalidades metodológicas, a *Introdução ao estudo da medicina experimental*.

# 3. CLAUDE BERNARD E BICHAT[1]

Na *Introdução ao estudo da medicina experimental*, o nome de Bichat não é citado uma só vez. Seria erro chegar à conclusão de que Claude Bernard nada tem a dizer dele. Ao contrário, o *Relatório sobre os progressos e a marcha da fisiologia geral na França*, as *Lições sobre os fenômenos da vida comuns aos animais e aos vegetais*, *A ciência experimental*, citam abundantemente Bichat. No *Caderno de notas*, recentemente publicado pelo Dr. Grmek, Bichat é citado cinco vezes, e Magendie, nenhuma. As últimas aulas dadas no Museu de História Natural, em 1876, três quartos de século após a morte de Bichat, se referem aos seus trabalhos, como aos de um "fundador" que tirou a fisiologia "da rotina anatômica". O *Relatório* associa Bichat a Lavoisier e a Laplace: eles são "os três grandes homens que imprimiram à fisiologia uma direção decisiva e durável". Com certeza, quando ele fala de Magendie, Claude Bernard se orgulhava de sua descendência científica, ele celebra a ação e a influência daquele que dobrou a fisiologia em disciplina experimental. Mas a Bichat, o *Relatório* atribui o gênio e a posição do maior anatomista dos tempos modernos. Fundar, ser um fundador, esse mérito que Claude Bernard reivindica para ele mesmo quanto à medicina experimental, ele o reconhece também a Bichat quanto à anatomia geral e à fisiologia.

---

1 Comunicado feito na Cracóvia, em 28 de agosto de 1965, por ocasião do XI Congresso Internacional de História das Ciências, ocorrido na Varsóvia-Cracóvia.

Já é um belo elogio essa apreciação, sob a pena de um mestre da fisiologia, indo para o fim de sua vida: "Bichat se enganou, como os vitalistas seus predecessores, sobre a teoria da vida, mas ele não se enganou sobre o método fisiológico. É sua glória tê-lo fundado, colocando nas propriedades dos tecidos e dos órgãos as causas imediatas dos fenômenos" (*Lições sobre os fenômenos da vida*. II, p. 448). Mas, mais jovem, alguns 20 anos antes, Claude Bernard tinha confiado em uma folha de seu *Caderno de notas* (p. 99) o que as *Lições sobre os fenômenos da vida* deviam fazer aparecer mais tarde como sua ambição permanente: "Em minhas pesquisas, eu tendo realmente a trazer um acordo entre o animismo e o materialismo. Tudo deve ser dominado pelo verdadeiro vitalismo, isto é, a teoria das evoluções." Ora, uma preciosa anotação do Dr. Grmek nos deu a conhecer um primeiro lance dessa confidência rasurado por Claude Bernard: "Tudo isso dominado pelo verdadeiro vitalismo de Bich(at)." Parece-nos que determinar as verdadeiras relações de afinidade e de distinção entre a ideia de vida segundo Claude Bernard e a ideia de vida segundo Bichat acaba de retraçar – aqui de maneira necessariamente sumária – a sequência de razões pela qual "a teoria das evoluções" se substituiu, para Claude Bernard, enquanto "verdadeiro vitalismo", à doutrina de Bichat.

Supomos conhecidas a primeira parte das *Pesquisas fisiológica sobre a vida e a morte* (1800) e as Considerações gerais no início da *Anatomia geral aplicada à fisiologia e à medicina* (1801). No segundo desses textos, Bichat escreve que a matéria não goza das propriedades vitais senão por intermitência, enquanto ela possui as propriedades físicas de uma matéria contínua. Ora, Claude Bernard escreve no *Caderno de notas* (p. 164): "A propriedade vital é temporária. A propriedade física é eterna." Em um e outro dos dois textos, Bichat reivindica para a ciência dos corpos organizados "uma linguagem diferente" da que emprega a ciência dos corpos inorgânicos, porque a maioria das palavras importadas desta naquela introduzem nela ideias que não se aliam absolutamente com os fenômenos. Ora, quando Claude Bernard distingue no organismo duas ordens de fenômenos, os de criação vital e os de destruição orgânica, ele declara que "a primeira dessas duas ordens de fenômenos é sem análogo direto; ela é em particular especial ao ser vivo: essa síntese evolutiva é o que há de verdadeiramente vital" (*Lições sobre os fenômenos da vida*. I, p. 40). Em termos de epistemologia moderna, Claude Bernard, assim como Bichat, rejeita todo modelo físico ou material do que ele considera como especificamente vital. E, no entanto, essa recusa não repousa sobre os mesmos postulados. Bichat separa os fenômenos e as leis fisiológicas dos fenômenos e das leis físicas pela "natureza e essência" (*Anatomia geral*. I, p. LII). Claude Bernard separa a biologia "por seu problema especial e seu ponto de vista determinado" (*Introdução*. p. 144). Bichat sustenta que "a instabilidade das forças vitais, essa facilidade que elas têm de variar a cada instante, em mais ou em menos, imprimem a todos os fenômenos vitais um caráter de irregularidade que os distingue dos fenômenos físicos, notáveis por sua uniformidade" (*Pesquisas*. 1ª parte, art. VII). Claude Bernard insiste sobre "a mobilidade e a fugacidade dos fenômenos da vida, causas da espontaneidade e da mobilidade de que gozam os seres vivos" (*Introdução*. p. 145). Mas onde Bichat situava "o escolho" contra o qual encalham os cálculos dos físicos-médicos, Claude Bernard só vê uma "dificuldade" na aplicação das ciências físicas e químicas em biologia e na descoberta do determinismo dos fenômenos.

O que Claude Bernard rejeita da célebre definição: "A vida é o conjunto das funções que resistem à morte" é a ideia de um "antagonismo entre as forças exteriores gerais e as forças interiores ou vitais" (*Lições sobre os fenômenos da vida*. I, p. 29), mas ele retém daí a relação necessária entre a vida e a morte que faz com que "nós só distingamos a vida pela morte e vice-versa" (*ibidem*, p. 30). Em sua preocupação de manter, contra as tentativas de redução materialista, a especificidade dos fenômenos biológicos, Claude Bernard retém de Bichat uma forma de dualidade que ele se interdiz de converter em oposição. O dualismo de Bichat é um dualismo de forças em luta, ele é agonístico e até, do ponto de vista da vida, maniqueísta. A dualidade vida-morte, segundo Claude Bernard, não exclui "a união e o encadeamento". As metáforas de Bichat são emprestadas da arte da guerra. As metáforas de Claude Bernard são importadas do direito constitucional. A única força vital que ele poderia admitir "seria apenas uma espécie de força legislativa, mas em nada executiva" (*Lições sobre os fenômenos da vida*. I, p. 51). Donde a distinção da força vital, que dirige o que ela não executa, e dos agentes físicos, que executam o que eles não dirigem (*ibidem*).

Em seus escritos mais bem elaborados, e cuja responsabilidade lhe deve ser atribuída sem reservas, na *Introdução*, no *Relatório*, na *Ciência experimental*, Claude Bernard distingue as *leis*, gerais e comuns a todos os seres (não há física e química vitais), e as *formas* ou *procedimentos*, específicos do organismo. Essa especificidade é dita ora morfológica, ora evolutiva. De fato, a evolução é para o indivíduo, a partir do germe, o encaminhamento regrado para a forma. A forma é o imperativo secreto da evolução. Quando a *Introdução* afirma: "As condições fisiológicas evolutivas especiais são o *quid proprium* da ciência biológica", o *Relatório* confirma: "É evidente que os seres vivos, por sua natureza evolutiva e regenerativa, diferem radicalmente dos corpos brutos, e em relação a isso é preciso estar de acordo com os vitalistas" (nota 211). O que constitui a biologia em sua diferença com toda outra ciência é ter de considerar a ideia diretriz da evolução vital, isto é, da criação da máquina viva, "ideia definida que exprime a natureza do ser vivo e a própria essência da vida" (*Introdução*. p. 142).

Essa noção de ideia diretriz orgânica poderia bem ser ela própria a ideia diretriz constante do pensamento biológico de Claude Bernard. Nesse caso, compreender-se-ia que ela tenha ficado um pouco vaga, ao mesmo tempo manifesta e mascarada pelos termos múltiplos de que ele se serviu para exprimir sua ideia da organização: *ideia vital*, *desígnio vital*, *sentido dos fenômenos*, *ordem dirigida*, *arranjo*, *ordenação*, *pré-ordenação vital*, *plano*, *regra*, *educação* etc. Seria temerário propor que por meio desses conceitos, para ele equivalentes, ele pressinta, sem poder fixar seu estatuto científico, o que nós chamaríamos hoje de antiacaso, não no sentido de indeterminismo, mas no sentido de neguentropia? Uma nota do *Relatório* nos parece autorizar essa interpretação: "... Mesmo sendo necessárias condições materiais especiais para dar origem a fenômenos de nutrição ou de evolução determinados, nem por isso se deveria acreditar que é a matéria que engendrou a lei de ordem e de sucessão que dá o sentido ou a relação dos fenômenos: seria cair no erro grosseiro dos materialistas." É certo, em todo caso, que Claude Bernard identificou, na *Introdução*, a natureza física e a desordem, e que ele considerou que em relação às propriedades da matéria as propriedades da vida são improváveis: "Aqui, como em toda parte, tudo deriva da ideia que só ela cria e dirige; os meios de manifestação físico-químicos são comuns a todos os fenômenos da natureza e ficam confundidos, em desordem, como os caracteres do alfabeto numa caixa onde uma força vai procurá-los para exprimir os pensamentos ou os mecanismos mais diversos" (p. 143). Se ainda se retém que a hereditariedade, fator ainda obscuro em 1876 e fora do poder do homem, aparece, entretanto, a Claude Bernard como essencial das leis morfológicas, das leis da evolução ontogênica (*Lições sobre os fenômenos da vida*. I, p. 342) seria forçar e falsear o sentido das palavras propor que, na época em que os físicos elaboram o conceito de entropia, Claude Bernard elabora, por seus próprios meios, e com a desconfiança do imperialismo dos conceitos físicos em biologia, conceitos análogos aos que os biólogos contemporâneos utilizam, na escola da cibernética, sob o nome de informação e de código genético? Afinal de contas, o termo código é polissêmico. E quando Claude Bernard escreve que a força vital é legisladora, sua metáfora pode passar por uma antecipação. Nada de mais, no entanto, do que uma antecipação parcial, porque Claude Bernard não parece suspeitar que mesmo a informação – ou para falar como ele, a legislação – requer uma certa quantidade de energia. De modo que a despeito da apelação de *vitalismo físico* que ele reivindicava para sua doutrina (*Lições sobre os fenômenos da vida*. II, p. 524) temos o direito de nos perguntarmos se, por não reconhecer na ideia vital o estatuto de força, em atenção à ideia que ele se fazia das forças físicas, Claude Bernard conseguir ultrapassar o vitalismo metafísico que ele condenava em Bichat.

À exceção de Auguste Comte, ninguém, no século XIX, falou de Bichat em termos tão calorosos quanto Claude Bernard. É que, de todos os biólogos do século XIX, o teórico do meio interior era o que sua concepção da vida orgânica tornava não certamente o mais indulgente, mas o mais compreensivo pela ilusão que tinha gerado a doutrina das propriedades vitais, inconstantes, e rebeldes à previsão como ao cálculo. Porque o animal superior leva uma vida independente das flutuações do meio cósmico, porque ele não oscila como esse meio, o que tem os olhos fixos no meio é levado a acreditar na ausência de determinismo das funções orgânicas. Ora, essa vida livre é, na realidade, uma vida constante, mas cujas condições determinadas são intraorgânicas. Quem, então, podia compreender a ilusão vitalista dessa forma melhor que o homem que escreveu: "Os fenômenos da vida têm uma elasticidade que permite à vida resistir, em limites mais ou menos extensos, às causas das perturbações que se encontram no meio ambiente?" (*Pensamentos.* Notas separadas. p. 36?) O conceito de meio era, no século XVIII, um conceito de mecânica e de física. Sua importação para a biologia, no século XIX, favorecia as concepções mecanicistas da vida. O gênio de Claude Bernard, criando o conceito de meio interior, operava a dissociação em biologia dos conceitos de determinismo e mecanicismo. Ora, esse conceito inicialmente paradoxal de meio interior, que dá ao determinismo o que Bichat se esforçava em subtrair do mecanicismo, exigia, para ser formado, a adoção de algumas ideias que Claude Bernard encontrava, precisamente, na esteira de Bichat.

Foi a fidelidade ao espírito da *Anatomia geral* que permitiu a Claude Bernard refutar a concepção da vida desenvolvida nas *Pesquisas fisiológicas*. O gênio de Bichat consistiu em descentralizar a vida, ao encarná-la nas partes dos organismos, em dar conta das funções pelas propriedades dos tecidos.

Se, na época em que Claude Bernard ensina no Muséum a fisiologia geral, a análise morfológica situou o elemento orgânico na célula, para além do tecido, se a vida foi descentralizada "para além do termo fixado por Bichat", embora, então, a explicação fisiológica tenha se prendido às propriedades das células, nem por isso deixa de ser verdade que a fisiologia dos elementos anatômicos foi fundada por Bichat. "As opiniões modernas sobre os fenômenos vitais são fundadas sobre a histologia; elas têm, na realidade, sua origem nas ideias de Bichat." (*Lições sobre os fenômenos da vida*. tomo II, p. 452.) Ora, a teoria do meio interior é, sob certas relações, a consequência necessária desse fato que o organismo é composto de células e que os órgãos, os aparelhos, os sistemas somente são montados para o serviço dos elementos celulares. O meio interior, produzido do organismo em seu todo, é, de alguma maneira, o órgão da solidariedade das partes elementares. Eis em que sentido a fisiologia geral de Claude Bernard reconhece sua dívida em relação à anatomia geral de Bichat.

Essa fidelidade pôde parecer excessiva. Claude Bernard pôde parecer contabilizar para si, no nível das estruturas celulares, o erro que ele tinha denunciado em seus antecessores, no nível das estruturas macroscópicas: o estudo das funções orgânicas pela dedução anatômica, a subordinação da fisiologia à anatomia. "É... ao elemento histológico que é preciso sempre chegar para ter a razão dos mecanismos vitais. É ele que está sempre em jogo em todos os atos fisiológicos." (Relatório, nota 214.)

O funcionalismo fisiológico de Claude Bernard seria, então, ainda muito estreitamente analítico, porque muito fiel à decomposição morfológica. "Em Claude Bernard, o anatomismo não é ainda condenado senão em palavras." (DAGOGNET, F. *A razão e os remédios*. p. 133.) Donde, por exemplo, o bloqueio das ideias relativas à patogenia do diabetes. A experiência do fígado lavado e a injeção da parede inferior do quarto ventrículo fizeram superestimar o papel do tecido hepático e do tecido nervoso, e desviaram a atenção das observações clínicas de Bouchardat (1846) e de Lancereaux (1870) sobre o papel do pâncreas. Atribuir uma função a uma só glândula, mesmo sob o controle do sistema nervoso, é ainda dedução anatômica.

Julgamos, por conseguinte, não ter deformado a história efetiva da metodologia fisiológica, mostrando que Claude Bernard permaneceu bem mais fiel do que se diz geralmente ao ensinamento e ao espírito de Xavier Bichat. "O que surpreende nos excessos dos inovadores da véspera é sempre a timidez." (VALÉRY, Paul. *Rhumbs*.)

# 4. A EVOLUÇÃO DO CONCEITO DE MÉTODO DE CLAUDE BERNARD A GASTON BACHELARD[1]

Em outubro de 1949, o presidente de um Congresso Internacional de Filosofia das Ciências, reunido em Paris, pronunciando seu discurso de abertura sobre *O problema filosófico dos métodos científicos*, declarava: "Não é mais, sem dúvida, a hora de um Discurso do método... As regras gerais do método cartesiano são doravante regras que são óbvias. Elas representam, por assim dizer, a polidez do espírito científico." Talvez Gaston Bachelard, porque era ele, se lembrasse de uma passagem de sua tese de doutorado de 1927: "Sem dúvida um discurso sobre o método pode para sempre determinar as regras de prudência a observar para evitar o erro. As condições de fecundidade espiritual estão mais escondidas e, além disso, elas se modificam com o espírito científico."[2] Já decidido a propor ao filósofo a lição do sábio, como devia continuar a fazê-lo durante mais de um quarto de século, ele tinha trazido uma palavra do químico Georges Urbain: "A aplicação de um bom método é sempre fecunda no início. Essa fecundidade se atenua segundo uma função de comportamento exponencial, e tende assintoticamente para zero. Cada método é destinado a se tornar arcaico, de-

---

1 Conferência pronunciada a convite da Sociedade de Filosofia de Dijon, e por ocasião da inauguração do auditório Gaston-Bachelard na nova Faculdade de Letras e Ciências Humanas, em 24 de janeiro de 1966.

2 *Ensaio sobre o conhecimento aproximado*. 1927. p. 61.

pois, caduco."[3] Já se vê quanto os filósofos eram avisados sobre o perigo que haveria em considerar o método, os métodos, como um domínio reservado, como um objeto específico de sua reflexão.

Seria necessário consagrar um trabalho separado e proposital às circunstâncias nas quais o método se tornou um objeto específico da filosofia. Consultando as *Observações do Père Poisson sobre o método do Sr. Descartes* (1670), ter-se-á alguma ideia dessas circunstâncias. Na filosofia medieval, a lógica é tratada como um instrumento universal, ela é a ciência das ciências. Quando a ciência cartesiana se revela capaz de suplantar, em mecânica e em ótica, por exemplo, a ciência escolástica, que não garante suas promessas senão em palavras, a tentação é grande de substituir a lógica, em suas funções de propedêutica universal na ciência, pelo método cartesiano, como uma nova propedêutica, susceptível, ele também, de uma exposição independente. O Padre Poisson fala indiferentemente do Método de Descartes ou da Lógica de Descartes: "Esse método que forma assim o julgamento pode ser chamado Lógica, visto que ele tem o mesmo fim que se dá aos outros que levam o mesmo nome." Em resumo, com a condição de esquecer que, no enunciado das regras do método, Descartes expôs, em uma linguagem aparentemente clara, na realidade técnica até beirar o hermetismo, procedimentos inéditos de resolução de equações algébricas, pode-se tratar em geral do método, depois, em geral, dos métodos. Se Poisson e, antes dele, Clauberg dizem indiferentemente Lógica de Descartes ou Método de Descartes, é, de fato, a *Lógica de Port-Royal* (1662) que desatou os preceitos do *Discurso do método* de sua conexão, entretanto, constantemente indicada por Descartes, com os problemas matemáticos cuja tática de resolução eles codificam, e que, combinando-os com alguns imperativos das *Regras para a direção do espírito*, então inéditas, pode pretender, no capítulo 11 da quarta parte, reduzir o método das ciências a oito regras principais. Mas, ao custo de quanta alteração de sentido, de quanta redução de alcance! A oitava dessas

3 *Ibidem*, p. 62.

regras é assim enunciada: "Dividir, quanto for possível, cada gênero em todas as suas espécies, cada todo em todas as suas partes, e cada dificuldade em todos os casos." Assim, sob o nome de divisão, a Lógica dos Senhores de Port-Royal confunde operações que não têm, olhando bem, nada de comum: a subordinação hierárquica dos universais, a decomposição do tipo químico e a divisão especificamente cartesiana, a saber, a redução das equações em fatores lineares. É, então, finalmente, essa promoção arbitrária do método pela extensão ilimitada de seus domínios de validade, mais que a identificação por Descartes de sua ciência e do método, que justificaria os sarcasmos de Leibniz. "Falta pouco", dizia ele, "para que eu assimile as regras de Descartes a esse preceito de eu não sei mais qual químico: tome o que for preciso e proceda como for preciso, você obterá, então, o que deseja obter. Não admita nada que não seja verdadeiramente evidente (isto é, aquilo somente que você deve admitir); proceda segundo a ordem (a ordem segundo a qual você deve proceder); faça enumerações completas (isto é, as que você deve fazer): é exatamente essa a maneira das pessoas que dizem que é preciso pesquisar o bem e afugentar o mal. Tudo isso é certamente justo; faltam somente os critérios do bem e do mal".[4]

Permitam-nos saltar um século de história dos tratados ou dos manuais de lógica, de nada dizer de Christian Wolff, Crouzas, Condillac, nem de Kant, e de chegar ao momento em que um jovem preparador em farmácia, vindo de Lyon para Paris com a esperança de aí conhecer a glória literária com um *Arthur de Bretanha*, drama em cinco atos em prosa com canto, é orientado, por um professor de poesia francesa na Sorbonne, para os estudos médicos, a que ele se decide, enfim, como a única saída. Estamos em 1834, e trata-se de Claude Bernard. É pouco provável que Claude Bernard se tenha, nessa época, interessado em uma obra da qual nós sabemos, por suas anotações, que ele leu e comentou uns 30 anos mais tarde: o primeiro tomo do *Curso de filosofia positiva*, publicado em 1830. Na primeira lição desse *Curso*, Auguste Comte

4 *Philosophischen schriften*. Ed. Gehrardt. IV, p. 329.

ensina que "o método" não é um objeto de estudo separável das pesquisas em que ele é "empregado". Ora, a relação de emprego supõe a independência permanente, a despeito do recobrimento precário, do emprego e do empregado. É confessar, em definitivo, a exterioridade do método em relação à pesquisa. É tão verdadeiro que Auguste Comte fala de método positivo, que ele concebe que se possa mais tarde, "fazer *a priori* um verdadeiro curso de método", que ele atribui como objetivo essencial ao estudo do método "chegar a formar-se um bom sistema de hábitos intelectuais". De maneira que não se tem nenhuma surpresa ao ler, em 1856, na *Síntese subjetiva*, cujo subtítulo é *Sistema de lógica positiva, ou Tratado de filosofia matemática*, a seguinte passagem: "O método universal se encontra composto de três elementos: a dedução, a indução e a construção, cuja sucessão é representada por sua classificação, segundo a importância e a dificuldade crescentes."

O ano de 1856 é também o ano em que aparece um livrinho, hoje muito esquecido, do grande químico orgânico Michel-Eugène Chevreul, *Cartas ao Sr. Villemain sobre o método em geral e sobre a definição da palavra "fato"*. Na segunda dessas cartas, Chevreul distingue um método geral e métodos especiais, e ele define assim o método geral experimental:

> "O raciocínio sugerido pela observação dos fenômenos institui, então, experiências segundo as quais se reconhecem as causas das quais eles dependem, e esse raciocínio constitui o método que eu chamo experimental, porque, definitivamente, a experiência é o controle, o *criterium* da exatidão do raciocínio na pesquisa das causas ou da verdade."

É preciso convir que, não prevenidos da existência da obra que contém esse texto, nós o teríamos localizado, sem hesitar, na obra de Claude Bernard, hoje centenário.

O manuscrito que foi publicado por J. Chevalier, sob o título *Filosofia*, é uma coletânea de notas de leituras feitas por Claude Bernard, em 1865, quando, doente, ele passou um ano em sua casa do Beaujolais para aí redigir a *Introdução ao estudo da medicina experimental*. Uma dessas leituras é a do *Curso de filosofia positiva*. Aí encontramos, duas vezes, uma referência ao opúsculo de

Chevreul. É dele que Claude Bernard tira a distinção do método *a priori* e do método *a posteriori*, e a identificação de método *a posteriori* e de método experimental. É difícil dizer se Claude Bernard foi influenciado pela obra de Chevreul como por um modelo. Em todo caso, a ideia lhe é comum com Chevreul de que há, em todas as ciências experimentais, identidade do modo de raciocínio, que a diferença dos objetos de aplicação, corpos brutos ou seres vivos, introduz somente diferenças na complexidade e dificuldades de investigação. "Os princípios da experimentação... são incomparavelmente mais difíceis de aplicar na medicina e nos fenômenos dos corpos vivos que na física e nos fenômenos dos corpos brutos."[5]

A epistemologia de Gaston Bachelard não somente ignora, mas afasta a ideia comum, com algumas nuances mais ou menos, a Comte, Chevreul, Claude Bernard, segundo a qual existe um método positivo ou experimental constituído de princípios gerais, cuja única aplicação é diversificada pela natureza dos problemas a resolver. A Comte, que fala de um bom sistema de hábitos mentais, Bachelard responde: "Os métodos científicos... não são o resumo dos hábitos adquiridos na longa prática de uma ciência."[6] A Claude Bernard, que declara: "Não basta querer fazer experiências para fazê-las; é preciso saber o que se quer fazer, e é preciso evitar o erro no meio dessa complexidade de estudos: é preciso, então, fixar o método, e é minha sorte,"[7] Bachelard responde: "O espírito deve curvar-se às condições do saber. Ele deve criar nele uma estrutura correspondente à estrutura do saber. Ele deve mobilizar-se em redor de articulações que correspondem às dialéticas do saber."[8] Fixemos, diz um, mobilizemos, diz o outro.

Mas, talvez, possamos propor um modo de leitura da *Introdução ao estudo da medicina experimental* que faria aparecer, nesse

---

5 *Introdução ao estudo da medicina experimental*, introdução, p. 26 da edição Garnier-Flammarion, com prefácio de François Dagognet, Paris, 1966.

6 O problema filosófico dos métodos científicos. In: Congresso Internacional de Filosofia das Ciências, I, Epistemologia, Paris, 1949, p. 32.

7 *Princípios de medicina experimental*. Paris: Ed. por L. Delhoume, 1947. p. 22.

8 *A filosofia do não*. Paris, 1940. p. 144.

texto cansado de tantos comentários que confundiram seu entendimento com o redito, um frescor bastante surpreendente. Interroguemos Claude Bernard a partir de uma questão bachelardiana, a questão que a *Filosofia do não* dirige ao estudioso:

> "Como você pensa? Quais são suas hesitações, seus ensaios, seus erros? Sob que impulso você muda de opinião? Por que você fica tão sucinto quando fala das condições psicológicas de uma nova pesquisa? Dê-nos suas ideias vagas, suas contradições, suas ideias fixas, suas convicções sem provas... diga-nos o que você pensa, não saindo do laboratório, mas nas horas em que deixa a vida comum para entrar na vida científica."[9]

Interrogar Claude Bernard dessa maneira equivale a ler a *Introdução* de trás para frente, e já tentamos justificar tal inversão pelo benefício que ele oferece para a compreensão do texto.[10] Retendo somente a primeira parte da obra, acredita-se só estar tratando com um tratado geral do método. Assim recortado, o texto trai um pensamento flutuante, embaraçado, oscilando entre dois esquemas epistemológicos da relação entre fatos e teoria. Ora se segue a ordem que vai dos fatos aos fatos por teoria interposta, ora se acredita perceber uma ordem que vai da teoria à teoria por fatos interpostos. Esse experimentalismo não sabe que distância deve manter, por um lado, frente ao empirismo; por outro, frente ao racionalismo. E, no entanto, bem antes daqueles a quem os manuais elementares de ensino creditam distinção entre fatos brutos e fatos científicos, é Claude Bernard quem ensinou que a ciência não se compõe com fatos brutos.[11] Mas se começarmos a leitura pelo his-

---

9 *Ibidem*, p. 13.

10 Ver antes o estudo *Teoria e técnica da experimentação segundo Claude Bernard*.

11 "Sem dúvida, existem muitos trabalhadores que não são menos úteis à ciência, embora eles se limitem a lhe trazer fatos brutos ou empíricos. Entretanto, o verdadeiro sábio é aquele que encontra os materiais da ciência e que procura, ao mesmo tempo, construí-la determinando o lugar dos fatos e indicando sua significação que eles devem ocupar no edifício científico." (*Relatório sobre os progressos e a marcha da fisiologia geral na França*. 1867. p. 221, nota 209.)

tórico dos trabalhos que resume a terceira parte da l'*Introduction*, compreenderemos que as aparentes generalidades metodológicas da primeira parte são a envoltura literária das lições que o experimentador fez de suas aventuras experimentais, no laboratório, onde hipóteses livremente, senão arbitrariamente, imaginadas, o conduziram, através de decepções ou insucessos, a realidades imprevistas. É, então, unicamente por conformidade a um modelo acadêmico de exposição que Claude Bernard procede das generalidades às suas aplicações pretendidas, como se ele deixasse de ter presente no espírito a fórmula pela qual ele próprio condena a vaidade verbal do método de Bacon: "Os grandes experimentadores apareceram antes dos preceitos da experimentação."[12]

Assim, questionado à maneira de Bachelard, Claude Bernard mantém uma linguagem epistemológica bastante diferente da que se lhe atribui ordinariamente, em parte por sua falta, aliás. Pode-se ir mais longe e mostrar que seu experimentalismo é somente o que ele é por sua relação com teorias explicativas dos fenômenos fisiológicos das quais umas são recebidas por ele e aceitas, e outras, construídas por ele próprio. Entre as primeiras, a teoria celular concernente à estrutura do organismo; entre as segundas, a teoria do meio interior e da constância das condições fisiológicas das funções. Essas duas teorias, compostas num sistema de axiomas, definem o que, nas *Lições sobre os fenômenos da vida comuns aos animais e aos vegetais* (1878), ele chama de "concepção fundamental da vida."[13] Compreende-se, então, o alcance do que poderia parecer somente uma restrição, na seguinte declaração: "Os fatos são as únicas realidades que podem dar a fórmula à ideia experimental e lhe servir de controle; mas é com a condição de que a razão os aceite."[14] Poderia um experimentalismo racional dessa espécie não ter graça aos olhos de Gaston Bachelard, daquele que, contabilizando para si uma palavra de Alexandre Koyré, ensina

12 *Introdução ao estudo da medicina experimental*. p. 86.
13 Para a exposição dessa concepção, ver adiante *O conceito e a vida*.
14 *Introdução ao estudo do método experimental*. p. 88.

que um fato, para ser realmente científico, deve ser verificado teoricamente, no mesmo momento em que ele pensa manifestamente em teorias mais rigorosas, mais fortemente estruturadas do que o poderiam ser, no meio do século XIX, teorias de biologia geral?

Há, no entanto, para Gaston Bachelard, uma exigência de revolução epistemológica permanente cuja obra e o pensamento de Claude Bernard não contêm nenhum índice. Aquele que inventa o conceito de meio interior só o considera como uma revolução na ordem da biologia e não na ordem da epistemologia biológica. E, entretanto, a partir do momento em que se concebe o organismo como um todo produzindo para seus elementos morfológicos, as células, o meio de composição constante por compensação ou preenchimento dos espaços, no qual elas devem viver, substitui-se uma representação geométrica do organismo por uma representação topológica. No organismo com meio interior, as partes não estão distantes umas das outras, elas não vivem justapostas no espaço métrico onde as imaginamos. Nessas condições, pode-se admitir que alguma matemática não seja utilizável para descrever e explicar certos aspectos dos fenômenos biológicos. Mas o teórico do meio interior não deixou de achar que a biologia não é matematizável, no que ele se encontra no mesmo ponto que Aristóteles, enquanto sua concepção das relações do todo e da parte em biologia é não aristotélica.[15] Se, então, se aplica ao pensamento de Claude Bernard as categorias da epistemologia bachelardiana, deve-se constatar que, embora universalmente louvado por ter ensinado a dúvida científica, ele não consegue duvidar da maneira como concebia o futuro da fisiologia e da medicina experimentais. Claude Bernard pensava que se iria mais longe que Claude Bernard nos caminhos que tinha aberto; ele não forma a ideia de uma biologia não bernardiana. O autor da *Filosofia do não*, se tivesse tido interesse pela história da biologia, não teria deixado de evocar, ao lado dos pensamentos não baconianos, não euclidianos, não cartesia-

---

15 Cf. adiante, *O todo e a parte no pensamento biológico* e *O conceito e a vida.*

nos, algum pensamento não bernardiano, cuja bioquímica macromolecular é o domínio de exercício.

Confrontada com a teoria bachelardiana do método, a teoria bernardiana se distingue pela ausência de dialetização de seus conceitos fundamentais. Essa diferença é estrondosa quando se toma o exemplo do determinismo. Sabe-se suficientemente que Claude Bernard reivindicou para ele, e não sem razão, a originalidade e a honra de ter introduzido a palavra na língua francesa e com sua aceitação científica,[16] isto é, o fato indubitável, "absoluto", de condições materiais determinando a existência dos fenômenos. É para ele um "axioma experimental",[17] o princípio absoluto de toda teoria relativa, o invariante de todas as variações heurísticas. Mas Claude Bernard, parece, não suspeitou jamais da possibilidade de distinguir no determinismo a ideia e a fórmula, a norma e o modelo. Ele não compreendeu que o determinismo de que ele emprestava o modelo "aos homens que cultivam as ciências físico-químicas" não era somente um princípio constitutivo dos fatos, mas que era também um fato teórico histórica e tecnicamente constituído. Se tivesse compreendido, ter-lhe-ia sido impossível escrever que "a biologia deve tomar das ciências físico-químicas o método experimental, mas conservar seus fenômenos especiais e suas leis próprias".[18] Como se a descoberta de leis próprias ficasse sem influência sobre o conceito de uma lei geral das leis. Como se o determinismo fosse uma trama idêntica para toda teia fenomenal, trama que a raspadura experimental fizesse aparecer. Em vista dessa assimilação obstinada do direito e do fato deterministas, Gaston Bachelard ensinou que "o determinismo parte de escolha e de abstrações, e que pouco a pouco ele se torna uma verdadeira técnica",[19] que, para ensinar corretamente o determinismo, "é

16 Essa questão foi o objeto de um estudo minucioso e convincente do Sr. Lucien Brunelle, em uma tese de Doutorado de terceiro ciclo sobre a invenção e a aplicação do conceito de determinismo por Claude Bernard.

17 *Introdução...*, op. cit. p. 109.

18 *Ibidem*, p. 110.

19 *O novo espírito científico*. 1934. p. 107.

preciso cuidadosamente conservar as formas, selecionar as leis, purificar os corpos".[20] Claude Bernard identifica o determinismo e o imperativo de extensão experimental. Para Gaston Bachelard "a psicologia do determinismo é feita de verdadeiras restrições experimentais".[21] É que se Claude Bernard disse que as ciências experimentais são ciências ativas, conquistadoras, que o experimentador se faz o contramestre da criação,[22] ele não impeliu sua ideia até exorcizar o realismo, segundo o qual os fenômenos são, mesmo ao termo da experimentação, dados. Bachelard, ao contrário, ensina que somente é instrutivo o fenômeno teoricamente construído e tecnicamente produzido: "A verdadeira fenomenologia científica é, pois, essencialmente uma fenomenotécnica."[23]

Afinal das contas, ler a *Introdução* de Claude Bernard, à luz que se erradia da obra epistemológica de Gaston Bachelard, é, sem dúvida, deixar de pensar que essa obra centenária é de um mestre de pensar universal. O que fazer, aliás, de um mestre de pensar universal? É restituir à obra uma presença histórica surpreendente. Ela é a concretização da forma literária de uma pesquisa de fisiologista de quem algumas descobertas revolucionaram o conhecimento dos organismos. Mas ela não é a obra de um pensador capaz de pressentir, sem, evidentemente, poder inventá-lo, a significação epistemológica a vir de suas próprias descobertas. Que a última palavra seja reservada a Gaston Bachelard, menos para uma condenação do passado do que para uma advertência ao futuro:

> "Os conceitos, os métodos, tudo é função do domínio de experiência: todo o pensamento científico deve mudar diante de uma experiência nova; um discurso do método científico será sempre um discurso de circunstância, ele não descreverá uma constituição definitiva do espírito científico."[24]

---

20 *Ibidem*, p. 108.
21 *Ibidem*, p. 107.
22 *Princípios de medicina experimental*. p. 86.
23 *O novo espírito científico*. p. 13.
24 *Ibidem*, p. 135.

# GASTON BACHELARD

## 1. A HISTÓRIA DAS CIÊNCIAS NA OBRA EPISTEMOLÓGICA DE GASTON BACHELARD[1]

Quando, em novembro de 1940, Gaston Bachelard foi chamado a suceder Abel Rey, falecido, essa sucessão comportava, ao lado do ensino da história e da filosofia das ciências, na Faculdade de Letras da Sorbonne, a Direção do Instituto de História das Ciências e das Técnicas que a Universidade de Paris tinha fundado em 28 de janeiro de 1932.

Ainda que a história das ciências não tivesse na França, no curso de estudos superiores, o mesmo lugar importante que ela tinha em vários países estrangeiros, esse ensino conhecia aí uma maneira de tradição que o associa à filosofia das ciências. Qualquer julgamento que se queira fazer sobre essa tradição, pelo menos, não é contestável que se prenda ao fato de que no século XIX a história das ciências, gênero literário nascido no século XVIII, nas Academias científicas, foi introduzida nos costumes e instituições francesas da cultura pelos cuidados de uma escola filosófica que declarava fundar sua autoridade e fazer repousar seu crédito sobre a necessidade de sua própria chegada, em virtude de uma lei de desenvolvimento histórico do espírito humano. Trata-se da escola positivista. Limitemo-nos a lembrar rapidamente que uma cadeira de história geral das ciências, de que Auguste Comte não tinha podido obter de Guizot, em 1832, a criação com seu perfil,

1 Extraído dos *Annales de l'Université de Paris*, 1963, n. 1.

foi 60 anos mais tarde criada no Collège de France e ocupada por Pierre Laffitte, presidente da Sociedade positivista; que a sucessão de Laffitte foi recusada a Paul Tannery em benefício de um outro positivista, Wyrouboff. Citemos aqui Abel Rey:

> "Na época em que viviam na França os Paul Tannery e os Duhem, a cadeira de história das ciências no Collège de France foi confiada a homens cuja obra, no que concerne a essa história, é inexistente; ela foi restabelecida, depois de uma interrupção de alguns anos, para Pierre Boutroux, cuja obra devia ser brutalmente interrompida por uma morte prematura."[2]

Enquanto isso, a Faculdade de Letras da Sorbonne criava uma cadeira de história da filosofia em suas relações com as ciências, primeiramente ocupada por Gaston Milhaud, depois por Abel Rey. O título do ensino se tornava então: História e Filosofia das Ciências.

* * *

Gaston Bachelard, vindo de Dijon, chegava a Paris com uma bagagem de obras célebres: *Lautréamont* (1939), *A formação do espírito científico* (1928), *A psicanálise do fogo* (1938), *A dialética da duração* (1936), *O novo espírito científico* (1934), *As intuições atomísticas* (1933), *A intuição do instante* (1932), *La valeur inductive de la relativité* (1929). E, no entanto, são, sem dúvida, as duas teses de doutorado de 1927 que tinham destinado – sem, bem entendido, que ele o pressentisse – Gaston Bachelard à ilustração brilhante da aliança entre a história das ciências e a filosofia das ciências.

A tese principal, *Essai sur la connaissance approchée*, era um estudo epistemológico no qual o autor tentava expor "como os conceitos de realidade e de verdade deviam receber um sentido novo de uma filosofia do inexato". A tese complementar, *Etude sur l'évolution d'un problème de physique:* a propagação térmica nos sólidos, era um estudo de história das ciências, mas em um sentido realmente novo. No primeiro capítulo, a formação dos conceitos

---

2 *L'Histoire des sciences dans l'enseignement* (Publicações do *Enseignement scientifique*, n. 2). 1933. p. 13.

científicos no século XVIII, Bachelard se propõe mostrar que a sucessão histórica dos problemas científicos não é ordenada segundo sua complexidade crescente. O fenômeno *inicial* de uma pesquisa não é um fenômeno *primitivamente* simples. É "a solução encontrada que reflete sua clareza sobre os dados" e que inclina a desconhecer o fato de que "o problema foi muito tempo obscurecido por graves e tenazes erros".[3] A história de um problema de física conhece dois tempos: 1º) o tempo em que a pesquisa toma por objeto inicial hipóteses, em que se acredita explicar um fenômeno substituindo analogias umas pelas outras, desde que a experiência obrigue a mudar de fio: "O século XVIII terminava sem que se tivesse tentado uma verdadeira ligação matemática dos fenômenos térmicos."; 2º) o tempo, que começa, no caso dado, pelos trabalhos de Biot, em que um problema físico é colocado em equação, em que "o cálculo se adapta tão perto quanto possível da experiência e conduz insensivelmente a uma verificação experimental, intimamente misturada, ela própria, ao cálculo".[4] Observemos imediatamente que, desde o primeiro trabalho, Bachelard considera a física matemática como a ciência real. Sem dúvida, ele considera Fourier como um fundador em matéria de termologia matemática, mas não sem alguma nuance restritiva: "O poder instrutivo da matemática, ao qual Fourier deu toda sua confiança, deve, no entanto, se dirigir a elementos físicos."[5] Mas é de Lamé que já – e para sempre – Bachelard celebra não só o método, como também a lição: "Com Lamé, o cálculo deve fazer tudo. Ele deve fornecer a hipótese, coordenar os domínios, construir completamente o fenômeno. Não estudar as leis, mas descobri-las. Jamais um papel tão grande foi atribuído ao raciocínio."[6]

A história de um problema assim reconstituído termina em uma lição concernente à relação da ciência e sua história – e com maior alcance, indiretamente concernente à maneira de compor a

---

3 Op. cit. p. 7.
4 *Ibidem*, p. 31.
5 *Ibidem*, p. 54.
6 *Ibidem*, p. 104.

história da ciência: "O desenvolvimento científico não é um desenvolvimento simplesmente histórico; uma força única o percorre e pode-se dizer que a ordem dos pensamentos fecundos é uma matéria de ordem natural."[7] Natural, e não simplesmente humana. Uma ciência tem seu destino, e não somente uma cronologia. Da história da ciência, filosoficamente questionada, isto é, quanto à formação, à reformação e à formalização dos conceitos, surge uma filosofia da ciência. Seria muito fácil dizer que o filósofo reencontra aqui a filosofia que ele trouxe. Não é Bachelard que é responsável pela sucessão que ele estuda, de Biot a Fourier, Poisson e Lamé. Não é Bachelard que é responsável pelo fato de que a leitura de Lamé conduza a ler Fourier de maneira diferente da que o teria lido Auguste Comte. O capítulo quarto do estudo de Bachelard tem como título: Auguste Comte e Fourier. Ele é equitável e generoso com Comte, esforça-se para compreender a intenção de atitudes filosóficas ordinariamente zombadas ou censuradas. Mas a conclusão é tão pouco positivista quanto possível. A evolução do problema da propagação térmica autoriza uma concepção não positivista (no sentido de Mach, assim como no sentido de Comte) da teoria física.

> "Poder-se-ia acusar de temeridade a previsão que se apoia antes numa doutrina do que em fatos. Mas se é bem obrigado de convir que essa previsão que parte de uma matemática tem êxito fisicamente, e que ela entra na intimidade do fenômeno. Não se trata de uma generalização, mas, ao contrário, adiantando-se ao fato, a ideia descobre o detalhe e faz surgirem especificações. *É a ideia que vê o particular em toda sua riqueza, para além da sensação que não apreendia senão o geral.*"[8]

* * *

A tese de 1927 ilustra uma concepção da história das ciências. Em sua relação com a filosofia das ciências, à qual falta ainda o conceito pela invenção do qual Gaston Bachelard se revelou,

7 *Ibidem*, p. 159.
8 *Ibidem*, p. 159.

na história das ciências, como um inovador genial: o conceito de *obstáculo epistemológico*. Sem dúvida, Bachelard, acaba-se de ver, exprimiu seu dissentimento concernente a uma certa maneira de escrever a história das ciências em perspectiva de complicação progressiva, no desconhecimento da tenacidade dos erros que por muito tempo obscureceram um problema. A raiz desses erros, a razão dessa tenacidade não é ainda indicada, embora, talvez, já suspeita. Mas desde o capítulo primeiro de *A formação do espírito científico*, aprendemos que essa raiz deve ser procurada no próprio conhecimento, e não fora dele. O que o espírito científico deve superar faz obstáculo no próprio espírito. É, ao pé da letra, um instinto de conservação do pensamento,[9] uma preferência dada às respostas mais do que às questões. A existência de obstáculos epistemológicos torna diferentes as tarefas do epistemólogo e do historiador das ciências. O epistemólogo deve retraçar a evolução do pensamento científico, e, para isso, ele deve escolher entre os documentos coletados pelo historiador, e deve julgá-los. "O historiador das ciências deve considerar as ideias como fatos. O epistemólogo deve considerar os fatos como ideias, inserindo-os em um sistema de pensamentos."[10] Mas, em contrapartida, a atenção aos obstáculos epistemológicos vai permitir à história das ciências ser autenticamente uma história do pensamento. Ela preservará o historiador da falsa objetividade que consiste em construir o inventário de todos os textos nos quais, em uma dada época, ou em épocas diferentes, aparece a mesma palavra, nos quais os projetos de pesquisas semelhantes parecem se exprimir em termos substituíveis. Uma mesma palavra não é um mesmo conceito. É preciso reconstituir a síntese na qual o conceito se encontra inserido, isto é, ao mesmo tempo, o contexto conceitual e a intenção diretriz das experiências ou observações.[11] Então, a história é mesmo a história

9 Op. cit. p. 15.

10 *Ibidem*, p. 17.

11 Agrada-nos reproduzir um belo texto de J.-B. Biot que exprime a mesma regra de crítica histórica: "Não posso deixar essa época memorável, sem discutir aqui uma alegação que teve muita repercussão na história da ciên-

da ciência, a história de uma evolução valorizada por suas exigências bem melhor que por seus resultados brutos. "A história, em seu princípio, é, com efeito hostil a todo julgamento normativo. E, no entanto, é preciso colocar-se num ponto de vista normativo, se se quer julgar a eficácia de um pensamento".[12]

É preciso apreender a originalidade da posição de Bachelard, em face da história das ciências. Em um sentido, ele nunca faz. Num outro sentido, ele não para de fazer. Se a história das ciências consiste em recensear variantes nas edições sucessivas de um Tratado, Bachelard não é um historiador das ciências. Se a história das ciências consiste em tornar sensível – e inteligível ao mesmo tem-

cia química, ainda mais que ela me parece muito longe de merecer a importância que lhe deram. Não se trata nada menos que tirar de Lavoisier, e aos químicos modernos, a descoberta fundamental da combinação dos metais com um dos elementos do ar atmosférico, para remetê-la aos primeiros anos do século XVII, e honrar com ela um médico francês desse tempo, chamado Jean Rey. Quando um fato novo, considerável, fecundo em consequências, começa a se produzir no mundo científico, acompanhado de provas que estabelecem sua certeza, e de aplicações que revelam seu alcance, é um costume natural aos espíritos contemporâneos procurar curiosamente se não existem deles traços antigos. Se eles encontram alguns, mesmo indecisos, eles os apreendem, e os reanimam por assim dizer, com uma facilidade de convicção cheia de indulgência. Esse trabalho crítico tem muito mérito, quando é equitável. Porque ele é sempre para fazer justiça aos inventores desconhecidos. Mas, reportando-se ao ponto de vista onde eles não se colocavam, atribuindo às expressões de que se serviram, o sentido que se atribuía a elas no tempo deles; dando às suas ideias toda a extensão que eles próprios podiam ter querido abraçar; é preciso, em seguida, aplicar às suas produções as regras imutáveis da discussão científica. Dever-se-á, então, fazer aí uma justa diferença entre as asserções e as provas, entre as constatações e as verdades estabelecidas; porque não haveria nem utilidade, nem equidade, nem filosofia, em admitir de um autor antigo, como demonstrado, o que se rejeitaria como hipotético de um contemporâneo. Se apreciamos o livro de Jean Rey, conforme essas regras, a conta é fácil..." – BIOT, J.-B. *Mélanges scientifiques et littéraires.* tomo II, 1858 (p. 187): A propósito das Pesquisas químicas sobre a respiração dos animais, por Regnault e Reiset.

12 *A formação do espírito científico*. p. 17.

po – a edificação difícil, contrariada, retomada e retificada, do saber, então a epistemologia de Bachelard é uma história das ciências sempre em ato, donde o interesse que ele tem pelos erros, pelos horrores,[13] pelas desordens, por tudo o que representa a margem de história não recoberta pela epistemologia histórica. Por exemplo, a história da eletricidade dá seu lugar a Aldini (1762-1834), sobrinho de Galvani, e a suas experiências de descarga elétrica por meio de diversas substâncias orgânicas (leite, urina, vinho, cerveja etc.), a fim de determinar a variação das propriedades do fluido elétrico segundo os corpos atravessados (*Essai théorique et expérimental sur le galvanisme*, 1804). Mas, observa Bachelard, o conceito de resistência formado por Ohm em 1826 (cf. *Die galvanische Kette mathematisch bearbeitet*, 1827) depura a hipótese quase sensualista de Aldini por abstração e matematização, formando uma espécie de *nó de conceitos*.[14]

Em outros termos, o historiador e o epistemólogo têm em comum (ou pelo menos deveriam ter em comum) a cultura científica de hoje. Mas, situando-a diferentemente em suas perspectivas, eles lhe conferem uma função histórica diferente. O historiador procede das origens para o presente, de maneira que a ciência de hoje é sempre num certo grau anunciado no passado. O epistemólogo procede do atual para seus começos, de maneira que uma parte somente do que se dava ontem como ciência se encontra em certo grau fundado pelo presente. Ora, ao mesmo tempo em que ela funda – jamais, é claro, para sempre, mas incessantemente de novo – a ciência de hoje, destrói também, e para sempre. Da história sensualista e substancialista da eletricidade no século XVIII "não sobra nada, absolutamente nada, na cultura científica devidamente vigiada pela cidade eletricista".[15]

Em resumo, enquanto a filosofia não forneceu à história das ciências esse conceito-chave de obstáculo epistemológico, a epis-

13 Cf. op. cit. p. 21: "Exporemos em desordem nosso museu de horrores."
14 *Ibidem*. p. 105.
15 *Rationalisme appliqué*. p. 141.

temologia corria o risco de ser a vítima de uma história das ciências muito cândida "que não restitui jamais as obscuridades do pensamento"[16] que faz com que "consideremos como luzes todas as claridades do passado". O epistemólogo é então inclinado a uma psicologia estática do espírito científico. Como E. Meyerson, ele caracteriza de maneira unitária, pela pesquisa do real e do idêntico, um pensamento científico que não deixa, no entanto, através de técnicas de detecção e de medida sempre mais possantes e mais precisas, encontrar a realidade em níveis diferentes. "Crer que o estado de espírito de um químico pré-lavoisieriano como Macquer seja semelhante ao estado de espírito de um químico contemporâneo é precisamente esconder-se num materialismo sem dialética."[17] A despeito do que a aproximação pode ter para alguns de paradoxal ou de escandaloso, é preciso dizer que Meyerson acredita, assim como Auguste Comte, na fixidez dos passos e dos procedimentos da razão, na unidade do pensamento científico e do senso comum. É claro, Comte, o inimigo íntimo de Meyerson, diz fenômeno e lei onde seu crítico diz realidade e causa. Mas um e outro pensam que o progresso do conhecimento se faz com um passo imutável num caminho definitivo. Bachelard não dá razão nem a Meyerson nem a Comte, rejeitando a continuidade dos passos intelectuais do senso comum e da razão científica. "Como se poderia propor de transpor nossas intuições sensíveis em seres que fogem à nossa intuição?... A ciência contemporânea se liberou completamente da pré-história dos dados sensíveis. Ela pensa com seus aparelhos, não com os órgãos dos sentidos."[18] No discurso de abertura do Curso sobre a História Geral das Ciências (26 de março de 1892), Pierre Laffitte definia, entre outras, as vantagens intelectuais da história das ciências: "O método histórico constitui um verdadeiro microscópio mental; porque o que na exposição corrente da ciência se apresenta como uma sucessão rápida nos aparece então separado por longos intervalos e com todas as dificuldades que os grandes espíritos tive-

16 *Ibidem*, p. 9.
17 *Rationalisme appliqué*. p. 9.
18 *Activité rationaliste de la physique contemporaine*. p. 84.

ram de vencer para encontrar e propagar." É manifesto que Laffitte transpõe aqui o tempo no espaço, e a lentidão no crescimento. A história das ciências atrasa um desenvolvimento que aparece então com seus tempos mortos, seus atritos, suas "dificuldades". Mas quem diz dificuldade não diz obstáculo. O microscópio mental não faz diferença entre dificuldade e obstáculo, entre atraso e errância. Para Bachelard, a história das ciências é uma *Escola*. Aí se fazem julgamentos e aí se ensina a fazê-los. "A história das ciências é, no mínimo, um tecido de julgamentos implícitos sobre o valor dos pensamentos e das descobertas científicas."[19] Um microscópio não julga. Um microscópio pode detectar um movimento, mas ele não poderia revelar uma dialética.

* * *

Gaston Bachelard usou amplamente – e isso desde as teses de 1927, embora então discretamente – o termo e o conceito de dialética. Se o termo aparece, pela primeira vez, em 1936, num título de obra, *A dialética da duração*, a exposição do conceito e sua naturalização no mundo dos conceitos epistemológicos é a obra do *Novo espírito científico*. Esse conceito de conquista dialética do pensamento vivo sobre o contrapensamento inerte é um conceito muito próximo, no *Ensaio sobre o conhecimento aproximado* ou *O novo espírito científico* do conceito biológico de mutação, do conceito psicológico de animação. "Se se soubesse duplicar a cultura objetiva por uma cultura psicológica, absorvendo-se dela na pesquisa científica com todas as forças da vida, sentir-se-ia a repentina animação que dão à alma as sínteses criadoras da Física matemática."[20] É na *Filosofia do não*, que é dada como uma filosofia do novo espírito científico, que o conceito de dialética aparece, não, certamente, como uma categoria, mas como uma norma do pensamento epistemológico de Bachelard.

> "Dever-se-ia sempre se desconfiar de um conceito que não se pôde ainda dialetizar. O que impede sua dialética é uma *sobre-*

---

19 *Actualité de l'histoire des sciences*. p. 8.
20 *O novo espírito científico*. p. 179.

> *carga* de seu conteúdo. Essa sobrecarga impede o conceito de ser delicadamente sensível a todas as variações das condições onde ele assume suas justas funções. A esse conceito dá-se seguramente *muito* sentido, visto que jamais se pensa nele *formalmente*. Mas se lhe é dado muito sentido, é de se temer que dois espíritos diferentes lhe deem o mesmo sentido."[21]

Volta-se, então, ainda e sempre, à relação interna, íntima, da epistemologia e da história. A história ilustra a dialética do pensamento bem antes que ela própria seja uma dialética objetiva. "A filosofia do não nada tem a ver... com uma dialética *a priori.*"[22] A filosofia do não não é estruturada pela dialética da história geral. É ela, ao contrário, que confere à história das ciências uma estruturação dialética:

> "Nós aproveitamos todas as ocasiões para insistir de página em página sobre o caráter inovador do espírito científico contemporâneo. Frequentemente, esse caráter inovador será suficientemente marcado pela simples aproximação de dois exemplos, dos quais um será tomado na física do século XVIII ou do século XIX, e, o outro, na física do século XX. Dessa maneira, ver-se-á que, no detalhe dos conhecimentos como na estrutura geral do saber, a ciência física contemporânea se apresenta com uma incontestável novidade."[23]

* * *

O uso, enfim, simultâneo de três conceitos de dialética, do novo espírito científico, de obstáculo epistemológico conduz Bachelard a colocar em forma uma doutrina precisa, definida, susceptível de aplicações, relativa às relações da epistemologia e da história das ciências. Ela é exposta, no início de 1951, no primeiro capítulo de *A atividade racionalista da física contemporânea*, e, no fim do mesmo ano, numa Conferência do Palais de La Découverte, *A atualidade da história das ciências*. Ela repousa sobre um novo conceito: o de recorrência histórica. Ela aplica esse conceito ao

---

21 *A filosofia do não*. p. 134.
22 *Ibidem*, p. 135.
23 *O novo espírito científico*. p. 17-18.

desenvolvimento histórico da dialética da onda e do corpúsculo. Bachelard constata, inicialmente, que as "mecânicas contemporâneas: mecânica relativista, mecânica quântica, mecânica ondulatória são ciências sem antecedentes".[24] Há, então, uma "ruptura histórica na evolução das ciências modernas",[25] e, no entanto, síntese dos pensamentos newtonianos e dos pensamentos fresnelianos, a mecânica ondulatória deve ser considerada como uma *síntese histórica*. Essa síntese é um *ato epistemológico*. "A noção de atos epistemológicos... corresponde a saltos do gênio científico que traz impulsos inesperados no curso do desenvolvimento científico".[26] O ato epistemológico divide o curso de uma história, fazendo surgir a oposição de um positivo e de um negativo. Reconhece-se o positivo no fato de ele continuar a agir no pensamento moderno, de constituir um *passado atual*.[27] "É preciso, sem cessar, formar e reformar a dialética de história ultrapassada e de história sancionada pela ciência atualmente ativa."[28] É essa referência à ciência *atualmente* ativa que interdiz a confusão da concepção da história recorrente, seja com um relativismo histórico em ciências, seja com uma estética das facetas da história. O "cepticismo instruído" de Pierre Duhem pretende não poder decidir entre duas teorias como a teoria corpuscular e a teoria ondulatória da luz; admite a equivalência das hipóteses, não acredita na existência de critérios de discriminação.[29] Gœthe (somos nós que o evocamos aqui, e não Bachelard) pensa que, "de tempo em tempo, é preciso reescrever a história, não porque se descobrem fatos novos, mas porque se percebem aspectos diferentes, porque o progresso leva a pontos de vista que deixam perceber e julgar o passado sob ângulos novos". Mas, como, em ciência, dissociar o progresso e a descoberta de fatos novos, como opor os fatos e os pontos de vista? Aliás,

24 *Activité rationaliste de la physique contemporaine*. p. 23.
25 *Ibidem*.
26 *Ibidem*, p. 25.
27 *Ibidem*.
28 *Ibidem*.
29 *Ibidem*, p. 47.

opondo-se obstinadamente à ótica newtoniana, Gœthe mostrou que ele teria dado um mau historiador das ciências, incapaz de distinguir o ultrapassado do sancionado. Bachelard toma o exemplo da teoria do *flogístico*: sua história é uma história ultrapassada. Ao contrário, a teoria do *calórico* inspirou os trabalhos de Black, que "afloram nas experiências positivas da determinação dos calores específicos".[30] Visto que a noção de calor específico é uma noção científica *para sempre*, os trabalhos de Black entram como elementos numa história da física sancionada. Eis, pois, defendida e ilustrada *a história recorrente, a história julgada, a história valorizada*. "A história das ciências aparecerá, então, como a mais irreversível de todas as histórias... A história das ciências é a história da derrotas do irracionalismo."[31] Bachelard tem o sentimento de arriscar aqui, de chocar a consciência de alguns historiadores das ciências mais atentos, talvez, à deontologia usual do historiador (não julgar!) do que à especificidade do objeto ao qual se aplicam. Eis a razão pela qual ele insiste sobre o fato de que "a história das ciências não poderia ser uma história empírica",[32] e que valores racionais devem ordenar a história da ciência, já que elas polarizam a própria atividade científica:

> "Os historiadores das ciências são muitas vezes hostis a essas determinações de *valores*; mas, em confessar, eles próprios tratam da *valorização humana* própria ao trabalho científico. Eles não deixam, com efeito, de nos descrever as *lutas do gênio*. Essas lutas do gênio se analisam, frequentemente, na simples dialética das desgraças sociais e da felicidade espiritual... O homem de gênio fracassa socialmente e se sai bem intelectualmente – e o futuro lhe dá razão. Ele tem para ele a posteridade. O *valor* de um homem de gênio se torna o apanágio da cidade científica. O relato de valorização se encontra em todas as páginas da história das ciências."[33]

30 *Activité rationaliste de la physique contemporaine*. p. 26.
31 *Ibidem*, p. 27.
32 *Actualité de l'histoire des sciences*. p. 13.
33 *Activité rationaliste de la physique contemporaine*. p. 27-28.

Assim, quem se proporia a compor uma história recorrente completa da ciência ótica deveria deixar "a física de Descartes em sua solidão histórica",[34] enquanto ela deveria considerar que a construção do raio refratado por Huygens a partir da hipótese da ondulação "é um ganho definitivo para a ciência".[35] Quanto a Newton, a explicação do fenômeno dos anéis pela teoria dos acessos basta para mostrar que sua ótica "é, em suma, corpuscular em sua imagem simples, pré-ondulatória em sua teoria erudita", e que, mesmo quando ele acorda sua preferência à teoria corpuscular, "suas doutrinas da luz são de uma real sensibilidade dialética".[36] Pouco importa, então, que Euler tenha acreditado poder refutar Newton, se ele só o fez na base de analogias fenomenológicas entre a luz e o som. Se Fresnel instituiu primeiro ("Enfim, Fresnel chegou!") a ótica física numa base indestrutível, é na medida em que seu cálculo suscita aplicações, construções de fenômenos sem precedentes nem exemplos na experiência comum: as interferências. "Estamos aqui diante de um passado científico vivo, sempre atual... Os trabalhos de Fresnel são, sob esse aspecto, modelos de ciência ativa".[37]

* * *

Concebe-se por que razão e como a filosofia do novo espírito científico encontra uma de suas primeiras aplicações na nova arte de escrever a história das ciências. Essa história não pode mais ser uma coleção de biografias, nem um quadro das doutrinas, à maneira de uma história natural. Deve ser uma história de filiações conceituais. Mas essa filiação tem um estatuto de descontinuidade, assim como a hereditariedade mendeliana. A história das ciências deve ser tão exigente, tão crítica quanto o é a própria ciência. Querendo obter filiações sem ruptura, confundir-se-iam todos os valores, os sonhos e os programas, os pressentimentos e as antecipações; encontrar-se-iam por toda parte precursores para tudo.

34 *Activité rationaliste de la physique contemporaine*. p. 35.
35 *Ibidem*, p. 36.
36 *Ibidem*, p. 38-39.
37 *Ibidem*, p. 45-46.

Querendo fundar a ciência contemporânea não sobre a coerência de axiomas sem premissas e a coesão de técnicas sem antecedentes, mas sobre a profundidade do enraizamento no passado da inteligência humana, refar-se-iam, depois de Dutens, as *Recherches sur l'origine des découvertes attribuées aux modernes* (1766).

Mas, como diz Bachelard, "é inútil colocar um falso problema na origem de um verdadeiro problema, absurdo mesmo de aproximar alquimia e física nuclear".[38] Os sábios contemporâneos não realizaram o sonho dos alquimistas. "A arte, a literatura realizam sonhos; a ciência, não."[39] Tendo em vista que o pensamento científico reforma incessantemente seu passado, uma vez que lhe é essencial ser uma revolução continuada, Bachelard pode afirmar: "A ciência, nessas condições, nada tem a ganhar se lhe forem propostas falsas continuidades, enquanto se trata de francas dialéticas."[40]

Em resumo, o historiador das ciências não deve ser vítima da confusão entre a continuidade do discurso histórico e a continuidade da história.[41] De fato, quanto mais tempo o historiador se fixe no lugar das origens, na zona dos rudimentos, mais ele é levado a confundir a lentidão dos primeiros progressos e a continuidade do progresso.

> "Em suma, eis o axioma de epistemologia colocado pelos continuístas: visto que os inícios são lentos, os progressos são contínuos. O filósofo não vai mais longe. Ele crê que é inútil viver os tempos novos, os tempos em que precisamente os progressos eclodem por toda parte, fazendo necessariamente eclodir a epistemologia tradicional."[42]

Parece estarmos tocando na gênese do pensamento de Bachelard. Ele é o primeiro epistemólogo francês que pensou, escreveu e publicou, no século XX, à altura cronológica e conceitual das

---

38 *Matérialisme rationnel*. p. 104.
39 *Ibidem*, p. 103.
40 *Ibidem*.
41 *Ibidem*, p. 209.
42 *Ibidem*, p. 210.

ciências de que ele tratava. E isso aparece desde *La valeur inductive de la Relativité*, em 1929:

> "Um dos caracteres exteriores mais evidentes das doutrinas relativistas é sua novidade. Ela surpreende o próprio filósofo, que se torna subitamente, diante de uma construção tão extraordinária, o campeão do sentido comum e da simplicidade. Essa novidade é assim uma objeção, ela é um problema."

Uma homenagem a Bachelard não resistiu em mencionar os nomes dos filósofos que acreditaram dever fazerem-se os campeões do sentido comum e da simplicidade, nem, aliás, dos filósofos que acreditaram dever fazerem-se os campeões da moda, indo mais longe sobre o que o assentimento dos físicos encerravam ainda de prudência. Da física relativista Bachelard dizia, desde 1929, que ela é "uma doutrina que seus antecedentes históricos não explicam", e que ela "só tem relação com a história no ritmo de uma dialética".[43] Bachelard teve de início consciência das rupturas epistemológicas. Foi em seguida que ele elaborou os conceitos filosóficos aptos a dar conta delas. Essa elaboração o levou a propor uma concepção das relações entre ciência e história da ciência que constituía, ela também, uma ruptura: uma concepção não positivista. O positivismo se baseia numa lei dos três estados, que é uma lei de progresso, isto é, segundo Auguste Comte, de desenvolvimento contínuo, cujo fim está no começo. A filosofia de Gaston Bachelard se baseia numa norma de retificação que se exprime por três leis de três estados (cf. Discurso preliminar de *A formação do espírito científico*), mas sem fechamento do terceiro sobre o primeiro, sem desconhecimento do fato de que em ciência não se volta jamais, no fundo, sobre uma negação, quando essa negação se traduziu por uma deformação de conceitos primordiais, sustentada por um novo modo de cálculo.

Um jovem epistemólogo, Sr. Michel Serres, caracterizou perfeitamente o papel decisivo que a epistemologia de Bachelard confere à história das ciências:

---

43 *Valeur inductive de la Relativité*. p. 6.

> "Uma ciência chegada à maturidade é uma ciência que consumiu inteiramente o corte entre seu estado arcaico e seu estado atual. A história das ciências assim chamada poderia, então, reduzir-se à exploração do intervalo que as separa desse ponto preciso de ruptura de recorrência, no que concerne à explicação genética. Esse ponto é facilmente determinável desde o momento em que a linguagem utilizada nesse intervalo torna incompreensíveis as tentativas anteriores. Além desse ponto, trata-se de arqueologia."[44]

Renovando tão profundamente o sentido da história das ciências, arrancando-a de sua situação até então subalterna, promovendo-a à posição de uma disciplina filosófica de primeiro lugar, Gaston Bachelard fez mais do que abrir um caminho, ele fixou uma tarefa. Uma homenagem em sua memória, digna dele, não deveria consistir somente em fazer sentir que vazio sucede a sua perda; ela consistiria, antes de mais nada, em poder dar a segurança de que a lição desse homem de gênio não será perdida.

---

44 Geometria da loucura (a propósito da *História da loucura*, de M. Foucault). In: *Mercure de France*, p. 80, nota, setembro de 1962.

## 2. GASTON BACHELARD E OS FILÓSOFOS[1]

Para falar do homem que foi Gaston Bachelard, basta a quem o frequentou remeter-se à sua memória e ao seu coração. Mas, muito nos enganaríamos, julgando que a obra epistemológica é de um acesso tão cômodo quanto o foi o homem. Não há correspondência entre as virtudes de uma vida e os valores de uma filosofia. Foi assim que Bachelard, que teve sempre a gentileza do Sim, inventou a "Filosofia do Não". Como sem suspeitar de que falava também dele mesmo, ele disse de Lautréamont: "A obra do gênio é a antítese da vida." Indulgente para com os poetas e os pintores, Bachelard era exigente para com os filósofos. Em sua obra epistemológica, o "filósofo" é um personagem típico, às vezes até caricatural: ele faz o papel do mau aluno na escola da ciência contemporânea, aluno às vezes preguiçoso, às vezes distraído, sempre atrasado de uma ideia sobre o mestre. O filósofo ao qual Bachelard dispara generosamente suas flechas de epistemólogo é o homem que, em matéria de teoria do conhecimento, se mantém em soluções filosóficas de problemas científicos ultrapassados. O filósofo está atrasado de uma mutação da inteligência científica. Por exemplo, se quisermos colocar hoje o problema filosófico da abstração de tal maneira que ele interesse a um sábio, é preciso admitir que uma teoria como a de Berkeley não possa mais ser encarada como a solução possível de tal problema. O filósofo deve sair da caverna filosófica, se não quiser condenar-se

1 Extraído de *Sciences*, n. 24, março-abril de 1963.

a saciar-se de sombras, enquanto os estudiosos não somente veem a luz, mas também a fonte. "O átomo dos filósofos, velho símbolo da conciliação dos caracteres contraditórios, dá lugar ao átomo dos físicos, para o estudo do qual se associam as atitudes filosóficas mais diversas."[2] E, ainda, mais vigorosamente, graças a uma comparação: "Diante da ciência moderna, nosso entendimento funciona ainda como um físico que pretenderia compreender um dínamo por meio de um agenciamento de máquinas simples."[3]

Esse personagem do filósofo que, com a idade, Bachelard pegou à parte sempre mais severamente, é feito, de alguma maneira, da soma das surpresas, às vezes irritadas, que Bachelard experimenta diante do fato de que ele é o primeiro a tomar consciência do transbordamento, da ultrapassagem pelos progressos das ciências das "posições" da filosofia. "O físico foi obrigado, três ou quatro vezes, desde os 20 anos, a reconstruir sua razão e, intelectualmente falando, a se refazer uma vida".[4] Entretanto, o filósofo continua o homem "que, por profissão, encontra em si verdades primeiras", que vive na certeza da identidade do espírito onde ele acredita ler "a garantia de um método permanente, fundamental, definitivo".[5] Uma tese como a que expõe a *Filosofia do não* "deve perturbar o filósofo". Como seria de outra maneira?

> "Finalmente, a filosofia da ciência física é, talvez, a única filosofia que se aplica determinando uma ultrapassagem de seus princípios. Em resumo, ela é a única *filosofia aberta*. Toda outra filosofia coloca seus princípios como intangíveis, suas primeiras verdades como totais e acabadas. Toda outra filosofia se glorifica por seu *fechamento*".[6]

O filósofo é o homem de uma só doutrina: ele é idealista ou realista, racionalista ou positivista. Mas a ciência moderna não se deixa encerrar em nenhuma doutrina exclusiva. Para compreen-

---

2 *As intuições atomísticas*. 1933. p. 155.
3 *A filosofia do não*. 1940. p. 67.
4 *O novo espírito científico*. 1934. p. 175.
5 *A filosofia do não*. p. 8-9.
6 *Ibidem*, p. 7.

der seus métodos efetivos, para seguir o trabalho e a marcha da razão, é preciso coordenar várias filosofias. O filósofo não pode ser menos ousado, menos engenhoso, nem menos completo que o sábio. É preciso admitir um princípio de complementaridade na epistemologia da física como na própria física. "A ciência, soma de provas e de experiências, soma de regras e de leis, soma de evidências e de fatos, tem, então, necessidade de uma filosofia com polo duplo."[7] Essa filosofia bipolar, essa consciência da reciprocidade de validação que une empirismo e racionalismo – "O empirismo precisa ser compreendido, o racionalismo precisa ser aplicado" – é, aos olhos de Bachelard, a manifestação de um *progresso filosófico*, em filosofia das ciências se entende. Na *Filosofia do não*, Bachelard observa que "a ciência ordena a própria filosofia";[8] em *O novo espírito científico*, ele chega a afirmar que "a ciência cria a partir da filosofia";[9] e em *Le rationalisme appliqué*, ele opõe às utopias da teoria filosófica do conhecimento o conhecimento científico, criando completamente tipos de conhecimentos novos".[10] Mas, acrescenta ele melancolicamente: "Essa extensão dos métodos, essa multiplicação dos objetos não atraem a atenção dos filósofos."[11] Bachelard é, então, como obrigado a assumir, ele só, várias filosofias, pelo fato de sua atenção alternante, mas não dividida, às noções engajadas na evolução do pensamento científico. "Um conhecimento particular pode *expor*-se numa filosofia particular, mas ela não pode *basear-se* numa filosofia única... Uma só filosofia é, então, insuficiente para dar conta de um conhecimento um pouco preciso."[12] E, mais radicalmente: "Acreditamos na necessidade, para uma *epistemologia* completa, de aderir a um polifilosofismo."[13]

---

7 *A filosofia do não*. p. 5.
8 *Ibidem*, p. 22.
9 *O novo espírito científico*. p. 3.
10 *Le rationalisme appliqué*. 1949. p. 113.
11 *Ibidem*.
12 *A filosofia do não*. p. 48-49.
13 *Le rationalisme appliqué*. p. 36.

Em seu Lautréamont, Bachelard escreveu: "A inteligência deve ter uma mordacidade; cedo ou tarde a inteligência deve machucar."[14] É possível que a mordacidade de Bachelard tenha machucado alguns daqueles que ele chama de filósofos, pela razão não de que eles se reconheciam nesse "retrato-robô", mas de que eles não reconheciam aí precisamente ninguém. E, no entanto, Bachelard morto, não é deselegante, hoje, observar que sua agressividade de epistemólogo, que sua recriminação polêmica visavam, entre outros, a uma filosofia da ciência cujo autor é, às vezes, designado nomeadamente, mas sempre tão invariavelmente caracterizado que a ignorância ou o desprezo não são permitidos ao leitor da *Activité rationaliste de la physique contemporaine*. Trata-se de Émile Meyerson. Nem o conceito realista de *coisa*, nem o imperativo racional de *identidade*, espécie de norma lógica congelada, podem mais – e, talvez, no fundo, jamais puderam verdadeiramente –, aos olhos de Bachelard, fornecer as bases de um comentário ativo e atual dos modos de operar e dos modos de pensar do físico do período pós-maxweliano.

> "Fazer do estudioso, ao mesmo tempo, um realista absoluto e um lógico rigoroso conduz a justapor filosofias gerais, inoperantes. Não são aí filosofias no trabalho. São filosofias de *resumo* que só se prestam a caracterizar períodos históricos. Pelos progressos técnicos, a 'realidade' estudada pelo sábio muda de aspecto, perdendo, assim, esse caráter de permanência que funda o realismo filosófico. Por exemplo, a realidade elétrica no século XIX é bem diferente da realidade elétrica no século XVIII."

Essas reservas que, em *Le rationalisme appliqué*, visam expressamente Meyerson, são desenvolvidas ao longo de páginas na *Activité rationaliste*.[15] Na ciência contemporânea, a noção de corpúsculo afasta todos os quadros filosóficos nos quais o realismo meyersoniano procura fazê-la manter-se. Nada de comum entre o atomismo dos filósofos e a filosofia corpuscular moderna: o corpúsculo não é um pequeno corpo; o elemento não tem geometria

14 P. 185.
15 Cf. p. 75-89.

(nem dimensões, nem forma, nem situação fixa); o corpúsculo não é um indivíduo; o corpúsculo pode ser aniquilado, e o *alguma coisa* que subsiste não é mais doravante uma *coisa*. Interpretar as aquisições da atomística contemporânea segundo as teses habituais do *coisismo* é mostrar, diante da distância do espírito científico e do espírito filosófico, uma indiferença de filósofo que conserva seus absolutos no mesmo tempo em que a ciência prova seu declínio.

Seria um engano grave, no entanto, se a constância e o vigor das impaciências de Bachelard fossem interpretados como a expressão de seu desejo de humilhar a filosofia diante da ciência. Muito ao contrário, deve-se considerar seus trabalhos como uma tentativa obstinada de despertar a filosofia de seu "sono dogmático", para suscitar nela a vontade de revalorizar sua situação frente à ciência atual. A obra epistemológica de Bachelard tende a dar à filosofia uma oportunidade de tornar-se contemporânea da ciência. "É necessário pensar a filosofia corpuscular no mesmo tempo do seu aparecimento e educar-se filosoficamente nas mesmas dialéticas de sua evolução."[16]

Em que consistem, segundo Bachelard, os novos caracteres da ciência através do que a filosofia deve consentir em se deixar instruir? Antes de tudo isso: que na ciência contemporânea, *a prova é um trabalho*. Léon Brunschvicg tinha insistido, várias vezes, sobre o fato de que não há verdade antes da verificação.[17] A ciência não reflete a verdade, ela a diz. Mas a verificação brunschvicgiana permanece ainda como um conceito de filosofia intelectualista. A prova, tal como a concebe Bachelard, é um trabalho, porque consiste numa reorganização da experiência. "A ciência não é o pleonasmo da experiência".[18] Se acontece ao pensamento científico de receber um dado, é somente retomando-o que ela faz a prova de sua capacidade de compreendê-lo. Como o trabalho, no sentido restrito,

---

16 *Activité rationaliste de la physique contemporaine*. p. 87.

17 Em *O novo espírito científico* (p. 11), Bachelard escreve: "O mundo científico é nossa verificação."

18 *Le rationalisme appliqué*. p. 38.

é *antifisia*, assim também o trabalho científico é antilogia, recusa de receber conceitos, objetos designados, uma linguagem usual, e correlativamente decisão de recomeçar os começos semânticos, de reordenar a ordem sintática – não é isso o espírito da axiomática? – substituir pela coerência obtida a coerência constatada, produzir finalmente os fenômenos em vez de registrá-los. A ciência não é uma fenomenologia, é uma fenomenotécnica.[19] A partir das *Intuições atomísticas*, Bachelard caracteriza a ciência moderna não como ciência de fenômenos, mas como ciência de *efeitos* (Zeeman, Stark, Compton, Raman) procurados sem que fenômenos semelhantes tenham sido primeiro encontrados na experiência.[20] Na ciência moderna, os instrumentos não são auxiliares, eles são os novos órgãos que a inteligência se dá para colocar fora do circuito científico os órgãos dos sentidos, enquanto receptores. Um instrumento, diz Bachelard, é um teorema reificado,[21] uma teoria materializada.[22] "A ciência contemporânea se separou inteiramente da pré-história dos dados sensíveis. Ela pensa com seus aparelhos, não com os órgãos dos sentidos."[23] Em resumo, a prova científica é trabalho, porque reorganiza o dado, porque suscita efeitos sem equivalentes naturais, porque constrói seus órgãos.

Mas a assimilação dos conceitos de prova e de trabalho vai muito além dessas semelhanças preliminares. Assim como não há trabalho benfeito que seja totalmente inútil, também não há experiência negativa que não seja, no fundo, positiva, se ela é benfeita.[24] Tal é, por exemplo, o caso da experiência de Michelson, a propósito da qual Bachelard constata, de novo na *Activité rationaliste*, "que, no ponto em que se encontram as ciências físicas e matemáticas contemporâneas, não há mais *insucesso radical*".[25]

19 *O novo espírito científico*. p. 13.
20 *Loc. cit*. p. 139.
21 *Intuições atomísticas*. p. 140.
22 *Novo espírito científico*. p. 12.
23 *Activité rationaliste de la physique contemporaine*. p. 84.
24 *Novo espírito científico*. p. 9.
25 *Loc. cit*. p. 47. Cf. mesma ideia em *Le rationalisme appliqué*. p. 111.

Mas ele acrescenta logo que não há *sucesso definitivo*. Não é isso o próprio destino do trabalho? Além disso, o trabalho é, na coletividade humana, atividade dividida e solidarizada. É o mesmo para o trabalho da prova. "A união dos trabalhadores da prova",[26] tal é a admirável fórmula pela qual Bachelard ensina que a ciência se faz enquanto não somente aí se trabalha junto na prova, mas aí se trabalha a prova juntamente. Aí se trabalha a prova instituindo um *acordo discursivo* no seio da cidade científica, mas também instituindo no seio da sociedade global as condições de um determinismo técnico que, aplicado, materializa a teoria racional dos efeitos que ele suscita e conserva.

> "Sem o homem na Terra: não há outras causalidades elétricas além daquela que vai do raio ao trovão: um relâmpago e o barulho. Sozinha a sociedade pode lançar eletricidade num fio; sozinha ela pode dar aos fenômenos elétricos a causalidade linear do fio, com os problemas dos entroncamentos... É impossível levar o som de um continente a um outro, por meios naturais, por mais possante que se imagine o porta-voz. O intermediário eletrônico é indispensável, e esse intermediário é humano, é social."[27]

Uma vez mais um dragão filosófico, um monstro, a hipótese do determinismo universal,[28] se encontra vencida pelo labor científico. Um determinismo total é um *determinismo do insignificante*. O estabelecimento de uma ligação real entre fenômenos supõe inseparavelmente a medida e a detecção, a análise e os aparelhos, a proteção contra as perturbações, em resumo, uma teoria matemática e uma técnica experimental da causalidade. "Mas, então, o determinismo é uma noção que assina a *posse humana* sobre a natureza."[29] Posse humana, isto é, retomada pela teoria e pela prática, retomada que não suscita somente fenômenos jamais observados, mas também matérias jamais experimentadas. A química moderna é uma ciência das *coisas sociais*: "As substâncias estudadas pelo materialis-

---

26 *Le rationalisme appliqué*, cap. III.
27 *Activité rationaliste*. p. 221.
28 *Ibidem*, p. 211.
29 *Ibidem*, p. 218.

mo instruído não são mais, propriamente falando, *dados naturais*. Sua etiqueta social é doravante uma marca profunda. O materialismo instruído é inseparável de seu estatuto social."[30]

Nas últimas linhas do *Novo espírito científico*, é por imagens com significação biológica – mutações, natureza naturante, elã vital, animação – que Gaston Bachelard se esforça para descrever a experiência do filósofo que dialetiza seus conceitos e recria sua cultura ao contato das revoluções da ciência contemporânea. A mesma coisa para a *Filosofia do não*.[31] É com o *Racionalismo aplicado* que o novo espírito científico e a filosofia do não vão ser interpretados como a consciência de uma dialética de trabalho. Dir-se-ia que o conceito de aplicação, com sua dupla significação psicológica e técnica, induziu no espírito de Bachelard a imagem do labor. Mas, talvez, é preciso ver aqui, na obra epistemológica de 1949, a influência das imagens trabalhadas na obra poética de 1948, *A Terra e os devaneios da vontade*. Ao que se poderia objetar que Bachelard jamais deixou de denunciar na teoria bergsoniana do *homo faber* uma impotência radical em dar conta da progressividade da ciência. "Se a teoria do *homo faber* é adaptada à vida comum, ela não o é a essa instância revolucionária que é o pensamento científico em relação ao pensamento comum."[32] Faríamos, então, observar que a análise por Bachelard do "lirismo dinâmico do ferreiro" o conduz a propor uma revisão do conceito de *homo faber*, por ocasião da façanha de Siegfried reconstituindo sua espada quebrada: "Ele está bem longe dos pensamentos de ajustagem, de colagem, da justaposição que gostamos de atribuir a um *homo faber*: ele lima a espada quebrada para fazer o pó. Já é esperar uma virtude dialética, é aplicar a fundo o princípio: destruir para criar."[33] Por volta de 1948, o pensamento de Gaston Bachelard parece ter jogado com os conceitos de dialética e de trabalho para

---

30 *Le matérialisme rationnel*. 1953. p. 31.

31 *Loc. cit.* p. 143, *in fine*, e p. 144.

32 *Le rationalisme appliqué*. p. 163. Cf. também *Le matérialisme rationnel*. p. 13-16.

33 *A Terra e os devaneios da vontade*. p. 168.

lhes descobrir, na troca dos papéis, uma função filosófica comum. Em todo caso, o que era novidade proposta em *Le rationalisme appliqué* torna-se tema de desenvolvimento autônomo em *Le matérialisme rationnel*: a longa introdução, Fenomenologia e Materialidade, esquematiza uma filosofia da *consciência do trabalho*; uma filosofia do recomeço do mundo químico[34] que provê o mundo mineral de uma profundidade humana. "A ruptura entre natureza e técnica é, talvez, ainda mais nítida em química do que no que tange aos fenômenos estudados pela física".[35]

Desde então, os filósofos devem tomar seu partido. Se a ciência é um trabalho, a filosofia não pode mais ser um lazer. A cultura epistemológica não admite os devaneios do repouso. Com efeito, "o repouso é dominado necessariamente por um psiquismo *involutivo*";[36] ora, a ciência moderna faz da descontinuidade uma obrigação da cultura. Essa é a razão pela qual é preciso atrair a atenção sobre esse fato que, em sua carreira de epistemólogo, Bachelard tratou duas vezes sucessivamente de uma mesma problemática. Ao *Novo espírito científico* responde *A filosofia do não*; na primeira dessas obras, mecânica não newtoniana e epistemologia não cartesiana anunciam a longa série ulteriormente constituída das diversas variáveis da função Não: geometria não euclidiana, química não lavoisieriana, eletrologia não maxweliana, lógica não aristotélica, racionalismo não kantiano etc. Às *Intuições atomísticas* responde *L'Activité rationaliste de la physique contemporaine*, especialmente nos capítulos III e IV: a noção de corpúsculo e a diversidade dos corpúsculos. Ao *Pluralismo coerente da química moderna* responde *Le matérialisme rationnel*. Bachelard não somente trabalhou, mas também retrabalhou seus conceitos filosóficos. Para tomar um só exemplo, em 1932, o pluralismo coerente da química é interpretado à luz do conceito de *harmonia*. Em 1953, a propósito da sistemática moderna dos corpos simples, encontra-se

34 *Ibidem*, p. 22.
35 *Ibidem*, p. 209.
36 *A Terra e os devaneios do repouso*. p. 5.

uma única vez a palavra harmonia, como por um acaso de reminiscência, e mais como imagem do que como conceito.

A exigência de uma filosofia que a ciência acompanha, Bachelard não a formulou para "torpedear", no sentido socrático do termo, os filósofos seus contemporâneos, porque ele não procurava entorpecê-los, mas estimulá-los. A essa exigência, ele foi o primeiro a se submeter. "Conhecer", diz ele, "só pode despertar um único desejo: conhecer mais, conhecer melhor. O passado da cultura tem como verdadeira função preparar um futuro de cultura".[37] É belo que a morte de um filósofo dê a prova de seu alinhamento íntimo sobre sua própria filosofia. Quando Bachelard deixou de poder continuar o trabalho filosófico de acompanhamento do trabalho científico, ele deixou de viver.

37 *Activitè rationaliste*. p. 223.

❁

# 3. DIALÉTICA E FILOSOFIA DO NÃO EM GASTON BACHELARD[1]

"A filosofia do não nada tem a ver... com uma dialética *a priori*. Em particular, ela não pode mobilizar-se em torno das dialéticas hegelianas."[2] Essa declaração de Gaston Bachelard reprovou, para antes e para depois de sua morte, toda tentativa de interpretação do seu pensamento com a finalidade de confirmação de tal ou tal dialética da Ideia, da História ou da Natureza.

O que Bachelard chama dialética é o movimento indutivo que reorganiza o saber, ampliando suas bases, onde a negação dos conceitos e dos axiomas é somente um aspecto de sua generalização. Essa retificação de conceitos, Bachelard chama, por outro lado, de bom grado, envolvimento ou inclusão tanto quanto ultrapassagem.[3] Oscar Wilde dizia que a imaginação imita, e que só o espírito crítico cria. Bachelard pensava que só uma razão crítica pode ser arquitetônica.[4]

Para quem se recusa a confundir arriscadamente as mil e uma acepções de um termo transformado hoje em qualquer coisa, a dialética segundo Bachelard designa uma consciência de complementaridade e de coordenação dos conceitos cuja contradição

---

1 Extraído da *Revue internationale de philosophie*. Bruxelas, n. 66, 4, 1963.
2 *A filosofia do não*. p. 135.
3 *Ibidem*, p. 7, 133, 137, 138.
4 *A formação do espírito científico*. p. 10. *A filosofia do não*. p. 139.

lógica não é o motor. Essa dialética procede tão pouco de contradições que tem, ao contrário, como efeito retroativo, mostrá-las ilusórias, não certamente no nível do que ultrapassa mas no nível de sua posição. As contradições nascem não dos conceitos, mas do uso incondicional de conceitos com estrutura condicional. "A noção de paralelo comportava uma estrutura condicional. É de se compreendê-lo quando se vê tomar da noção uma outra estrutura em outras condições."[5] A contradição é ora a diferença entre a experiência e os conhecimentos antecedentes, ora a diversidade dos sentidos que conceitos utilizados como seres e não como funções tomam como espíritos diferentes. Aqui a dialética de Bachelard retorna quase à de Sócrates: "Dois homens, se quiserem entender-se realmente, precisaram antes contradizer-se. A verdade é filha da discussão, não filha da simpatia."[6] Nada de surpreendente, então, se essa epistemologia socrática chama para sua garantia uma "filosofia dialogada",[7] onde se trocam os valores do racionalismo e do experimentalismo, e para seu fundamento a "estrutura dialogada" de um assunto dividido por sua própria vocação de conhecimento.[8]

* * *

Não pensamos que seja o caso de falar de uma história dialética do conceito de dialético na obra de Bachelard, porque estamos convencidos de que ele tomou, desde sua tese de doutorado, *Essai sur la connaissance approchée*, em 1927, não somente o sentido de crescimento, mas também do ritmo do crescimento da ciência contemporânea. Entretanto, gostaríamos de acompanhar, no decorrer de suas publicações sucessivas, as variações de Bachelard sobre seu tema epistemológico de predileção.

O último capítulo da tese de 1927 tem como título: *Retificação e Realidade*. Ele se apresenta, então, como em polêmica com o célebre *Identité et Réalité*. Esse mesmo capítulo contém uma frase

5 *A filosofia do não*. p. 133.
6 *Ibidem*, p. 134.
7 *Le rationalisme appliqué*, cap. I.
8 *Ibidem*, p. 63.

que é uma alusão rápida: "A dissolução é certamente um fenômeno geral, mas não é todo o fenômeno." Pode-se até dizer, explicitamente, hoje, que, militando pelo reconhecimento de um progresso da realidade, Bachelard inaugurava sua carreira de filósofo por uma ruptura sem repercussão com os temas epistemológicos então acreditados na filosofia universitária francesa pelos trabalhos de Émile Meyerson e André Lalande. Ruptura marcada por frequentes referências a Hamelin, de quem se sabe que Lalande, Meyerson e Léon Brunschvicg – rejeitaram e refutaram a dialética sintética. O nome de Hamelin aparece no *Ensaio sobre o conhecimento aproximado* desde suas primeiras páginas, ainda que Bachelard julgue muito exigente uma síntese feita por via de oposição total. Em 1927, ele escreve: "O conhecimento deve ser mantido em torno de seu centro. Ele não pode deformar-se senão pouco a pouco, sob o impulso de uma hostilidade moderada."[9] Em 1940, ele sustenta que "a negação deve ficar em contato com a formação primeira".[10] Em 1927, Bachelard procura em Hamelin,[11] Renouvier[12] e Fichte[13] garantias filosóficas para uma epistemologia decididamente perspectivista. "O objeto é a perspectiva das ideias."[14] É para dar conta do recuo incessante do ponto de fuga que Bachelard empresta algumas noções, ou, talvez, somente algumas metáforas, de partidários do que Hamelin chama de método sintético, mas sem adesão completa. Se Hamelin pensa que a construção sintética deve terminar, fechar-se, que o racionalismo deve querer-se absoluto e não se torna um probabilismo senão "até seu acabamento",[15] Bachelard julga que "o idealismo mais do que qualquer outro sistema deve expor um mundo que permanece aberto à evolução e, por

---

9 *Essai*. p. 16.

10 *A filosofia do não*. p. 137.

11 *Essai*. p. 16, 246, 293.

12 *Ibidem*, p. 244, 255, 281.

13 *Ibidem*, p. 277.

14 *Essai*. p. 246.

15 *Essai sur les éléments principaux de la représentation*. 2. ed. p. 512.

conseguinte, imperfeito".[16] Então, segundo ele, a síntese ou a retificação que é "a verdadeira realidade epistemológica"[17] não pode ser a síntese hameliana, mas somente "à maneira hameliana".[18] Em 1940, Bachelard renova sua referência a Hamelin, de acordo com um estudo recente sobre as novas teorias da física, cujo autor sustenta que a oposição hameliana traduz melhor que a contradição hegeliana a complementaridade dos conceitos físicos. "Com as teses dialéticas de Hamelin", diz Bachelard, "a dialética filosófica se aproxima da dialética científica".[19] Ele não esqueceu, em 1940, o que tinha escrito em 1936, numa obra em que o termo dialética figura no título, para refutar a tese bergsoniana concernente ao caráter ilusório da ideia do nada. Ele se apoia sobre a psicologia de um espírito científico atormentado pela ideia do vazio, para concluir que "a negação é a nebulosa da qual se forma o julgamento positivo real", que "todo conhecimento adquirido no momento de sua constituição é um conhecimento polêmico".[20] A uma dialética lógica que trata as noções como coisas, Bachelard opõe "a psicologia do esclarecimento das noções". Ora, entre duas noções, como o vazio e o cheio, há "uma perfeita correlação", uma não se esclarece sem relação com a outra. Aqui, ainda, o conceito de correlação nos remete a Hamelin.

Pouco importa, aliás, a quem somos remetidos. Bachelard, grande leitor e leitor generoso, gosta de aclamar encontros ao longo de suas leituras. Mas não convém atribuir a esses encontros mais do que convém atribuir a encontros contingentes. De fato, Bachelard sempre se preocupou bem pouco em procurar encontros com filósofos. Não é nesta ou naquela filosofia que ele procura os eixos conceituais de sua epistemologia, é nas memórias e nos tratados científicos. Se lhe acontece de se louvar em filósofos, pequenos ou grandes, antigos ou contemporâneos, é com grande liberdade. Não

16 *Essai sur la connaissance approchée*. p. 292.
17 *Ibidem*, p. 300.
18 *Ibidem*, p. 293.
19 *A filosofia do não*. p. 136.
20 *A dialética da duração*. p. 23 e 24.

é filosofia de filósofos que lhe vem a ideia da razão. Não é, também, aliás, de filosofias de sábios. É da ciência dos sábios. Nele, não há análise reflexiva dos princípios da razão, nem dedução transcendental das categorias. Nada que se pareça com uma "aplicação factícia do racionalismo crítico", como o foi outrora a tese de Arthur Hannequin.[21] Cabe à ciência ordenar a filosofia.[22] Se, então, fica evidente "que não se poderá desenhar o simples senão depois de um estudo aprofundado do complexo",[23] a epistemologia deverá dizer-se não cartesiana. Se fica evidente que as substâncias químicas elementares se resolvem em elétrons cuja substancialidade é evanescente, se o elétron "escapa à *categoria de conservação*",[24] o conceito de substância só é susceptível de um uso não kantiano. E se a solidariedade das três categorias, substância, unidade, causalidade provoca que a modificação da primeira repercuta sobre o uso das outras, é preciso examinar "a possibilidade de estabelecer um kantismo de segunda aproximação, um não kantismo susceptível de incluir a filosofia criticista indo além dela".[25]

* * *

Aqui se enlaça a dificuldade. Por um lado, Bachelard está muito distante do positivismo. Ele não dá sua filosofia científica por uma ciência filosófica. Por outro lado, ele não descola da ciência quando se trata de descrever e legitimar seu procedimento. Não há para ele distinção nem distância entre a ciência e a razão. A razão não está fundada na veracidade divina ou na exigência de unidade das regras de entendimento. Esse racionalista não pede à razão nenhum outro título genealógico, nenhuma outra justificação de exercício além da ciência em sua história:

---

21 *Ensaio crítico sobre a hipótese dos átomos na ciência contemporânea* (1895). Cf. *A filosofia do não*. p. 57, e também o capítulo sobre Hannequin em *As intuições atomísticas*.

22 *A filosofia do não*. p. 22.

23 *O novo espírito científico*. p. 153.

24 *A filosofia do não*. p. 63.

25 *Ibidem*, p. 93-94.

> "A aritmética não está fundada na razão. É a doutrina da razão que está fundada na aritmética elementar. Antes de saber contar, eu não sabia o que era a razão. Em geral, o espírito deve curvar-se às condições do saber. Ele deve criar nele uma estrutura correspondente à estrutura do saber."[26]

Uma possibilidade de desprezo deve ser, nesse ponto, destacada. Afirmando que a razão deve obedecer à ciência evoluinte,[27] Bachelard não nos convida a falar de uma evolução da razão. Com efeito, é difícil desembaraçar de todo traço de essencialismo um racionalismo evolucionista. Dizer que a razão evolui é dizer que se poderia, a rigor, conceber dela traços anteriores à evolução, como se diz do celacanto, que, diferentemente de outros peixes, não evoluiu. Enquanto Lalande distinguia da razão constituída uma razão constituinte, enquanto Brunschvicg distinguia do substrato dos hábitos mentais a norma da razão, Bachelard ensina que só a ciência é constituinte, que só a ciência é normativa do uso das categorias.[28] Consequentemente, ele não se preocupa muito em saber se, na história do racionalismo, Descartes ou Kant foram, por espírito de sistema, infiéis ao ideal de racionalidade que inspirou inicialmente suas filosofias. Um exemplo pode nos convencer disso.

Na última de suas obras, *Héritage de mots, héritage d'idées*, Léon Brunschvicg lembra, no artigo Razão, "que interesse há em separar inteiramente em sua origem e em seu destino o uso analítico e o abuso dialético da razão", e destaca, no ativo do uso analítico, a perspicácia com a qual, na *Analítica da razão pura* (analogias da experiência), Kant "antecipava de modo surpreendente os resultados da ciência", isto é, o enunciado dos princípios de conservação e de degradação da energia.[29] Ora, acontece que Bachelard esquematizou, por duas vezes, um *racionalismo da energia*, em física inicialmente, em química, em seguida.[30] Para que o princípio

---

26 *Ibidem*, p. 144.

27 *Ibidem*.

28 *A filosofia do não*. p. 90.

29 Op. cit. p. 12 e 13.

30 *L'activité rationaliste de la physique contemporaine*, cap. V; *O materialismo racional*, cap. VI.

de conservação, diz ele, assuma todo seu sentido, é preciso que ele se aplique, como todo princípio geral, a um objeto bem definido, no caso a um sistema material isolado, o que supõe um afinamento incessantemente crescente das técnicas de isolamento e das medidas de aproximação. Mas, nesse caminho, chega-se ao questionamento da continuidade espaço temporal da energia, propriedade pela qual os primeiros conceitos da energética do século XIX pareciam reconhecer a jurisdição do princípio kantiano da permanência da substância.[31]

O não cartesianismo e o não kantismo dessa nova epistemologia se tornaram mais manifestos ainda pelo reconhecimento de uma diversidade de racionalismos, pela constituição de *racionalismos regionais*, isto é, pelas determinações dos fundamentos de um setor particular do saber. Fundamentar a ciência elétrica em sua regionalidade é fundamentá-la diretamente, conferir às suas leis um valor apodíctico autônomo, sem recurso a um outro tipo de apodicticidade, por exemplo do mecanismo. Essas regiões de racionalidade diversa não são propostas ao pensamento científico pela experiência comum: "O pensamento científico... deve frequentemente derrubar um privilégio atribuído erroneamente a conceitos 'espaciais' e 'oculares'... A vista não é necessariamente a boa avenida do saber."[32] Entre as regiões empíricas e as regiões racionais de fenômenos deve interpor-se uma psicanálise do conhecimento, uma renúncia às imagens primeiras, aos erros primeiros, uma substituição da fenomenotécnica que inscreve o fenômeno na ciência na fenomenologia que o descreve. Bachelard se aplicou, então, a constituir um racionalismo do eletrismo,[33] depois um racionalismo da mecânica, enfim, um racionalismo da dualidade eletrismo-mecanicismo.

31 *L'activité rationaliste de la physique contemporaine*. p. 137.

32 *Le rationalisme appliqué*. p. 137.

33 Aquele que quiser ver renovar o problema da conceitualização científica deve ler e reler as páginas rigorosas que concernem à formação do conceito de capacidade elétrica, em *Le rationalisme appliqué*. p. 145 e seguintes.

A pluralidade dos racionalismos regionais pode ser compreendida na unidade de um racionalismo geral? Não, se por generalidade se entende um produto de redução. Sim, se por isso se entende um passo de integração, porque, mais que racionalismo geral, é preciso dizer racionalismo integral, e, melhor, racionalismo integrante.[34] O racionalismo é uma atividade de estruturação.[35] Se Bachelard não consagrou estudo especial à epistemologia estrutural, é que toda sua pesquisa epistemológica é precisamente estrutural, não é falha, vamos convir, ignorar que a matemática contemporânea é puramente – mas não simplesmente – formal, operacional, estrutural.[36] O abandono definitivo acontece, dessa vez, em relação ao que restava de platonismo no racionalismo. A Ideia ficou, muito tempo, aureolada por um prestígio de arquétipo, até em Descartes e Kant, que pensavam dela se terem desviado. Deve-se reconhecer em Bergson o mérito da clarividência nesse ponto, enquanto se lhe recusa uma lucidez comparável em sua apreciação dos passos da ciência moderna.[37] O racionalismo de Bachelard expulsa a Ideia em proveito da estrutura, e ensina, enfim, que, no conhecimento, as formas não têm por função receber, mas dar: "A Ideia não é da ordem da reminiscência, ela é antes da ordem da presciência. A Ideia não é um resumo, ela é antes um

34 *Le rationalisme appliqué*. p. 132.

35 *Ibidem*, p. 133.

36 Cf., por exemplo, *A filosofia do não*. p. 133.

37 Bergson denunciou o desconhecimento da continuidade e da qualidade pela ciência no mesmo tempo em que a matemática e a física se faziam aptas a dar razão de uma e de outra. E é, sem dúvida, nele, antes de qualquer outro, que pensa Bachelard quando escreve: "Quanto devem parecer injustas as polêmicas que tendem a recusar à ciência o poder de conhecer as qualidades, as conveniências das qualidades, enquanto a ciência ordena com precisão as mais numerosas nuances. Injusto também recusar à ciência o espírito de fineza, enquanto a ciência estuda os fenômenos de uma extrema delicadeza. Limitar o espírito científico aos pensamentos do mecanicismo, aos pensamentos de uma curta geometria, aos métodos de comparação quantitativa, é tomar a parte pelo todo, o meio pelo fim, um método por um pensamento." (*Le rationalisme appliqué*. p. 209.)

programa. A idade de ouro das ideias não está por trás do homem, mas diante dele."[38] Porque ele sabe que uma forma matemática é uma relação funcional entre objetos quaisquer, que não há axioma separadamente da organização axiomática de uma teoria, e que uma mesma estrutura permite construir várias organizações teóricas, Bachelard pode escrever: "O racionalismo integral não poderá, então, ser senão uma dominação das diferentes axiomáticas de base."[39] No racionalismo integral, as correspondências inter-regionais asseguram a troca das aplicações, garantem a reversibilidade da relação de aplicação. "Há, agora, *troca de aplicações*, de maneira que se pode ver um racionalismo de uma geometria que se aplica algebricamente, e um racionalismo de uma álgebra que se aplica geometricamente. O *racionalismo aplicado* funciona nos dois sentidos."[40] Há uns 20 anos de distância, *O racionalismo aplicado* confirma a decisão tomada no *Essai sur la connaissance approchée* de separar a teoria do conhecimento das formas *a priori*, formas desprovidas de sentido fora da relação com a matéria informada: "É preciso, então, cuidadosamente tomar o conhecimento no momento de sua aplicação, ou, pelo menos, não perdendo jamais de vista as condições de sua aplicação."[41] Todavia, os anos passados aplicando o racionalismo provocaram uma mudança manifesta no vocabulário utilizado por Bachelard para comentar, para o uso dos filósofos, a mobilidade de um saber que obrigou o físico "três ou quatro vezes há 20 anos a reconstruir sua razão, e, intelectualmente falando, a refazer-se uma vida".[42]

* * *

Depois de *A filosofia do não*, os estudos epistemológicos de Bachelard não comportam mais referências a filósofos da oposição. O termo dialética é conservado, utilizado abundantemente,

---

38 *Le rationalisme appliqué*. p. 122.
39 *Ibidem*, p. 133.
40 *Ibidem*, p. 157.
41 *Ensaio*. p. 261.
42 *O novo espírito científico*. p. 175.

mas sua significação é renovada. No devir do saber, é menos a ruptura com o momento anterior que é destacado do que a valorização do momento posterior. A epistemologia dialética é exposta menos em sua relação com a lógica do que com a psicologia. *O novo espírito científico* se tinha proposto mostrar que "o espírito tem uma estrutura variável a partir do instante em que o conhecimento tem uma história".[43] O motor dessa história, o agente de mobilidade tinha sido identificado com a dúvida, mas a dúvida não cartesiana, essencial e não provisória, durável, porque não geral. *Le rationalisme appliqué* retoma o exame das condições de exercício dessa dúvida. Uma dúvida universal "não corresponde a nenhuma instância real da pesquisa científica".[44] Uma dúvida aplicada, especificada pelo objeto a conhecer, conduz a uma problemática. Ora, uma problemática se constitui no seio de uma ciência em curso, e jamais a partir do vazio intelectual ou diante do desconhecido. A partir de uma dúvida radical, nenhuma ciência poderia começar. Assim, ela jamais começa, mas recomeça sempre. *O novo espírito científico* falava de "pensamento ansioso",[45] *O racionalismo aplicado* fala "dessa razão arriscada, incessantemente reformada, sempre autopolêmica".[46]

Como a dúvida cartesiana se acompanhava de uma teoria do erro, a dúvida não cartesiana supõe uma outra. Sabe-se bastante, em relação a esse assunto, que recurso Bachelard epistemólogo recebeu de Bachelard leitor, crítico e psicanalista dos sonhadores e dos poetas. *A formação do espírito científico*, expondo e ilustrando o conceito de obstáculo epistemológico, fundou positivamente a obrigação de errar. Descartes explicava como o erro é possível. Bachelard o mostra necessário, não pelo fato de ele ser exterior ao conhecimento, mas pelo próprio ato do conhecimento. "É no próprio ato de conhecer, intimamente, que aparecem, por uma espécie de necessidade funcional, lentidões e perturbações."[47] Mas uma tare-

43 Op. cit. p. 173.
44 *Le rationalisme appliqué*. p. 51.
45 Op. cit. p. 177.
46 Op. cit. p. 47.
47 *A formação do espírito científico*. p. 13.

fa que consiste, pela confissão de seu autor, em pesquisar na psicanálise obstáculos epistemológicos as condições psicológicas do progresso da ciência, não oferece risco desqualificar a ciência em sua pretensão de objetividade? O psicologismo não é bem-visto. Bachelard o sabe e não ignora a objeção possível.[48] Ele se defende fazendo aparecer a retificação do erro como valorização do saber. "Um verdadeiro sobrefundo de erro, tal é a forma do pensamento científico. O ato de retificação apaga as singularidades ligadas ao erro. Num ponto particular, a tarefa de despsicologização está acabada."[49] Com efeito, a retificação do saber é recorrente, ela é reorganização do saber a partir das próprias bases. A reorganização do conhecimento abole sua historicidade.[50]

Temos de confessar que, nesse ponto, Bachelard nos parece ter mais bem medido que superado uma dificuldade filosófica capital. Fundamentar a objetividade do conhecimento racional sobre a união dos trabalhadores da prova, a validade do racionalismo sobre a coesão de um corracionalismo; fundamentar a fecundidade de *meu* saber sobre a divisão do *eu* em eu de existência e eu de sobre-existência, isto é, de coexistência no seio de um *cogitamus*, toda essa tentativa é engenhosa, convencida, mas não plenamente eficaz para convencer.[51] Bachelard continua a utilizar os vocabulários da psicologia e da interpsicologia para expor um racionalismo de tipo axiológico. O sujeito dividido cuja estrutura ele apresenta não é dividido senão porque ele é sujeito axiológico: "Todo valor divide o sujeito valorizante."[52] Ora, se podemos admitir os conceitos de psiquismo normativo[53] e de psicologia normativa,[54] não teríamos razão para nos surpreendermos diante do conceito de

---

48 *Le rationalisme appliqué*. p. 46-49. *L'activité rationaliste de la physique contemporaine*. p. 3.

49 *Le rationalisme appliqué*. p. 48.

50 *Ibidem*, p. 49.

51 *Le rationalisme appliqué*, cap. III.

52 *Ibidem*, p. 65.

53 *Ibidem*, p. 66.

54 *O novo espírito científico*. p. 136.

"psicologismo de normalização"? Retenhamos, pelo menos, que, quando o conceito de normatividade racionalista se impõe a Bachelard para dar um estatuto a uma psicologia do conhecimento científico que não se acaba em psicologismo, o conceito de dialética deixa de parecer-lhe adequado. Quando é preciso caracterizar a relação, no seio do eu dividido pela consciência dos valores epistemológicos, entre o sujeito controlado e o sujeito controlador, "a palavra dialética não é mais... a palavra absolutamente própria, porque o polo do sujeito assertório e o polo do sujeito apodíctico são submetidos a uma evidente hierarquia".[55] Seja como for, não se recusará a Bachelard uma total lucidez concernente à dificuldade de constituir de alto a baixo o vocabulário de uma epistemologia racionalista sem referência a uma teoria ontológica da razão ou sem referência a uma teoria transcendental das categorias.

* * *

Enquanto a palavra dialética aparecia para Bachelard própria para caracterizar a conduta de racionalidade, essa dialética operava diferentemente de uma dialética com ritmo ternário obrigatório. Em tal dialética, é a ultrapassagem que cria retroativamente a tensão entre os momentos sucessivos do saber. O conceito de dialética para Bachelard equivale à afirmação, sob uma forma recuperada e abrupta, de que a razão é a própria ciência. Distinguir, como se fez até ele, razão e ciência é admitir que a razão é potência de princípios independentemente de sua aplicação. Inversamente, identificar ciência e razão é esperar da aplicação que ela forneça um desenho dos princípios. O princípio vem no fim. Mas, como a ciência não acaba de acabar, o princípio não acaba de ultrapassar o estágio do preâmbulo. A filosofia do não é uma filosofia do trabalho,[56] no sentido de que trabalhar um conceito é fazer variar sua extensão e sua compreensão, generalizá-lo pela incorporação dos traços de exceção, exportá-lo para fora de sua região de origem,

55 *Le rationalisme appliqué*. p. 60.

56 Já insistimos sobre esse ponto em nosso artigo Gaston Bachelard e os filósofos (*Sciences*, n. 24, março-abril de 1963).

tomá-lo como modelo ou, inversamente, procurar-lhe um modelo, em resumo, conferir-lhe, progressivamente, por transformações regradas, a função de uma forma. "O pensamento científico contemporâneo é caracterizado", diz Bachelard, "por uma enorme potência de integração e uma extrema liberdade de variação".[57]

Liberdade de variação mais do que vontade de negação,[58] eis o que traduz o *Não* sempre presente nessa epistemologia dialética. Quando não se perde de vista que essa epistemologia não criou raiz numa filosofia, mas que ela encontrou seus modelos na ciência, não há engano quanto à palavra de ordem bachelardiana: polêmica antes de qualquer coisa! Na progressão do saber, o *não* não tem o sentido de *anti*. *A filosofia do não* foi pensada sobre o modelo das geometrias não euclidianas, sobre o modelo das mecânicas não newtonianas. É uma epistemologia geral sobre o modelo da geometria geral. Filosofia do conhecimento retificado, filosofia do fundamento por recorrência, a dialética segundo Gaston Bachelard designa como um fato de cultura o vetor da aproximação científica cujo sentido ela reforça, propondo-o como regra: "Em todas as circunstâncias, o *imediato* deve vir depois do *construído*."[59]

---

57 *L'activité rationaliste de la physique contemporaine*. p. 16.

58 *A filosofia do não*. p. 135.

59 *A filosofia do não*. p. 144.

# III

# Investigações

# BIOLOGIA

## 1. DO SINGULAR E DA SINGULARIDADE EM EPISTEMOLOGIA BIOLÓGICA[1]

Na Introdução à *l'Histoire naturelle des animaux*, Lamarck escreve, nas primeiras páginas:

> "Os animais são seres tão surpreendentes, tão curiosos, e aqueles, principalmente, de que estou encarregado de fazer a demonstração são tão singulares pela diversidade de sua organização e de suas faculdades, que nenhum dos meios próprios a nos dar uma justa ideia deles e a nos esclarecer o máximo a seu respeito pode ser negligenciado."[2]

Algumas páginas mais adiante, são "os animais em geral" que são designados como *seres singulares*, porque, segundo Lamarck, não nos encontramos ainda em condição de dar uma definição solidamente fixa do que constitui o animal. Os argumentos de Lamarck evocam imperiosamente o célebre artigo de Diderot na *Enciclopédia*: "O que é o animal? Eis uma questão pela qual ficamos tão embaraçados que não encontramos mais filosofia, nem mais conhecimento da história natural." O *Dictionaire raisonné universel d'histoire naturelle*, de Valmont de Bomare que, constantemente enriquecido, conheceu sete edições entre 1762 e 1800, faz do termo "singular" um verdadeiro abuso. Não é de se surpreender que

1 Este estudo é o desenvolvimento de uma Comunicação na Sociedade belga de Filosofia, em Bruxelas, em 10 de fevereiro de 1962.

2 Op. cit. 2. ed. 1835. I, p. 11.

encontremos nos artigos "pulgão" e "pólipo",[3] dois insetos cujo autor faz observar que saem da lei geral estabelecida pela geração dos quadrúpedes, das aves etc. (artigo *Pulgão*: geração dos pulgões), ou mais exatamente que eles são contrários a leis "que tínhamos encarado como gerais" (artigo *Pólipo*: pólipos de água doce). Se Valmont de Bomare é um demonstrador vulgarizador, Lamarck é um profissional, além disso, ele é um inventor. Mas ele continua um homem do século XVIII, isto é, de uma idade em que as pesquisas em morfologia, fisiologia, etologia dos organismos permanecem dominadas por um imperativo geral de classificação e de ordenação escalar.

Que a singularidade de certas estruturas e funções vitais fundamentais mantenha a tal ponto despertada a atenção dos naturalistas do século XVIII explica-se não somente pelo obstáculo que o singular opõe a uma pesquisa ávida de assimilações, mas também pelo fato de que, na época, a história natural é a ocupação dos "curiosos" tanto quanto ela o é dos "sábios". Um domínio de interesses dividido entre o curioso e o sábio é necessariamente um domínio em que se disputam o gosto de surpreender e a vontade de compreender. A história natural não é, aliás, a única a conhecer essa divergência dos eixos de interesse. Em *Eloge de Homberg*, Fontenelle escreve: "Ele se compunha uma Física completa de fatos singulares e pouco conhecidos, mais ou menos como aqueles que, para aprender a História de verdade, iriam procurar as peças originais escondidas nos arquivos. Há, do mesmo modo, as Anedotas da Natureza." Não é certamente por acaso que, no *Discurso preliminar da Enciclopédia*, D'Alembert, depois de ter oposto o "verdadeiro espírito sistemático" ao espírito de sistema, começa a falar do ímã. Eis aí um objeto bastante próprio a fazer perderem-se nos sistemas espíritos que não se consideravam senão como sistemáticos. "O ímã", escreve D'Alembert, "deu lugar a descobertas 'surpreendentes', a variação de sua declinação para os polos é 'espantosa',

3 Op. cit. 3. ed. 1776. VII, p. 256 e seguintes, e 363 e seguintes. Ver também o artigo Zoófitos. I, p. 433.

todas as suas propriedades são 'singulares', e sua origem geral nos é 'desconhecida'". O exemplo é pertinente. Ele permite compreender a dependência obrigatória do gosto pelo oculto relativamente ao gosto pelo singular. O ocultismo nasce facilmente na trilha do empirismo. Quando se está aberto a todas as aparências, pronto a receber de qualquer coisa a luz sobre o que quer que seja, o demônio da analogia pode empregar todos os meios. A admiração provocada pelas propriedades do ímã chegou a suscitar sistemas do magnetismo universal. Pomponazzi, Bruno, Paracelso e Mesmer, mais tarde, não hesitaram em identificar magnetismo e causalidade universal, no macrocosmo e no microcosmo. Inversamente, o espírito racionalista, aquele para quem a ciência é primeiramente teoria e demonstração, desconfia do que aparece como raro ou bizarro. Quanto mais entra teoria na relação de uma experiência, menos essa experiência aparece como espetacular. Descartes, por exemplo, sempre ensinou que, em matéria de experiências, é preciso começar pelas mais comuns, e que é preciso já estar adiantado na teoria para empreender o estudo de fenômenos insólitos. No século XVIII, as ciências matematizadas, as que D'Alembert, no Discurso preliminar, chama de físico-matemáticas, isto é, segundo ele, a ótica e a mecânica, não têm nada a ver com as Anedotas da natureza, com a diferença das pesquisas fascinadas pelas singularidades da pedra de ímã ou da faísca elétrica.

Entretanto, se as singularidades físicas ou orgânicas aparecem, então, tão notáveis, tão singularmente importantes para o conhecimento da natureza, é, pelo menos, tanto porque elas servem para contestar o alcance dos sistemas quanto porque elas incitam a imaginação a construí-los incessantemente. É claro, não são os mesmos espíritos que são sensíveis a esse valor de contestação ou a esse valor de sedução. Sabe-se bastante e, no entanto, esquece-se muito que o século XVIII é, ao mesmo tempo, o das luzes e o do Iluminismo. Para os naturalistas, é de bom tom condenar os "sistemas" e enaltecer os "métodos", criticar a redução da variedade dos seres por referência com alguma relação única. Desse ponto de vista, o benefício do singular reside em seu poder de deslocação do sistema que não pode recebê-lo, na segurança que ele dá da resistência da natureza, produtora de singularidades, em deixar-se conter por um cabresto de leis ou de regras. Pelas singularidades a natureza proclama sua selvageria. O naturalista cuja descrição do ornitorrinco tornou célebre – esse animal que Eugenio d'Ors qualificou de barroco –,[4] Blumenbach, escreveu: "Temos numerosos exemplos que as aberrações da Natureza fora de sua marcha costumeira espalham, às vezes, mais claridade em pesquisas obscuras do que seu curso ordinário e regular faz."[5]

É a propósito de animais menos raros e menos barrocos que o ornitorrinco que Buffon deu do singular uma definição que nos servirá inicialmente de guia. Trata-se do porco e do javali.

> "Esses animais são singulares, sua espécie é, por assim dizer, única, ela é isolada, parece existir mais solitariamente que nenhum outro... Que os que querem reduzir a natureza a pequenos sistemas, que querem encerrar sua imensidão nos limites de uma fórmula, considerem conosco esse animal e vejam se ele não foge a todos os seus métodos".[6]

Identificando, por um lado, singular e único, por outro, singular e isolado, Buffon reconhece as duas funções desse adjetivo, exclusivo e partitivo, qualitativo e quantitativo. O singular é único porque diferente de qualquer outro; o singular é único porque separado. É o conceito de um ser sem conceito, que, só sendo ele mesmo, interdiz qualquer outra atribuição a ele além de a ele mesmo. Ora, sabe-se desde os Megáricos, que tal atribuição encerra ainda uma diferença entre o termo tomado como aquele de que se tem a dizer e o termo tomado como a única coisa que se possa dele dizer, o que equivale a referir implicitamente o termo a todos os atributos possíveis, sem o que seria impossível a constatação de insucesso de toda referência a outra coisa diferente dele mesmo. A singularidade é, de alguma maneira, garantida pela vaidade reconhecida de toda pesquisa de relações. Então, o singular não é tanto

---

4 Citado por BARTHEZ, nos *Nouveaux éléments de la science de l'homme*. 2. ed. Paris, 1806. t. II, p. 6.

5 *Du Baroque*. Paris: Gallimard, 1937. p. 59-61.

6 *Histoire naturelle des quadrupèdes*: le cochon.

o ser que recusa o gênero quanto o ser constituindo ele mesmo seu próprio gênero, por falta de poder participar de outros. Inclassificável, visto que único em seu gênero. É nisso que ele deve ser distinto do extraordinário, que não rompe com um gênero, mas com a regra do gênero, a regra sendo aqui uma média considerada como norma. Um gigante ou um anão continuam homens. Os axônios das células nervosas do calamar são ditos gigantes, mas não singulares. Os hemisférios de Magdebourg, construídos para a experiência famosa de Otto de Guericke, deram uma ideia da força extraordinária da pressão atmosférica, num momento em que a observação dos operários de chafariz de Florença tinha perdido seu caráter de fenômeno singular. Sem análogo, tal é o singular. Fora de módulo, tal é o extraordinário. É relativamente a conceitos considerados como tipos ou leis da natureza que encontramos o singular na experiência; é relativamente a hábitos de percepções que a natureza nos parece conter o extraordinário.

* * *

A função epistemológica do singular deve ser estudada na história de uma disciplina que não é ainda a biologia, que não pode sê-lo antes da descoberta de uma estrutura geral, tissular ou celular, dos organismos, antes da descoberta de leis fundamentais de energética química. Nada de biologia antes e sem Bichat, antes e sem Lavoisier, mesmo se esses que inventam a palavra, em 1802, Treviranus e Lamarck, não se referem nem a um nem a outro.

Não é acaso se Lamarck trata de singulares os invertebrados e os animais em geral, na introdução a uma obra de classificação. Sabe-se que Lamarck veio à zoologia por ordem, por assim dizer, e por razões de carreira no Muséum. Sua formação e sua grande competência iniciais são as de um botânico. Ora, se é tomando os animais por objeto que Aristóteles fixou por muito tempo as regras da classificação dos seres vivos, acontece que, desde o Renascimento, a classificação foi inicialmente a ocupação ativa dos botânicos. De Tournefort a Lineu, foi a botânica que forneceu à zoologia modelos para a taxonomia. A precedência da botânica, nesse ponto de vista, tem razões biológicas, mais do que lógicas. A classificação exige a precisão na descrição dos caracteres. A descrição precisa exige a observação prolongada à vontade. Ora, o vegetal é o vivo imóvel e passivo. Uma planta selvagem é uma planta que não foi cultivada, não é uma planta que foge. Ao contrário, o animal, fora da domesticação, reage à aproximação do homem como à de um animal, conforme ao imperativo vital da distância de fuga. Um animal selvagem não é somente, para o homem, um fora da lei da domesticação, é um agressor em potencial. A concorrência vital contraria a atitude contemplativa, a relação teórica do homem em relação ao animal.

A essa primeira razão do atraso da taxonomia zoológica se acrescenta uma segunda, levantada por Louis Roule em seu estudo sobre Lamarck, e que é da ordem técnica. Por tanto tempo que os naturalistas não dispuseram de instrumentos e de procedimentos de dissecação fina, permitindo o exame das estruturas orgânicas internas, a planta pôde parecer um ser mais simples que o animal. Depois do próprio Lamarck,[7] Roule observa que "as plantas, comparadas aos animais, são quase seres de exterior".[8] Os órgãos vegetais principais, raízes, caules, folhas, flores são aparentes, manifestos. Além disso, a maior parte das plantes que suscitaram os primeiros interesses do homem, interesses alimentares, terapêuticos, industriais, são fanerógamos apresentando uma mesma estrutura geral de organização, e tornando possível a apercepção de homologias. Ao contrário, o reino animal é mais rico em ramificações e em planos de organização, razão pela qual as analogias são aí menos facilmente apreensíveis, e as singularidades aí aparecem mais numerosas. Quando Lamarck se torna encarregado de seu inventário e de sua classificação, os invertebrados se apresentam como resíduos de classificações, como uma coleção de singularidades morfológicas.

O fundador da zoologia sistemática, Aristóteles, tinha também inventado os rudimentos conceituais da zoologia comparativa. Era

7 "Os vegetais são corpos vivos não *irritáveis* cujos caracteres essenciais são: ... 4º não ter órgãos especiais interiores", In: *Histoire naturelle des animaux sans vertèbres*. 2. ed. 1835. tomo I, introdução, p. 77.

8 *Lamark et l'interprétation de la nature*. Paris: Flammarion, 1927. p. 91.

ele quem tinha feito da analogia, entendida como correspondência funcional – e, não mais, como proporção matemática, à maneira de Platão – um meio de determinação dos gêneros. A correspondência indicada por Pierre Belon (1517-1564) entre as peças do esqueleto do homem e da ave nos parece muito pouco restrita para permitir ao seu autor sustentar a honra, que lhe é muitas vezes feita, de ter retomado, no Renascimento, a tarefa comparatista de Aristóteles. Por isso, foi preciso esperar Vicq d'Azyr, Camper e, principalmente, Cuvier. Por outro lado, não parece contestável que, por convergência do exotismo e do naturalismo em curso na época, as principais obras de zoologia, no Renascimento, não tenham sido mais do que coletâneas de singularidades. A zoologia de Konrad Gessner (1516-1565) se compraz na descrição de animais estranhos, rinocerontes, baleia, lhama, girafa, sem esquecer monstros míticos.

Mas a distância conceitual, no fim do século XVII, entre uma botânica classificadora como a de Tournefort e uma zoologia quase exclusivamente monográfica, devia provocar um deslocamento do lugar de percepção da singularidade orgânica. Se o reino animal aparece rico de singularidades morfológicas, ele oferece, no entanto, a considerar a unidade de uma função essencial, a geração sexuada. Relativamente ao que o mundo vegetal, tomado em bloco, se apresenta ele próprio como uma singularidade. Como a reprodução por estaca, a reprodução por sementes, base da técnica agrícola, fica sem explicação, por falta de encontrar, em outra parte, um análogo. Tournefort, que tomou a flor como critério da distinção das classes vegetais, se interroga sobre a sexualidade das plantas, e sem ignorar os "amores" das palmeiras da Andaluzia, não tira daí nenhuma conclusão certa concernente à necessidade da fecundação para a reprodução vegetal. A razão se encontra, de novo e por sua vez, num fato biológico. As plantas usuais, facilmente observáveis, são em maioria monoicas, e carregam no mesmo pé, frequentemente sobre a mesma flor, os órgãos de sexo diferentes. Exceção no reino animal, o hermafroditismo é a regra no reino vegetal. Assim, essa singularidade animal, sempre agravada pelo peso dos mitos concernentes à androginia, não pode ser o termo de uma analogia entre o vegetal e o animal. Privado de sexo, o vegetal em geral é visto como singular relativamente ao animal em geral. Distinguem-se, sem dúvida, desde Teofrasto, plantas fêmeas e plantas machas, mas com o sentido de fecundas e de estéreis, portadoras ou não de sementes.

É Camerarius (1665-1721) quem reduz a singularidade da reprodução vegetal, e distingue a flor macho pela presença dos estames e a flor fêmea pela presença do pistilo, que reconhece a dioicia e a monoicia, e que se arrisca a uma aproximação entre a monoicia e o hermafroditismo dos caracóis assinalado por Swammerdam. Lineu difunde e confirma a teoria de Camerarius. Em 1761, Kœlreuter publica uma teoria geral da polinização.

Mas uma nova singularidade aparece a partir de então entre os vegetais, relativamente àqueles cuja sexualidade é enfim manifesta, àqueles cuja classificação se fundamenta precisamente sobre os caracteres do órgão sexual, da flor. Para esses vegetais, Lineu cria a classe dos criptógamos. Seus sucessores procuram obstinadamente, nos criptógamos, a divisão sexual e o processo de polinização cuja observação dos fanerógamos, confirmando, enfim, a dos animais, parece autorizar a generalização. É preciso esperar a descoberta das gerações alternantes entre os musgos e as samambaias para que, de novo, a singularidade seja integrada, com a pseudogeneralidade que ela desacredita, numa teoria geral da fecundação.[9]

A substituição do conceito geral de reprodução sexuada, com a surpreendente singularidade da reprodução vegetal, favorece a invenção de analogias entre os dois reinos, ao ponto de, no fim do século XVIII, quando Vaucher (1763-1841) observa o fenômeno da conjugação das algas, perguntar-se se ele não está tratando com animais. É, ao inverso, a questão que se tinha colocado Trembley a propósito do modo de reprodução dos pólipos (1741). A hidra

9 Sobre todas essas questões, consultar-se-á com proveito o estudo de LEROY, J. F. *Histoire de la notion de sexe chez les plantes*. Conferência do Palais de La Découverte, Paris, 1959, e também, é claro, *L'histoire de la botanique du XVI^e siècle à 1860*, por J. von Sachs, tradução francesa, Paris, 1892.

de água doce, singularidade famosa, como os pulgões partenogenéticos de Bonnet, como o coral de Peyssonnel, tinha recolocado em questão as divisões tradicionais do mundo orgânico, as visões hierárquicas do mundo e até da sociedade, na medida em que a questão da geração, ligada à questão da mistura das espécies ou à da monstruosidade, podia sem incoerência conduzir um Diderot a escrever, em *Le revê de D'Alembert*: "Você está vendo este ovo? É com isso que se derrubam todas as escolas de teologia e todos os templos da Terra?" Interrogar-se sobre a possibilidade natural de animais-plantas reproduzindo-se por estacas, como o fizeram Trembley, Réaumur, Buffon, Bonnet, era pesquisar no vegetal um modelo analógico para dar conta de uma função essencial a um organismo apresentando, por outro lado, funções julgadas propriamente animais, tais como a digestão e a locomoção.

Vê-se, então, no século XVIII, a zoologia e a botânica fazerem troca de aparelhos conceituais para a redução das singularidades que vêm inopinadamente confundir a imagem de semelhanças, afinidades e diferenças que o taxonomista contempla no espelho que ele acredita ter exposto à Natureza.

É, finalmente, do conflito das reduções analógicas que nascem, por interferência, os novos conceitos exigidos pela interpretação de novas observações.

* * *

Quando Blumenbach pretende que as aberrações da natureza expandem mais claridade sobre questões obscuras do que o seu curso regular faz, quando Buffon escreve que as produções irregulares e os seres anormais são para o espírito humano preciosos exemplares "onde a natureza, parecendo menos conforme a ela mesma, se mostra mais a descoberto", parece que eles confundem o surgimento de um problema e a elaboração de sua solução. Detonando como um escândalo ou uma extravagância num fundo de regularidade familiar, o singular constitui o problema. Ele suscita a pesquisa de uma solução, mas não a traz. As aberrações não expandem luz nem descobrem a natureza, mas focalizam, de alguma maneira, o objeto sobre o qual se deve concentrar a luz. O singular exerce seu papel epistemológico não se propondo ele próprio para ser generalizado, mas obrigando à crítica da generalidade anterior em relação ao que ele se singulariza. O singular adquire um valor científico quando ele deixa de ser considerado como uma variedade espetacular, e que ele chega ao estatuto de variação exemplar. Gaston Bachelard mostrou que o próprio do espírito pré-científico consiste em pesquisar variedades mais do que em provocar variações. A diferença dos modos do olhar sucessivamente feito sobre os fatos de monstruosidade pode servir aqui de exemplo.[10] Com certeza, no século XVIII, o monstro não é ainda geralmente destituído de seu estatuto ambivalente de erro e de prodígio. Os monstros são tão mais observados, descritos e publicados, que os estudos de embriologia, sem os quais não pode haver teratologia positiva, são paralisados pela doutrina da pré-formação, e ainda mais pela do encaixe dos germes. O debate que, entre 1724 e1743, opõe, na Academia das Ciências, Duverney e Winslow a Lemery, os doutrinários da monstruosidade originária ao defensor da monstruosidade acidental, não chega a uma decisão. Entretanto, a técnica de incubação artificial dos ovos de aves domésticas, introduzida do Egito na Europa, no Renascimento, torna-se mais precisa e mais experimental graças à atualização das escalas termométricas. Os fornos para frango, de que Réaumur codifica as regras de construção e de uso, diminuem os insucessos, mas não evitam sempre a aparição de monstruosidades. Durante a expedição do Egito, Etienne Geoffroy Saint-Hilaire forma o projeto de provocar artificialmente a formação de monstros. Provocar tem aqui um duplo sentido, que não escapa àquele que dirá mais tarde: "Eu procurava levar a organização por caminhos insólitos." É o mesmo que, fortalecido na ideia newtoniana de uma unidade de plano de composição dos organismos, ideia retomada e ilustrada por Buffon, vulgarizada por Diderot e por outros, menos presti-

10 Ver sobre esse assunto nosso estudo: A monstruosidade e o monstruoso, em *O conhecimento da vida*. 2. ed. Paris: Vrin, 1965. A ser publicado por Forense Universitária – Grupo Gen.

giosos, como Robinet, coloca em relação suas experiências de teratologia e suas observações de anatomista comparatista, orientadas pela teoria das analogias, isto é, das homologias, de estrutura. Graças ao princípio da continuidade das variações sobre um mesmo tipo, a singularidade deixa de contradizer a analogia, ela a admite. Seu interesse pelas singularidades da organização animal fazia Buffon dizer: "É preciso não ver nada de impossível, esperar de tudo e supor que tudo o que pode ser é." Entre esperar de tudo e provocar o insólito, entre supor que tudo o que pode ser é e fomentar a organização a tornar-se tudo aquilo de que a supomos capaz, há toda a diferença que separa uma história natural especulativa e uma biologia experimental. Mas um princípio é comum a Buffon e a Etienne Geoffroy Saint-Hilaire, o da continuidade das formas da vida. Numa série contínua toda singularidade pode encontrar seu lugar como grau, como passagem, ou como espécie dita mediana. Apesar da aparência e de se ter dito, nada é menos leibniziano. "Tenho razões para crer", diz Leibniz, "que todas as espécies possíveis não são compossíveis no universo tão grande como é... eu creio que há necessariamente espécies que jamais existiram e jamais existirão, não sendo compatíveis com essa sequência das criaturas que Deus escolheu".[11] Olhando as singularidades, as anomalias inclassificáveis, como tantos convites a procurar o possível orgânico nas lacunas do regular, Buffon, sem dúvida, confundiu o possível matemático e o possível biológico. Está aí o efeito não somente da ignorância das leis verdadeiras da reprodução e da hereditariedade, mas também da convicção mágica mais que científica, segundo a qual "a natureza não tende a fazer bruto, mas orgânico", de maneira que "o orgânico é a obra mais ordinária da natureza e aparentemente a que lhe custa menos".[12] Quando, no século XIX, Auguste Comte se esforçará para legitimar o uso, na ciência da organização, do poder dedutivo e construtivo do raciocínio matemático, não será expressamente senão para autorizar a ficção de

11 *Novos ensaios sobre o entendimento humano*, livro III, cap. 6, §14.

12 *Histoire des animaux, chap. 2: de la reproduction em général.*

organismos utópicos encarregados unicamente de um papel ao mesmo tempo lógico e estético, o de restabelecer na série animal uma continuidade de direito.[13] Entre Buffon e Auguste Comte, a anatomia comparada de Cuvier estabeleceu que, em matéria de organização, nem toda combinação logicamente concebível é organicamente possível.

* * *

Diderot compreendeu muito bem que espécie de suporte o estudo das singularidades orgânicas trazia à hipótese, dever-se-ia dizer ao mito, de uma engenhosidade inesgotável da natureza, capaz de variações infinitas sobre um protótipo do animal. Nos *Pensées sur l'interprétation de la nature*, os desvios morfológicos, os erros orgânicos são creditados com o poder de fornecer aos naturalistas um princípio positivo de explicação da diversidade das formas vivas e de suas relações.[14] O mesmo Diderot, traduzindo o título da obra monumental de Haller, cuja utilização que ele dela faz parece uma pilhagem, intitulou *Eléments de physiologie* uma coletânea de desvios, anomalias, singularidades morfológicas ou funcionais, especialmente relativas à geração.[15] Quem importaria sem precaução para a história da fisiologia no século XVIII a definição atual de uma ciência que o século XIX realmente fundou, tornando-a independente da anatomia, poderia ser tentado a considerar Diderot em falha de informação ou de perspicácia. A fisiologia, então cultivada e ensinada como ramo da medicina, não tinha, desde Descartes e Harvey, baseado em analogias com mecanismos usuais a explicação das funções orgânicas fundamentais?

Os iatromecânicos não tinham dessingularizado, por assim dizer, as leis da vida assimilando-as às leis mecânicas da matéria? A fisiologia podia passar por uma soma de analogias mais que por uma coleção de singularidades. Nem Boerhaave nem La Mettrie

---

13 *Curso de filosofia positiva*. 40ª lição, Ed. Schleicher. t. III, p. 226-227.

14 Op. cit. § XII.

15 *Élements de physiologie*. Edição crítica por Jean Mayer, Paris: Didier ed., 1964.

eram ignorados por Diderot. E, no entanto, Diderot, porque compreendeu bem a lição de Haller, tudo parecia se acordar com La Mettrie, é um testemunho lúcido da recusa progressiva de deferência dos fisiologistas com relação aos matemáticos e à constituição em curso de uma ciência singular por seus conceitos e suas técnicas, adequada à especificidade de seu objeto.

Quando Descartes explicava as funções do organismo animal em geral, humano em particular, como ele fazia com os movimentos de uma máquina, relógio ou órgão, recorria a uma analogia. Era mesmo, em sua obra científica, a única analogia que não era simples comparação didática. O automatismo dos animais era uma recusa radical do animismo, que tinha, na Renascença, autorizado todas as analogias: a terra é um ser vivo, ela tem entranhas, ela sente, ela gera; o mundo tem uma alma, como as plantas, os animais, o homem. A analogia que fundamentava a mecânica animal tinha como efeitos reduzir o maravilhoso, negar a espontaneidade do ser vivo, garantir a ambição de uma dominação racional do curso da vida humana. A matemática cartesiana ignorava as analogias e só admitia equivalências. A teoria geral das proporções tornava a quantidade contínua, objeto da geometria, e a quantidade descontínua, objeto da aritmética, susceptíveis de um mesmo tratamento por uma teoria geral das equações, a álgebra. A física cartesiana conhecia somente comparações. A imaginação era chamada a facilitar a reconstrução inteligível de mecanismos ocultos. Crivos, esponjas, turbilhões eram metáforas, não analogias. Uma matéria homogênea, o espaço euclidiano, um movimento único, o deslocamento, excluíam toda referência analógica a uma realidade diferente.

Pela redução analógica das funções animais aos efeitos das leis mecânicas nas máquinas simples, Descartes devia tornar-se, na França, como Galileu na Itália, o patrão de uma escola ou, antes, de uma tradição teórica da qual se pode seguir inicialmente a vitalidade, depois a sobrevivência, até o meio do século XIX, e que se chama comumente iatromecanismo. Mas patrocínio não é iniciativa. A iniciativa das novas pesquisas em medicina se devia aos próprios médicos. Um dos grandes do iatromecanismo, Baglivi, o proclamou:

> "A Estatística de Sanctorius e a circulação do sangue harveiana são os dois polos pelos quais toda a massa da verdadeira medicina é governada, tendo sido restaurada e solidamente assentada por essas descobertas: todo o resto constitui seus ornamentos mais do que complementos."[16]

O médico que Daremberg louvou como "o mais sensato e o mais ciceroniano dos iatromecânicos"[17] tinha compreendido bem, por volta do fim do século XVII, que a balança de Sanctorius e as analogias de hidrodinâmica utilizadas por Harvey eram os primeiros novos instrumentos da medicina teórica moderna. Vindo depois de Borelli e Bellini, Baglivi podia, sem temer a censura de autoapologia, fazer um julgamento sobre o método da medicina matemática. É um texto importante o capítulo sexto do primeiro livro da *Praxis Medica* (1691) sobre a boa e a má espécie de analogias. A boa analogia é a de Borelli e Bellini, o uso das leis anatomomecânicas. A má analogia é aquela de que se servem os químicos. Se assim é, é porque o "corpo humano, tanto em sua estrutura quanto nos efeitos que dela dependem, procede do número, do peso e da medida".[18]

Não importa muito aqui que Frédéric Hoffmann tenha pesquisado os fundamentos de sua medicina numa dinâmica não cartesiana, a de Leibniz. Essa medicina ficou estritamente mecânica tanto nos seus princípios teóricos quanto nas ideias diretrizes da prática e da clínica, a ponto de emprestar à natureza medicatriz, cuja ideia foi trazida e conservada da tradição hipocrática; as molas e as leis, das máquinas artificiais. Não é uma bela prova de engenhosidade ter dado a uma dissertação físico-medical o título *De natura morborum medicatrice mechanica* (1699) [Da natureza medicatriz mecânica das doenças]? Mecânica, essa medicina ou essa fisiologia se distingue de toda medicina ou fisiologia, à moda inglesa da época, que procura na atração newtoniana um

---

16 *Canones de medicina solidorum ad rectum statices usum*, Canon X, In: *Opera omnia*. Veneza, 1754. p. 241.

17 *Histoire des sciences médicales*. p. 783.

18 Op. cit. p. 9. Sobre os modelos e analogias mecânicas em medicina, pode-se consultar o artigo importante de BELLONI, L. Schemi e modelli della macchina vivente nel seicento. In: *Physis*. V, 1963, n. 3.

modelo de explicação para fenômenos vitais como as secreções ou a contração muscular. Mecânica, essa medicina ou essa fisiologia se opõe à medicina de Stahl, que encontrou na química os títulos próprios para sustentar a reabilitação do animismo. Na *Disquisitio de mecanismi et organismi diversitate* (1706) [Investigação sobre a diversidade do mecanismo e do organismo] e na *Demonstratio de mixti et vivi corporis vera diversitate* (1707) [Demonstração da verdadeira diversidade do corpo vivo e misto] Stahl define o organismo, conceito novo sob seus nomes latino ou francês,[19] como um composto heterogêneo de corpos mistos. Essa heterogeneidade de composição expõe os corpos vivos a uma pronta dissolução e a uma fácil corrupção. Entretanto, o corpo vivo dura e se conserva em virtude de uma causa particular e intrínseca, estranha à ordem dos corpos mistos não vivos, "*a toto regno mixtorum non-vitalium alienissima*" [estranhíssima a todo reino de mistos não vitais]. O princípio de oposição com o destino de destruição físico-química do corpo não poderia ser ele mesmo corporal. A vida é, então, a alma, e a alma inteligente.

Essa doutrina não teria obtido, sem dúvida, toda a influência que dela conhecemos de fato, se não tivesse encontrado, no terreno da descrição dos fenômenos, certos fatos de observação que a mecânica animal de estilo cartesiano, leibniziano ou newtoniano deixava obscuros. Sob o nome de movimento tônico vital, Stahl retomava a ideia própria – por falta do nome – de Glisson,[20] segundo a qual todo tecido vivo reage, por uma propriedade de irritabilidade, a todo estímulo diretamente aplicado, mesmo no caso em que o órgão existe, por artifício, no estado separado. Na doutrina da irritabilidade, Stahl é a ponte entre Glisson e Haller, e, em relação a isso, é preciso subscrever ao julgamento de Castiglioni, segundo

19 Leibniz utilizou antes de Charles Bonnet o termo *organisme* em francês nas Cartas a Lady Masham; cf. GEHRARDT, *Phil. Schr*. III, 340, 350, 356.

20 Cf. TEMKIN, Owsei. The classical roots of Glisson's doctrine of irritation. *Bulletin of the History of Medicine*, XXXVIII, n. 4, 1964.

o qual "Stahl pode ser considerado como o primeiro que orientou a medicina para a biologia".[21]

Chamando de irritabilidade e sensibilidade as propriedades específicas do músculo e do nervo, Haller distinguia uma e outra de todo efeito de causas mecânicas e de toda expressão de um poder psíquico. Ele liberava a fisiologia da tutela em que a mantinha a mecânica, colocando em evidência, experimentalmente, a existência de propriedades vitais sem análogas no domínio dos corpos inertes.

Cabia aos médicos da Escola de Montpellier, a Bourdeu, a Barthez estender a todas as funções orgânicas o poder de reação sensitiva às impressões: ao primeiro, de descentralizar a sensibilidade para distribuí-la em todos os órgãos, vivos parciais cuja vida do todo é a soma; ao segundo, de insistir ao contrário sobre os fenômenos de simpatia orgânica, para dever atribuir a função específica de sensibilidade a um princípio ativo vital, fórmula destinada a marcar a singularidade ou a originalidade da vida, relativamente ao corpo e à alma, sem hipótese sobre a natureza substancial do princípio. Esse positivismo fisiológico antes do estado definitivo é a defesa e ilustração de uma ciência do organismo que não é a extensão de nenhuma outra disciplina, de uma ciência que se quer singular pela recusa de todas as analogias.

É dessa singularização progressiva da fisiologia, da qual muitos artigos da *Enciclopédia* levam a marca, que Diderot foi o testemunho apaixonado e o arauto. O *post-scriptum* ao prefácio dos *Pensées sur l'interpretation de la nature* contém essa recomendação: "Tenha sempre presente no espírito que a natureza não é Deus, que um homem não é uma máquina, que uma hipótese não é um fato." No dia em que Bichat resume de alguma maneira a doutrina de Stahl na palavra célebre: "A vida é o conjunto das funções que resistem à morte", o momento não está distante em que a necessidade de designar o estudo da vida em sua singularidade se satisfará pela invenção de uma palavra. O século XIX tem dois anos quando morre Bichat, quando nasce conceitualmente a biologia.

---

21 *Histoire de la médecine*. Tradução francesa. Paris, 1931. p. 479.

A ironia da história não poupa a história da ciência. Barthez, Bichat, Lamarck desconheceram a importância da química e recusaram a explicação dos fenômenos de respiração e de calor animal que Lavoisier tinha encontrado em sua revolução química. A fisiologia do século XIX, a partir de Magendie, devia procurar de novo modelos e analogias físicas e químicas aptas a dessingularizá-la, esperando que Claude Bernard reivindicasse, por sua vez, para ela, o direito a um objeto não insular, mas específico. No mesmo momento, a biologia darwiniana reconhecia nas pequenas variações individuais, isto é, em suma, nas singularidades morfológicas ou funcionais, a causa de aparição de tipos orgânicos susceptíveis, a despeito de sua natureza aproximativa e provisória, de suportar relações de homologia sem referência a algum plano de criação ou a algum sistema natural.

# 2. A CONSTITUIÇÃO DA FISIOLOGIA COMO CIÊNCIA[1]

## Nascimento e renascimento da fisiologia

Quando, em 1554, o célebre Jean Fernel (1497-1558) se dispôs a reunir, sob o título de *Universa medicina*, seus tratados já publicados, ele expôs, em um prefácio, sua concepção da medicina, relações que ela mantém com as outras disciplinas e partes das quais se compõe. *Physiologia* é o nome da primeira, sob a qual Jean Fernel reproduz seu tratado de 1542, *De naturali parte medicinæ*. O objeto da fisiologia é definido como "a natureza do homem sadio, de todas as suas forças e de todas as suas funções". Pouco importa aqui que Fernel tenha da natureza humana uma ideia mais metafísica que positiva. O essencial a reter é a certidão de nascimento, em 1542, da fisiologia, como estudo distinto da patologia e precedendo-a, a patologia precedendo ela mesma a arte do prognóstico, a higiene e a terapêutica.

A partir de então, o termo fisiologia se consolidou progressivamente em sua significação atual de ciência das funções e das constantes do funcionamento dos organismos vivos. No século XVII, aparecem sucessivamente, entre outros, *Physiologia medica* (Bâle, 1610), de Theodor Zwinger (1553-1588), *Medicina physio-*

1 Este estudo foi publicado como Introdução ao tomo I de *Fisiologia*, sob a direção de Charles Kayser, Paris: Edições Médicas Flammarion, 1963. três volumes.

*logica* (Amsterdam, 1653), de J. A. Vander-Linden (1609-1664), *Exercitationes physiologiæ* (Leipzig, 1668), de Johannes Bohn (1640-1718). No século XVIII, se desde 1718 Frédéric Hoffmann (1660-1742) publica *Fundamenta Physiologiæ*, é, no entanto, A. Von Haller (1708-1777) que dá incontestavelmente à fisiologia seu estatuto de pesquisa independente e de ensino especializado. Seus *Elementa physiologiæ*, em oito volumes publicados de 1757 a 1766, figuram como obra clássica durante meio século. Mas já em 1747, quando, depois de ter utilizado em seus cursos, durante 20 anos mais ou menos, as *Institutiones medicinæ*, de seu mestre Boerhaave, Haller se decide a publicar seu primeiro manual *Primæ lineæ physiologiæ*; ele propõe no discurso introdutório uma definição da fisiologia que fixa, por longos anos, seu espírito e seu método: "Deverão, talvez, objetar-me que essa obra é puramente anatômica, mas a fisiologia não é a anatomia em movimento?"

Essa definição, tornada aforismo, pode parecer estranha. A anatomia é a descrição dos órgãos, a fisiologia é a explicação de suas funções. Como pretender deduzir das técnicas da primeira as regras da segunda? De fato, toda fisiologia assim entendida equivalia mais ou menos a um *De usu partium* [Do uso das partes] na tradição de Galeno, em um discurso sobre a utilidade e o uso das partes do organismo. O que implicava, mesmo no pensamento dos que não assimilavam metaforicamente o organismo animal a uma máquina, uma dupla convicção: primeiro que os órgãos têm uma finalidade da mesma ordem que a dos instrumentos, construções artificiais premeditadas; e, em seguida, que suas funções podem ser deduzidas somente do exame de sua estrutura. É o que se chamava de dedução anatômica. A descoberta por Harvey da circulação do sangue, exposta numa obra cujo título comporta as palavras: *Exercitatio anatomica* (1628), tinha repousado, em parte, sobre a utilização explícita de princípio dessa espécie. O coração funciona como uma bomba, as válvulas das veias, como portas de comporta etc. Mas Harvey tinha introduzido, em sua teoria, considerações completamente de outra espécie, relativas ao ritmo do pulso, à quantidade de sangue expulsa pelo coração na aorta durante um tempo dado. Ele tinha procurado ligar fenômenos uns aos outros, sem os relacionar a uma estrutura. Ele tinha deduzido, em suma, o mecanismo do funcionamento. O próprio Haller, impondo a muitos dos seus contemporâneos os conceitos de irritabilidade e de sensibilidade para a explicação das funções respectivas do músculo e do nervo, tinha aceitado a crença na existência de propriedades fisiológicas sem relação evidente com estruturas anatômicas manifestas. E, no fim do século XVIII, as descobertas de Lavoisier concernentes à respiração e às fontes de calor animal deviam trazer a esse sentido fisiológico novo uma surpreendente confirmação. A função respiratória se encontrava explicada sem que fosse invocada a estrutura anatômica do pulmão e do coração. O corpo vivo não aparecia mais aos fisiologistas com a imagem de uma oficina de mecânico, mas com a de um laboratório de químico. Não era uma máquina, mas um cadinho. O ponto de vista funcional ia doravante ganhar do ponto de vista estrutural.

Nesse ponto, a anatomia comparada devia contribuir para diminuir, aos olhos dos fisiologistas, o prestígio da simples anatomia. A publicação, em 1803, das *Mémoire sur la respiration*, de Spallanzani, revelava que a absorção de oxigênio e a liberação de ácido carbônico não estão ligadas no animal à presença obrigatória de um aparelho pulmonar. Experiências paradoxais perdiam, então, sua singularidade. Em 1742, Abraham Trembley, o célebre observador dos pólipos, tinha conseguido, a virar ao avesso, como um dedo de luva, a hidra de água doce, e tinha ficado encantado ao ver o animal continuar vivendo, digerindo por sua superfície exterior interiorizada, respirando por sua cavidade interior exteriorizada. A experiência não desmentia, então, Burdach, quando ele propunha, por razões, no entanto, mais filosóficas que experimentais, que "a ideia da função cria seu órgão para se realizar". Em 1809, a *Philosophie zoologique* de Lamarck subordinava, em biologia, a estrutura em uso, e vulgarizava a ideia da qual o ortopedista Jules Guérin (1801-1886) devia dar a fórmula: "A função faz o órgão." Considerando, entre as funções fisiológicas, apenas aquelas cujo estudo constitui a originalidade do século XIX, a do sistema nervoso central (o século XVII tinha sido o da circulação; o XVIII, o da respiração), temos de ficar surpresos pelo fato seguinte. Esse estudo começa com Gall, muito hostil a Lamarck, pela proclamação de um princípio de dependência rigorosa das funções cerebrais em relação a sedes - Gall diz: - órgãos estritamente localizadas. Mas, por volta de 1880, com Goltz, é o princípio da independência das funções em relação às localizações cerebrais que parece triunfar, para surpresa do jovem Sherrington, interno, na época, do Instituto de Fisiologia de Estrasburgo.

Nenhum fisiologista do século XIX teve mais que Claude Bernard o sentimento de que, doravante, a dedução anatômica, em fisiologia, era insuficiente. Ninguém exprimiu essa convicção tão nitidamente quanto ele, em suas aulas do Collège de France sobre *La physiologie expérimentale appliquée à la médecine* (1855-1856). É preciso dizer que Claude Bernard se autorizava, na matéria das circunstâncias e condições nas quais ele tinha feito uma importante descoberta:

> "Se fui levado a encontrar a função glicogênica do fígado, foi pelo ponto de vista fisiológico; foi acompanhando o fenômeno do desaparecimento do açúcar no organismo, que eu vi que havia um ponto onde, bem longe de desaparecer, essa substância se formava em maior quantidade, formação que se tornou, então, uma função do fígado. Mas não foi, repito-o, perguntando-me para que podia servir o fígado, conforme a estrutura anatômica desse órgão; assim também... não foi perguntando-me para que podia servir o pâncreas que eu fui levado a descobrir que esse órgão tinha como função agir de uma maneira especial na digestão dos corpos graxos; foi acompanhando experimentalmente, no intestino do animal vivo, as modificações da gordura, que eu vi o ponto onde essas modificações se operavam, e fui levado a atribuir sua causa ao suco pancreático cuja função se achou determinada dessa maneira."

Convém, aliás, entender bem Claude Bernard. A anatomia que é aqui visada é a anatomia macroscópica, é a observação dos órgãos no estado cadavérico. Ora, por um lado, é um modelo bem pobre da função viva de uma estrutura ou textura inerte colocada em movimento. Por outro lado, separando um órgão do todo orgânico, perde-se de vista a razão do movimento que reside no conjunto, e admite-se implicitamente que a correspondência entre órgão e função é exclusivamente unívoca. Desconhece-se, então, segundo Claude Bernard, um fato biológico essencial: "Uma função exige sempre a cooperação de vários órgãos, e assim também um órgão tem ordinariamente vários usos. Os órgãos, até os mais delimitados, são assim." Em relação a isso, Claude Bernard se opunha, talvez, sem o saber, a um desses que seu mestre Magendie se tinha aplicado em desconsiderar junto à Escola de Paris. Com efeito, o que devia ser, durante a primeira metade do século XIX, o corifeu às vezes bastante despótico da Escola de Montpellier, Jacques Lordat (1773-1870) tinha escrito que, no estudo simultâneo da anatomia e da fisiologia, convinha adotar a ordem anatômica: "Se nos obstinássemos a conservar a das funções, seríamos obrigados a voltar várias vezes sobre as mesmas partes, porquanto, como o observa Vander-Linden,[2] a maior parte de nossos órgãos é feita, segundo a expressão dos antigos, à maneira das espadas de Delfos." (*Conseils sur la manière d'étudier la physiologie de l'homme*, 1813.)

Não se pode deixar de observar, de passagem, quanto o princípio de polivalência funcional invocado por Lordat e Bernard perde alcance, no dia em que a histologia vem desmembrar os órgãos delimitados segundo a tradição milenar da anatomia. Quando, por exemplo, se identificam as ilhotas de Langerhans (1869), deixa-se de considerar o pâncreas como um só e simples órgão. Mas é preciso aceitar o princípio em seu contexto de época. Então, a oposição das conclusões que daí tiram Lordat e Bernard marca o ponto onde surge o sentido da revolução fisiológica do século XIX. E é preciso pesquisar o que tornou possível para a fisiologia a conquista de uma autonomia que a anatomia lhe tinha recusado até então.

* * *

2 *Medicina physiologica* (1653); II, 2, § 12. Vander-Linden contradiz aqui Aristóteles, que tinha escrito: "A natureza não procede mesquinhamente como os cuteleiros de Delfos, cujas facas servem para vários usos, mas peça por peça; o mais perfeito dos seus instrumentos não é o que serve para vários trabalhos, mas para um único." (*Política*, I, 1, § 6.) Vander-Linden (1609-1664) foi, em Leyde, o predecessor de Drelincourt, ele mesmo predecessor de Boerhaave.

No *Rapport sur les progrès et la marche de la physiologie générale en France* (1867), Claude Bernard qualificou de "Renascimento" o movimento de renovação metodológica comunicado aos estudos fisiológicos pelo triplo impulso de Lavoisier e de Laplace, Bichat e Magendie. As ciências físico-químicas, a anatomia geral e a experimentação em organismos vivos teriam sido as fundações sólidas da fisiologia moderna. Esse quadro, sempre fiel, pode suportar, no entanto, sem prejuízo para seu autor, alguns retoques, comandados por um recuo de perto de um século. De fato, a anatomia geral precisou esperar sua revolução própria, a constituição e a consolidação da teoria celular, para servir utilmente a fisiologia. Por outro lado, a experimentação direta em organismos vivos, por vivissecções, por ablação ou por enxertos de órgãos, por modificação dos regimes de vida, é bem anterior no século XIX. Por exemplo, as pesquisas de Poiseuille sobre a pressão sanguínea (1828) foram precedidas pelas de Stephen Hales (1733); os trabalhos de Flourens sobre o mecanismo de crescimento dos ossos (1841) prolongavam as experiências de Duhamel du Monceau (1739-1743). Não é, então, tanto por ter sistematizado o emprego da experimentação que Magendie deve conservar, com justa razão, sua reputação de pioneiro da fisiologia moderna, mas antes por ter sido o propagandista enérgico, e às vezes brutal, de uma conversão intelectual. Foi por ter importado para a fisiologia "o sentimento da verdadeira ciência" que ele se tinha inspirado em Laplace, seu protetor, como o disse, no *Elogio* que ele fez de seu mestre, Claude Bernard. Magendie impôs aos seus contemporâneos a ideia de que a medicina estava ainda para ser feita, e para fazê-lo, disciplina como a física e a química deviam estender sua legislação presente e por vir aos fenômenos orgânicos, sem nenhuma restrição, e não somente até um certo ponto. No século XVIII, Frédéric Hoffmann, retomando uma palavra de Hipócrates, tinha declarado que o médico começa onde o físico para (*ubi desinit physicus, ibi incipit medicus*),[3] isto é, o médico deve-se deixar guiar pelas leis da vita-

---

3 O mesmo aforismo é emprestado ao rival de Hoffmann, G.-E. Stahl.

lidade que não se reduzem às leis físicas. No século XIX, pode-se medir exatamente os progressos do império da física em fisiologia pela confrontação dos títulos de três obras. William Edwards (1777-1849) publica, em 1824, *De l'influence des agents physiques sur la vie*. T. H. Huxley publica, em 1868, *On the physical basis of life*. Primeiramente concebida como influenciada por agentes físicos, a vida é, em seguida, considerada como manifestada em fenômenos físicos, e, enfim, como baseada neles.

Mas é preciso dizer imediatamente que o ascendente progressivo das ciências físico-químicas sobre a pesquisa em fisiologia se deveu essencialmente ao fato de que essas ciências foram, para todos os fisiologistas, auxiliares técnicos indispensáveis, ao mesmo tempo em que elas não eram, para alguns dentre eles, modelos teóricos irrecusáveis. Se não é preciso tomar estritamente ao pé da letra a afirmação frequentemente reiterada de Claude Bernard, segundo a qual a fisiologia se tornou científica tornando-se experimental, é certo, pelo menos, que entre a experimentação fisiológica do século XVIII e a do século XIX, a diferença radical se deve à utilização sistemática por esta de todos os instrumentos e aparelhos que as ciências físico-químicas em pleno desenvolvimento permitiram adotar, adaptar ou construir, tanto para a detecção quanto para a medida dos fenômenos. Sem dúvida, deve-se consentir a Carl Ludwig (1816-1895) e à sua escola, na Alemanha, durante a segunda metade do século XIX, um apego eletivo às técnicas físico-químicas e uma espécie de engenhosidade coletiva na construção e utilização de aparelhos. Em vista disso, as pesquisas de Claude Bernard têm um aspecto mais artesanal e, também, parece, mais especificamente biológico, sendo mais orientado para a prática das vivissecções. Mas seria desnecessário destacar aqui alguma oposição de espíritos ou de gênios nacionais. Porque a história da fisiologia, que não é mais a história dos fisiologistas, nos mostra, ao contrário, uma coerência real na instrução recíproca, e uma troca manifesta de bons procedimentos de empréstimo na evolução das técnicas instrumentais. Por exemplo, mais ainda do que a construção da bomba de mercúrio destinada à separação dos gases do sangue, foi a construção do famoso *quimógrafo* (1846) que tornou C. Ludwig célebre. Ora, segundo a filogênese tecnológica, o ancestral desse instrumento é incontestavelmente o *hemodinamômetro* de J.-L.-M. Poiseuille (1799-1869). A engenhosidade própria de Ludwig consistiu em conjugar o manômetro arterial de Poiseuille com um registrador gráfico. De forma que, quando E.-J. Marey (1830-1904) se esforçou em desenvolver e em aperfeiçoar, na França, o método gráfico, ele se encontrou na situação de ser o devedor indireto de Poiseuille, sendo o devedor direto de Ludwig.

Seria, entretanto, dar uma ideia infiel do desenvolvimento da fisiologia no século passado reter exclusivamente o aspecto instrumental da experiência. Lendo certos resumos históricos ou certos manifestos metodológicos, poder-se-ia crer que os instrumentos ou as técnicas que os utilizam são pensamentos deles mesmos. Certamente o fato de utilizar tal ou tal instrumento leva por si mesmo à escolha de uma hipótese sobre a natureza da função estudada. Por exemplo, o carrinho indutor de Du Bois-Reymond materializa uma certa ideia das funções do nervo e do músculo, mas não se poderia dizer que ele o substitua nem que ele o dispense, pela simples razão que um instrumento pode servir para explorar, mas não é de nenhuma ajuda para questionar. Eis a razão pela qual não se poderia compreender, sem reservas, os historiadores, ocasionais ou profissionais, da fisiologia, que, indo ainda além da hostilidade declarada de Claude Bernard pelas teorias explicativas, atribuem só à experimentação empírica[4] os progressos da fisiologia no século XIX. As teorias condenadas por Claude Bernard são sistemas, como o eram o animismo ou o vitalismo, isto é, doutrinas que respondem a uma questão, colocando a questão na resposta. Mas sabe-se o bastante que Claude Bernard jamais considerou a pesquisa, a descoberta e a reunião de fatos experimentais como atividades semelhantes à colheita de frutos silvestres ou à exploração de uma carreira.

> "Sem dúvida, escreve ele, há muitos trabalhadores que não são menos úteis à ciência quando eles se limitam a trazer-lhe fatos

---

4 É assim que Claude Bernard chama o método de Magendie. Ver *Relatório* de 1867, p. 6.

> brutos ou empíricos. Entretanto, o verdadeiro sábio é aquele que encontra os materiais da ciência e que procura, ao mesmo tempo, construí-la determinando o lugar dos fatos e indicando a significação que eles devem ter no edifício científico."[5]

E a *Introduction à l'etude de La médecine expérimentale* (1865) é uma longa defesa em favor do recurso à ideia na pesquisa, sendo bem entendido que uma ideia científica é uma ideia diretriz, e não uma ideia fixa.

Se é verdade que a experimentação empírica permitiu a Magendie estabelecer em 1822 a diferença de função das raízes raquidiana anterior e posterior, é preciso bem reconhecer que Sir Charles Bell (1774-1842), 11 anos antes, não tinha sido prejudicado por uma "ideia" (*Idea of a new anatomy of the brain*, 1811): quando dois nervos enervam uma mesma parte do corpo, não é para produzir aí um mesmo efeito, mas dois efeitos diferentes; ora, os nervos raquidianos são, ao mesmo tempo, motores e sensitivos, então, eles não o são sob a mesma relação anatômica; dado que o nervo raquidiano tem duas raízes, cada uma de suas raízes é um nervo funcionalmente diferente.

Se é verdade que a fisiologia da nutrição tirou seus primeiros conhecimentos dos métodos de análise química de Liebig e das pesquisas de Magendie relativas aos efeitos sobre o cão de regimes alimentares diferentemente compostos, deve-se admitir, no entanto, que os trabalhos de W. Prout (1785-1850) sobre o equilíbrio dos sacarídeos, das gorduras e das albuminas na alimentação humana não precisaram ter dificuldade com sua "ideia", a saber, que a alimentação do homem, na variedade de seus regimes tradicionais ou refletidos, é apenas uma imitação mais ou menos espontânea, mais ou menos disfarçada, do protótipo de todos os alimentos, o leite.

Se é verdade que a fisiologia dos órgãos dos sentidos é dominada no século XIX pelos trabalhos de Hermann Helmholtz, deve-se observar que sua importância se deve, ao mesmo tempo, à engenhosidade experimental de seu autor, inventor de instrumen-

---

5 *Ibidem*, p. 221, nota n. 209.

tos justamente célebres (o oftalmoscópio, 1850), e às amplas bases matemáticas de sua cultura de físico. Um espírito matemático, quando se volta para as ciências da natureza, não pode deixar de usar ideias. Aluno de Johannes Müller, cuja lei da energia específica dos nervos e dos órgãos dos sentidos serve como ideia diretriz a toda a psicofisiologia da época, Helmholtz soube aliar-se à exigência pessoal de medida e de quantificação que o distinguia de seu mestre, o sentido filosófico da unidade da natureza que ele herdava dele, e cuja influência é manifesta em todos os seus trabalhos sobre as relações do trabalho muscular e do calor. Se a dissertação de 1848, atribuindo, no músculo, ao trabalho a fonte principal do calor, tem em conta dados obtidos graças a instrumentos de termometria especialmente construídos por Helmholtz, a dissertação de 1847 sobre a conservação da força (*Über die erhaltung der kraft*) se inspira em uma certa ideia da unidade e da inteligibilidade dos fenômenos.

Sabe-se, também, que em suas últimas aulas no *Muséum*, publicadas por A. Dastre sob o título *Leçons sur les phénomènes de la vie communs aux animaux et aux végétaux* (1879-1878), Claude Bernard expôs suas ideias, e, especialmente, a ideia da unidade das funções vitais: "Não há senão uma maneira de viver, uma só fisiologia para todos os seres vivos." Nessa data, a ideia era, em suma, o balanço de uma carreira e o resumo de uma obra. Mas antes de ser esse balanço e esse resumo, a ideia tinha sido, sem dúvida, o estimulante de uma pesquisa. Era ela que tinha permitido a Claude Bernard, durante os anos 1840, colocar em dúvida na França – como o fazia na Alemanha, Liebig – as conclusões de Dumas e Boussingault em sua *Estática química* (1841). Esses autores afirmavam que os animais não fazem mais que decompor as substâncias orgânicas cuja composição incumbe ao reino vegetal, especialmente os hidrocarbonos. Todos os trabalhos de Claude Bernard sobre a função glicogênica do fígado, desde a comunicação de 1848, na Academia das Ciências, até a tese de doutorado em ciências, em 1853, se apresentam como as consequências de um postulado, que não há diferença entre animais e vegetais em relação à produção dos princípios imediatos, que não há hierarquia entre os reinos da vida, e até que, do ponto de vista fisiológico, não há reinos. Quando Claude Bernard responde aos seus contraditores que a ele lhe desagrada admitir que os animais não possam fazer o que fazem os vegetais, quando afasta uma certa concepção da divisão do trabalho entre organismos, ele lhe entrega, talvez, o segredo, não misterioso, de um sucesso. Certamente, esse "sentimento" não poderia ser um "argumento", como é dito nas *Leçons de physiologie expérimentale appliquée à la médecine* (1855-1856). E, mesmo, não é uma hipótese de trabalho concernente às funções de tal ou tal órgão. Mas se não é para uma descoberta determinada – a função glicogênica do fígado – sua condição de possibilidade experimental é, pelo menos, quando a experimentação deu resultados, uma condição de acolhimento intelectual da possibilidade de uma significação, desconcertante nela mesma para a maior parte dos espíritos na época.

Como se vê pelos exemplos precedentes, escolhidos nos diferentes domínios de pesquisas, os progressos de uma ciência experimental não exigem absolutamente a acefalia dos experimentadores. Claude Bernard escreveu que não se pode compreender o que se encontra quando não se sabe o que se procura.[6] Essa reivindicação de lucidez na conduta do trabalho científico deve naturalmente inspirar a colocação em perspectiva histórica das aquisições do saber durante um dado período. Em consequência, a história de uma ciência não poderia ser uma simples coleção de biografias, nem, com maior razão, um quadro cronológico complementado por anedotas. Ela deve ser também uma história da formação, da deformação e da retificação de conceitos científicos. Toda ciência, sendo um ramo da cultura, a instrução aí é uma das condições da invenção. Se se esquece o papel desempenhado pela informação dos estudiosos em suas contribuições pessoais no adiantamento de uma pesquisa, é normal que se confunda com o empirismo o experimentalismo da ciência moderna. De fato, a qualificação de empirismo se deve à insuficiência de abertura do campo cronoló-

---

6 *Relatório* de 1867, p. 131.

gico. Assim parece comportar-se como empírico quem não percebe os predecessores de quem ele retém seu saber. No fundo, a menor observação implica uma tomada de posição em relação a um saber, ela tende a validá-lo ou a contestá-lo. "A observação científica", diz Gaston Bachelard, "é sempre polêmica". Aquele que passa por empírico não é, no mais das vezes, senão um não sistemático em relação aos que, entre seus contemporâneos, descansam sobre a conquista do momento. E, em consequência, retraçando a história de um problema, em vez de contar aventuras de sábios, faz-se aparecer sem artifício uma relativa racionalidade. Não poderia ser diferente no que concerne à fisiologia.

É, aliás, somente a esse preço que se pode situar segundo seu justo valor de significação os acidentes que interdizem a toda pesquisa um desenvolvimento tranquilo, os impasses da exploração, as crises dos métodos, os erros de técnica às vezes felizmente convertidos em caminhos de acesso, as novas partidas não premeditadas. Porque se uma ciência só fosse empírica, sua história, olhando bem, seria impossível, como ela o é de toda sucessão de acasos. É preciso esquematizar épocas do saber para poder tirar proveito das anedotas da pesquisa. Um bom exemplo pode ser aqui tomado da história dos problemas concernentes à digestão. Foi a invenção de uma técnica experimental, a das fístulas gástricas, que permitiu, na segunda parte do século XIX, a aquisição dos conhecimentos, hoje clássicos, em matéria de filosofia digestiva. Sabe-se, em particular, que partido Ivan Pavlov (1849-1936) tirou dessa técnica renovada por ele, a partir de 1890. Mas é preciso saber também que essa técnica foi inaugurada pelos trabalhos quase simultâneos, e completamente independentes, de Bassov, em Moscou,[7] em 1842, e de Blondlot, em Nancy[8] (*Traité analytique de la digestion, considérée particulièrement dans l'homme et les animaux vertébrés*, 1843). Ora, já fazia quase dois séculos que Regner de Graaf (1641-1673) tinha conseguido praticar

7 Bassov (Vassili-Alexandrowitch), 1812-1879.

8 Nicolas Blondlot, nascido em 1810, era professor de química e de farmácia na Faculdade de Nancy. Sua técnica de fistulização é exposta por Claude Bernard nas *Lições de fisiologia operatória* (26ª lição).

no cão uma fístula pancreática (*Disputatio medica de natura et usu succi pancreatici*, 1664) [Discussão médica sobre a natureza e o uso do suco pancreático] sem que, desde então, se tentasse transpor o ponto de aplicação do procedimento operatório. As experiências de Réaumur, em 1752, e de Spallanzani, em 1870, instituídas a fim de decidir entre a explicação química (Van Helmont) e a explicação mecânica (Borelli) dos fenômenos da digestão, tinham multiplicado os dispositivos mais engenhosos, mas também os mais indiretos, para recolher suco gástrico pela via esofagiana. Nem um nem outro parecem ter imaginado, mesmo para discutir sua possibilidade, a fistulização artificial do estômago. A invenção da fístula gástrica artificial procede da publicação por um médico americano, William Beaumont (1785-1853), do resultado de suas observações em um caçador canadense, Alexis Saint-Martin, apresentando, depois de ferimento com arma de fogo, uma fístula estomacal cujas bordas aderiam às paredes do abdômen. Beaumont, que havia tomado o homem ao seu encargo, consignou os resultados de suas observações sobre as contrações e a secreção gástricas em uma dissertação (*Experiments and observations on the gastric juice and the physiology of digestion*, 1833). A história da cirurgia apresenta outros casos de fístulas estomacais, ainda que pouco numerosos. Em nenhum houve a possibilidade de um estudo semelhante ao de Beaumont. E é aí que se deve situar a origem espontânea de um artifício experimental sistematicamente praticado a partir de Bassov e Blondlot. Mas não é por acaso que um acidente assim tenha sido, em sua época, pacientemente utilizado inicialmente, intencionalmente reproduzido em seguida. São as pesquisas químicas, então em pleno desenvolvimento, sobre a composição dos alimentos que estimularam, correlativamente, as pesquisas químicas sobre as secreções do tubo digestivo. Devem-se a Prout as primeiras análises químicas do suco gástrico (1824). A necessidade de obter esse suco em quantidades notáveis, e sem mistura de alimentos, colocava à engenhosidade dos fisiologistas o problema de sua retirada desde o início da secreção comandada por seus excitantes específicos, e da escolha do animal cuja conformação anatômica e comportamento das funções digestivas fossem os mais favoráveis.

Não é, aliás, somente nos casos de invenção de técnicas de exame e de estudo que o acidental e o imprevisto recebem sua significação e seu valor da cadeia de sucessões e da trama de relações sobre as quais eles se destacam. É preciso dizer o mesmo sobre os próprios problemas, que nascem não necessariamente no terreno onde eles encontram sua solução. A história da fisiologia não pode ser totalmente estranha à história da clínica e da patologia médicas, durante o mesmo tempo. A relação dessas disciplinas não pode ser concebida em um só sentido, embora o mais familiar aos fisiologistas seja o que vai da fisiologia à patologia. A história da fisiologia nervosa e a da fisiologia endócrina, no século XIX, nos oferecem exemplos incontestáveis de casos onde foram a observação clínica e a indução etiológica que chamaram a atenção sobre desordens ou desregramentos funcionais de que os fisiologistas ignoravam inicialmente de que mecanismos normais de regulação eles constituíam a suspensão ou o afastamento. A história da fisiologia da suprarrenal ou da tiroide é ininteligível sem sua relação com o estudo clínico da doença de Addison ou com a cirurgia das papeiras, e, em seguida, às suas contingências históricas próprias. Em relação a isso, a obra de uma fisiologista como Brown-Séquard (1817-1894) se distingue nitidamente da obra de um Claude Bernard, pelo fato de que ela encontrou mais frequentemente ou procurou na experiência médica o ponto de partida de suas pesquisas.

* * *

Ao fim desse rápido resumo das circunstâncias nas quais a fisiologia se constituiu no século XIX como ciência autônoma, uma conclusão parece impor-se. A fisiologia não é uma ciência que se possa definir pela especificidade de seu método, porque ela usou – e continua a usar – sucessiva ou simultaneamente todos os métodos, porque ela aceitou ou pediu – e continua a fazê-lo – o socorro de todas as ciências, que se trate de matemática (biometria), física (eletrologia, termologia e termodinâmica), química, e, antes de qualquer coisa, das outras ciências biológicas (histologia, citologia). Não é mais fácil definir a fisiologia por seus problemas. Foi o que Claude Bernard tinha tentado, na segunda parte do *Relatório* de 1867. Foi o que tinha tentado de novo, em 1894, Max Verworn (1863-1923), no primeiro capítulo de seu *Allgemeine physiologie*, que constitui uma interessante introdução histórica e metodológica, cuja inspiração científica herdada de Hæckel não chega a obliterar a fidelidade ao ensinamento de Johannes Müller. "Müller", diz Verworn, "escolhia sempre o método segundo o problema do momento, e jamais o problema conforme o método, como acontece frequentemente hoje. Não é o método que deve ser unificado em fisiologia, mas o problema". Não pensamos que algum fisiologista aceitaria hoje definir, como Claude Bernard e Verworn, o problema da fisiologia: a explicação da vida. Independentemente do fato de que uma tal definição faz duplo uso com a do problema da biologia, não é certo que o termo de vida, tomado absolutamente, tenha seu lugar em outra parte senão numa problemática filosófica. A fisiologia animal contemporânea aceita como um dado a multiplicidade dos modos de vida de certos organismos, ela propõe-se a determinar as constantes funcionais desses modos de vida e a trazê-los, se possível, a alguns tipos gerais.

Ora, hoje é impossível falar de um problema de fisiologia sem precisar em que escala da organização biológica ele se situa e recebe seu sentido. A unidade da fisiologia, já para Claude Bernard, e, mais ainda, para Max Verworn, era a unidade da fisiologia celular. A criação, em 1875, no Collège de France, de uma cadeira de histologia para um aluno de Claude Bernard, Ranvier (1835-1902), não tinha tido somente por objetivo a consagração da engenhosidade e da eficacidade e novas técnicas em microtomia, ela testemunhava principalmente da obrigação feita à fisiologia de continuar em um novo plano de estrutura a pesquisa de seu objeto e de seus problemas. "A vida", escrevia Claude Bernard, "reside exclusivamente nos elementos orgânicos do corpo; todo o resto é só *mecanismo*. Os órgãos reunidos são apenas aparelhos construídos com o objetivo da conservação das propriedades vitais elementares".[9] Mas, 30 anos mais tarde, o *Traité d'histologie*, de Prenant, Bouin e Maillard

---

9 *Lições de fisiologia operatória*, publicadas em 1879 por Mathias Duval: início da 14ª lição.

(1904), dava lugar à noção de graus de individualidade e de submúltiplos celulares, e Heidenhain elaborava, na mesma época, a concepção dos histossistemas, isto é, dos graus de organização e de seus fenômenos específicos. A partir daí, a detecção das estruturas moleculares da matéria viva convidou ainda os biólogos a retificar suas ideias sobre o que Claude Bernard chamava de "radicais da vida";[10] ela permitiu, por um lado, a ultrapassagem do conceito de organização pelo de estrutura; ela impôs, por outro lado, a reconversão, para algumas de suas tarefas, do fisiologista em histofísico e em histoquímico. Do ponto de vista das técnicas e dos métodos, o termo fisiologia parece designar hoje a margem de tolerância de uma rubrica universitária – e, talvez, amanhã, industrial – mais do que a unidade rigorosa de um conceito científico. Pelo menos, todas as pesquisas fisiológicas têm um projeto comum, encontrando seu sentido no espírito que os orienta na definição e medida das constantes de certas funções que é preciso continuar chamar de vitais, enquanto esforçamo-nos para construir, fora de toda referência aos seres vivos, modelos físico-químicos. Que a fisiologia não possa fazer, ela própria, aparecer inteiramente seu próprio sentido no mesmo nível de objetividade que os objetos de observação e de experimentação que lhe atribui progressivamente sua história, essa limitação não lhe é própria e não constitui uma inferioridade. Mas é uma questão sem interesse aqui, qualquer que possa ser o interesse em outra parte.

## Os fisiologistas do século XIX: Escolas e individualidades

Um historiador da fisiologia deve desculpar-se por confessar que, para ele, o hemistíquio de Vítor Hugo ("Esse século tinha dois anos...") evoca menos o nascimento do poeta que a morte de Xavier Bichat, com a idade de 31 anos? Um estudante de 19 anos preparava o concurso do internato. No ano anterior, nascia, em Colbence, Johannes Müller. Os 18 anos que separam o nascimento de Müller do de Magendie separam exatamente a publicação

10 *Relatório* de 1867, p. 136.

das obras pelas quais um e outro nascem, uma segunda vez, como fundadores da fisiologia moderna. O primeiro tomo do *Précis élémentaire de physiologie* foi publicado em 1816, o primeiro tomo do *Handbuch der physiologie des menschen*, em 1833-1834. Müller se refere aí frequentemente aos trabalhos de Magendie. Magendie funda, em 1821, a *Journal de Physiologie expérimentale*, no mesmo ano em que a Academia das Ciências lhe outorga uma menção honrosa com o Prêmio de Fisiologia Experimental, fundado em 1818, por Monthyon, por instigação de Laplace. É em 1834 que Müller se torna o editor de *Archiv für anatomie, physiologie und wissenschaftliche medizin*, que continua, através de alguns sucessores, a revista *Archiv für physiologie*, fundada em 1796 por J. C. Reil. Não é, então, a complacência que sugere, mas a sucessão dos acontecimentos que impõe começar pela França um sumário histórico da fisiologia no século XIX.

## OS FISIOLOGISTAS NA FRANÇA

Dois manuais, os *Nouveaux éléments de physiologie* (1801), de Richerand, e o *Essai de physiologie positive*, de Fodéré (1806), não bastam para inscrever o nome dos autores na história da fisiologia. São os trabalhos de J.-J.-C. Legallois (1770-1814) que inauguram na França a fisiologia positiva. Sua tese de 1801, *Le sang est-il identique dans tous les vaisseaux qu'il parcourt?*, formula, em termos de química biológica, o problema das secreções, e contém alguns pressentimentos do conceito de secreção interna. Quando, em sua dissertação de 1812, *Expériences sur le principe de la vie, notamment sur celui des mouvements du coeur et sur le siège de ce principe*, ele estabelece na medula centros de movimentos involuntários, e apresenta ideias metodológicas muito pertinentes sobre a técnica das vivissecções e sobre o interesse da anatomia comparada para a análise das funções fisiológicas. Tanto pelo objeto dos trabalhos quanto pelos métodos, a fisiologia de Legallois aparece como uma prefiguração da de Flourens, por um lado, da de Claude Bernard, por outro.

É surpreendente ver alguns historiadores da fisiologia não fazerem nenhuma menção a Poiseuille (1799-1869), enquanto se ensina ainda aos estudantes as leis que levam seu nome, enquanto Magendie o tinha em grande conceito (a tese de Poiseuille, *Recherches sur la force du cœur aortique*, 1828, foi publicada na *Journal de Physiologie*), e cita abundantemente suas técnicas e seus resultados nas *Leçons sur les phénomènes physiques de la vie*. Poiseuille foi três vezes laureado da Academia das Ciências pelo Prêmio de Fisiologia Experimental (1829, 1831, 1835), isto é, mais que Magendie. Por outro lado, as medidas de Poiseuille sobre a pressão do sangue no sistema arterial (1828 e 1860) o conduziram a resultados, contestados então pelos clínicos, hoje clássicos, resumidos num teorema segundo o qual a força aplicada a uma massa sanguínea é independente de sua posição no sistema arterial e do calibre da artéria. Por outro lado, ele formulou leis de hidrodinâmica nos tubos de muito pequeno diâmetro (1840-1841), e mediu a viscosidade sanguínea. E, enfim, a construção, em 1825, do hemodinamômetro, ancestral de todos os aparelhos de manometria utilizados em fisiologia, faz de Poiseuille o iniciador incontestável da instrumentação fisiológica no século XIX.[11]

De Magendie (1783-1855) já se tratou muito. É preciso insistir aqui sobre sua personalidade e seu papel de chefe de escola. Sua reputação ultrapassou rapidamente fronteiras. Seu *Précis de physiologie* foi traduzido em alemão, desde 1820, por C. F. Hensinger, em inglês, em 1831, por E. Milligan. Seus ouvintes estrangeiros foram numerosos: entre eles, deve-se citar Moritz Schiff (1823-1896), um dos fundadores da endocrinologia, que viveu em Paris em 1844-1845. Não é fácil caracterizar a influência exercida por Magendie. Tudo foi dito a favor ou contra seu empirismo, seu ceticismo, seu materialismo. De fato, sua obra representa um mo-

11 Os físicos conservaram mais fielmente que os fisiologistas a memória de Poiseuille. No sistema de unidades C. G. S., a unidade de viscosidade foi chamada de *poise*.

mento necessário na evolução da fisiologia. Para compreender seu alcance, não se deve separá-lo da obra médica de seu contemporâneo, Broussais. Sob a Revolução e o Império, as ciências físico-químicas tinham gozado em liberdade dos favores do poder, em razão de sua eficácia no domínio da indústria, da economia, e, em seguida, da potência militar. Mas sob o Império e a Restauração, as ciências ditas morais, que os filósofos do século XVIII não tinham se separado das ciências da natureza, eram o objeto, por parte do poder, de uma solicitude inspirada por uma preocupação manifesta de domesticação. Magendie e Broussais se acharam obrigados a ser dogmáticos contra a ortodoxia, no seio de uma Universidade que acreditava ver, em toda parte, porfiar-se a sombra de Cabanis. Em sua primeira dissertação sobre as *Rapports du physique et du moral* (1798), Cabanis tinha louvado o Instituto pela prudência que ele tinha experimentado "chamando fisiologistas na seção da análise das ideias". Magendie e Broussais começavam sua carreira em uma época em que a tendência teria sido antes à introdução dos psicólogos, isto é, de metafísicos espiritualistas, na seção de fisiologia. Se as *Memórias de além-túmulo* encerram uma violenta diatribe contra Gall, não é somente em razão de uma Anedota, é porque o autor tinha compreendido, tanto quanto Napoleão, que a fisiologia do cérebro não era ela mesma consoante com o *Gênio do Cristianismo*. Se Magendie tinha para com as teorias da fisiologia o horror que o tornou célebre, é porque muitas dentre elas davam argumento contra o eclético da filosofia oficial. Nomeado, em 1830, na cadeira de medicina do Collège de France, Magendie instituiu então o primeiro laboratório de fisiologia experimental. Antes, ele tinha organizado cursos privados de demonstrações de fisiologia. Fora de seus trabalhos sobre as funções dos nervos raquidianos (1822), é preciso lembrar suas pesquisas sobre a absorção (1821), sobre os efeitos dos alcaloides (1822) e sobre o líquido céfalo-raquidiano (1825 e 1842). Antes de Charles Richet, Magendie tratou do que não se chamava ainda anafilaxia, durante suas aulas sobre o sangue, publicadas em inglês, na Filadélfia (*Lectures on the blood*, 1839), antes de serem incorporadas às *Leçons sur les phénomènes de la vie* (1842).

P. Flourens (1794-1867), aluno de Cuvier, professor de anatomia, depois de fisiologia comparada no Muséum, sucessor de Duvernoy no Collège de France (1855), secretário perpétuo da Academia das Ciências, se apresenta como o continuador de Legallois e refutador de Gall. Por um lado, ele localizou no bulbo raquidiano o centro respiratório, o famoso "nó vital", por outro, ele procurou demonstrar que a inteligência e a vontade são funções do cérebro total. Ele pôs em evidência a função cerebelar da coordenação motriz e se interessou pelo papel dos canais semicirculares no equilíbrio. Além disso, deve-se-lhe a prova experimental da função do periósteo na osteogênese. A técnica de Flourens consistia quase exclusivamente em ressecções e ablações de órgãos. Não era um "fisiologista físico", como Magendie dizia de Poisieuille. As principais publicações de Flourens são: *Recherches expérimentales sur les propriétés et les fonctions du système nerveux dans les animaux vertébrés* (1824); *Expériences sur les canaux semi-circulaires de l'oreille* (1830); *Note touchant l'action de l'éther sur les centres nerveux* (1847); *Théorie expérimentale des os* (1847). Não está excluído reter que as contribuições de Flourens para a história da biologia, particularmente sobre Buffon, Cuvier, E. Geoffroy Saint-Halaire, não são desprezíveis. Mas sua hostilidade ao darwinismo não lhe garantiu só admiradores.

F.-A. Longet (1811-1871) continuou, também, as pesquisas de Legallois sobre a medula, mas à luz dos trabalhos de Bell e Mangendie sobre os nervos raquidianos, e dos trabalhos de Marshall-Hart e de J. Müller sobre as ações reflexas. Deve-se-lhe a primeira boa descrição da enervação da laringe. Ele publicou, em 1841, *Recherches sur les propriétés et les fonctions des faisceaux de la moelle épinière*, em 1842, um *Traité d'anatomie et de physiologie du système nerveaux*, e, em 1850-1852, um *Traité de physiologie* que conheceu várias edições.

Claude Bernard (1813-1878), inicialmente assistente, depois suplente, enfim, sucessor (1855) de Magendie no Collège de France, ligou seu nome, de forma durável, a um conjunto de descobertas cuja amplitude e unidade não deixaram de ser cada vez mais estimadas. Ele jamais figurou como sábio desconhecido e maldito, em um século que contém alguns, menos, entretanto, que poetas. Glória nacional, Claude Bernard se presta facilmente às banalidades de uso ou ao ditirambo de circunstância. É difícil falar dele ou escrever sobre ele, porque é o mais conhecido de todos os fisiologistas franceses, o que não quer dizer que seja muito bem compreendido. Não parece, em geral, ter-se observado o suficiente que sua atitude de espírito em relação às ciências físico-químicas aliava a reserva à deferência. O que o distingue de Magendie não é somente ter defendido um racionalismo experimental contra um empirismo experimental na ordem dos métodos de pesquisa, é também e, talvez, principalmente, ter guardado suas distâncias de biólogo em relação às ciências auxiliares. A época lhe permitia isso. Em 1865 (*Introduction*) e em 1867 (*Rapport*), enquanto a refutação do vitalismo visava atrasados despreparados, cujas ostentações eram só verbais, a fidelidade aos vencedores, físicos e químicos, corria o risco de reduzir a fisiologia em escravidão. Em suma, a situação estava revirada desde o início da carreira de Magendie, e, graças a sua obra e ao seu impulso, Claude Bernard podia escrever:

> "Os físicos, os mecânicos e os químicos consideram como sendo de seu domínio fenômenos mecânicos, físicos e químicos que pertencem, no entanto, à fisiologia. Sem nenhuma dúvida, como nós o repetimos muitas vezes, há somente uma mecânica, uma física e uma química quanto às leis que regem os fenômenos dos corpos vivos e dos corpos brutos. Mas vimos que seria, contudo, um erro assimilar completamente os fenômenos dos corpos vivos aos que acontecem nos corpos brutos. Em razão dos procedimentos sempre especiais que a natureza orgânica emprega, o estudo desses fenômenos pertence realmente ao fisiologista. É assim que as fermentações devem ser compreendidas nos fenômenos fisiológicos de nutrição, de desenvolvimentos etc."[12]

Assim se explica a ideia que Claude Bernard fez sempre do papel e, em seguida, do equipamento de um laboratório de fisiologia. Ele deplorou, no *Rapport*, assim como na *Introduction*, a raridade

---

12 *Relatório* de 1867, nota n. 225.

dos laboratórios franceses e a insuficiência de seus recursos; mas reagiu inversamente contra o "luxo de instrumentos no qual caíram certos fisiologistas", e isso por razões científicas: "É preciso saber que mais um instrumento é complicado, mais ele introduz causas de erro nas experiências. O experimentador não cresce pelo número e complexidade de seus instrumentos; é o contrário."[13] A reserva em relação aos benefícios da instrumentação é só um dos sintomas da desconfiança de Claude Bernard pelo uso das medidas em biologia e pelos cálculos que os exploram. Se o personagem de Bernard se parece em certos pontos com o de Magendie, seu pensamento conserva uma fidelidade discreta à inspiração de Bichat. E não é por acaso se todas as suas descobertas terminaram por se esclarecer mutuamente na unidade do conceito de "meio interior" (1865). O meio interior fisiológico ou orgânico é, para Claude Bernard, o sangue considerado como o repartidor das reservas alimentares e energéticas necessárias à constância da atividade das células. A ideia de meio interior implica a adesão à teoria celular, tomada num sentido associacionista. O organismo faz um meio para seus elementos, e o meio faz, dos elementos, um organismo. O conceito de secreção interna, para Claude Bernard, não é ainda o conceito de uma mensagem química intraorgânica, ele é o conceito de uma condição de autonomia do organismo, tomado como um todo, em relação ao meio exterior. "Os fenômenos da vida têm uma elasticidade que permite à vida resistir, em limites mais ou menos extensos, às causas das perturbações que se encontram no meio ambiente."[14] Na época em que lamarckismo e darwinismo pendiam, ainda que diferentemente, para pesquisar por quais mecanismos os seres vivos são submetidos ao meio exterior, Claude Bernard elaborava a teoria das funções pelas quais os vivos se fazem cada vez menos passivamente dependentes de seu meio de vida. É essa "elasticidade" fisiológica que nos parece ser a ideia inicialmente latente, depois, com fim explícito, de toda a obra científica de Claude Bernard. Daí a insistência, às vezes hiperbólica, com a qual ele proclamou a

---

13 *Introdução ao estudo da medicina experimental*: fim da 2ª parte.

14 *Pensamentos. Notas separadas* (publicadas por L. Delhoume, 1937), p. 36.

jurisdição do determinismo sobre os fenômenos orgânicos. Ela se explica pela preocupação de preservar contra um mal-entendido possível, contra a confusão entre a elasticidade e o indeterminismo, o que Claude Bernard considerava como comportamento específico dos fenômenos estudados pelo fisiologista.

São numerosas as publicações propriamente científicas de Claude Bernard; não se pode reter aqui senão as dissertações ou os tratados mais importantes: *Du suc gastrique et de son rôle dans la nutrition* (Tese de medicina, 1843); *Découverte de la fonction du pancréas dans l'acte de la digestion* (1850); *Recherches sur une nouvelle fonction du foie considéré comme organe producteur de matière sucrée chez l'homme et les animaux* (Tese de ciências, 1853); *Influence du grand sympathique sur la température des parties auxquelles ses filets se distribuent* (1854); *Leçons sur les effets des substances toxiques et médicamenteuses* (1857); *Leçons sur la chaleur animale* (1876); *Leçons sur le diabète et la glycogénèse animale* (1877); *Leçons de physiologie opératoire* (1879). Não parece sem interesse destacar que as primeiras aulas dadas no Collège de France (1853-1854) foram publicadas em inglês, na Filadélfia: *Notes of M. Bernard's Lectures on the blood* (1854), a partir das notas tomadas por um ouvinte americano, o Dr. Atlee (1828-1910).

Não poderia passar em silêncio, mesmo num sumário histórico, que o renome internacional de sua personalidade e de seu ensino levou a Claude Bernard, como antes a Magendie, numerosos ouvintes e visitantes estrangeiros, a despeito da mediocridade de seu laboratório, se comparado ao Instituto de K. Ludwig. Entre os fisiologistas que lhe devem uma parte de sua formação, é preciso citar: para os Estados Unidos da América, J. Dalton (1825-1890) e S. W. Mitchell (1830-1914); para a Itália, Vella (1825-1890) e Mosso (1846-1910); para a Rússia, Tarchanov (1848-1909). Elie de Cyon (1842-1912) trabalhou com Claude Bernard, mas também com Ludwig, que colaborou com suas pesquisas sobre os reflexos vasomotores (1867).

Os alunos mais importantes de Claude Bernard são Ranvier, P. Bert, A. Dastre e J.-A. d'Arsonval (1851-1940), conhecido por suas pesquisas de eletroterapia (1892), e a quem se deve a publicação de muitos papéis inéditos de Claude Bernard.

De Paul Bert (1833-1886), professor na Faculdade de Ciências de Bordeaux, depois assistente de Claude Bernard, antes de se tornar professor na Sorbonne, John F. Fulton escreveu que suas pesquisas sobre os efeitos da depressão barométrica eram uma das pedras miliárias da fisiologia. Os efeitos da vida em altitude tinham já dado ensejo a numerosos estudos no caso em que a adaptação é permanente, e tinham colocado no caso das ascensões a alta altitude, o problema do mal das montanhas. Mas, desde o início do século, as ascensões em aeróstatos, empreendidas com um objetivo esportivo ou científico (Biot e Gay-Lussac, 1804), tinham chamado a atenção sobre a doença dos balões (*the ballon sickness*). D. Jourdanet tinha publicado, em 1875, *Influence de la pression de l'air sur la vie de l'homme*. Amigo de P. Bert, ele o tinha estimulado em pesquisas fisiológicas sobre os efeitos da pressão e da depressão, e o tinha sustentado financeiramente. A catástrofe do balão *Zenith*, em 1875, aumentou dramaticamente o interesse por essas pesquisas. Em 1878, Paul Bert publicava *La pression barométrique, recherches de physiologie expérimentale*, onde ele estabelecia que a anoxemia é a causa das síncopes em alta altitude. Essa obra, sempre clássica, foi traduzida em inglês em 1943, por razões que, manifestamente, dizem respeito à atualidade das questões postas aos fisiologistas pelas recentes *performances* da aviação civil ou militar.

E.-J. Marey (1830-1904) pertence, como Paul Bert, à geração dos fisiologistas que fizeram sua aprendizagem no meio do século, quando a fisiologia tinha conquistado sua independência e encontrado seu estilo. Deve-se a Marey ter retomado, modificado e desenvolvido, na França, as técnicas de inscrição gráfica preparadas por Ludwig, e ter importado, em fisiologia, para o estudo do movimento dos organismos, as técnicas da fotografia em série já utilizadas pelos astrônomos (Janssen, inventor do "revólver fotográfico", para o estudo da passagem de Vênus, Paris, 1874). Vimos que o hemodinamômetro de Poiseuille tinha fornecido a Ludwig um dos elementos do quimógrafo. Inversamente, é o esfigmógrafo de Karl

Vierordt (1853), construído por composição do esfigmômetro e do gravador gráfico de Ludwig, que é o ancestral dos aparelhos de Marey. Associado a Chauveau (1827-1917), Marey utilizou o esfigmógrafo comparativo no estudo dos movimentos da circulação (*Physiologie médicale de la circulation du sang*, 1863). Foi, também, em colaboração com Chauveau que Marey construiu e utilizou a sonda cardíaca para o registro das pulsações do coração (*Appareils et expérience cardiographiques*, 1863). Os trabalhos de Marey sobre a locomoção humana e animal estudada segundo o método gráfico estão resumidos em *A máquina animal* (1873). Trabalhos sobre o mesmo assunto, segundo o método cronofotográfico, e que fazem de Marey um dos pais do cinematógrafo, estão reunidos em *Le Mouvement* (1894). Sabe-se que pesquisas análogas foram empreendidas na Califórnia, desde 1880, e reunidas no célebre: *Animals in motion* (1899), de E. Muybridge (1830-1904) cujos nascimento e morte coincidem curiosamente com os de Marey. Os resultados das pesquisas efetuadas por Marey em seu laboratório do Parc des Princes foram em parte consignados em sua *Physiologie expérimentale* (1876-1880), que contém, além disso, algumas dissertações de seu assistente François-Franck (1849-1921) sobre a fisiologia nervosa. Marey tinha sucedido Flourens no Collège de France em 1867.

Um lugar à parte deve ser dado, enfim, a Charles Brown-Séquard (1818-1894), sucessor, em 1878, de Claude Bernard no Collège de France, após várias estadas alternadas na França e nos Estados Unidos da América. Ele sempre associou a pesquisa experimental e a clínica médica, mantendo boas relações com Charcot e Vulpian. Seus trabalhos trataram sobre as funções da medula, mas ele é um pioneiro das pesquisas relativas às regulações endócrinas, no sentido atual do termo. Em 1856, ele publicava *Recherches expérimentales sur la physiologie et la pathologie des glandes surrénales*. Em 1889-1893, realizou estudos análogos sobre a secreção interna do testículo. Em junho de 1889, fez na Sociedade de Biologia uma resplandecente comunicação sobre a potência dinamogênica no homem a partir de um líquido extraído dos testículos de animais. Os sarcasmos excitados na época pelas ambições do terapeuta desviaram de perceber imediatamente que Brown-Séquard se fazia da secreção interna uma ideia bastante diferente da de Claude Bernard e, em termos aproximados, ele antecipava, em 1891, o conceito de hormônio (1905), porque via nas secreções internas substâncias graças às quais as células "se tornam solidárias umas com as outras por um mecanismo diferente das ações do sistema nervoso".[15] Aos trabalhos de Brown-Séquard é preciso relacionar os de Eugène Gley (1857-1930) sobre a tiroide e as paratiroides.

Terminemos lembrando o nome de Charles Richet (1850-1935), seus trabalhos sobre o calor animal e a descoberta do fenômeno de anafilaxia (1888-1892).

## OS FISIOLOGISTAS NA ALEMANHA

Coblence, que tinha sido, durante a Revolução, o ponto de ligação dos emigrados realistas, era capital do departamento francês quando aí nasceu Johannes Müller. Antes de se tornarem causas do despertar de uma consciência nacional alemã, as conquistas da Revolução e do Império abriram o que Albert Thibaudet chamou de "mercado de trocas europeu da inteligência". Quando os regimes políticos mudam quatro vezes em 25 anos em territórios cujas fronteiras são nômades, deve-se mudar de lugar para não mudar de confissão, ou então tornar-se cosmopolita no mesmo lugar. Acontece assim que novas conjunções de ideias num mesmo espírito se tornem possíveis. Pode-se estar adiantado em relação a um regime político e em atraso em relação a uma visão literária, ou científica, da natureza, e vice-versa. A distância entre a geografia das ideias e a geografia das fronteiras deve impedir a simplificação da história.

Porque Claude Bernard relatou uma discussão sobre Bichat entre Tiedeman e Magendie no laboratório do Collège de France, porque J. von Liebig, cansado das elucubrações filosóficas no ensino da química, veio trabalhar com Gay-Lussac em 1820, seria pueril concluir com a verdade experimental aquém Reno, com o erro metafísico do outro lado, durante o primeiro terço do século. É, no entanto, o que fizeram, algumas vezes, sobre índices não mais

15 *Arquivos de fisiologia normal e patológica*. 1891. III, p. 496.

significativos, os historiadores das ciências, na França, quando a docilidade em relação às conclusões do positivismo lhes mascarou a origem romântica de alguns de seus axiomas.

A sociedade dos espíritos tinha o gosto e os meios para ser aberta. O bilinguismo tinha sido para muitos uma necessidade. Era a época próxima daquela em que Rivarol empreendia, sob encomenda, em Hamburgo, um *Dictionnaire de la langue française*. Mas era também a época em que muitos estudiosos alemães escreviam ainda em latim (J. Müller, 1822 e 1830; Von Baer, 1827; Rudolf Wagner, 1835; Helmholtz, 1842 etc.). As traduções de uma língua a outra eram, talvez, mais rápidas e frequentes que hoje. O *Précis* de Magendie, como se viu, foi traduzido três anos depois de sua publicação. Inversamente, A. L. J. Jourdan (1788-1848), tradutor da *Histoire de la Médecine*, de Sprengel, prefaciador do *Dictionnaire des sciences médicales* (1820-1825), introduzia na França, um ano após sua publicação, o *Traité de physiologie de l'homme* (1830), de Tiedemann, e, melhor ainda, o *Manuel de physiologie*, de Johannes Müller (1845, conforme a 4ª edição, 1844).

O primeiro grande tratado que reivindicou na Alemanha o título de fisiologia experimental é o de K. F. Burdach (1776-1847), no qual colaboraram Von Baer, Rathke, R. Wagner e J. Müller, *Die physiologie als erfahrungswissenschaft*, cujo primeiro tomo apareceu em 1826. Não foi, no entanto, Burdach quem devia dar à fisiologia alemã seu estilo experimental, foi Müller, e em razão de postulados filosóficos completamente diferentes dos de Magendie.

J. Müller fez seus estudos médicos em Bonn, num meio intelectual muito ligado às ideias da *Naturphilosophie*, ideias das quais ele devia se distanciar, durante um estágio em Berlim, em 1824, sem que, por isso, se convertesse ao empirismo. Num dos capítulos do *Handbuch* relativos à vida intelectual (Livro VI, 1, cap. 2), ele fundamenta sobre uma teoria das ideias gerais uma profissão de fé metodológica:

> "As mais importantes verdades das quais as ciências da natureza se orgulham não foram encontradas nem pela análise de ideias filosóficas, nem pela simples observação, mas pelo concurso do

> raciocínio e da observação, que permitiu distinguir o que havia de essencial e de acidental nos fatos, e chegar, assim, a princípios de onde se deduzem muitos fenômenos. Isso é mais que a observação empírica; é, se assim quisermos, a observação filosófica."

Ora, algumas páginas adiante, tratando da associação das ideias, Müller evoca conversações com Gœthe sobre a metamorfose das imagens de flores. Sabendo, aliás, que influência a leitura de Gœthe, naturalista, exerceu sobre Müller, não haverá muito engano se as proposições relatadas acima forem consideradas como uma espécie de mediação, certamente lógica, e, talvez, histórica, entre a ideia da experiência segundo Gœthe e a ideia da experiência segundo Claude Bernard.

Se os primeiros trabalhos de Müller *Sur la physiologie comparée du sens de la vue chez l'homme et les animaux* (1826), de onde a lei da energia específica dos nervos é induzida, dependem tanto da filosofia quanto da fisiologia propriamente dita, os que ele publica em 1830 sobre a estrutura das glândulas secretoras e sobre o desenvolvimento dos órgãos genitais são o fruto de um método mais rigoroso, juntando a experimentação com a comparação anatômica. Tendo trocado Bonn, onde ensinava desde 1824, por Berlim, em 1833, Müller começou a publicar o *Handbuch*, que continha, com alguns meses de atraso sobre a primeira dissertação de Marshall Hall, a exposição de suas pesquisas, paralelas e independentes, sobre as ações reflexas, em ligação com experiências feitas desde 1827, para confirmar a lei de Bell-Magendie.

É preciso dizer algumas palavras do *Manual* de Müller, testemunho monumental de uma concepção envelhecida, mas, talvez, não ultrapassada: a de uma ciência da vida da qual uma visão filosófica constitui não o princípio, mas o fundamento. A ordem é a seguinte: Prolegômenos; I, a circulação, sangue e linfa; II, as mudanças químicas, respiração, nutrição, secreção, digestão; III, física dos nervos; IV, movimentos, a voz e a palavra; V, os sentidos; VI, as faculdades intelectuais; VII, a geração; VIII, o desenvolvimento. Essa ordem é histórica, procedendo, por alto, das funções mais anteriormente explicadas para aquelas cujo conhecimento é o mais novo, de Harvey a Von Baer, por Lavoisier e Marshall Hall. Mas, abstração feita dos dois últimos livros de embriologia, se juntarmos dois a dois os seis primeiros, obteremos uma série de conceitos: energia, coordenação, relação, que compõem uma ideia da vida, energia coordenada em suas relações com o ambiente. A evolução da ciência fisiológica, depois de Müller, não acrescentará nada a esse programa, ao mesmo tempo em que ela o desmembrará para melhor executá-lo. Compreende-se a influência exercida por esse livro sem precedente e sem segundo. Müller sabia tudo e tinha lido tudo. Ele não relata jamais um fato sem referências às circunstâncias e ao autor da descoberta. Lendo-o, vê-se a fisiologia constituir-se. Müller não é somente alguém que ensina a fisiologia, contribuindo a fazê-la, é evidente que ele a pensa. Ele estava destinado a fazer outros a pensarem e, por isso, a lhes provocar o apetite.

Se Müller tivesse o sentido dos serviços que a física e a química podem prestar à fisiologia, e se ele próprio utilizasse, nesses domínios, os trabalhos de seus contemporâneos, não teria ele mesmo o gosto pelas pesquisas segundo seus métodos. Mais que físico ou químico, ele era naturalista e naturalista comparatista. Sua leitura de Kant, dos postkantianos e de Goethe sustentava sua convicção de que há uma originalidade da vida. Assim, falando propriamente, ele não abriu caminhos ou inventou técnicas tais que seus alunos não precisassem prolongá-las ou explorá-las. Mas ele lhes deu a paixão e a cultura que lhes permitiram abrir ou inventar dos seus. A árvore genealógica da posteridade científica de Müller é ampla e ramificada. Comporta tanto os nomes de Schwann, Virchow e Haeckel, fundadores e propagandistas da teoria celular, quanto os nomes de fisiologistas propriamente ditos e, entre os maiores, os de E. du Bois-Reymond (1818-1896), E. Brücke (1819-1892), H. Helmholtz (1819-1892).

Esses condiscípulos foram os três pilares da Sociedade de Física que fundaram em Berlim, em 1845. E desde o dia (1847) em que Carl Ludwig, de Marburg, os encontrou e tornou-se seu amigo comum, um novo caminho foi aberto à fisiologia alemã. Em 1848, Ludwig declarava a Du Bois-Reymond: "Não pode acontecer que a fisiologia não chegue a fundir-se na física e na química dos organismos." Um projeto assim exigia seus meios por ele mesmo. Com Du Bois-Reymond e Helmholtz o laboratório de fisiologia transformou-se em laboratório de física. Ludwig sonhou com uma usina de fisiologia e acabou por construí-la.

Du Bois-Reymond criou os instrumentos e as técnicas da eletrofisiologia. Suas *Recherches sur l'électricité animale* (1848-1849) tiveram como oportunidade o exame dos fatos relatados por Matteucci no *l'Essai sur les phénomènes électriques chez les animaux* (1840). Elas foram seguidas, em 1875, pelas *Mémoires réunis sur la physique générale du muscle et du nerf.* A invenção do carrinho indutor, a do eletrodo impolarizável foram para Du Bois-Reymond títulos de celebridade menos inconstantes que o enunciado da lei segundo a qual a corrente contínua somente excita o nervo em seus instantes de variação. Ele foi menos exigente consigo mesmo e mais severo com os outros, em ciência, tanto quanto em filosofia e em política. Conhece-se, pelo menos, dele a conclusão de um discurso sobre os limites do conhecimento: *Ignorabimus* (1872) [Ignoraremos]. A humildade desse agnosticismo se temperou, entretanto, com a pesquisa e o prazer das honras universitárias, acadêmicas e políticas.

E. Brücke ensinou sucessivamente em Königsberg e em Viena. Como Helmholtz, ele fez pesquisas de fisiologia sensorial, e quase construiu o oftalmoscópio. Relacionou aos seus trabalhos sobre a percepção das cores questões de estética (*Princípios científicos das belas-artes*. Tradução francesa, 1878). É preciso saber que Sigmund Freud, aluno de Brücke em fisiologia, de 1876 a 1882, foi orientado por ele para a medicina. Foi Brücke quem propôs oferecer a Freud a bolsa de estudos graças à qual ele veio acompanhar em Paris, em 1885, o ensino de Charcot, de quem traduziu, em seguida, as *Leçons du mardi à la Salpêtrière.*

Se se deve entender por ciência a medida dos fenômenos e a determinação de suas relações segundo leis matematicamente expressas, os trabalhos de Helmholtz são, no século XIX, o cânone da fisiologia científica. O aporte de Helmholtz à energética foi decisivo (1847). Foi ele quem primeiro mediu a velocidade de transmissão do influxo nervoso (1850). A *Théorie de la perception des sons* (1862) e o *Traité d'optique physiologique* (1867) estendem às fibras nervosas e aos seus receptores periféricos, na membrana basilar ou a retina, a especificidade que Müller já tinha atribuído aos nervos. Helmholtz não é, propriamente falando, o criador da psicofísica. E. J. Weber (1795-1834), já havia, por sua dissertação *De subtilitate tactus* (1834) [Da sutileza do tato], fornecido ao seu aluno Fechner (1801-1887) as bases da lei psicofísica fundamental (1858). Mas Helmholtz rompeu o elo que unia ainda à metafísica a psicofísica de Fechner. É significativo que Helmholtz, inicialmente professor de fisiologia em Heidelbert (1858), onde teve W. Wundt como aluno e assistente, tenha sido chamado a Berlim, em 1871, como professor de física.

Johannes Müller tinha sido o inspirador entusiasta dos fisiologistas alemães. Carl Ludwig (1816-1895) foi o professor metódico dos fisiologistas do mundo, pelo exemplo direto ou por influência a distância. Tendo estudado em Marburg, onde esteve em relação com o físico Bunsen, Ludwig publicava, em 1843, seu primeiro trabalho sobre o mecanismo da secreção renal, baseado no estudo da permeabilidade das membranas. Ele ensinou sucessivamente em Zurique (1849), em Viena (1855), onde entrou Brücke, enfim, em Leipzig (1865). Quando se opõem à riqueza, na época, dos laboratórios alemães e à pobreza dos laboratórios franceses, é preciso distinguir as datas e os lugares. Schwann afirmou que o Instituto de Müller, em Berlim, só contava, quando ele lá trabalhava, com um microscópio. O de Viena, quando Brücke foi nomeado para lá, não era mais bem provido. Du Bois-Reymond e Helmholtz, o primeiro principalmente, tinham multiplicado os aparelhos de experiências. Mas Ludwig não podia encontrar em lugar nenhum um modelo com o qual sonhava, e que ele levou quatro anos para realizar. Em 1869, foi inaugurado o famoso Instituto de Leipzig, do qual se diz que funcionava ao mesmo tempo como uma administração e uma fábrica. Ele estava dividido em três departamentos de pesquisas: fisiologia, química, anatomia-histologia. Durante 20 anos mais ou menos, a atividade de Ludwig foi a de um estudioso e de um chefe de serviço. Müller tinha insuflado um espírito,

Ludwig abriu um campo. Para fazer frutificar as lições de Müller, era preciso algum gênio pessoal. Para seguir o exemplo de Ludwig continuar nos caminhos desbravados por ele, era preciso rigor e paciência. Com exceção do de Pavlov, não se levanta entre os discípulos imediatos de Ludwig nenhum nome capaz de sustentar a comparação com os dos alunos de Müller. Com Ludwig, a fisiologia se tornava uma elaboração anônima. Pelo rendimento dos trabalhos coletivos e pela persistência durável da trilha magistral, a época de Ludwig é a grande época da fisiologia alemã, no momento em que a patologia de Virchow (1821-1902) garantia à medicina alemã sua projeção. As pesquisas de Ludwig trataram principalmente sobre a endosmose (1849), os movimentos do coração e a fibrilação ventricular (1850), a enervação das glândulas salivares (1861), os gases do sangue durante o trabalho muscular (1861), os efeitos fisiológicos da pressão arterial (1865), a medida da pressão do sangue nos capilares (1875). Antes de sua chegada a Leipzig, ele tinha publicado um *Lehrbuch der physiologie* (1852-1855). No Instituto de Ludwig, os pesquisadores eram divididos em grupos, onde os estrangeiros eram frequentemente mais numerosos que os alemães. Entre os mais conhecidos, Luciani e Mosso eram italianos; Setchenov e Pavlov eram russos; Bowditch, Welch e Mall eram americanos; Horsley e Stirling eram ingleses.

Entre os numerosos fisiologistas alemães cujas referências com as escolas precedentes são indiretas, é preciso situar em primeiro plano Pflüger e Goltz. E. Pflüger (1829-1910), aluno de Du Bois-Reymond, trabalhou inicialmente na direção traçada por seu mestre, e publicou, em 1858, *Recherches sur la physiologie de l'électrotonus*. Em sua maturidade, ele trabalhou principalmente com questões relativas à nutrição, à respiração, ao metabolismo celular, ocasião em que construiu aparelhos especiais, tais como o aerotonômetro (1869). Em seus últimos anos de atividade, ele se interessou pela embriologia experimental. Os manuais de ensino conservaram por muito tempo, mesmo depois dos trabalhos de Sherrington, a memória de Pflüger, lembrando "leis" da irradiação dos reflexos (1853). Formando, em 1877, o conceito de quociente respiratório, ele se dava um título mais durável ao reconhecimento dos fisiologistas. Müller falecido, foi Pflüger quem manteve na fisiologia alemã a ideia kantiana segundo a qual a vida não é somente um simples mecanismo, de maneira que o conhecimento de seu determinismo físico-químico não exclui levar em consideração sua finalidade. Foi o fundador da revista *Archiv für die gesamte physiologie des menschen und der tiere*, correntemente chamada *Pflügers archiv* (1869).

Léopold Goltz (1834-1902) veio da cirurgia à fisiologia pela anatomia. Isso explica seu pouco gosto natural pelo uso das técnicas físicas e químicas em fisiologia. Ele é, entre os fisiologistas alemães, o que mais se parece com Claude Bernard, pelo menos pela preferência acordada aos métodos de exploração funcional sobre os animais vivos. Foi o primeiro titular da cadeira de fisiologia da Universidade alemã de Estrasburgo, depois da anexação, em 1870, da Alsacia-Lorena. Suas pesquisas trataram quase exclusivamente sobre as funções do sistema nervoso central, especialmente as do córtex cerebral, estudadas inicialmente na rã (1869), depois no cão (1880-1892). Os cães descerebrados de Goltz ficaram célebres (*Der hund ohne grosshirn*, 1892). Um deles viveu 18 meses, depois da ablação sucessiva dos dois hemisférios, com um ano de intervalo. Goltz constatou que a descorticação da área motriz não privava o animal, como o havia pretendido Hitzig, de sua "consciência muscular". Ele generalizou suas constatações, rejeitando a teoria das localizações sensoriais de Ferrier e H. Munk. Nessa época, Sherrington fez um estágio breve no Instituto de Fisiologia de Estrasburgo. Ulteriormente, Goltz, em colaboração com seu assistente e futuro sucessor, Ewald (1855-1921), praticou no cão secções de medula infrabulbar e supralombar, para o estudo das funções nervosas no animal anterior, médio e posterior (*Der hund mit verkürztem ruckenmardk*, 1896).

Esse breve histórico deixa de lado mais fisiologistas alemães, obrigatoriamente, do que retém. Pelo menos, aplicou-se em não esquecer nenhum daqueles cuja obra e influência permitiram aos outros figurar legitimamente em estudos menos limitados.

## OS FISIOLOGISTAS NA GRÃ-BRETANHA

Foi preciso esperar o ano de 1878 para que a Inglaterra possuísse, por sua vez, uma revista fundada por fisiologistas, o *Journal of physiology*. Está aí um dos sinais de que uma ciência na qual os ingleses mantiveram desde então um lugar de primeiro plano, com Langley, Sherrington, Bayliss, Sarling, Hill, Dale e Adraian, só deu sua arrancada à imagem e sob o impulso das escolas alemã e francesa. Foram, todavia, ingleses, Charles Bell (1774-1842) e Marshall Hall (1790-1857), que assentaram, no início do século, as bases da neurofisiologia. Mas eles figuram mais como continuadores de Robert Whytt que como precursores de Langley ou de Sherrington. Entre eles e os fisiologistas do fim do século, percebe-se um corte nas técnicas e métodos, corte cuja responsabilidade, como se viu, deve ser procurada em outra parte que não a do solo nacional. W. Sharpey (1802-1880), M. Foster (1836-1907) e Ferrier (1834-1928) são os três maiores nomes no período intermediário.

## OS FISIOLOGISTAS NA RÚSSIA

Quanto ao século XVIII e ao início do século XIX, deve-se antes falar de sábios na Rússia do que de sábios russos. Em biologia, C. F. Wolff e Von Baer, através de seu ensino em São Petersburgo e das suas publicações nos *Novi commentarii* e nas *Acta* da Academia Imperial das Ciências, tinham projetado sobre a embriologia uma luz vinda do leste, mas refletida mais do que direta, pelo menos até Kowalewski (1840-1901).

Mas foi sob o impulso de sábios russos que a fisiologia moderna começou na Rússia, não sem que eles tenham ido procurar em Leipzig, em Viena ou em Paris, a exemplo dos outros fisiologistas da época, modelos, assim como técnicas. Tarchanov e principalmente Setchenov foram os fundadores da escola russa de fisiologia em São Petersburgo e em Moscou. Tarchanov colocou em evidência o reflexo psicogalvânico. Setchenov descobriu a inibição central dos reflexos (1863) e forneceu, por aí, ao seu aluno Ivan Pavlov uma direção de pesquisa. É a Pavlov que se deve realmente voltar para o impulso da fisiologia russa, tanto do ponto de vista das técnicas – muito complicadas e minuciosas, como se sabe, no estudo dos reflexos condicionais (torre do silêncio) – quanto do ponto de vista das principais direções da pesquisa. Pavlov tinha, inicialmente, começado por trabalhos sobre a digestão (invenção da técnica do "pequeno estômago" para o estudo da secreção gástrica), o que explica que ele não tenha retido senão fenômenos secretórios no estudo das reações condicionais. Quando, em 1904, ele foi o primeiro fisiologista – embora o quarto médico – coroado com um Prêmio Nobel, a fisiologia russa recebeu a consagração internacional de sua autonomia.

## OS FISIOLOGISTAS NOS ESTADOS UNIDOS DA AMÉRICA

Com exceção de William Beaumont, que dominou por suas observações a fisiologia da digestão, durante o primeiro terço do século XIX, os Estados Unidos esperaram o retorno e a implantação em suas universidades de pesquisadores atraídos pela Europa pelo renome de Claude Bernard e de Ludwig, para reivindicar, por sua vez, sua contribuição ao impulso da fisiologia moderna. Dalton introduziu em Buffalo, em 1854, a fisiologia operatória de Claude Bernard. Bowditch (1840-1911), aluno de Ludwig em 1869, fundou, em 1871, o primeiro laboratório de fisiologia experimental na Universidade de Harvard de Boston, e conta-se, entre seus alunos, H. Cushing (1869-1934) e W. B. Cannon (1871-1945). Um outro aluno de Ludwig, W. H. Welch (1850-1934), organizou em 1885 um laboratório de biologia no Johns Hopkins Hospital de Baltimore, ao mesmo tempo em que na Universidade da mesma cidade, um irlandês, H. Newell-Martin (1849-1896), aluno de Foster, tinha sido chamado para criar, em 1876, o ensino da fisiologia. Se acrescentarmos que na mesma Universidade, F. P. Mall (1862-1917), também aluno de Ludwig, ensina a anatomia, mediremos a amplitude da influência da escola alemã de fisiologia nos inícios da escola americana. A Sociedade Americana de Fisiologia foi fundada em 1887. Não entra na configuração deste estudo descrever a acumulação de meios técnicos de investigação que, no fim do século XIX e início do século XX, devia levar a escola americana a se substituir às escolas europeias no papel de formadora internacional de fisiologistas. Quando os progressos de uma ciência são condicionados pela amplitude do equipamento, o número dos capitães se torna diretamente proporcional à massa dos capitais.

Acabamos de ver sumariamente como a disparidade inicial das principais escolas nacionais de fisiologistas foi pouco a pouco compensada pelas trocas de uma com a outra, os estágios de instrução no estrangeiro, a difusão dos métodos e dos estilos de pesquisa. A universalidade do saber fisiológico se desprendeu assim progressivamente da particularidade das instituições universitárias, e, enfim, foi criada uma instituição na medida de sua extensão e à imagem de sua ambição. Em 1889, em Bâle, se reúne o primeiro Congresso Internacional de Fisiologia.

## Os maiores problemas da fisiologia no século XIX

A história das ciências está repleta de querelas de prioridade. A existência de tais contestações não atesta somente que a descoberta da verdade é considerada como um título de glória, ela é o sinal de que, num certo estágio das pesquisas, os problemas dependem de uma lógica dissimulada pelos acontecimentos da investigação. A fisiologia não é exceção; se ela conhece, no século XIX, múltiplas querelas de prioridade, é que ela se tornou, então, uma ciência consciente das exigências de adequação entre problemas e métodos. Sua história pode, então, ser descrita, sem artifício, de tal maneira que se traça aí, senão caminhos reais, muito geométricos para uma disciplina em que a experiência ganha da dedução, pelo menos caminhos demarcados. Quando vários exploradores se lançam separadamente, a partir de um mesmo ponto de referência, para um certo ponto presumido, não é surpreendente que, às vezes, eles se encontrem. H. Sigerist compôs, com esse espírito, um belo esquema do encadeamento de algumas grandes descobertas.[16] A descoberta de Harvey supunha o ensino anatômi-

16 *Introdução à Medicina*. Tradução francesa, 1932. p. 32-62.

co de Vesálio, transmitido por Fabrice d'Aquapendente. E os trabalhos de Lavoisier supunham a teoria da circulação. É somente a partir do momento em que fica estabelecido que os pulmões são constantemente banhados pelo fluxo circulatório que a diferença entre sangue venoso e sangue arterial pode ser relacionada com a diferença entre ar inspirado e ar expirado, e que o problema das relações entre a respiração – oxidação – e a termogênese pode ser corretamente colocado e, então, susceptível de ser resolvido. Mais de dois séculos de hesitações entre Harvey e J. R. Mayer se ordenam assim num histórico arrazoado do calor animal.

Mas se, para um problema dado, mesmo inicialmente tão amplo como aquele, uma colocação em perspectiva não factícia é, a rigor, possível, não é o mesmo quando se trata de coordenar entre elas as elaborações respectivas das soluções de problemas sem relação inicial manifesta, tais como, por exemplo, a termogênese e a coordenação nervosa dos movimentos musculares. Porque cada problema fisiológico encontra suas origens em diferentes observações patológicas. Assim como os povos felizes não têm história, homens imperturbavelmente sadios não conheceriam ciência da saúde, nem fisiologia. Ora, as paralisias, por exemplo, colocam problemas de fisiologia aparentemente sem relação com os que suscitam as asfixias, as hemorragias, o raquitismo ou o cretinismo. Um dia chega, sem dúvida, quando as diferentes vias de pesquisa se entrecortam, quando não se pode mais tratar da circulação sem referência aos reflexos de vasomotricidade, e quando o ácido carbônico é concebido como um hormônio do centro respiratório. A fisiologia encontra, então, a unidade do organismo, dividida pelos fisiologistas, no caminho dos médicos. Mas, precisamente, a dificuldade está em encontrar, no interior dessa unidade, uma ordem de condicionamento fisiológico que, sem ser por isso uma ordem hierárquica, sustenta logicamente uma ordem de exposição para o uso do historiador, cuja justificação não seja somente pedagógica. Pedimos a justificação de tal ordem nos termos de Claude Bernard anteriormente citados: "A vida reside exclusivamente nos elementos orgânicos do corpo; todo o restante é só *mecanismo*. Os órgãos reunidos são apenas aparelhos construídos com finalidade de conservação das propriedades vitais elementares." Pensamos, por conseguinte, que é lógico apresentar o histórico sumário dos principais assuntos pelo estudo dos quais a fisiologia do século XIX testemunha seu domínio científico na ordem seguinte: bioenergética, regulações endócrinas, coordenações sensitivo-motoras.

## BIOENERGÉTICA

O problema das fontes do calor animal, tal como se apresentava no início do século XVII, não tinha ainda perdido sua relação com os antigos mitos calóricos, dificilmente racionalizados por Hipócrates e Aristóteles.[17] Descartes, como Aristóteles, pensava que o coração é a sede específica de um calor comunicado pelo sangue ao resto do organismo. Willis, depois de Harvey, ensinava que o sangue é o princípio do calor comunicado ao organismo todo, inclusive o coração. Mas se o princípio do calor está no sangue, onde está o foco desse calor? Os químicos ingleses, Boyle, Mayow, tinham ligado ao estudo dos fenômenos de combustão o da respiração animal. Tinha sido necessário esperar Lavoisier (1777) para que a respiração fosse assimilada a uma combustão lenta do carbono e do hidrogênio, combustão semelhante à de uma vela acesa. A química nascente substituía os modelos mecânicos do organismo propostos por Descartes e por Borelli, um modelo de muito elevada antiguidade, o da chama. O organismo não era ainda concebido como uma máquina de fogo; mas ele não era mais concebido como uma máquina de peso (relógio), ou de mola (relógio de pulso), ou de ar (órgão), ou de água (moinho). Em 1783, o calorímetro de gelo era utilizado por Lavoisier e Laplace na medida do calor animal. Uma equação permitia afirmar que a fonte do calor animal é a combustão respiratória. Mas Lavoisiser atribuía ao pulmão o papel da fornalha. Antes mesmo que Spallanzani tivesse estabelecido que a respiração não exige necessariamente, no reino animal,

17 Desde a publicação desse estudo, a obra de Everett Mendelsohn, *Heat and life, the development of the Theory of Animal Heat* (Cambridge: Mass., 1964), renovou a história da questão.

a existência de um aparelho pulmonar, o matemático Lagrange e seu aluno Hassenfratz tinham objetado a suposição de Lavoisier com argumentos sólidos.

Entretanto, a solução pela química de um problema milenar da fisiologia conduzia esta a chocar-se com um obstáculo próprio à física da época, a existência de uma pluralidade de formas de energia. No mecanismo cartesiano, a estática repousava sobre a conservação do trabalho, e a dinâmica, sobre a conservação da quantidade de movimento *mv*. Em sua crítica das leis da mecânica cartesiana, Leibniz tinha considerado a força viva *mv2* como uma substância, isto é, um invariante, sem levar em conta o fato de que em todo sistema mecânico real, onde atritos intervêm, a quantidade *mv2* não fica constante, devido a uma produção e a uma perda de calor. Durante o século XVIII, não se tinha conseguido formar a noção da conservação de todas as formas da energia. E, no começo do século XIX, reconheciam-se duas formas de energia: gravitação ou movimento e calor. Mas as observações dos técnicos, relativas ao funcionamento da máquina a vapor, à perfuração dos tubos de canhão etc. iam conduzir ao estudo das relações entre o fornecimento de trabalho e a produção de calor.

O primeiro que afirmou a indestrutibilidade e, na sequência, a conservação da energia em suas transformações foi o médico alemão Julius Robert Mayer (1814-1878), a partir de observações médicas feitas na Indonésia (1840), concernentes à influência do calor sobre a oxidação do sangue. Em 1842, Liebig publicava em seus *Annalen der chemie und pharmacie* uma dissertação teórica de Mayer, *Bemerkungen über die krafte der unbelebten natur*, dissertação inicialmente sem repercussão. Em 1843, Joule empreendia determinar experimentalmente o equivalente mecânico da caloria, e reivindicava, em 1849, numa dissertação lida na *Royal Society*, a paternidade de uma descoberta de que J. R. Mayer se via então obrigado a lhe contestar a prioridade. Em 1847, Helmholtz publicava, por sua vez, sua dissertação *Über die erhaltung der kraft*.

Para dizer a verdade, para a história da fisiologia, os trabalhos de Mayer têm um alcance mais expressamente biológico que os de

Joule, porque, em 1845, Mayer publicava pesquisas de energética alimentar, sob o título: *Die organische bewegung in ihrem zusammenhang mit dem Stoffwechsel.* Já, em 1842, Liebig (1803-1873) publicava *Organische chemie und ihre anwendung auf physiologie und pathologie*, onde demonstrava por suas pesquisas sobre os valores calóricos das diferentes matérias nutritivas que a causa de cada fenômeno vital reside na energia fornecida pela alimentação.

De fato, os trabalhos de Mayer e de Liebig prolongavam diretamente estudos mais antigos, inaugurados no início do século pelas *Recherches chimiques sur la végétation* (1804), de Théodore de Saussure (1765-1847). Dutrochet (1776-1847), depois de ter estabelecido as leis da osmose (1826), tinha demonstrado a identidade dos fenômenos respiratórios nos animais e nos vegetais (1837). Quando, em 1822, a Academia das Ciências tinha colocado no concurso a questão das origens do calor animal, um físico francês, Despretz, e um médico, Dulong (1785-1838) tinham procurado reproduzir as experiências de Lavoisier. E Dulong tinha constatado que os efeitos da respiração não bastavam para explicar a produção de todo o calor. Eis aí o ponto de partida dos trabalhos relativos ao aporte energético alimentar. Regnault (1810-1878) e Reiset publicavam, sobre esse assunto, suas *Recherches chimiques sur la respiration des animaux de diverses classes* (1849), confirmadas ulteriormente pelas pesquisas de Pflüger sobre a contribuição respectiva de cada espécie de alimento ao aporte energético global, contribuição exatamente medida pelo valor, em cada caso, do quociente respiratório. Marcelin Berthelot (1827-1907) devia sistematizar os resultados conseguidos, em 1879, em seu *Essai de mécanique chimique*, e formular as leis da energética animal para o organismo em situação de trabalho exterior e em situação de manutenção. Enfim, Rubner (1854-1932), por experiências sobre o cão (1883-1904), depois Atwater (1844-1907), por experiências sobre o homem (1891-1904), eram levados a generalizar os resultados dos estudos sobre a conservação da energia no organismo.

Quanto ao segundo princípio da termodinâmica, dito da degradação da energia, sabe-se que, formulado por Sadi Carnot, em 1824, mas então desconhecido, depois retomado sem maior sucesso por Clapeyron, em 1834, ele devia ser encontrado, com novos custos, no meio do século, por Clausius, por um lado, e por W. Thomson (Lord Kelvin), por outro. Os organismos, como os outros sistemas físico-químicos, verificam a validade desse princípio que atribui, pelo fato do crescimento da entropia, um sentido de irreversibilidade às transformações energéticas de que eles são a sede. Mas eles são organismos, isto é, mecanismos capazes de se reproduzirem. Por essa razão, representam, como todos os mecanismos, possibilidades de trabalho, de transformações ordenadas, então menos prováveis que a agitação molecular desordenada correspondente ao calor em que se resolve, sem recuperação integral possível, qualquer outra forma de energia. Se não é mais permitido pensar, com Bichat, que a vida é o conjunto das funções que resistem à morte, pelo menos é permitido dizer que os seres vivos são sistemas cuja organização improvável retarda um processo universal de evolução para o equilíbrio térmico, isto é, para o estado mais provável, a morte.

Vê-se, em resumo, que o estudo das transformações pelo organismo da energia que ele empresta do meio foi a obra de químicos tanto quanto de fisiologistas propriamente ditos. O conhecimento progressivo das leis do metabolismo celular andou, assim, ao lado do estudo sistemático dos compostos do carbono, produzindo a unificação da química orgânica e da química mineral. A síntese da ureia por Woehler, em 1828, consagrou o prestígio dos métodos e das ideias diretrizes da escola de Liebig. Mas a teoria de Liebig sobre a natureza das fermentações, cujo estudo era associado por ele aos das fontes bioquímicas do calor animal (1840), devia ser contestada por Pasteur, opondo-se a admitir que os fenômenos de fermentação sejam da natureza da morte, e, então, independentes da atividade específica dos micro-organismos.

## ENDOCRINOLOGIA

O termo endocrinologia, que se deve a Nicolas Pende, data somente de 1909. Não hesitamos, entretanto, em utilizá-lo aqui para designar, retroativamente, o conjunto das descobertas e pesquisas concernentes às secreções internas. Em um sentido, esses trabalhos não tiveram, no século XIX, a mesma amplitude que os que concerniam ao sistema nervoso. Em um outro sentido, seu conjunto completamente original nos aparece hoje como o efeito e a causa de uma verdadeira mutação no modo de pensar dos fisiologistas. Por isso a breve designação de endocrinologia nos parece preferível a qualquer circunlocução.

A investigação precisa através de métodos químicos dos fenômenos de nutrição, de assimilação por edificação de compostos específicos, de desintegração e de eliminação, tal é o caminho que devia paradoxalmente emprestar, pelos cuidados de Claude Bernard, a solução do problema fisiológico colocado pela existência de glândulas sem canal excretor, ditas glândulas vasculares sanguíneas, órgãos cuja inspeção anatômica não permitia deduzir as funções.

De um modo geral, os fenômenos de secreção tinham constituído no século XVIII um dos principais obstáculos encontrados pelo modo mecanicista de explicação. Bordeu (1722-1776) tinha mostrado em suas *Recherches anatomiques sur la position des glandes et leur action* (1751) que a maior parte das glândulas está situada anatomicamente de maneira tal que a excreção não pode ser explicada por uma compressão mecânica. Sobretudo, ele havia assimilado a secreção a uma seleção, análoga a um apetite orgânico local, a uma sensibilidade tissular. E ele tinha formado a hipótese de que cada tecido poderia restituir ao sangue seus produtos específicos de secreção (*Pesquisas sobre as doenças crônicas.* VI, p. 1.775).

No início do século XIX, as funções do baço, do timo, das glândulas suprarrenais, da tiroide eram ignoradas. A luz devia manifestar-se, no meio do século, por ocasião das pesquisas de Claude Bernard sobre o devir do açúcar na digestão e a absorção intestinal, e revelar a função inimaginável de uma glândula de que não se suspeitava absolutamente o parentesco com as anteriores. Ora, foi trabalhando sobre a glicogênese hepática e sobre a fonte dos fermentos que Moritz Schiff, então em Berna, devia, em 1859, constatar os efeitos mortais sobre o animal da ablação experimental da tiroide, efeitos dos quais ele não sabia dar a razão. Foi muito mais tarde, em Genebra, em 1883, que, retomando suas antigas experiências, à luz dos ensinamentos tirados por Th. Kocher e J.-L.

Reverdin (1882-1883) das sequelas da extirpação cirúrgica do bócio (caquexia estrumipriva, mixedema pós-operatório), Schiff teve a ideia do transplante da tiroide, a fim de decidir a favor ou contra a hipótese de uma ação química da glândula por via sanguínea. Horsley conseguia, em 1884, a mesma experiência no macaco. E Lannelongue a repetia, para fins terapêuticos, no homem, em 1890. Em 1896, E. Bauman identificava na tiroide um composto orgânico iodado. Em 1914, Kendall isolava o princípio ativo sob forma de tiroxina cristalizável. Vê-se que, se o ponto de partida das pesquisas sobre a função tireoidiana se encontra no laboratório dos fisiologistas, o caminho da solução passa pelo gabinete do clínico e pela sala de operações cirúrgicas.

No caso da suprarrenal, o ponto de partida das pesquisas é fornecido pela clínica, sob a forma das observações de Addison (1793-1860) em 1849 e em 1855 (*On the constitutional and local effects of disease of the supra-renal capsules*). Desde 1856, Brown-Séquard fazia na Academia das Ciências três comunicações: *Recherches expérimentales sur la physiologie et la pathologie des glandes surrénales*, nas quais ele expunha os efeitos mortais no animal da ablação das cápsulas, mas, também, os das injeções de sangue de animal normal no animal "suprarrenalectomizado". Brown-Séquard supunha, em consequência, que as cápsulas têm sobre a composição do sangue uma ação antitóxica de natureza química. No mesmo ano, Vulpian (1826-1887) comunicava suas observações *Sur quelques réaction propres à la substance des capsules surrénales*. Por suas reações aos colorantes, as células corticais diferem das células medulares. Vulpian concluía que essas últimas, colorizadas em verde pelo cloreto de ferro, secretam uma substância cromógena. Estava aí a primeira suspeita da existência do que não era ainda a adrenalina. Em 1893, Abelous e Langlois confirmavam os resultados experimentais de Brown-Séquard. Em 1894, Olivier e Sharpey-Schafer comunicavam à *Physiological Society* de Londres suas observações sobre os efeitos hipertensores de injeções de extrato aquoso de suprarrenal. Uma substância hipertensiva era isolada da medula suprarrenal, em 1897, por J. J. Abel (1857-1938), e chamada por ele de epinefrina. Em 1901, Takamine (1854-1922) obtinha, sob forma cristalizável, o que ele chamava de adrenalina, de que Aldrich, no mesmo ano, dava a fórmula. A adrenalina é, então, historicamente, o primeiro hormônio conhecido. A história dos hormônios do córtex suprarrenal começa somente após 1900.

Nesse breve resumo das primeiras pesquisas experimentais em endocrinologia, deve-se constatar que o conceito de secreção interna, formado em 1855 por Claude Bernard, não teve no início o papel heurístico que estaríamos tentados em reconhecer-lhe. É que o conceito, aplicado primeiro à função glicogênica do fígado, exercia inicialmente um papel de discriminação em anatomia, mais do que um papel de explicação em fisiologia. Ele permitia, em suma, dissociar o conceito de glândula do conceito usual de excreção. Ora, há mais no conceito de hormônio que no de secreção interna: o primeiro é o de uma ação química de correlação; enquanto o segundo é somente o de uma via de aporte e de difusão. Além disso, a função hepática, primeiro exemplo conhecido de uma secreção interna, tem de especial que ela tem por efeito a colocação em circulação de um alimento reelaborado, de um metabolito. Em relação a isso, há uma diferença entre a secreção endócrina do fígado e a do pâncreas. Uma tem a responsabilidade de um fornecimento; a outra, a de uma utilização. A insulina, como a tiroxina, é o estimulante e o regulador de um metabolismo global, não é, propriamente falando, um composto energético intermediário. Não é, portanto, falso, mas é insuficiente fazer remontar a Claude Bernard a paternidade do conceito fundamental da endocrinologia moderna. Foi antes o conceito de meio interior (1859, 1867) que se revelou fecundo, na medida em que ele não estava estreitamente ligado, como o da secreção interna, a um exemplo dado de função, mas em que ele se identificava, desde o início, com o conceito de constante fisiológica. A partir do dia em que a vida das células se revelava dependente da composição fixa de seu meio orgânico imediato, por conseguinte da existência do que Cannon devia chamar de homeostase (1929), o conceito de secreção interna tornava-se logicamente susceptível de se transformar no de regulação química. Era, então, normal que, em virtude de uma ideia diretriz comum, todas as pesquisas separadas sobre as antigas glândulas vasculares sanguíneas chegassem, mais ou menos rapidamente, segundo os casos, à identificação dos hormônios e à determinação, pelo menos qualitativa, de seus efeitos funcionais respectivos.

Não temos, pois, de nos surpreender ao ver, a partir de 1888-1889, os trabalhos de Schiff e de Brown-Séquard suscitarem uma intensa emulação e estimularem a pesquisa endocrinológica, em relação, no mais das vezes, com a revisão de etiologias patológicas até então mais ou menos arbitrárias. É o estudo do diabetes, já em parte esclarecido por Claude Bernard, que conduz Von Mering e Minkowski à descoberta do papel do pâncreas no metabolismo dos glucídios (1889) e, na sequência, à identificação (Banting e Best, 1922) da substância que Sharpey tinha, em 1916, chamado de insulina. É o estudo da acromegalia por Pierre Marie (1886) que suscita a distância as experiências de hipofisectomia de Marinescu (1892) e de Vassale e Sacchi (1892), esperando as pesquisas discriminatórias das funções do lobo anterior e do lobo posterior do corpo pituitário (Dale, 1909; Cushing, 1910; Evans e Long, 1921). Já vimos que os trabalhos sobre os hormônios sexuais foram suscitados, num ambiente de irônica reserva, pelas experiências de Brown-Séquard. O papel dos paratireoides, cuja individualidade anatômica tinha sido reconhecida somente em 1880 por Sandström, foi elucidado em 1897 pelas pesquisas de E. Gley.

Assim, o conceito fisiológico de regulação química, em sua acepção atual, era elaborado no fim do século XIX, mas ele esperava uma denominação expressiva. Em 1905, Bayliss e Starling, tendo consultado um colega filólogo, propuseram o termo hormônio.

## NEUROFISIOLOGIA

De todos os aparelhos cujas funções são organizadas para a conservação da integridade da vida celular, aquele cujo aspecto de mecanismo sempre foi o menos contestado é o aparelho neuromuscular das funções de relação. Não foi o crescimento do vegetal, nem mesmo a palpação viscosa e visceral do molusco que suscitaram primeiramente explicações de tipo mecanista; é a locomoção distinta e sucessiva do vertebrado, cujo sistema nervoso centralizado comanda, coordenando-as, reações segmentares, precisamente aquelas que se pode, a rigor, simular por mecanismos. "Uma ameba", disse Von Uexküll, "é menos máquina que um cavalo". Ora, pelo fato de que os primeiros conceitos em fisiologia nervosa, os de vias de condução aferente e eferente, de reflexo, de localização, de centro, encontravam alguns elementos de suas definições em analogias com operações ou objetos tornados familiares pela construção ou uso das máquinas, acontece que os progressos desse ramo da fisiologia, de que, aliás, a psicologia incorporava as aquisições aos poucos, lhe valeram, no século XIX, um prestígio que se pode dizer popular, no melhor sentido do termo. *Hormônio* e *complexo*, ainda que hoje usados na língua usual, guardarão, sem dúvida, por muito tempo ainda, um sentido mais esotérico que *reflexo*, vulgarizado pela prática dos esportes.

Se os efeitos motores da decapitação de batráquios ou de répteis tinham deixado suspeitar, no século XVIII, o papel da medula na função do músculo, se as experiências de Whytt (1768) e de Legallois (1812) tinham já um caráter positivo, era, no entanto, impossível explicar o que se chamava desde Willis de movimentos reflexos (1670) pelo esquema anatomofisiológico do arco reflexo, antes que fosse formulada e verificada a lei de Bell-Magendie (1811-1822). A evidenciação por Marshall Hall (1832-1833) da função "diastáltica" (reflexo) da medula, simultaneamente entrevista por J. Müller, é uma consequência necessária da distinção das funções do nervo raquidiano. Essa distinção provocava necessariamente também a dissociação da entidade anatômica medula em feixes condutores funcionalmente especializados (Burdach, 1826; Clarke, 1850; Brown-Séquard, 1850; Goll, 1860), dissociação inicialmente baseada nas experiências de secção e excitação das fibras, antes da descoberta por Waller do fenômeno de degenerescência (1850).

Uma vez determinado o duplo sentido de condução ao longo da fibra nervosa, as propriedades de excitabilidade e de condutibilidade do nervo foram estudadas sistematicamente, em ligação com as propriedades contráteis do músculo. Esse estudo é a parte positiva da massa de pesquisas, entre as quais algumas de caráter mágico, suscitadas pela descoberta da eletricidade animal. Foram as observações de Galvani, suas experiências, sua polêmica com Volta (1794), as pesquisas de A. de Humboldt (1797) confirmando que Galvani não se tinha enganado sobre a existência da eletricidade animal, que abriu os caminhos da eletrofisiologia. Em 1827, Nobili tinha construído um galvanômetro astático bastante sensível para a detecção das correntes de fraca intensidade. Mateucci (1841) tinha estabelecido a concomitância entre a contração muscular e a produção de eletricidade. Foi por um exame severamente crítico dos trabalhos de Mateucci que Du Bois-Reymond criou quase com todas as peças (1842-1843) os aparelhos e as técnicas da eletrofisiologia, em uso até as aplicações em laboratório das oscilações elétricas. Ele estabelecia a existência do que chamava de "variação negativa", isto é, do potencial de ação gerador da corrente de ação que acompanha a passagem do influxo nervoso. É a ele que se deve também o estudo do tétano fisiológico. Com o mesmo espírito, e por técnicas análogas, Helmholtz media, em 1850, a velocidade de propagação do influxo nervoso. Se essa experiência não trazia a luz esperada sobre a natureza da mensagem transmitida pelo nervo, pelo menos, refutava todas as teorias segundo as quais a mensagem consistiria em algum transporte de substância.

Depois que a função de coordenação sensitivo-motora da medula foi claramente reconhecida por Whytt e por Prochaska (1749-1820), e antes que fosse abordada por Marshall Hall a explicação do mecanismo dessa coordenação, Legallois e Flourens, como se viu, tinham localizado no bulbo raquidiano centros de movimento reflexos. Na mesma época, o antigo conceito de uma sede da alma ou de um órgão do sentido comum, depois de ter suscitado, nos séculos XVII e XVIII, tantas conjecturas relativas à sua localização, se desmembrava. Haller tinha respondido pela negativa à questão *An diversæ diversarum animæ functionum provinciæ* (*Elementa physiologiæ*, IV, 26, 1762) [Acaso (existem) diversas regiões das diversas funções da alma? (Elementos de fisiologia)]. Mas, em 1808, o pai da frenologia, F. J. Gall (1758-1828), afirmava que "o cérebro se compõe de tantos sistemas particulares quanto exerce funções distintas", que não é, por conseguinte, um órgão, mas uma soma de órgãos, correspondendo cada um a uma faculdade ou a uma inclinação, e que esses órgãos devem ser procurados nas circunvoluções dos hemisférios cuja configuração da caixa craniana é a réplica.

A acusação de charlatanismo feita contra Gall é bastante conhecida para que se dispense de retomá-la. É mais importante compreender as razões de sua influência considerável e durável. Ele forneceu aos fisiologistas e aos clínicos dos dois primeiros terços do século uma ideia diretriz que um de seus críticos, Lelut, chamava de "polissecção do encéfalo" (*Qu'est-ce que la phrénologie?*. 1836). Além disso, não se deve esquecer um fato: Gall pretendia ter tido a intuição de sua doutrina, observando a conformação de alguns de seus condiscípulos particularmente dotados para a lembrança das palavras, e ele tinha localizado o órgão dessa memória na parte posteroinferior do lobo anterior do hemisfério. Ora, a primeira localização anatomopatológica correspondente a uma observação clínica de afasia, devida a Bouillaud, em 1825, confirmava a localização de Gall. Em 1827, Bouillaud publicava os primeiros resultados experimentais da ablação de zonas corticais praticada no cérebro de mamíferos e de aves. Doravante, a aliança da experimentação no animal com a observação clínica e anatomopatológica ia pouco a pouco permitir preparar a carta funcional do córtex cerebral. Em 1861, Paul Broca (1824-1880) atribuía à função da linguagem articulada uma sede precisamente delimitada na terceira circunvolução frontal, e tirava de sua descoberta um postulado: "Eu creio no princípio das localizações; não posso admitir que a complicação dos hemisférios cerebrais seja um simples jogo da natureza."

Em 1870, Fritsch e Hitzig traziam a prova experimental das localizações cerebrais, graças a uma revolução na técnica da exploração: a excitação elétrica do córtex. Até então, por ter tentado inutilmente a excitação elétrica do cérebro, por ocasião de trepanações, acreditava-se que o cérebro era inexcitável diretamente. De suas experiências sobre o cão, Frisch e Hitzig tiravam a conclusão de que as regiões anterior e posterior do cérebro não são funcionalmente equivalentes; a primeira é motora; a segunda, sensitiva. Por não poder excitar eletricamente um cérebro humano, Hitzig delimitava no macaco a área motora (1874). Ferrier confirmava, em 1876, os trabalhos de Hitzig. Este podia escrever, citando Flourens, mas visando a Goltz:

> "A alma não é de forma alguma, como o pensaram Flourens e muitos vindos depois dele, uma espécie de função de conjunto do cérebro inteiro, do qual se pode suprimir a manifestação in toto, mas não parcialmente: ao contrário, algumas funções psíquicas seguramente, e todas provavelmente, dependem de centros circunscritos do envoltório do cérebro."

Simetricamente, a descoberta por Ferrier do papel do lobo occipital na visão conduzia Munk a localizar precisamente um primeiro centro sensorial (1878). A multiplicação das investigações experimentais e seu recorte pelas observações clínicas deviam permitir a Wernicke dar, em 1897, a um tratado de anatomofisiologia do cérebro o título de *Atlas dos Gehirns*. Mas foi somente no início do século XX que os trabalhos de Campbell (1905) e de Brodmann (1908), fortalecidos com todos os progressos da histologia de Golgi a Ramón y Cajal, colocaram as bases da citoarquitetônica do córtex.

Em suas *Leçons sur les localisations* (1876), Charcot escrevia: "O encéfalo não representa um órgão homogêneo, unitário, mas sim uma associação..." O termo localização era então levado ao pé da letra. Pensava-se poder recortar a superfície cortical, supostamente exposta, em zonas independentes cuja lesão ou ablação explicava as perturbações sensitivo-motoras, interpretadas em conceitos negativos, expressos em termos de déficit (**a**fasia, **a**grafia, **a**praxia etc.). Entretanto, Baillarger tinha observado (1865) que a afasia não é, propriamente falando, uma perda da memória das palavras, visto que o doente dispõe, às vezes, de seu vocabulário, mas sem oportunidade e como de um automatismo. Hughlings Jackson (1835-1911), interpretando a partir dos postulados do evolucionismo spenceriano observações análogas, introduzia em neurologia o conceito de uma integração conservadora de estrutura e de funções, das quais as menos complexas são dominadas e controladas em um nível (*level*) superior por outras mais complexas e diferenciadas, posteriormente descobertas na ordem da filogênese (1864, 1884). Os estados patológicos não são decomposições e diminuições em relação ao estado fisiológico, são dissoluções, suspensões de controle, liberações de funções dominadas, retorno a estados, neles mesmos positivos, de maior automatismo.

Um dos acontecimentos importantes na história médico-fisiológica do conceito de localização foi o Congresso Internacional de Medicina, ocorrido em Londres, em 1881, quando Sherrington, com a idade de 24 anos, pôde assistir a uma discussão homérica entre Ferrer e Goltz. Em sua passagem junto a Goltz, em Estrasburgo (1884-1885), Sherrington devia reter a técnica das secções por estágio da medula. Seus estudos sobre a rigidez de descerebração (1897), o encaminhamento que conduz trabalhos sobre a enervação recíproca à concepção da ação integrativa do sistema nervoso (1906) lhe permitiram confirmar e retificar, ao mesmo tempo, no único terreno da fisiologia, a ideia diretriz de Jackson.

Entre Marshall Hall e Sherrington o estudo das leis do reflexo não tinha progredido senão pelo enunciado das regras muito aproximativas de Pflüger sobre a irradiação (1853), conceito que implicava a realidade biológica do arco reflexo elementar. Sherrington estabelecia, ao contrário, que, mesmo no caso do reflexo mais simples, a medula integra já uma manga (feixe de fibras) muscular ao conjunto do membro, por convergência dos influxos aferentes e solidarização das reações antagonistas. As funções do encéfalo somente generalizam essa propriedade medular de integração das partes ao todo do organismo. Assim, depois de Jackson, Sherrington estabelecia que o organismo animal, em referência às funções de relação, não é uma composição em mosaico, mas uma estrutura. Mas a originalidade do grande fisiologista consistia em distinguir melhor entre os aparelhos nervosos de integração dos movimentos com execução imediata e os aparelhos de integração dos movimentos diferidos (córtex).

É uma outra função cortical de integração que, na mesma época (1897), Ivan Pavlov estudava sob o nome de condicionamento, mostrando que a análise das funções do córtex podia emprestar as técnicas reelaboradas da reflexologia. Quando um animal (o cão, no caso) tinha sido submetido a um adestramento, durante o qual o excitante incondicionado e o excitante convencional eram simultaneamente aplicados, a ablação de áreas mais ou menos extensas do córtex permitia medir, de algum modo, a dependência da refletividade sensitivo-motora em relação à integridade da mudança cortical. Essa técnica, cujo aperfeiçoamento e precisão analítica iam lado a lado com os resultados obtidos progressivamente, foi ensinada pelo grande fisiologista russo a um número considerável de discípulos. Se essa técnica de análise das funções do córtex teve, ou não, como qualquer outra técnica de pesquisas, limites suscitados por sua própria fecundidade, não é o caso de discutir.

Digamos, para terminar, algumas palavras sobre o estudo do sistema nervoso que Langley devia, em 1898, chamar de "autônomo", e cujas funções, porque elas concernem ao que Bichat chamava de "vida vegetativa" em oposição à "vida animal", se prestavam menos que as do sistema nervoso central à utilização de modelos mecânicos de interpretação. Foi Winslow quem tinha criado a expressão "grande simpático" para designar a cadeia ganglionar (1732). A descoberta das ações do grande simpático sobre a sensibilidade e sobre a calorificação remonta a Claude Bernard (1851). Brown-Séquard acrescentou à técnica de exploração das funções do simpático por secção dos nervos a técnica da galvanização (1852-1854). O estudo químico das funções do simpático deve muito a Langley, que colocou à luz o bloqueio das sinapses pela nicotina (1889) e a propriedade simpaticomimética da adrenalina (1901).

* * *

Por várias vezes, esse esquema histórico e epistemológico da constituição da fisiologia como ciência transbordou ligeiramente do século XIX ao século XX. É que a unidade de significação na história da posição dos problemas e dos progressos de sua solução, variável conforme os casos, não é uma unidade de tempo, submúltiplo constante da unidade convencional dos cronologistas. Não tivemos jamais a intenção de retraçar a história das questões de fisiologia até seu estado heurístico presente, porque esse estado presente é, muito frequentemente, um estado de polêmica com um passado recente, sobre o qual somente pesquisadores podem pronunciar-se. Como escreveu C. Soula, "a fisiologia se confunde ainda com sua história". Em plena consciência desse fato recíproco que a história da fisiologia não se confunde com a fisiologia, esperamos ter conseguido não retraçar essa história senão no interior dos limites nos quais a informação não corre o risco de passar por uma pretensão exagerada da competência científica.

## BIBLIOGRAFIA


BERNARD, Claude. *Esquisses et notes de travail inédites, recueillies et commentéesm par Léon Binet*. Paris. 1952.

________. *Introdução ao estudo da medicina experimental*. Paris. 1865.

________. *Leçons de physiologie expérimentale appliquée à la médecine*. Paris. 1855-1856. 2 v.

________. *Leçons sur les phénomènes de la vie communs aux animaux et aux végétaux*. Paris. 1878-1879. 2 v.

________. *Rapport sur les progrès et la marche de la physiologie générale en France*. Paris. 1867.

BORUTTAU, H. *Geschichte der physiologie (Handbuch der geschichte der medizin*. Von Th. Puschmann, hgg. von Neuburger u. Pagel; t. II, Iéna, 1903.

BRAZIER, Mary A. B. Rise of neurophysiology in the 19th century. *Journal of. Neurophysiology*. n. 20, p. 212-226, 1951.

BROOKS, C. Mc.; CRANFIELD, P. F. (editors). *The historical development of physiological thought, a symposium*. New York. 1959.

CANGUILHEM, Georges. A fisiologia animal no século XVIII. In: *Histoire générale des Sciences*. Dirigida por R. Taton. Paris. 1958. t. II.

________. Physiologie et pathologie de la thyroïde au XIXe siècle. In: *Thales*. 1959. t. IX.

CANGUILHEM, Georges; CAULLERY, M. La physiologie animale au XIXe siècle. In: *Histoire générale des Sciences*. Dirigida por R. Taton. Paris, 1961. v. I, t. III.

CHAUVOIS, L. *William Harvey, sa vie et son temps, ses découvertes, sa méthode*. Paris. 1957.

FRANKLIN, K. J. A short history of the international Congresses of Physiologists. *Annals of science*, junho de 1938.

FULTON, J. F. *Physiologie des lobes frontaux et du cervelet*. Paris: Masson & Cie. Ed., 1953. 1 v., 158 p.

GLEY, E. *Essai de philosophie et d'histoire de la biologie*. Paris. 1900.

GOODFIELD, G. J. *The growth of scientific physiology*. Londres. 1960.

HALLER, A. de. *Éléments de Physiologie*. Tradução nova do latim para o francês por Bordenave. Paris. 1769.

HOFF, H. E.; GEDDES, L. A. *Graphic registration before Ludwig. The Antecedents of the Kymograph*. Isis. 1959. p. 5-21.

________. *The beginnings of graphic recording*. Isis. 1962. p. 287-324.

________. The Rheotome and its Prehistory. A study in the historical interrelations of electrophysiology and electromechanics. *Bull. Hist. Med.* 1957. p. 212-234 e 327-347.

LORDAT, J. *Conseils sur la manière d'étudier la physiologie de l'homme*. Montpellier. 1813.

LUDWIG, C. *Lehrbuch der physiologie des menschen*. 2. ed. Leipzig-Heidelberg. 1858-1861. 2 v.

MAGENDIE, F. *Leçons sur les phénomènes physiques de la vie*. Paris. 1842.

MÜLLER, Johannes. *Manuel de Physiologie*. Tradução francesa por A.-J. L. Jourdan. 4. ed. Paris. 1845. 2 v.

OLMSTED, J. M. D. *François Magendie*. New York: Schuman, ed., 1952. 1 v., 290 p.

OLMSTED, J. M. D.; OLMSTED, E. H. *Claude Bernard and the experimental method in medicine*. New York: Shuman, ed., 1952. 1 v., 277 p.

ROSEN, G. Carl Ludwig and his american students. *Bull. Hist. Med.*, 4, 1936. p. 605-609.

ROTHSCHUH, K. E. *Carl Ludwig*, 1816-1895 Ztschr. Kreislaufforsch. Bd. 49, Darmstad, 1960.

________. *Entwicklungsgeschichte physiologischer. Problem in Tabellenform*. Munique e Berlim: Urban, ed., 1952. 1 v., 122 p.

________. *Geschichte der physiologie*. Berlim: Springer, ed., 1953. 1 v., 249 p.

SHERRINGTON, C. S. *The endeavour of Jean Fernel*. Londres: Cambridge Univ. Press, ed., 1946. 1 v., 223 p.

STARLING, E. *Principles of human physiology*. 11. ed. Londres: Churchill, ed., 1952. v. 1, 1.210 p. – cada um dos livros da obra é precedido de um histórico.

STEUDEL, J. Le physiologiste Johannes Müller. Conferência do Palais de La Découverte, Paris. 1962.

TEMKIN, O. The philosophical background of Magendie's physiologie. *Bull. Hist. Med.*, 20, 1946. p. 10-35.

VERWORN, M. *Physiologie générale*. Tradução francesa por Hédon. Paris. 1900.

# 3. PATOLOGIA E FISIOLOGIA DA TIROIDE NO SÉCULO XIX[1]

O primeiro grande tratado de fisiologia publicado no século XIX, o *Handbuch der physiologie des menschens*, de Johannes Müller (t. I, 1ª Parte, 1833; 2ª Parte, 1834), contém somente, concernente à tiroide, cinco linhas, cujas últimas palavras são: "Ignora-se qual é a função da tiroide." Essa confissão lacônica renova a conclusão do artigo sobre as suprarrenais: "A função das cápsulas suprarrenais é desconhecida."

Com esse tom, reconhecemos a ciência autêntica. Quando se diz que não se sabe, compreendemos que se sabe em quais condições e segundo que exigências se consentiria afirmar que se sabe.

Importa destacar essa novidade. Com efeito, um dos alunos berlinenses de Johannes Müller, seu sucessor, Émile du Bois-Reymond, disse que o *Handbuch* tinha tido, para o século XIX, a mesma importância que os *Elementa physiologiæ* (1757-1766), de Haller, para o século XVIII. Mas a analogia de importância não recobre aqui uma homologia de método e de espírito. Haller, mesmo quando não propõe pessoalmente nenhuma explicação, mesmo quando não adota nenhuma das opiniões de seus antecessores ou contemporâneos, não se priva jamais de passar em revista as soluções já pro-

1 Este texto reproduz, com algumas ampliações, uma Conferência proferida na Faculdade de Medicina de Estrasburgo, em 10 de janeiro de 1958. Ele foi publicado, pela primeira vez, em *Thales*, IX (ano de 1958), 1959.

postas, e ele as conhece todas. Parece que as dimensões da erudição e as do saber estão em razão inversa. O próprio de uma ciência tateante, como é o caso, no século XVIII, sobre muitos pontos, a fisiologia é a tentação oratória e narrativa.

Haller, então, se interroga sobre as funções da tiroide, tratando da anatomia e da fisiologia da laringe. Ele se pergunta se ela envia na traqueia-artéria ou no esôfago o humor seroso do qual, na dissecção, a vemos cheia. Ele se coloca a mesma questão – que não deixaremos chegar a tratá-la de profética – de saber se essa glândula "não reteria completamente seu suco para depô-lo nas veias, da mesma maneira que o timo que se parece com ela em sua estrutura".[2] Numa dissertação de 1750, aliás, notável pela precisão da descrição morfológica, Lalouette, cuja nomenclatura anatômica da tiroide conservou o nome, levanta um maior número ainda de explicações propostas, das quais algumas realmente fantásticas.[3]

Mas, para melhor apreciar a sobriedade intelectual de Johannes Müller, é preciso lembrar-se que ele próprio é o autor, na época de um trabalho importante de histologia, *De glandularum secernentium structura penitiori* (1830) [Da estrutura mais profunda das glândulas distintas]; que, como Burdach – de quem ele foi o colaborador para a redação da *Physiologie als erfahrungswissenschaft* (1832) – ele distingue as glândulas com canal excretor, e as que ele chama, então, de glândulas vasculares sanguíneas; que ele próprio define essas glândulas, no *Handbuch*, como órgãos "exercendo sua influência plástica sobre os líquidos que banham seu tecido e entram na circulação geral", e que, enfim, ele coloca nessa espécie de glândulas a placenta, o timo, o baço, as suprarrenais e a própria tiroide. Acrescentemos que Müller é mais que anatomista e fisiologista, é químico, é médico. Com esse espírito, formado na Escola da Naturphilosophie, a qualificação de sinótica ou de sintética convém mais ainda que a de enciclopédica. Ele não ignora que

---

2 *Prima lineamenta physiologiae*, § CCCXII (1747).

3 Pesquisas anatômicas sobre a glândula tiróide, *in Mémoires de Mathématiques et de Physique de l'Académie des Sciences*, I, 1750.

Théophile de Bordeu (1722-1776), desde 1775, avançou a ideia de que cada tecido podia despejar no sangue os produtos específicos de secreção distribuídos pela circulação em todo o organismo.[4] Ele sabe que Julien-Jean-César Legallois (1770-1814), em sua tese de 1801, *Le sang est-il identifique dans tous les vaisseaux qu'il parcourt?*, formulou a tarefa da química animal como segue: "Encontrar relações entre o sangue arterial, a matéria de tal secreção e o sangue venoso correspondente, tanto no estado sadio quanto no estado patológico dos diferentes animais." Químico, Müller seguramente conhece os trabalhos de Sir H. Davy e de Gay-Lussac sobre o iodo, em 1813-1814, e as tentativas realizadas desde então para introduzir, por várias vezes e não sem sucesso, preparações iodadas na terapêutica do bócio. O ano de 1834 é enfim o ano em que, segundo Biedl, a extirpação experimental da tiroide é praticada sistematicamente, pela primeira vez, em animais, por um veterinário inglês, Raynard.

Em resumo, tendo em vista a potência intelectual e a cultura do autor, tendo em vista o estado geral da pesquisa científica na época, podemos enunciar uma questão cujo estilo aparentemente absurdo serve, pelo menos, para a história das ciências, para destacar por um *nonsense* o próprio sentido de sua tarefa: "Por que Johannes Müller não descobriu as funções da tiroide, que, em 1834, ele declara tão simplesmente ignorar?"

Essa questão é intencionalmente calcada na que Auguste Comte colocava, em 1851, para mostrar que nenhuma ciência pode ser plenamente compreendida no desconhecimento de sua história, e que nenhuma história especial, tal como a história das ciências, é possível separadamente de uma história geral. "Nenhum astrônomo", diz Comte, "jamais pôde explicar-se por que Hiparco não descobriu as leis de Kepler. Por mais simples que pareça tal questão, só a sociologia pode responder, porque ela depende da marcha real da evolução humana, tanto social quanto mental".[5]

---

4 *Recherches sur les maladies chroniques*, VI, Analyse médicinale du sang.

5 *Système de politique positive*, Introdução fundamental, cap. II, 4. ed., 1912, t. I, p. 475.

Seguramente, as duas questões não são inteiramente passíveis de sobreposição. A descoberta das funções da tiroide não é, como a das leis de Kepler, a proeza de um espírito solitário, ainda que solidário com toda cultura científica da época. É o fruto de uma obra sucessiva e coletiva da qual somente o balanço, estabelecido para fins pedagógicos, pode ser designado com um nome próprio. Nesse domínio, a fisiologia foi tributária da patologia e da clínica quanto à significação de suas primeiras pesquisas experimentais, e a clínica foi tributária de aquisições teóricas ou técnicas de origem exterior à medicina. Mas é o próprio fato que torna análogas, senão semelhantes, duas questões concernentes às distâncias tão desproporcionadas entre a lógica e a história de um progresso científico: 17 séculos de um lado, cerca de 60 anos do outro. Nas ciências da vida, o conjunto, não racionalizado *a priori*, das interdependências na ordem das técnicas e das interconexões conceituais – conjunto exigido para a solução de um problema como o nosso – parece criar, por comparação com uma ciência matematizada como a astronomia, uma maior viscosidade do progresso.

Ora, fazer a história de uma questão científica é trabalhar para dissipar essa ilusão da viscosidade do progresso. Escrita mais tarde, a história da ciência é sempre necessariamente a de um progresso de esclarecimento. Mas os estudiosos, ao mesmo tempo em que fazem a ciência, não a fazem à luz de seus próprios trabalhos. Essa luz que esclarece seus sucessores se propaga, na realidade, num sentido retrógrado, do presente para o passado; é uma luz reflexiva. E, então, passar em revista os conhecimentos de toda espécie e de toda origem nas quais parece que Müller poderia encontrar, para uma unificação de que ele era certamente muito capaz, os pressentimentos do que devia conter 60 anos mais tarde, sobre a tiroide, um tratado ordinário de fisiologia, é esquecer, primeiramente, que nenhuma inteligência é contemporânea de seus pressentimentos; em seguida, que conceitos científicos, a menos que sejam muito formalizados – o que não poderia ser originário – não são separáveis de seu contexto; e, enfim, que esses contextos são sempre naturalmente mais ricos de sobrevivências que de inovações. Surpreender-se, portanto, com uma confissão de humildade intelectual, interpretando-a como um atraso no progresso, apressar retrospectivamente, de alguma maneira, um estudioso para saltar as etapas de uma descoberta, é confundir uma sucessão histórica efetiva com uma reconstrução lógica sempre cômoda. É de uma tal impaciência, de um tal desejo de tornar os momentos do tempo transparentes uns para os outros que deve nos curar a história das ciências. Uma história benfeita, de qualquer história que se trate, é aquela que consegue tornar sensível a opacidade e como a espessura do tempo.

Deixando de lado voluntariamente a história antiga da questão, sem remontar a Galeno e à sua descrição da tiroide, nem a Celso e às suas observações sobre o bócio, sem mesmo falar de Paracelso explorando no ducado de Salzburgo as regiões do bócio endêmico, nosso histórico começa com as primeiras relações sistemáticas sobre a distribuição geográfica do bócio e do cretinismo nos Alpes e nos Pireneus, sobre sua etiologia geral e próxima, sobre a terapêutica individual e coletiva das afecções tireoidianas, relações que apareceram, com alguns anos de intervalo, no fim do século XVIII: *Voyage dans les Alpes* (t. II, 1786), por H.-B. de Saussure (1740-1799); *Observations faites dans les Pyrénées*[6] (1789), por Ramond de Carbonnière (1755-1827); *Sui gozzi e sulla stupidità dei cretini* (1789), por M. V. Malacarne (1744-1816); *Traité du goitre et du crétinisme* (1799), por F. E. Fodéré (1764-1835). Mas antes de procurar nessa última obra o ponto dos conhecimentos patológicos e fisiológicos sobre a tiroide, nos primeiros dias do século XIX, não é inútil abordar a história pelo viés da lexicologia.

Segundo Sir H. D. Rolleston, seria Thomas Warthon (1614-1673) quem teria, em 1656, na *Adenographia sive descriptio glandularum* [Adenografia ou descrição das glândulas], dado o nome de tiroide à glândula anteriormente chamada laríngea (*Glandula*

---

6 *Observations faites dans les Pyrénées pour servir de suite à des observations sur les Alpes, insérées dans une traduction des Lettres de Coxe sur la Suisse*, 2 vol., Paris, 1789. Sobre o autor, cf. Éloge historique de Louis Ferdinand Elisabeth Ramond, *in* Cuvier, *Recueil des éloges historique*, nova ed., Paris, Didot, 1861, t. III, p. 53 e seguintes.

*laryngea*). Mas é preciso observar que Warthon não teve de inventar o adjetivo com o qual ele teria sido o primeiro a qualificar a glândula. Porque o termo tiroide já era empregado para designar a cartilagem anterior superior da laringe. Ambroise Pare diz indiferentemente tiroide e escutiforme. Foi Galeno quem parece ter criado a palavra θυρεοειδὴς [*thyreoeidés*]. Em razão dessa etimologia, o *Dictionnaire de la langue française* de Littré, o *Dictionnaire des sciences médicales* de Littré e Robin, não contêm a palavra *Thyroïde*, mas a palavra *Thyreoïde*, e levantam-se com ardor contra um erro da linguagem anatômica, consagrando o erro inicial do copista que substituiu por θυροειδὴς [*thyroeidés*] (em forma de porta) θυρεοειδὴς [*thyreoeidés*] (em forma de escudo). Em virtude disso, Littré dá a seguinte definição do termo *goitre* [bócio]: "Tumor que se desenvolve na parte da frente da garganta no corpo tireoide." Sem dúvida, Littré não conseguiu corrigir um uso efetivamente vicioso, mas por que sorriríamos do seu purismo? Certamente, as palavras não são os conceitos que elas veiculam, e não se aprendeu nada a mais sobre as funções da tiroide quando se restituiu, numa etimologia correta, o sentido de uma comparação de morfologista. Mas não é indiferente à história da fisiologia saber que, quando Starling lançou, em primeiro lugar, em 1905, o termo *Hormônio*, sobre a sugestão de W. Hardy, foi depois da consulta a um de seus colegas, filólogo em Cambridge, W. Vesey.[7]

O termo [francês] *goitre* [bócio] é de origem saboiana, sob a forma *Gouetron* (do baixo latim *Gutturionem*, derivado de *Guttur* [goela, garganta]). Ambroise Paré o utiliza, escrevendo-o, às vezes, *gouètre*, mas o substitui também por *gongrone* (pescoço volumoso como o do congro).[8] Se é verdade que Realdo Colombo foi o primeiro nos tempos modernos a ter distinguido a glândula tiroide das outras glândulas do pescoço, não é de se surpreender ver Ambroise Paré usar indiferentemente, segundo a tradição, termos como

7 Cf. H. D. Rolleston, *The endocrine organs in health and disease, with an historical review*, Oxford University Press, 1936, p. 2.

8 Cf. E. Brissaud, *Histoire des expressions populaires relatives à l'anatomie, à la physiologie et a la médecine*, 1892, p. 192.

*gouètre* e *écrouelles* [escrófulas]. A confusão entre a tumefação da tiroide e a dos gânglios linfáticos do pescoço é constante até o século XVIII. Em sua *Geschichte der chirurgie*, Friederich Helfreich afirma que foi Karl-Georg Kortum (1765-1847), autor de um tratado *De vitio scrofuloso* (1790), quem reservou expressamente o termo *Struma* (sinônimo de escrófula) à designação do bócio. Quanto ao termo antigo, *broncocele*, é principalmente na Inglaterra que, desde a segunda metade do século XVII, seu uso se fixa, por distinção decidida com o de escrófulas. Erasmo Darwin (1731-1802), cuja segunda parte da *Zoonomia* (1794) contém uma classificação das doenças segundo ordens, gêneros e espécies, separa a broncocele da escrófula quanto aos sintomas, às causas e aos remédios. Essa lembrança de nomenclatura permite compreender por que razão, por um lado, é tanto do bócio quanto das escrófulas (mal de São Luís, mal do Rei) que se esperava a cura pela imposição das mãos dos reis da França e da Inglaterra, até o século XVIII,[9] e por que razão, por outro lado, quando Théodor Kocher procura, em 1833, designar de maneira surpreendente a síndrome consecutiva à extirpação cirúrgica da tiroide, ele inventa a denominação, com ressonância arcaica, *Cachexia strumipriva*, enquanto, no mesmo momento, os Reverdin, mais modernos em suas escolhas de um nome de batismo, chamam a mesma síndrome de *Mixedema operatório*, retomando o nome criado, em 1878, por William Ord.

A palavra *cretino* apresenta alguns problemas. O *Dictionnaire de l'académie française* não contém o termo [*Crétin*] antes de 1835. Littré tem a reputação de ter substituído a etimologia popular de *crétin* [cretino] (que o deriva de *chrétien* [cristão]) – etimologia adotada antes dele na maioria dos dicionários, especialmente o de Napoléon Landais – por uma etimologia erudita que derivaria *crétin* de *creta* (*craie* [calcário, giz]), em razão da tez pálida dos doentes em questão. É efetivamente a etimologia que propõe, em 1873, o *Dictionnaire des Sciences médicales*, e, em 1878, o *Diction-*

9 Cf. Marc Bloch, *Os reis taumaturgos*, Publicações da Faculdade de Letras de Estrasburgo, Les Belles-Lettres, éd. Paris. Há edição nova da Gallimard na Biblioleúque des Histoires. Há tradução brasileira.

*naire de la langue française*. Mas, em 1881, no suplemento ao seu grande *Dictionnaire*, Littré retoma, a partir de dados lexicológicos novos, essa etimologia, abandonando-a, para adotar a que deriva *crétin* de *chrétien*.[10]

É essa única etimologia que retém Fodéré em seu *Traité du goitre et du crétinisme*. Nascido em Maurienne, atacado ele mesmo pelo bócio até a idade de 15 anos, esse autor deu dos bociosos e dos cretinos uma descrição tão surpreendente quanto a de Saussure. A que Balzac dá no *Médico rural* [*Médecin de campagne*] (1833) é, sem dúvida, uma exploração, aliás magistral, das observações de Saussure e de Fodéré. Balzac nos restitui a auréola da doença sagrada que envolvia então – e talvez ainda hoje, aqui e acolá – o cretinismo, e nos ajuda a compreender, tanto por aquilo com o que ele consente quanto por aquilo que ele rejeita, qual é o poderoso interesse que, no fim do século XVIII e início do século XIX, leva os médicos e os administradores ao estudo do tratamento curativo e preventivo do cretinismo. É um episódio da luta das luzes contra a rotina, a rejeição otimista, e, nesse sentido, consonante com a ideologia revolucionária, das fatalidades da condição humana. O Dr. Benassis professa o tradicionalismo em política, mas se comporta efetivamente como um pioneiro em matéria de economia e de higiene sociais.[11]

Fodéré introduz "cretinismo" como neologismo, num Aviso preliminar sobre a palavra cretinismo, e acrescenta: "A palavra *crétin* vem, ela própria, de *chrétien*, bom cristão, cristão por excelência, título que se dá a esses idiotas porque, como se diz, eles

10 É a etimologia admitida por O. Bloch e W. von Wartburg em seu *Dicionário etimológico da língua francesa*. 2. ed., 1950.

11 Sobre os modelos de Balzac, quanto aos lugares e aos homens, cf. as notas finais do *Médico rural*, na edição Conard, e principalmente a tese muito documentada de Bernard Guyon, *La création littéraite chez Balzac* (A. Colin, Paris, 1951). Em *Louis Lambert*, a etiologia do cretinismo, desenvolvida no *Médico rural*, é resumida em uma palavra: "O vale sem sol produz o cretino", cujo contexto é uma alusão evidente às teorias de E. Geoffroy-Saint-Hilaire sobre a influência dos meios.

são incapazes de cometer algum pecado." E, em nota: "Em alguns vales onde essas doenças são endêmicas, dão-lhes ainda o nome de bem-aventurados, e, depois de sua morte, conservam com veneração suas muletas e suas roupas." Nota confirmada pela relação de um traço significativo: "Uma prevenção popular se opunha, quando me dediquei a esse trabalho, a que se fizesse a abertura de cadáveres de cretinos (eram vistos como bem-aventurados)."[12]

Fodéré trata do bócio como afecção específica da tiroide, distingue bócio e escrófula, estuda a distribuição geográfica do bócio, passa em revista as hipóteses etiológicas (natureza das águas, alimentação), propõe sua hipótese pessoal (umidade atmosférica aliada à temperatura elevada) e chega à cura médica e cirúrgica do bócio. Quanto à cura cirúrgica, ele expõe a técnica de Desault (1744-1795) no Hôtel-Dieu de Paris. Quanto à cura médica, ele expõe em detalhe seu modo de prescrição do medicamento específico na época, a esponja calcinada.

A lembrança das virtudes terapêuticas atribuídas à esponja calcinada, *Spongia usta*, de que o *Dictionnaire médical* de Littré e Robin faz ainda menção em 1873, é uma boa ocasião de acompanhar a sucessão dos passos não premeditados separadamente, mas em nada fortuitos no conjunto, ao termo dos quais o empirismo e a tradição clínica, necessariamente ligados na ignorância das condições de um sucesso, se apagam diante de uma primeira racionalização.

A utilização da esponja incinerada figura, no século XII, na terapêutica usual do cirurgião Roger de Palerme (*Practica chirurgiæ*, 1180), um dos mestres da Escola de Salerno. Ela figura aí ao lado das cinzas de vareque, matéria médica que parece ter conhecido a mais velha farmacopeia chinesa. É certo que nos séculos XVII e XVIII, a esponja queimada é, na Inglaterra, o remédio específico do bócio e das escrófulas. Richar Russel (1700-1771), que Michelet celebra, com seu entusiasmo costumeiro, em *La mer* (liv. IV: *La renaissance par la mer*), propunha a esponja e o vareque

12 *Traité du goitre et du crétinisme*, p. 151.

contra o bócio.[13] Erasmo Darwin indica uma fórmula de prescrição da esponja queimada, que ele aconselha tomar, sob forma de tabletes, em perfusão sublingual.[14]

Sabe-se que o vareque era, há muito tempo, voltado para muitos outros usos além da medicação. Ora, foi por acidente que a utilização industrial do vareque devia fornecer indiretamente a explicação da eficácia relativa da utilização médica, contra o bócio, da esponja calcinada. Entre 1812 e 1825, os químicos tiveram de resolver um problema que a técnica propunha à sua jovem ciência, e os médicos encontraram nessa solução, que eles não tinham procurado, a oportunidade de colocar um problema de fisiologia para o qual vários dados lhes faltavam ainda. Em 1812, um salitreiro parisiense, Bernard Courtois, procurando obter soda em grandes quantidades a partir das cinzas de vareque, aconteceu-lhe produzir, além disso, uma substância cujo principal e mais desagradável efeito era de corroer profundamente seus aparelhos metálicos. Courtois, técnico embaraçado, e, não tendo tempo livre para fazer a teoria de suas decepções, veio submeter seu embaraço ao julgamento de dois químicos, Clément (1779-1841) e Desormes (1777-1862), exatamente como deviam fazê-lo, em Lille, 40 anos mais tarde, os cervejeiros que foram pedir a Pasteur que curasse sua cerveja de suas doenças. A descoberta do que se chamou durante dois anos – até a invenção, por Gay-Lussac, em 1814, do termo *Iodo* – a "nova substância encontrada por Courtois no vareque",[15] é um importante acontecimento de uma espécie frequente na his-

---

13 Michelet diz que ele pôde ler na biblioteca da Escola de Medicina uma obra rara de Russe, *De tabe glandulari, sur de usu aquae marinae* (1750).

14 *Zoonomia* (t. III: *Maladies*, classes 1, 2, 3, 20): "Garantem que vinte grãos de esponja queimada e dez grãos de nitrato de potássio reduzidos, por meio de uma mucilagem qualquer, em losangos, que deixam derreter lentamente sob a língua, duas vezes por diz, são um meio eficaz contra essa afecção."

15 Dissertação sobre uma nova substância encontrada nas cinzas do vareque, por M. Clément (C. R. *Académie royale des Sciences*, 29 de novembro de 1813). Lettre de Sir H. D. Davy, Sur la nouvelle substance découverte par M. Courtois dans le varech (*ibid.*, 20 décembre 1813).

tória das ciências, a de um remanejamento teórico procedente de um insucesso técnico.[16] O novo elemento químico identificado veio trazer a Sir H. D. Davy, já célebre por seus trabalhos sobre o cloro, um argumento suplementar contra a teoria da oxidação proposta por Lavoisier e tida pela maior partes dos químicos de então como um dogma.[17]

A descoberta do iodo num vegetal é inicialmente um incidente fortuito. E, no entanto, ela acontece numa época em que a química é geralmente orientada para a pesquisa e a identificação de substâncias ativas presentes nos compostos orgânicos, na maioria vegetais, de utilização farmacêutica ou industrial. Em 1806, Friederich Sertürner (1783-1841) isola a morfina (ópio); Pelletier (1788-1842) e Caventou (1795-1877) isolam a estricnina (noz vômica), em 1818, e o quinino (casca da quinquina), em 1820; Robiquet (1780-1840) isola a alizarina (garança) e, em 1832, a codeína (ópio). Em um certo sentido, então, a descoberta do iodo sobrevém não acidentalmente, num contexto teórico e técnico que, de qualquer maneira, a teria provocado por outras vias.

E, da mesma forma, não se pode dizer fortuita a recuperação progressiva pela clínica dos resultados da pesquisa química. A ambição do terapeuta sempre foi de se manter o tempo todo o dono de suas decisões e de suas prescrições. Os doentes perdoam mais facilmente um erro de diagnóstico que um erro de prognóstico e de tratamento. Ora, o isolamento químico de substâncias ativas transforma a farmacologia por substituição de conceitos. O conceito de produto necessário de uma reação química destrona o conceito de virtude essencial de uma substância, de eficácia secreta de uma receita. Com a reação química, aparece a possibilidade de cálculo,

16 Ver o relato da sucessão dos acontecimentos em Herschel (Sir John), *Discours sur l'étude de la philosophie naturelle*, § 43.

17 Sobre as circunstâncias dos trabalhos de Davy e sobre as pesquisas de Gay-Lussac, cf. Arago, Notas biográficas: Gay-Lussac, *in Euvres*, t. III, 2. ed., Paris, 1865, p. 41 e seguintes. Cf. também Cuvier, Éloge historique de Sir Hunphry Davy, *in Recueil des éloges historiques*, nouv. éd., Paris, Didot, 1861, t. III, p. 141.

sob sua forma científica, e não sob sua forma mágica. Prescrever é gabar-se, enfim, de poder dominar todas as suas decisões pela precisão quantitativa que, ela somente, permite a comparação, a crítica e a retificação dos efeitos curativos obtidos.

Era preciso, pois, que o iodo entrasse na clínica. E isso é a obra de Jean-François Coindet (1774-1834), médico em Genebra, depois de estudos em Edimburgo. Não é de se surpreender ver um médico suíço, depois e antes de tantos outros, interessar-se pelo tratamento do bócio. Eis como, numa carta escrita em 1921 a Andrew Ure, Coindet relata as circunstâncias de sua descoberta terapêutica, fundamentada, ao mesmo tempo, sobre o raciocínio por analogia e sobre uma informação científica mantida em dia:

> "Há dois anos eu procurei no formulário de Cadet de Gassicourt uma fórmula que fosse conhecida em Paris e que eu pudesse indicar a uma senhora desta cidade que me consultava por causa de um bócio. Aí encontrei que Russel aconselhava fuco queimado. Suspeitei que o princípio comum entre a esponja, de que nos servimos com sucesso aqui contra o bócio, e o fuco, do qual eu ignorava as propriedades, poderia muito bem ser o iodo: eu o experimentei, com muitíssimas precauções, e consegui. O iodo, misturado com açúcar, ofereceu grandes inconvenientes; eu o prescrevi em fricção. Percebi que era uma preparação que agia sobre certos estômagos e, então, o tratamento se tornava difícil. Experimentei o hidriodato de soda e também o de potássio iodurado; tive sucesso pleno. Uma grande prática me havia fornecido, durante um ano inteiro, um grande número e uma variedade infinita de casos: minha descoberta tinha repercussão; eu a publiquei, lendo uma dissertação na sociedade helvética, reunida em Genebra (está impresso para agosto de 1820). Era a oportunidade, sendo o bócio uma doença endêmica em nossa pátria."[18]

Aqui, também, a ocasião de uma prescrição a formular em condições singulares pode convidar a falar de acaso. Mas é também o caso de lembrar que, se tudo em um sentido chega ao acaso, isto é, sem premeditação, nada acontece por acaso, isto é, gratuitamente. Se a terapêutica iodada do bócio não tivesse sido instituída graças a

---

18 Cf. artigo Iodo, no *Dictionnaire de chimie, d'Andrew Ure* (1821); trad. fr., 1823, Paris, Leblanc, t. III, p. 419-437.

Coindet, ela o teria sido, entretanto, e quase no mesmo momento, através de outros. E, com efeito, no mesmo ano de 1819, de um lado, Straub, médico em Berna, isolava o iodo na esponja queimada e, sem, todavia, prescrevê-la como Coindet, afirmava que ela era o princípio ativo dos medicamentos eficazes contra o bócio; e, do outro lado, W. Prout aconselhava seu uso ao Dr. John Elliotson, que fazia a experiência dela em Londres, no hospital Saint-Thomas.

A descoberta de Coindet teve um sucesso tal que ele gerou os insucessos que limitaram bem rapidamente seu alcance teórico possível, na medida em que o ceticismo contrariou a convergência e a continuidade das pesquisas bioquímicas sobre as razões da afinidade entre o iodo e a tiroide. Em sua carta a Andrew Ure, como em sua segunda dissertação de 1821, *Nouvelles recherches sur les effets de l'iode*, Coindet chama a atenção sobre um fenômeno que ele nomeia de "saturação",[19] sobre a existência de um "ponto médico",[20] além do qual o efeito farmacológico do remédio iodado se inverte e determina a aparição de sintomas de aceleração do pulso, palpitação, insônia, emagrecimento. Ele tira daí para seu governo a regra de administração de doses fracas e a regra de suspensão das tomadas. Coindet se mostra perfeitamente consciente dos novos deveres clínicos na era da pureza química das substâncias farmacêuticas, isto é, antes de tudo, do dever de atenção às mudanças de efeitos qualitativos biológicos das quantidades diferentes de uma mesma preparação química. Coindet tem fórmulas de grande clínico: "Não se trata, pois, de dizer: você tem o bócio, tome iodo."[21] E, falando de seus confrades: "Eles deveriam ter compreendido que não era um remédio que se devia prescrever ao acaso, nem desprezar o acompanhamento dos efeitos. Entretanto, fez-se a regra de três, e ela foi mais aborrecedora quando maior a dose."[22] Coindet tinha, então, descoberto o que ele chamava de "ação constitucional do

19 *Ibid.*
20 *Ibid.*
21 *Ibid.*
22 *Ibid.*

iodo",[23] muito antes que fosse batizada como "caquexia iódica", essas síndromes que F. Rilliet (1814-1861) devia estudar sistematicamente, em 1860, num trabalho que retomava quase a expressão de Coindet, *Mémoire sur l'iodisme constitutionnel.*

É nos traços de Coindet, e advertido por sua experiência, que J. Lugol (1775-1851), em suas duas *Mémoires sur l'emploi de l'iode* (1829 e 1830), se aplica na pesquisa do modo mais seguro de preparação do iodo.

E é, também, no prolongamento lógico da obra de Coindet que se deve situar as pesquisas sobre a relação etiológica entre o teor em iodo (e, acessoriamente, em bromo) das águas potáveis e a distribuição geográfica do bócio endêmico e do cretinismo, pesquisas levando a experiências de profilaxia coletiva do hipotiroidismo pela ioduração da água ou do sal de cozinha. Citemos os trabalhos de J.-L. Prévost (1790-1830), de Genebra; na França, de J.-J. Grange (1819-1892),[24] e de A. Chatin (1813-1901).[25] Esses últimos trabalhos provocaram uma enquete da Academia das Ciências, cujos resultados não foram favoráveis a Chatin, em razão de casos de coexistência geográfica do bócio e de águas ricas em iodo. Mas Chatin se obstinou. E, depois de três quartos de século, sua teoria pareceu encontrar uma confirmação nas pesquisas sobre a repartição geológica do iodo em relação com o bócio, nos Estados Unidos e na Nova Zelândia, e nas experiências de Marine, realizadas de 1908 a 1924, sobre os efeitos da administração do sal iodado nas regiões do bócio endêmico. Mas é preciso dizer: pareceu encontrar sua confirmação, porque Marine jamais susten-

---

23 *Ibid.*

24 Sobre as causas do bócio e do cretinismo e sobre os meios de prevenir as populações, *Gazeta médica de Paris* (1851), 19, 275.

25 Presença do iodo nas plantas de água doce. Consequências desse fato para a geognosia, a fisiologia vegetal, a terapêutica e, talvez, para a indústria, *Comptes rendus Académie des Sciences*, Paris, 1850, 30, p. 352-354. – Pesquisas sobre o iodo, *Res. Acad. Ciências*, 1850, 31, p. 280. – Um fato na questão do bócio e do cretinismo, *C.R. Acad. Sciences*, 1852, 36, p. 652.

tou que uma insuficiência de iodo fosse a única causa do bócio. A questão foi retomada recentemente, de um ponto de vista histórico, pelo químico Isidor Greenwald, do New York University College of Medicine.[26]

* * *

Até aqui, mal se tratou de fisiologia. Se entendermos por esse termo o estudo em laboratório, por meios experimentais, mas com fins teóricos, das funções orgânicas e de seus processos, é certo que trabalhos de fisiologia, experiências de análise funcional por perturbações consecutivas à ablação da tiroide aconteceram desde o início da segunda metade do século XIX. Mas, lendo a relação desses trabalhos nas dissertações originais, constata-se que eles são caracterizados pela ausência de um sentido da pesquisa. Trata-se de estudos laterais, acessórios, jamais diretamente orientados por uma hipótese especialmente elaborada. Se nos ocupamos da tiroide, isto o fazemos entre outras glândulas. Para que o conceito bernardiano de secreção interna seja chamado a lançar alguma luz sobre as funções da tiroide, é preciso esperar uns 30 anos depois da formação do conceito. E, durante esse período, é ainda a clínica, mas desta vez a clínica cirúrgica, que paga todos os custos do adiantamento da pesquisa, pela criação imprevista de situações e de comportamentos patológicos, nos quais os fisiologistas percebem, tardiamente, atos experimentais involuntários que eles retomam sistematicamente por conta própria.

É preciso, pois, esforçar-se para compor a história em seu sentido direto. Um bom exemplo de história composta com sentido retrógrado pelos fisiologistas nos é fornecido por dois artigos de Gley e de Dastre sobre a história das secreções internas, artigos

26 The early history of goiter in the Americas, in New-Zeeland, and in England (*Bulletin fo the history of medicine*, 1945, XVII, 3, 229). – The history of goiter in Africa (*ibid.*, 1949, XXIII, 2, 155). – The history of goiter in the Philippines Islands (*ibid.*, 1952, XXVI, 3, 263).

contemporâneos do momento em que a iniciativa das pesquisas sobre a tiroide passa decididamente da patologia à fisiologia.[27]

Sabe-se que, em uma de suas *Leçons de physiologie expérimentale*, em 9 de janeiro de 1855, Claude Bernard, baseando-se na descoberta da função glicogênica do fígado (1848), pronuncia pela primeira vez as palavras "secreção interna"; que, em 1859 e em 1867, ele estende esse conceito às outras glândulas vasculares internas (baço, tiroide, suprarrenais), até considerar o sangue ou o meio interior orgânico como um produto do conjunto das secreções internas. Ora, segundo Gley, essa teoria das secreções internas continua letra morta até em 1889, momento em que Brown-Séquard encontra a ideia e a impõe à ciência entre 1889 e 1894, data de sua morte. Pouco importa aqui que Brown-Séquard, depois de suas *Pesquisas experimentais sobre a fisiologia e a patologia das cápsulas suprarrenais* (1856), tenha já consagrado às secreções internas seu curso na Faculdade das Ciências, em 1869. Segundo Gley, o estudo experimental da influência da secreção tireoidiana sobre as trocas nutritivas seria posterior a 1889. As experiências de Hoffmeister, de Von Eiselsberg e dele próprio, teriam permitido concluir que a extirpação da tiroide no animal provoca perturbações do crescimento, deformações do esqueleto. No homem os mesmos fatos teriam sido constatados. A existência do mixedema operatório teria permitido concluir que o mixedema infantil, o cretinismo congênito dependem da atrofia da tiroide. Hertoghe, na Bélgica, e Bourneville, na França, remediando as paradas de desenvolvimento por injeções de extratos de tiroide, teriam, em suma, instituído a contraprova do fato experimental consistindo na parada de desenvolvimento por ablação da tiroide.

O histórico de Gley não comporta nenhuma referência a Schiff. Dastre, ao contrário, no artigo citado, observa que esse au-

27 E. Gley, Exposé des données expérimentales sur lês corrélations fonctionelles chez les animaux, *L'année biologique*, t. I, 1897, p. 313-330. – A. Dastre, Les sécrétions internes. A opoterapia, *Revue des deux mondes*, 1º de março de 1899, p. 197-212.

tor inaugurou, em 1859, o estudo da glândula tireoidiana, que esse estudo foi continuado em 1883, pelos cirurgiões suíços Kocher e Reverdin, e conclui contestando a Brown-Séquard a glória, que lhe atribui Gley, de ter, a partir de 1889 somente, imposto à atenção dos fisiologistas o conceito de secreção interna. Ora, todas as datas sendo posteriores a 1848 e 1855, a prioridade de Claude Bernard, mestre de Dastre, está salva.

Por ser menos parcial que o histórico de Gley, o histórico de Dastre ilustra um mesmo preconceito de fisiologista escrevendo a história da fisiologia. Um e outro destacam as experiências fisiológicas das circunstâncias históricas de sua instituição, recortam-nas e religam-nas umas às outras, não invocando a clínica e a patologia senão para confirmar observações ou verificar hipóteses de fisiologistas. Mas os trabalhos de fisiologia aos quais se refere Gley são trabalhos de exploração, e não de fundamento. Os trabalhos de fundamento pertencem a Schiff, e é preciso considerá-los e lê-los no sentido de sua sucessão verdadeira.

Moritz Schiff (1823-1896),[28] nascido em Francoforte do Meno (Frankfurt am Main), professor sucessivamente em Berna, Florença e Genebra, é um exemplo precioso na história das ciências do caso de um pesquisador que pratica duas vezes, a distância, as mesmas experiências; a primeira vez num contexto de preocupações que não lhe permite tirar uma conclusão de seus resultados, a segunda, pressentindo o sentido de sua pesquisa, mas sem o ter ele próprio inventado, tendo-o importado da clínica para a fisiologia.

Em 1857, a Academia das Ciências de Copenhague coloca em concurso a questão da produção do açúcar pelo fígado, no prolongamento dos trabalhos de Claude Bernard. Schiff pesquisa nos diversos órgãos a origem de um fermento suposto e, praticando em cães a extirpação do baço, do pâncreas, da tiroide, espera das sequências dessas ablações algumas indicações sobre o mecanismo

28 Sobre a biografia de Schiff, cf. W. Stirling, *Some apostles of physiology* (Londres, 1902) e H. Friedenwald, Notes on Moritz Schiff, *in Bulletin of the Institute of the History of Medicine*, The Johns Hopkins University, v. V, 6, p. 549.

da secreção hepática. No caso da tiroide, Schiff observa que os animais operados morrem em alguns dias num estado de abatimento, de sonolência e de estupidez. Ele observa que Lacauchie relatou os mesmos fatos em 1853.[29] É só isso para o momento. Depois disso, Schiff empreende outros trabalhos.

A.-E. Lacauchie (1806-1853) é um anatomista, inventor, sob o nome de hidrotomia, de uma técnica de pesquisas; se ele trabalha com a tiroide, é tanto para ver se ele será mais feliz que todos os anatomistas até então impotentes para descobrir o canal excretor dessa glândula quanto para lançar alguma claridade sobre os acidentes fulminantes provocados pelos cirurgiões, quando eles opuseram ao bócio a ligadura dos canais tireoidianos. Se ele escolhe o cão como animal de experiência, é porque os dois corpos tiroides aí estão "bem distintos, bem isolados, sem as aderências que, no homem, ligam esse órgão à traqueia-artéria e à laringe". Em resumo, Lacauchie não se comporta como fisiologista, senão por acidente. Ele constata que, tendo, no entanto, agido somente em um dos dois corpos tiroides, ele provocou a morte, em 24 horas, de uma dezena de animais.[30]

É em 1883 que a atenção de Schiff é de novo atraída sobre as funções da tiroide pelas publicações dos cirurgiões suíços especializados na extirpação do bócio, Théodor Kocher e Jean-Louis Reverdin, e pela atualização, consecutiva a essas publicações, do médico genebrino Henri-Clermont Lombard. Tendo retomado em Genebra, com um maior número de animais, suas antigas experiências de Berna, Schiff relata de novo que a extirpação total da tiroide provoca a morte de seus sujeitos num prazo variável de uma a quatro semanas, e sempre ao termo de um estado de sono-

---

29 *Untersuchungen über die Zuckerbildung in der Leber*, Würzburg, 1859, p. 61 e seguintes.

30 *Traité d'hydrotomie, ou des injectiones d'eau continue dans les recherches anatomiques*, Paris, J.-B. Baillière, 1853, p. 119-121. – Lacauchie, médico principal de primeira classe dos exércitos, foi professor de anatomia no Val-de-Grâce e efetivo na Faculdade de Medicina de Estrasburgo.

lência, de apatia e de inércia.[31] Schiff constata também em alguns casos sintomas de tetania, sem poder, então, interpretar essa complicação do quadro clínico, uma vez que as paratireoides, no entanto, isoladas e descritas por Sandström, em 1880, só começarão em 1891 a liberar para E. Gley o segredo de suas funções. Há casos, entretanto, em que cães e ratos sobrevivem após a ablação da tiroide; é quando a extirpação de um e do outro dos dois lobos foi praticada sucessivamente, com mais ou menos um mês de intervalo. E Schiff pensa, bastante estranhamente, que poderia tratar-se de um fenômeno de suplência por um órgão, induzido a intensificar sua função pelo *deficit* tireoidiano inicialmente provocado. Não se irá censurar Schiff pelas conclusões tiradas de fatos de sobrevivência, na realidade, explicáveis por falhas de técnica operatória, quando é preciso, ao contrário, louvar o sentido experimental que o conduz a fazer entrar decididamente a tiroide na classe das glândulas com secreção interna. Em 1884, Schiff publica o resultado de uma experiência instituída a fim de decidir se o papel que ele atribui à tiroide na nutrição do sistema nervoso central está ligado à secreção de uma substância derramada no sangue, ou, então, depende estreitamente da situação da glândula e das relações anatômicas que ela mantém com os outros órgãos. Se fosse possível deslocar os corpos tiroides, enxertando-os em uma outra parte do corpo, a prova seria dada de que se trata de uma ação química. Depois de ter transplantado uma tiroide, retirada de um cão, na cavidade abdominal de um outro, Schiff procede à extirpação total da glândula desse último que se mantém disposto e alerta.[32] Certamente, nem toda a luz se fez ainda sobre as funções da tiroide, mas já essa contraprova permite à fisiologia pagar à clínica, sob forma de sugestões para uma terapêutica, a dívida contraída no dia em que ela recebeu dela sugestões para uma investigação experimental.

---

31 Résumé d'une nouvelle série d'expériences sur les effets de l'ablation des corps thyroïdes, *in Revue médicale de la Suisse romande*, 1884, p. 65 e seguintes.

32 Résumé d'une nouvelle série d'expériences sur les effets de l'ablation des corps thyroïdes, *in Revue médicale de la Suisse romande*, 1884, p. 425 e seguintes.

Praticando o transplante no organismo animal de uma glândula vascular sanguínea, Schiff ignorava que ele repetia um gesto antigo, anterior até às suas primeiras experiências de 1859, mas, então, singular, em todos os sentidos do termo, e esquecida no caminho. Em 1849, A. A. Berthold (1803-1861) publicava, nos *Archiv für anatomie, physiologie und wissenschaftliche medicin*, de Johannes Müller, os resultados de uma experiência de transplante de testículos da cavidade peritoneal de alguns frangos. Ele tinha constatado que os sujeitos tinham continuado a comportar-se sexualmente como galos; na autópsia, a glândula se tinha revelado vascularizada, mas não enervada. Ele concluía que o comportamento sexual está sob a dependência de uma substância que o testículo fornece pelo sangue ao organismo inteiro, sem que o sistema nervoso aí intervenha necessariamente.[33]

Com Berthold, e depois com Schiff, a pesquisa do fisiologista ilustrava um novo tipo, e mesmo, em certo sentido, um outro arquétipo, de comportamento operatório. A vivissecção tinha, até então, pesquisado mecanismos funcionais, praticando a mutilação, a divisão dos organismos. Ela tinha criado animais que ousaríamos chamar de analíticos. Doravante, obedecendo inconscientemente a um imperativo demiúrgico, a uma inspiração antifísica, o fisiologista experimentava, criando animais utópicos, colocando a fantasia a serviço da razão. Tendo excluído o animal da usina, enquanto motor desvalorizado, a ciência do século XIX lhe abria os laboratórios, enquanto máquina de demonstração.

* * *

Indicamos que, se Schiff tinha, a partir de 1883, orientado decisivamente para a boa solução as pesquisas fisiológicas sobre a tiroide, é aos ensinamentos dos cirurgiões suíços que ele o devia. Fodéré, como se viu, mencionava a técnica operatória de Desault para a extirpação do bócio. Foi em 1791 que Desault tinha prati-

---

33 Cf. o artigo de Thomas R. Forbes, A. A. Berthold and the first endocrine experiment: some speculation as to its origin, *in Bulletin of the History of Medicine*, 1949, v. XXIII, n. 3, p. 263-267.

cado sua primeira intervenção, pela ablação total, seguida da morte do paciente. Em 1808, Dupuytren tinha repetido a operação e conhecido o mesmo insucesso. Os insucessos renovados da cura cirúrgica tinham levado a Academia de Medicina a pronunciar-se, em 1850, contra a extirpação do bócio. Mas, em 1889, Théodor Kocher estava em sua 250ª extirpação; em 1895, na 1.000ª. A lembrança de algumas datas bastará para explicar essa revolução cirúrgica. Em 1846, Morton e Jackson, precedidos de Wells, introduziam a anestesia geral na prática quotidiana. Em 1867, Lister publicava suas observações sobre a antissepsia. Em 1875, Péan e Lœberlé, modificando engenhosamente um instrumento de curativo, fabricavam as primeiras pinças hemostáticas.[34] Não é, então, surpreendente ver Kocher (1841-1917), em Berna, e Jacques-Louis Reverdin (1842-1929), em Genebra, obter, por ablação total ou parcial de bócios, em condições de certeza e segurança operatórias antes interditas, resultados terapêuticos imediatamente positivos, e, visto seu número, bastante amplamente concordantes, para autorizar algumas interpretações verossímeis concernentes ao substrato fisiológico de suas observações clínicas. Os dois cirurgiões observam com o passar do tempo, sobre um bom número de seus operados sobreviventes, o aparecimento de uma síndrome pós-operatória que eles assimilam ao idiotismo e ao cretinismo. Reverdin faz, em 1882, uma primeira comunicação sobre *Les conséquences de l'ablation totale de la thyroïde*, e Kocher que, desde 1874, publicou algumas notas sobre a patologia e a terapêutica do bócio, descreve, em 1883, a *Cachexia strumipriva*, em sua dissertação *Über Kropfexstirpation und Ihre Folgen*. Aqui, como em tantos outros casos na história das ciências, coloca-se uma longa querela de prioridade entre Kocher e Reverdin. Ela importa pouco ao nosso propósito. Digamos simplesmente que parece que uma conversação entre Reverdin e Kocher, por ocasião de um Congresso de Higiene, em Genebra, em setembro de 1882, tenha tornado

34 Não se deve esquecer, é claro, que Kocher deu, também ele, seu nome a uma pinça de pressão ainda em uso. Assim também, Reverdin deu seu nome a uma agulha cirúrgica curva.

Kocher mais atento a fatos certamente observados por ele, mas dos quais ele não havia feito a síntese.[35]

Parece, então, bem estabelecido que a observação dos efeitos, no homem, da extirpação cirúrgica da tiroide, precedeu e guiou a provocação experimental pelos fisiologistas de efeitos significativos análogos nos animais. Inversamente, os efeitos do transplante experimental da tiroide no animal, para os fins de decisão crucial entre duas hipóteses, convidaram os terapeutas a ensaios semelhantes no homem. Em 1884, Horsley (1857-1916) repete no macaco a experiência de transplante conseguida por Schiff no cão. Contrariamente ao que afirmava Gley, em 1897, as tentativas de Bourneville (1840-1909), para tratar a idiotice mixedematosa por injeções subcutâneas de extrato de tiroide, não são a contraprova de um fato experimental.[36] Elas são a exploração clínica de uma contraprova inicialmente experimental, exploração coroada, em 1890, pelo sucesso, devido a Lannelongue (1840-1911), do transplante do corpo tiroide no homem.

É mesmo revirar a história reconstruir logicamente a relação de condicionamento entre os progressos da patologia e os da fisiologia. Sozinha, a história da biologia e da clínica, tomada na totalidade de suas conexões e de seus acidentes, permite explicar o atraso aparente na formulação de conclusões que as ideias de Claude Bernard, a invenção experimental de Berthold e os trabalhos de Schiff, em Berna, tornavam logicamente possíveis desde

35 A história dessa querela de prioridade é minuciosamente exposta no excelente trabalho de Bornhauser, *Zur geschichte der Schilddrusen und Kropfforschung in 19 Iahrhundert* (Publication de la Société suisse d'Histoire de la Médecine et des Sciences naturelles, Aarau, 1951). Essa obra, ainda que mais especialmente consagrada à história das pesquisas sobre o bócio e a tiróide, na Suíça, é uma revisão completa da questão e comporta uma importante bibliografia.

36 Bourneville reconhece, ele próprio, a prioridade das experiências de Schiff e de Horsley. Cf. De l'idiotie avec cachexie pachydermique, *in Compte rendu de la 18e Section de l'Association française pour l'Avancement des Sciences*, Paris, 1889, II parte, p. 813-839.

1860. De fato, nessa data, a ideia diretriz faltava, o que a cirurgia do bócio devia fornecer depois de 1875.

A cirurgia do bócio, com Kocher e Reverdin, é uma cirurgia que, em razão de suas condições técnicas de precisão (anestesia, antissepsia, hemóstase), permite tirar conclusões práticas bastante constantes para autorizar um ensaio de interpretação. Essa cirurgia obtém efeitos que o domínio relativo de seu determinismo de aparição converte em fatos significativos. É, sem dúvida, uma cirurgia de grandes mestres, de indivíduos insubstituíveis por sua habilidade operatória, mas é também, e antes de tudo, uma cirurgia de época, uma cirurgia impossível, com igual destreza, para um Desault ou para um Dupuytren, uma cirurgia historicamente impossível antes de certas invenções técnicas datadas. Eis o elemento realmente histórico de uma pesquisa, na medida em que a história, sem, no entanto, ser, por isso, milagrosa ou gratuita, é completamente diferente da lógica, que é capaz de explicar o acontecimento quando ele sobreveio, mas incapaz de deduzi-lo antes do seu momento de existência.

* * *

Pouco falta dizer para mostrar como, depois de 1884, após as experiências de Schiff e de Horsley, estabelecendo a existência de uma função endócrina da tiroide, a fisiologia consolida a autonomia a partir daí adquirida por pesquisas relativas a essa glândula. Em 1896, Eugen Baumann (1856-1896), professor em Friburgo em Brisgoia (Freiburg im Breisgau), dá a justificação, no terreno da química e da fisiologia, das geniais antecipações terapêuticas de Coindet. Ele descobre o iodo na tiroide sob a forma de um composto orgânico, que ele chama de iodotirina. É, então, somente, que a patologia pode ter a pretensão da dignidade de uma aplicação racional da fisiologia, por esquecimento de suas relações reais,[37] durante uma história de perto de um século. Em 25 de de-

37 Sobre as relações da patologia e da fisiologia em geral, ver a citação de Kant pela qual M. Courtès termina seu artigo: *Médecine militante et philosophie critique*, em *Thales*, IX, 1959.

zembro de 1914, Kendall isola, sob a forma cristalizável de tiroxina, o princípio ativo do hormônio tireoidiano. No que diz respeito à fisiologia da tiroide, a tarefa do historiador está terminada. Ele pode concluir, depois de ter mostrado todos os obstáculos superados, todos os condicionamentos de pesquisa, de fato necessários, ainda que não exigidos logicamente, que se há, às vezes, presentes de Natal para os estudiosos, não há Papai Noel na ciência.

* * *

A pesquisa cujo histórico está acima esquematizado nos parece exemplar enquanto reunindo curiosamente a maioria das situações e dos problemas de espécie que encontram as histórias fragmentárias de tal ou tal descoberta: importância respectiva dos acidentes e das premeditações, relações das teorias e das técnicas, relações da história das técnicas e da história das ideias. Não foi intencionalmente que fomos levados a atenuar a engenhosidade incontestável dos indivíduos atrás dos condicionamentos impessoais.

Esse histórico é voluntariamente incompleto, no sentido em que ele limita as questões de patologia ao hipotiroidismo. A história dos trabalhos concernentes ao hipertiroidismo (doença de Basedow, em especial) teria complicado esse quadro, sem modificar fundamentalmente as relações diretas de fato entre a patologia e a fisiologia da tiroide.

# 4. O CONCEITO DE REFLEXO NO SÉCULO XIX[1]

Num estudo anterior, *La formation du concept de réflexe aux XVII^e et XVIII^e siècles*, procuramos mostrar que, no fim do século XVIII, o conceito de *movimento reflexo*, proposto por Thomas Willis, tinha recebido de diferentes autores, e especialmente de Georg Prochaska, contribuições decisivas.

Falando de "conceito", entendemos, segundo o uso, uma denominação (*motus reflexus, reflexio*) [movimento reflexo, reflexão] e uma definição, dito de outra maneira, um nome carregado de sentido, capaz de preencher uma função de discriminação na interpretação de certas observações ou experiências relativas aos movimentos de organismos no estado normal ou patológico. No gênero dos movimentos, o conceito de reflexo delimita uma certa espécie.

No fim do século XVIII e no início do século XIX, os fisiologistas que fazem uso desse conceito (por exemplo, Prochaska), assim como os que o ignoram, descrevendo e interpretando corretamente os fatos correspondentes (por exemplo, Legallois), hesitam entre duas espécies de definição possíveis, seja puramente anatômica e funcional, seja psicológica. O movimento reflexo é o movimento determinado pela medula enquanto centro, mas é também o movimento involuntário provocado por uma impressão sensitiva antecedente não sentida como sensação.

---

1 Extraído de *Von Boerhaave bis Berger* (Die Entwicklung der Kontinentalen Physiologie im 18. und 19. Jahrhundert), hgg. Von K. E. Rothschuch (Gustave Fischer, Stuttgart, 1964).

O século XIX não tem de *inventar* o conceito de reflexo, mas deve *retificá-lo*. Essa retificação do conceito não é uma tarefa lógica, é uma tarefa experimental, o que representa uma boa parte da história da neurofisiologia na época. Essa retificação não é, aliás, retilínea, ela comporta polêmicas das quais nem todas constituem progressos. A nostalgia de uma concepção psicoteleológica do reflexo provoca, por momentos, retificações às avessas. Na história dessa retificação, podemos distinguir três etapas, isto é, três nomes: Marshall Hall, Pflüger e Sherrington.

Em nossa obra já citada, propusemos uma definição recapitulativa do reflexo, válida para todos os primeiros anos do século XIX, definição da qual todos os elementos são históricos, mas cujo conjunto é ideal e pedagógico:

> "O movimento reflexo (Willis) é o que, imediatamente provocado por uma sensação anterior (Willis), é determinado segundo as leis físicas (Willis, Astruc, Unzer, Prochaska), e em relação com os instintos (Whytt, Prochaska), pela reflexão (Willis, Astruc, Unzer, Prochaska) das impressões nervosas sensitivas e motoras (Whytt, Unzer, Prochaska), no nível da medula (Whytt, Prochaska, Legallois), com ou sem consciência concomitante (Prochaska)."

É dessa definição que partiremos para mostrar que elementos precisamente apelavam para uma retificação. Um dos melhores textos aos quais poderíamos referir-nos é o *Handbuch der phsysiologie des menschen*, de Johannes Müller[1] (Livro III, Seção III, Capítulo III: movimentos reflexos), no qual o ilustre fisiologista alemão compara suas ideias sobre o fenômeno em questão com as de Marshall Hall. Müller ressalta que, em 1833, data da publicação simultânea da dissertação de Marshall Hall e da primeira edição do primeiro volume do *Handbuch*, o conceito de reflexo é um princípio de explicação, um instrumento de teoria, para a interpretação de fenômenos designados como "movimentos que sucedem as sensações". O que é aqui teórico, explicativo, é negativamente a rejeição da teoria das anastomoses entre as fibras nervosas sensitivas e motoras e,

1 Na 4. ed., 1844, traduzida em francês por A.-J.-L. Jourdan, Paris, 1845.

positivamente, a afirmação de que entre a impressão sensitiva e a determinação da reação motora um intermediário central é necessariamente exigido. É expressamente com o objetivo de designar a função real da medula que Marshall Hall cria o termo diastáltico, marcando, assim, que a medula (*the spinal marrow*, e não mais *the spinal chord*) não pode religar funcionalmente por reflexão o nervo sensitivo e o nervo motor, senão na condição de se interpor anatomicamente entre eles enquanto centro autêntico e especificamente distinto do cérebro. A função diastáltica (reflexo) da medula coloca em relação a função esódica ou anastáltica do nervo sensitivo e a função exódica ou catastáltica do nervo motor.

Nesse ponto fundamental, Müller está de acordo com Marshall Hall. Ele escreve: "Os fenômenos que eu descrevi até agora, primeiramente segundo minhas próprias observações, depois conforme as de Marshall Hall, têm em comum que a medula é o intermediário entre a ação sensitiva e a ação motora do princípio nervoso." Esse reconhecimento comum pelos dois fisiologistas de uma função central específica da medula supõe, não se deve esquecer, uns 20 anos de estudos e de controvérsias sobre a realidade e a significação da lei de Bell-Magendie (1811-1822).

Encontramo-nos aqui diante de uma descoberta crítica, que divide a história de uma ciência em dois tempos: o tempo em que as conjecturas se acumulam, justapondo-se, e o tempo em que as experiências e suas interpretações se coordenam, integrando-se. Mas é somente em nossos dias que tal corte aparece nítido. De fato, e na própria época, a *idea* de Bell e *as experiências* de Magendie não ganharam, sem atraso, sem oposições nem reservas, a adesão geral. Em 1824, Flourens acreditava-se ainda obrigado a combater em favor da separação anatômica e funcional da sensibilidade e do que ele chama pessoalmente de *motricidade*:

> "Minhas experiências mostram da maneira mais formal que há duas propriedades essencialmente distintas no sistema nervoso, uma de sentir, a outra de mover, que essas duas propriedades diferem de sede como de efeito, e que um limite preciso separa os órgãos de uma dos órgãos da outra."

A questão da sensibilidade recorrente das raízes raquidianas anteriores (questão mal colocada na ignorância das estruturas microscópicas das raízes raquidianas e dos apêndices posteriores) embaraçava o próprio Magendie, até a demonstração, dada por Longet (1839) e confirmada por Claude Bernard (1846), da insensibilidade completa das raízes anteriores. E Johannes Müller, tendo empreendido, desde 1824, experiências de verificação, não tinha chegado a uma conclusão firme concernente à lei de Bell-Magendie, senão depois de ter renunciado a utilizar o coelho como animal de experiência. "Enfim", diz ele no *Handbuch*, "consegui completamente com rãs". Era em 1831, um ano antes da primeira leitura de Marshall Hall na Sociedade Zoológica de Londres.

A lei de Bell-Magendie era necessária para a definição do conceito de reflexo tanto quanto o conceito concernia à função específica da medula. Essa função que Marshall Hall chamava de diastáltica, ou, ainda, diacêntrica, não se concebia senão em relação com a existência de duas propriedades do nervo irredutíveis uma à outra. Com essa condição somente, um centro nervoso podia e devia refletir um impulso nervoso. Sabe-se com que aspereza – muitos historiadores da fisiologia falam até de arrogância – Hall defendeu a originalidade e a exclusividade de suas ideias. Era inegável que antes de Hall tinha-se tratado – e Prochaska em especial – movimentos reflexos. Mas Hall reivindicava a glória de ter em primeiro lugar identificado uma *função* reflexa e , assim, ter conferido à medula (*the true spinal marrow*) sua existência em fisiologia. Esse orgulho teria podido ser simplesmente o avesso de um certo sentido da história, a consciência do fato de que, antes de Charles Bell, o conceito da ação reflexa carecia de um elemento essencial. Muito longe disso, Hall desprezava a história quanto à lógica, proclamando que a função reflexa era estabelecida sobre fatos cuja existência não devia nada ao conhecimento ou à ignorância da lei de Bell. À frente e inversamente, a via seguida por Müller, de 1824 a 1833, nos mostra que era preciso passar pela *idea* de Bell e pelas experiências de Magendie para fazer entrar na definição do conceito de reflexo a função fisiológica da medula.

O segundo ponto sobre o qual o conceito do século XVIII é retificado no século XIX diz respeito à relação do movimento reflexo com a consciência, isto é, a significação psicológica. É expressamente sobre esse ponto que Müller não concorda com Marshall Hall. Descrevendo o reflexo como um movimento que sucede uma sensação, Müller, depois de Willis, Whytt, Unzer e Prochaska, se obrigava, de alguma maneira, a dar conta de um mistério: a saber, a possibilidade para um movimento depender de uma sensação quando o circuito nervoso não comportava mais, pelo fato da decapitação de um animal, uma passagem pelo órgão da sensação, isto é, pelo cérebro. Ainda que ele se opusesse a Whytt, que admitia, no caso desses movimentos, uma sensação consciente e uma reação espontânea, e que ele louvasse Prochaska por ter indicado que o reflexo podia ser ou não acompanhado de consciência, Müller considerava o reflexo como o efeito de uma ação centrípeta propagada para a medula pelo nervo sensitivo, ora capaz e ora incapaz de estender-se até o *sensorium commune*, e, então, ora consciente e ora inconsciente. O movimento reflexo se inscrevia como uma espécie privativa num gênero, o movimento determinado pela ação dos nervos sensitivos. Hall estimava, ao contrário, que era preciso eliminar totalmente a referência da impressão centrípeta (anastáltica) do cérebro e da consciência, e que o conceito de sensação e mesmo o de sensibilidade não deviam entrar na compreensão do conceito de reflexo. A função reflexa não depende nem dos nervos sensitivos nem dos nervos motores, mas de fibras nervosas específicas que Hall chama excito-motrizes e reflecto-motrizes. Essa função é limitada à medula, ela exclui o cérebro. A dissertação lida em 1833 na Royal Society (*The reflex function of the medulla oblongata and the medulla spinalis*) distinguia expressamente o movimento reflexo, não somente, é claro, do movimento voluntário diretamente comandado pelo cérebro, mas ainda do movimento respiratório comandado pelo bulbo, e do movimento involuntário induzido pela aplicação direta de um estímulo na própria fibra nervosa ou muscular. O movimento reflexo não é espontâneo e direto a partir de um centro, ele supõe um estímulo aplicado a distância do músculo reagente, transportado à medula, refletido por ela e reconduzido à periferia. Hall orientava decididamente o uso do conceito de reflexo na direção de uma concepção segmentar, e expressamente mecanista das funções do sistema nervoso.

É o que Müller admitia dificilmente. Sem dúvida, ele dizia seu desacordo de Prochaska, subordinando todos os movimentos reflexos a um princípio teleológico de conservação orgânica instintiva. Mas, como o faz observar Fearing, o interesse mantido por Müller nos fenômenos dos movimentos associados e das sensações irradiadas, e as tentativas de explicação elaboradas para dar conta desse último fenômeno pela função reflexa do cérebro e da medula, indicam que ele estava longe de conceber o reflexo como um mecanismo segmentar e local. E de fato Müller tirava de suas observações sobre os movimentos associados de animais narcotizados, sobre as convulsões reflexas gerais, essas conclusões simultâneas, que os movimentos reflexos podem interessar ao corpo inteiro, a partir da sensação local mais insignificante, e que esses movimentos reflexos são quanto mais extensos mais desarmônicos.

E agora, na compreensão do conceito de reflexo, por um lado, uma relação com a sensação, isto é, com o cérebro, e, por outro lado, a possibilidade de extensão ao todo do organismo dos efeitos refletidos de uma sensação local, Müller afastava a maior parte das objeções que surgiam diante de Marshall Hall. Hall escandalizava muitos fisiologistas, atribuindo à medula um poder de regulação dos movimentos que, muito frequentemente ainda, se acreditava serem o apanágio do cérebro.

Se insistimos nessa convergência e nessa divergência entre Hall e Müller no momento inicial da reelaboração positiva do conceito de reflexo, é porque, olhando bem, esse debate prefigura, à sua maneira, as controvérsias que vão opor, ao longo de todo o século, no mundo dos neurofisiologistas, as localizações e os totalizadores. Essas controvérsias concernem, aliás, tanto às funções do cérebro (localizações cerebrais) quanto às funções da medula. Controvérsias elas mesmas complicadas pelo fato de que tal fisiologista, como Flourens, pode ser, por um lado, localizador e admirador zeloso de Hall, quando se trata de reflexos medulares, e, por outro, totalizador e adversário resoluto de Gall, quando se trata das funções cerebrais.

Marshall Hall (1790-1857) não tinha ainda morrido quando Eduard Pflüger publicava, em 1853, o trabalho *Die sensorischen functionen des rückenmarks der wirbeltiere*. As famosas leis da atividade reflexa (condução homolateral, simetria, irradiação medular e cerebral, generalização) retomavam no fundo, sob uma forma aparentemente mais experimental, as concepções de Müller sobre a associação dos movimentos e a irradiação das sensações. De fato, Pflüger, depois de Müller, utilizava o conceito de reflexo para dar conta dos fenômenos ditos de simpatia ou de consenso. Fenômenos cuja interpretação tinha oposto antes os partidários do princípio da anastomose dos nervos periféricos (Willis, Vieussens e Barthez) aos partidários do princípio da confluência de impressões ao *sensorium commune* (Astruc, Whytt, Unzer e Prochaska). O conceito de reflexo segundo Prochaska conservava a explicação das simpatias pelo *sensorium commune*, mas situava o *sensorium commune* fora da sede cerebral, no bulbo raquidiano e na medula. Diferentemente de Whytt, Prochaska distinguia o *sensorium commune* e a alma, mas ele conservava ainda para o *sensorium commune* uma função teleológica que inscrevia o mecanismo físico da reação reflexa do órgão na exigência instintiva da conservação do organismo (*nostri conservatio*). Não é, portanto, surpreendente ver que, em 1853, Pflüger considera que Prochaska entendeu melhor a natureza do processo reflexo, em 1784, como não o fez Marshall Hall, em 1832-1833. Porque Pflüger admite, pelas mesmas razões que levavam Prochaska a conservar o conceito de *sensorium commune*, a existência de uma alma medular (*rückenmarksseele*), princípio explicativo da finalidade das reações reflexas. Ora, Hall separava absolutamente o movimento adaptativo ou intencional – voluntário e cerebral de origem – e o movimento reflexo, mecânico (*aimless*). Viu-se que Müller, menos mecanicista, com certeza, que Hall, opunha a Prochaska o caráter tetânico da generalização dos reflexos; é verdade que Müller especificava, "num animal convenientemente disposto". É preciso considerar o conceito de reflexo segundo Pflüger como uma falsa síntese dialética: esse conceito, quanto às suas bases experimentais, tem a mesma idade que Marshall Hall, e, quanto ao contexto de filosofia biológica que lhe dá um sentido, ele tem a idade que teria Prochaska, se não tivesse morrido em 1820.

De fato, Pflüger não conseguiu, em 1853, encontrar a solução, no terreno estritamente fisiológico, da dificuldade que Hall tinha mais afastado que enfrentado, falando do poder excito-motor da fibra nervosa. Essa dificuldade residia nos termos de sensação ou de sensibilidade encerrados nas primeiras definições do reflexo. Willis tinha dito: "*Motus reflexus est qui a sensione praevia immediatius dependens, illico retorquetur*" [O movimento reflexo é aquele que, dependendo de uma sensação prévia, o mais espontaneamente volta imediatamente (para o lugar)]. Prochaska tinha dito: "*Praecipua functio sensorii communis consistat in reflexione impressionum sensoriarum in motorias*" [A principal função do *sensorium commune* consiste na reflexão das impressões sensitivas em motoras]. Müller começava seu capítulo sobre os movimentos reflexos dizendo: "Os movimentos que sucedem as sensações sempre foram conhecidos." Todo o tempo em que se fala de sensação, estamos no terreno da psicologia. É lógico que procuremos alojar em alguma parte a *psique*, que seja na medula. Em 1837, R. D. Grainger tinha visto que os fisiologistas da época pareciam acreditar em dois tipos de sensação: uma acompanhada de consciência de si, e a outra inconsciente. Liddel observou a esse propósito que, quando Todd inventa, em 1839, o termo *aferente*, um grande passo é dado para a distinção de duas espécies de sensações. Mas é possível que seja somente um passo verbal, enquanto não substituímos o conceito de origem subjetiva por um conceito puramente objetivo da sensibilidade, tal como ela será definida ulteriormente pela estrutura histológica dos receptores, o sentido do influxo sobre a fibra. Nesse momento, a alma é reconduzida às fronteiras da fisiologia, o que significa, talvez, somente que a referência à experiência vivida foi colocada entre parênteses.

Deixamos de lado, voluntariamente, todas as discussões às quais dão lugar, a partir do *Handbuch* de Müller, a introdução, nos manuais e tratados, de notícias históricas mais ou menos detalhadas precedendo a exposição de fatos e de questões relativas aos reflexos. Mostramos, aliás, que essas diversas maneiras de escrever a história de uma pesquisa científica são o reflexo da ideia que os próprios fisiologistas têm, enquanto estudiosos, dos fenômenos reflexos. Mostramos, em particular, que a concepção estritamente mecanicista de Émile du Bois-Reymond explica a vivacidade, para não dizer a violência, de sua crítica de Prochaska, em seu discurso comemorativo por ocasião da morte de Johannes Müller (1858).

De fato, o que caracteriza a história do conceito de reflexo, entre a obra de Pflüger e as primeiras publicações de Sherrington, é sua importação no domínio da clínica a partir do domínio da fisiologia. Esse movimento de importação começa com Marshall Hall. É por ele que os reflexos são introduzidos em patologia como mecanismos cuja perturbação ou desaparecimento constituem sintomas sobre os quais se fundamentam diagnósticos. O conceito de arco reflexo deixa, progressivamente, de ser a significação dada a um esquema de estrutura, cujo esquema proposto por Rudolph Wagner, em 1844, é o primeiro exemplo; ele é incorporado à semiologia, à investigação clínica; ele dá sua significação ao comportamento do médico, à decisão terapêutica, ao gesto operatório. Mas, na passagem do laboratório ao hospital, o conceito de reflexo não permanece inalterável, imutável. Se a maioria dos fisiologistas tende a dar-lhe a significação de um mecanismo elementar e rígido, alguns clínicos, dentre os quais Jendrassik, procedendo após os trabalhos de Erb e Westphal (1875) à pesquisa sistemática dos reflexos tendinosos, devem constatar, não sem surpresa, que esses reflexos não são nem constantes nem uniformes, e que sua ausência não é necessariamente um sintoma patológico.

O momento não está mais muito longe em que a fisiologia vai dever renunciar ao conceito de um reflexo correspondente a um arco linear colocando em relação termo a termo (*one to one*) um estímulo pontual e uma resposta muscular isolada.

A generalização da teoria celular, a identificação microscópica do neurônio, os progressos técnicos da histologia, tinham naturalmente fornecido à neurologia a imagem de estruturas analiticamente decomponíveis, e, por conseguinte, quase atomisticamente constituídas. O conceito do reflexo segmentar, unidade fisiológica, se encontrava confirmado. As novas observações clínicas engajavam, em suma, o fisiologista a recolocar o segmento no contexto do organismo considerado em sua integridade.

Quando Sherrington descobre que o reflexo de esfregamento (*scratch-reflex*) não está ligado invariavelmente a uma zona de excitação reflexógena estritamente delimitada, ele se prepara a operar uma nova retificação do conceito. O reflexo aparece menos como a reação estimulada de um órgão específico que como um movimento já coordenado dependendo das excitações em uma região do organismo, excitações cujos efeitos são também determinados pelo estado global desse organismo. O movimento reflexo, mesmo sob sua aparência mais simples, a mais analítica, é uma forma de comportamento, a reação de um todo orgânico a uma modificação de sua relação com o meio.

Mesmo se o vocabulário de Sherrington não dá lugar ao conceito de *integração* senão após o último dia do século XIX, esse conceito é o coroamento da neurofisiologia desse século. Os estudos de Sherrington sobre a rigidez de descerebração (1898), sobre a enervação recíproca, sobre a sinapse, convergem para a evidenciação do fato de que o reflexo elementar consiste na integração medular de um filamento muscular ao conjunto de um membro, por convergência dos influxos aferentes e solidarização das reações antagonistas. As funções do encéfalo são uma extensão da função medular de integração das partes ao todo do organismo. Recebendo de Hughlings Jackson o conceito de *integração*, Sherrington se desinteressava por sua significação evolucionista para reter somente sua significação estrutural.

Certos historiadores dos trabalhos de Sherrington, Fulton e Liddel, atribuíram importância à sua estada com Goltz, em Estrasburgo, no inverno de 1884-1885, depois de uma curta passagem em Bonn, junto a Pflüger. Não é duvidoso que a técnica, atualizada por Goltz, das secções em estágios da medula, tenha prendido a atenção de Sherrington. Seria aventureiro dizer que Sherrington foi influenciado pela hostilidade de Goltz em relação às teorias localizacionistas em matéria de funções medulares, uma vez que

Goltz defendeu inicialmente a teoria de Pflüger sobre a alma da medula. Mas parece razoável dizer que foi Sherrington quem realizou, no terreno da pura e simples fisiologia, essa síntese dialética entre o conceito de reflexo e o de totalidade orgânica que Prochaska, depois Müller, tinha procurado, que Pflüger tinha ilusoriamente operado, interpretando suas experiências de fisiologia por noções de metafísico.

Afinal de contas, o conceito de reflexo, no fim do século XIX, encontrava-se depurado de toda acepção de sentido finalista, perdendo sua significação de mecanismo elementar e bruto que a obra de Marshall Hall lhe havia inicialmente conferido. Ele se tinha tornado, por retificações sucessivas, um conceito autenticamente fisiológico.

## BIBLIOGRAFIA

Dispensamo-nos de citar as dissertações ou tratados originais de fisiologia, citados ou não neste artigo, relativos à questão. Encontrar-se-á a indicação deles, seja nas obras indicadas abaixo, seja na obra de K. E. Rothschuh, *Entwicklungsgeschichte physiologischer Probleme in Tabellenform* (München-Berlin, 1952).

Indicamos simplesmente os principais estudos históricos consultados:

CANGUILHEM, G. *La formation du concept de réflexe aux XVII^e^ et XVIII^e^ siècles*. Paris, 1953.

ECKARDT, C. *Geschichte der entwicklung der lehre von den reflexerscheinungen*. Beiträge zur Anatomie und Physiologie, Bd. IX, Giessen, 1881.

FEARING, F. *Reflex action, a study in history of physiological psychology*. Baltimore, 1930.

FULTON, J. F. Charles Scott Sherrington, philosophe du système nerveux. In: *Physiologie des lobes frontaux et du cervelet*. Paris, 1953.

GREEN, J. H. S. Marshall Hall (1790-1857): a biographical study. *Medical History*, v. II, n. 2, april 1958.

HOFF, H. E.; KELLAWAY, P. The early history of the reflex. *Journal of the History of Medicine and allied Sciences*, VIII, 3, 1952.

KRUTA, M. V. *Med. Dr. Jiři Prochaska 1749-1820*. Praha, 1956.

LIDDEL, E. G. T. *The discovery of Reflexes*. Oxford, 1960.

MARX, E. *Die entwicklung der reflexlehre seit A. von Haller bis in die zweite Hälfte des 19. Jahrhunderts*. Sitzungsberichte der Heidelberger Akad. Der Wissenschaften, Math.-Naturwiss. Klasse, X, 1938.

RIESE, W. *A history of Neurology*. New York, 1959.

# 5. MODELOS E ANALOGIAS NA DESCOBERTA EM BIOLOGIA[1]

Não é cômodo entender sobre o papel e o alcance dos modelos nas ciências físicas. Boltzmann não hesitava em dizer que as fórmulas de Maxwell eram puras consequências de seus modelos mecânicos. Mas Pierre Duhem pensava que o próprio Maxwell não tinha podido criar sua teoria, senão renunciando ao emprego de todo modelo.

Parece mais incômodo ainda entender sobre o papel e o alcance dos modelos nas ciências biológicas, e até entender sobre a definição de tais modelos. Com efeito, designa-se por esse nome ora um agrupamento de correspondências analógicas entre um objeto natural e um objeto fabricado (nervo artificial de Lillie, por exemplo), ora um sistema de definições semânticas e sintáticas, estabelecidas numa linguagem de tipo matemático, concernente às relações entre elementos constitutivos de um objeto estruturado e seus equivalentes formais.

Sem dúvida, parece que, em biologia, os modelos analógicos foram, e são ainda, mais frequentemente utilizados que os modelos matemáticos. É que a explicação por redução é mais ingênua

1 Este estudo, inédito em francês, apareceu em tradução inglesa, sob o título: The role of analogies and models in biological discovery, na obra *Scientific change* (Symposium on the history of Science, University of Oxford, 9-15 July 1961) ed. by A. C. Crombie; Heinemann, London, 1963.

que a explicação por dedução formalizada. Acontece, também, que os fenômenos biológicos cujo estudo é susceptível de ser diretamente formalizado são em pequeno número, na primeira posição dos quais se deve citar as relações de hereditariedade. Mas essas relações não têm caráter funcional e, diferentemente da maioria dos fenômenos biológicos, elas não afetam nenhum aspecto de totalidade. Os modelos estudados em genética não têm nenhuma pretensão de etiologia. Ao contrário, a redução das estruturas e das funções orgânicas em formas e em mecanismos já mais familiares, a utilização, em biologia, de analogias etiológicas emprestadas dos domínios da experiência tecnológica, mecânica ou física conheceu, por muito tempo, e conhece ainda, uma extensão diretamente proporcional à sua antiguidade. Não pode ser o caso de remontar aqui à origem de uma tal tendência intelectual. Mas parece-nos que o conceito de *órgão* fornece por ele mesmo, e pelo fato de sua etimologia, um princípio diretor para a compreensão da permanência de um método.

Não se observou suficientemente quanto o vocabulário da anatomia animal, na ciência ocidental, é rico em denominações de órgãos, vísceras, segmentos ou regiões do organismo exprimindo metáforas ou analogias. Às vezes, a denominação somente recobre uma comparação morfológica (*osso escafoide; tróclea do fêmur*, por exemplo). Algumas vezes, também, o nome indica uma analogia de função ou de papel, na falta de estrutura (*córnea; vaso; anastomose; saco; aqueduto; axe*, por exemplo). As denominações grega e latina das formas orgânicas percebidas evidenciam que uma experiência técnica comunica algumas de suas estruturas à percepção das formas orgânicas. Aliás, e reciprocamente, os objetos técnicos, as ferramentas, são muitas vezes designados por vocábulos de origem anatômica (*braço; rótula; joelheira; dentes; tenaz; esporão; dedo; pé* etc.). Por essa razão, não seria permitido considerar o uso explícito de modelos em biologia como a extensão sistemática e refletida de uma estrutura da percepção dos organismos pelo homem? Quando ele compara as vértebras a gonzos de porta (*Timeu, 74a*) ou os vasos sanguíneos a canais de irrigação (*Timeu, 77c*), Platão não emprega sabiamente um procedimento sumário de explicação de funções fisiológicas a partir de um modelo tecnológico? Aristóteles faz outra coisa quando ele compara os ossos do antebraço dobrados pela tração dos nervos – ou seja, tendões – às peças de uma catapulta puxadas por cabos tensores (*De motu animalium*, 707 b, 9-10) [Do movimento dos animais]? A fisiologia foi, inicialmente, e permaneceu por muito tempo, uma *anatomia animata*, um discurso *de usu partium* [do uso das partes] baseado, aparentemente, na dedução anatômica, mas tirando, de fato, o conhecimento das funções de sua assimilação com usos de ferramentas ou mecanismos evocados pela forma ou estrutura dos órgãos correspondentes.

Deve-se dizer que o uso dos modelos mecânicos em zoologia, e para o estudo das funções propriamente animais de locomoção, justifica-se, primeiramente, pelo fato de que, no vertebrado, os órgãos do movimento local são articulados. Se entendemos por articulação uma espécie de mecanismo cujos sólidos componentes se deslocam sem que duas de suas extremidades deixem de estar em contato, é preciso dizer que a articulação é praticamente o único tipo de mecanismo que apresentam os seres vivos. A explicação dos comportamentos de locomoção pôde, pois, proceder pelo estabelecimento de analogia com técnicas humanas, tomadas como modelos, no sentido amplo desse termo. Foi assim que Borelli,[2] depois Camper,[3] explicou o nado do peixe, assimilando os movimentos da nadadeira caudal aos de um remo utilizado como ginga. As críticas que Barthez[4] fez dessa explicação constituem um "modelo" das objeções, de inspiração vitalista, periodicamente dirigidas contra o uso de modelos redutivos em biologia. Críticas que não

2 BORELLI, J. A. *De motu animalium* (Lugduni in Batavis, 1685). pars prima, prop. CCXIV.

3 CAMPER, P. *Euvres qui ont pour objet l'histoire naturelle, la physiologie et l'anatomie comparée.* Paris, An XI, 1803. III, p. 364-366.

4 BARTHEZ, P.-J. *Nouvelle mécanique des mouvements de l'homme et des animaux.* Carcassonne, An VI, 1798, p. 157-177.

impediram a retomada por Marey[5] e por J. Gray,[6] mais recentemente, do modelo de Borelli-Camper.

Esse uso rude do modelo tecnológico em biologia é tão espontâneo e tão implícito que não se pôde, como observamos antes, desconhecer sua presença, por muito tempo, no princípio da dedução anatômica. Cournot, num texto de 1868, destacava que Harvey tinha percebido entre as pregas das veias e válvulas (de fato, Harvey tinha dito: portas de comporta) uma analogia tão nítida que sua indução da lei de circulação tinha sido irresistível. "Nesse caso", acrescentava Cournot, "a apropriação do órgão à função é de tal modo precisa que se pode concluir sem hesitação do órgão à função...".[7] Entretanto, uns 12 anos antes, Claude Bernard tinha sutilmente refutado a falsa simplicidade desse esquema metodológico. À falsa evidência da apreensão de uma função numa estrutura, ele opunha a impossibilidade de deduzir de um exame anatômico outros conhecimentos de ordem funcional além daqueles que para ele tinha importado.

> "Sabia-se já, por conhecimentos adquiridos experimentalmente nos usos da vida, o que era um reservatório, um canal, uma alavanca, uma dobradiça, quando se disse por simples comparação que a bexiga devia ser um reservatório servindo para conter líquidos, que as artérias e as veias eram canais destinados a conduzir fluidos, que os ossos e as articulações operavam como armação, dobradiças, alavancas etc."[8]

Na época, o termo modelo não tinha ainda lugar no vocabulário usual da epistemologia. Mas a fórmula pela qual Claude Bernard resume os exemplos precedentes pode passar como uma definição anterior à denominação: "aproximaram-se formas análogas e induziram-se usos semelhantes".

---

5 MAUREY, E. *La machine animale*. Paris, 1878, p. 208.

6 GRAY, J. *How animals move*. London, 1953.

7 COURNOT, A. *Considérations sur la marche des idées et des événements dans les temps modernes*. Paris, 1934. I, p. 249.

8 BERNARD, C. *Leçons de physiologie expérimentale appliquée à la médecine*. Paris, 1856. tomo II, p. 6.

Seria, evidentemente, exagerado atribuir a essa utilização de um modelo tecnológico sumário uma eficácia heurística considerável. Para voltar à descoberta da circulação, a apreensão por Harvey da função antirretrógrada das válvulas das veias constitui apenas um dos argumentos de sua tese, a confirmação de sua terceira suposição.[9] Mas o uso sistemático, nos séculos XVII e XVIII, de referências a mecanismos analógicos de órgãos, sob a inspiração da ciência galileana e cartesiana, numa nova imagem do mundo, não pode ser creditada com descobertas muito mais decisivas em biologia. Tornada rigorosa quanto aos seus princípios, a mecânica não se tornou mais fecunda em suas aplicações analógicas. Vem a calhar que os apologistas recentes da eficácia heurística em biologia – em neurologia especialmente – de autômatos cibernéticos e de modelos de *feedback* consideram como efeito de uma admiração exagerada sem interesse científico e como uma atividade de jogo a construção de autômatos clássicos, isto é, sem órgão adaptativo de retroação, capazes de simular nos limites de um ou de vários programas rígidos, comportamentos animais ou gestos humanos. E, no entanto, num estudo muito original sobre a história do biomecanismo, A. Doyon e L. Liaigre revelaram a ligação, no século XVIII, entre a pesquisa médica e a construção de aparelhos mecânicos, "anatomias moventes" ou "figuras autômatas", segundo os termos de J. Vaucanson.[10] Os textos citados, emprestados de Quesnay, Vaucanson e Le Cat, não permitem, com efeito, duvidar de sua intenção comum de utilizar os recursos do automatismo como um desvio, ou como uma astúcia de intenção teórica, com o objetivo de elucidar, por redução do desconhecido ao conhecido e

---

9 HARVEY, W. *Excitatio anatomica de motu cordis et sanguinis in animalibus* [Excitação anatômica do movimento do coração e do sangue nos animais]. Frankfurt, 1628, p. 56.

10 DOYEN, A.; LIAIGRE, L. *Méthodologie comparée du biomécanisme et de la mécanique comparée*. Dialectica, 1956. X, p. 292-335. (Desde a redação de nosso estudo, Doyen e Liaigre publicaram uma importante obra, *Jacques Vaucanson,* mécanicien de génie. Paris, 1966, cujos capítulos V, VI e VII retomam e desenvolvem o conteúdo do artigo acima indicado.)

por reprodução global de efeitos análogos experimentalmente inteligíveis, mecanismos de funções fisiológicas. O animal-máquina cartesiano ficava na ordem do manifesto, da máquina de guerra filosófica. Ele não constituía o programa, o projeto ou o plano de construção de nenhum equivalente de função ou de estrutura singulares. Ao contrário, a atenção dada por Vaucanson e Le Cat à elaboração de planos detalhados para a construção de simuladores e o sucesso notório das tentativas do primeiro desses biomecânicos devem autorizar-nos a fazer remontar ao século XVIII, pelo menos, a consciência explícita de um método heurístico utilizando, sob o nome de imitação, o recurso a modelos analógicos funcionais. Condorcet, em seu *Eloge de Vaucanson*,[11] entendeu perfeitamente a diferença entre uma simulação de efeitos, pesquisada com fins de jogo ou de mistificação, e uma reprodução de meios – diz-se hoje uma construção de *pattern* [modelo simplificado de uma estrutura] – a fim de obter a compreensão experimental de um mecanismo biológico. Falando do primeiro autômato de Vaucanson, *O flautista*, Condorcet escreve:

> "Alguns desses homens que se acreditam finos, porque são desconfiados e crédulos, não viam no flautista mais do que uma serineta [pequeno órgão] e olhavam como uma charlatanice os movimentos dos dedos que imitavam os do homem. Enfim, a Academia das Ciências ficou encarregada de examinar o autômato, e constatou que o mecanismo empregado para fazer produzir sons na flauta executava rigorosamente as mesmas operações que um tocador de flauta e que o mecânico tinha imitado, ao mesmo tempo, os efeitos e os meios da natureza, com uma exatidão e uma perfeição à qual os homens mais acostumados aos prodígios da arte não teriam imaginado que ele pudesse atingir."

Não se contestará, sem dúvida, Condorcet por uma espécie de intuição das possibilidades ulteriores de construção, ou mesmo somente de concepção teórica, em matéria de mecanismos com informação, distintos de mecanismos energéticos. Ele afirma,

---

11 CONDORCET. *Eloges des Académiciens*. Paris: Brunschvick, 1799. tomo III.

com efeito, que o gênio de um mecânico "consiste principalmente em imaginar e em dispor no espaço os diferentes mecanismos que devem produzir um efeito dado, e que servem para regular, distribuir, dirigir a força motriz". E acrescenta:

> "Não se deve olhar um mecânico como um artista que deve à prática seus talentos ou seus sucessos. Pode-se inventar obras-primas em mecânica sem ter feito executar ou agir uma só máquina, como se pode encontrar métodos de calcular os movimentos de um astro que jamais se viu."

Esse anúncio de uma evolução possível dos modelos para uma teoria matemática é o esquema de uma história que se deve rapidamente retraçar. Há uns 20 anos, tornou-se mais ou menos banal dizer que a invenção do regulador de Watt forneceu aos fisiologistas o modelo inicial, ainda que não premeditado, de um circuito de retroação entre um órgão efetuador e um órgão receptor. De fato, para que se pudesse perceber no dispositivo de Watt um análogo do circuito reflexo, era necessário que a exploração metódica das propriedades do sistema nervoso se tornasse possível pelos progressos da eletrologia, a partir das observações e experiências de Galvani. Não foi da máquina a vapor, mas da pilha e da bobina de indução que nasceram por epigênese técnica as montagens eletrônicas recentemente promovidas à dignidade de modelos com *feedback* das funções dos nervos e dos centros nervosos.

As primeiras etapas da neurologia positiva são uma espécie de réplica da descoberta da circulação do sangue.[12] A descoberta de Galvani e a invenção de Volta fundamentavam a analogia do nervo com um condutor de corrente fluida. Mesmo o erro de Galvani concernente à existência de eletricidade animal se explica pela necessidade analógica de encontrar no organismo uma fonte de corrente. A lei de Bell-Magendie e a distribuição das funções do nervo raquidiano atribuíam à propagação da corrente intranervosa um sentido centrípeto e um sentido centrífugo. O conceito de ação reflexa

12 ROTHSCHUCH, K. E. Aus der Frühzeit der Elektrobiologie. *Elektromedizin*, IV, p. 201-217, 1959.

(Marshall Hall, 1832; J. Müller, 1833) e o esquema de arco reflexo (R. Wagner, 1844) forneciam os elementos de um sistema funcional, e não mais somente morfológico.[13] Enquanto a eletrologia se tornava, com Ampère e Faraday, uma ciência de campos dinâmicos e de correntes, as experiências e as polêmicas dos fisiologistas (Du Bois-Reymond contra Matteucci) conduziam a renunciar à ideia da passividade do nervo na condução do influxo, e a colocar em evidência que sua atividade se acompanha de uma produção de eletricidade. Nessas condições, o recurso a modelos elétricos em neurologia tornava-se familiar. E, com esse exemplo, compreendem-se as razões pelas quais uma pesquisa tende a utilizar modelos. Por outro lado, o fluido nervoso é suposto, e não percebido, como o é o sangue; então, precisa-se de um modelo como substituto de representação. Por outro lado, a corrente elétrica foi primeiramente utilizada no transporte de mensagens, e não de energia, e a prioridade dessa aplicação não contribuiu pouco para a popularidade do modelo elétrico em neurologia. Enfim, antes do estabelecimento e da consolidação da teoria celular, a neurofisiologia não pode ser uma fisiologia de elementos, ela só pode considerar a totalidade de um aparelho; então, recorre-se a um modelo para a investigação de um fenômeno cuja complexidade não pode ser reduzida.

Aqui reside a diferença de jurisdição e de validade entre o método dos modelos e o método clássico de experimentação, tirando partido de uma hipótese de lei funcional. A experimentação é analítica e procede por variação discriminatória de condições determinantes, supondo-se, aliás, todas as coisas iguais. O método do modelo permite comparar totalidades indecomponíveis. Ora, em biologia, a decomposição é menos uma partição que uma liberação de totalidades, de escala menor que a totalidade inicial. Nessa ciência, o uso de modelos pode ser considerado legitimamente como mais "natural" que em outra parte.

Antes da era da cibernética, pôde-se acreditar na inadequação dos modelos mecânicos aos sistemas biológicos, caracterizados por

---

13 CANGUILHEM, G. *A formação do conceito de reflexo nos séculos XVII e XVIII*. Paris, 1955, cap. 7.

sua totalidade e sua autorregulação interna.[14] Essa oposição parece, hoje, ultrapassada, e L. von Bertalanffy pode sustentar, ao contrário, que o método dos modelos pode ser aplicado ao estudo dos organismos, porque eles representam as propriedades gerais de um sistema.[15] Sabe-se que Von Bertalanffy importou em sua *Théorie générale des Systèmes* a distinção feita, no século XIX, pelos anatomistas comparatistas, entre as analogias e as homologias, isto é, entre semelhanças aparentes e correspondências funcionais propriamente análogas, no sentido matemático do termo. Segundo esse vocabulário, é sobre a homologia que repousa a elaboração de modelos conceituais e a possibilidade de transferências de leis estruturalmente semelhantes fora do domínio inicial de sua verificação.

Por esse viés, percebe-se, talvez, como a construção de modelos elétricos (físico-químicos) em fisiologia nervosa constitui o intermediário, ao mesmo tempo, histórico e lógico entre o modelo mecânico, reprodutor de *pattern*, mais que simples simulador de efeitos, e o modelo de tipo matemático ou lógico. O espírito da física matemática, ele próprio progressivamente educado por uma nova consciência matemática, a consciência das estruturas, encontrou uma via de acesso em biologia, graças aos trabalhos de Maxwell sobre o eletromagnetismo. Na matemática moderna, construir um modelo é traduzir uma teoria na linguagem de uma outra, colocar em correspondência termos com conservação de relações. Isso implica o isomorfismo das teorias. Na física matemática, tal como ela se constituiu com os trabalhos de Joseph Fourier, as teorias matemáticas são tomadas como objeto de estudo, de onde surgem analogias em terrenos experimentais *a priori* sem relações. Essas analogias trazem a prova da polivalência das teorias matemáticas em relação ao real. Para retomar os exemplos que tinham surpreendido Fourier, a propagação do calor, o movi-

---

14 ASHER, L. Modellen und biologische Systeme. *Scientia*, LV, p. 418-421, 1934.

15 VON BERTALANFFY, L. *Problems of life*. New York, 1952; Modern concepts on biological adaptation. In: *The historical development of physiological thought*. New York, 1959. p. 265-286.

mento das ondas, a vibração das lâminas elásticas são inteligíveis por meio de equações matematicamente idênticas.[16] Mas, em física matemática, a construção de um modelo, num domínio de fenômenos, para a inteligência de fenômenos de um domínio diferente, não confere de modo algum um caráter privilegiado ao domínio escolhido como referência de inteligibilidade. A escolha dos fenômenos de referência analógica responde somente a uma das duas exigências seguintes: ou o conhecimento desses fenômenos já chegou ao estágio da teoria; ou, então, esses fenômenos se prestam mais facilmente à investigação experimental. Em nenhum caso, a realização concreta de um modelo tem pretensão ao valor de uma representação figurativa dos fenômenos dos quais esse modelo tende a permitir a explicação. Maxwell dizia que a analogia física serve, a partir de uma semelhança parcial entre leis, para *ilustrar* uma ciência por uma outra.[17] Ilustração não é figuração.

Ora, em biologia, parece mais difícil do que em física resistir à tentação de conferir a um modelo um valor de representação. Não é, talvez, somente o vulgarizador científico que tem inclinação para esquecer que um modelo nada mais é do que sua função. Essa função consiste em emprestar seu tipo de mecanismo a um objeto diferente, sem que por isso se imponha como cânone. Mas não aconteceu, algumas vezes, aos modelos analógicos do biólogo, beneficiar-se de uma valorização inconsciente tendo como efeito a redução do orgânico ao seu análogo mecânico, físico ou químico? A despeito de sua mais elevada matematização, não parece que os modelos cibernéticos estejam sempre ao abrigo desse acidente. A atitude mágica de simulação é duravelmente rebelde aos exorcismos da ciência.

Com certeza, o modelo de *feedback*, por exemplo, revelou-se fecundo para a exploração e explicação das funções orgânicas de

---

16 FOURIER, J. Théorie analytique de la chaleur. In: *Euvres*. Paris: G. Darboux, 1888. I, p. 13.

17 CLERK MAXWELL, J. On faradays lines of force. *The Scientific Papers*. Cambridge, 1890. v. I, p. 156.

homeostase e de adaptação ativa.[18] Pode-se pensar, no entanto, que o processo das regulações nervosas não é realmente representado por ele. Como o observou Couffignal, quando se nomeia *feedback* as partes do sistema nervoso para o qual o modo mecânico de regulagem serve de modelo, parece dar a crer-se que os *feedbacks* orgânicos fazem parte da mesma classe de objetos que os *feedbacks* mecânicos.[19] De fato, criou-se, pela proximidade, uma classe nova de objetos cuja definição só poderia reter os caracteres operacionais comuns aos órgãos de regulação e aos dispositivos mecânicos de regulagem. Em outros termos, a utilização de um objeto como modelo o transforma enquanto objeto, pela consciência explícita das analogias com o objeto indeterminado para o qual ele é modelo. Um modelo só revela sua fecundidade em seu próprio empobrecimento. Ele deve perder sua originalidade específica para entrar com seu correspondente numa nova generalidade. Quando uma máquina qualquer se torna um modelo válido para uma função orgânica, não é a máquina inteira que se torna modelo, mas somente o *pattern* de suas operações tal como ele pode expor-se em linguagem matemática. Aqui se faz luz sobre a grande diferença entre o método dos modelos em física, e esse mesmo método em biologia. Ela consiste no fato de que não se pode, ainda, pelo menos, falar de uma biologia matemática no sentido em que, como se viu, se fala há muito tempo de uma física matemática. Em física, o uso de um modelo – por exemplo, um fluxo de eletricidade numa placa metálica como análogo de um fenômeno hidrodinâmico com velocidades horizontais – supõe que se possa utilizar os resultados de medidas operadas no fenômeno realizado *in concreto* para a descrição e a previsão dos comportamentos do fenômeno indeterminado. O que garante a validade dessa transferência de resultados métricos é a correspondência, estabelecida por um estudo matemático expresso, entre as leis gerais de ordem

---

18 ROSENBLUETH, A.; WIENER, N.; BIGELOW, J. Behavior, purpose and teleology. *Philosophy of Science*.1943. X, p. 18-24. Traduzido em francês por Jacques Piquemal em *Les Etudes philosophiques*. 1961, 2, p. 147-156.

19 COUFFIGNAL, L. La mécanique comparée. *Thalès*. 1951. VII, p. 9-36.

distinta dos fenômenos.[20] É isso que não existe em biologia. Certamente, existe uma biologia aritmética ou geométrica bastante antiga, uma biologia estatística mais recente, mas seria difícil falar de uma biologia algébrica. Aí está a razão lógica profunda do papel específico dos modelos na pesquisa em biologia. Eles conduzem ao estabelecimento de correspondências analógicas somente no nível de objetos, estruturas ou funções, concretamente designados. Eles não chegam a acoplar as leis gerais de dois domínios de fenômenos colocados em relação. Será assim, sem dúvida, enquanto a matemática da biologia se aparentará mais à de um formulário de engenheiro que a teorias como as de um Riemann ou de um Hamilton.

A epistemologia biológica deve, então, atribuir a maior importância aos conselhos de prudência que os biólogos se dirigem uns aos outros, no interior de sua comunidade de trabalho. A observação de Adrian não vale somente para o gênero de pesquisas que ela tem em vista: "*What we can learn from the machines is how our brain must differ from them!*" [O que aprendemos com as máquinas é como nosso cérebro deve ser diferente delas!][21] Um estudo de Elsasser chegou, a partir daí, a conclusões paralelas: um organismo não preenche espontaneamente nenhuma das condições de estabilidade requeridas para o funcionamento correto de uma máquina eletrônica, na qual não pode jamais aparecer um aumento de informação.[22] Em sua teoria geral dos autômatos,[23] Von Neumann destacou um fato até o presente incontestado:[24] a

---

20 BACHELARD, Suzanne. *La conscience de rationalité, étude phénoménologique sur la physique mathématique*. Paris, 1958, cap. 8.

21 ADRIAN, E.-D. *Proc. Roy. Soc. B.*, CXLII (1954), 1-8. Citado por HALDANE, J.-B.-S. Aspects physico-chimiques des instincts. In: *L'instinct dans le comportement des animaux et de l'homme*. Paris, 1956. p. 551.

22 ELSASSER, W. M. *The physical foundation of biology*. London, 1958.

23 VON NEUMANN, J. The general and logical theory of automata. In: *Cerebral mechanisms in behavior*. New York/London, 1951. p. 1-41.

24 LIAPOUNOV, A. Machines à calcul électroniques et système nerveux. In: *Problèmes de la cybernétique études aux séminaires de philosophie de l'Académie des Sciences de l'U.R.S.S.*, *Voprosy filosofii*, n. 1, 1961, p. 150-157.

estrutura das máquinas naturais (organismos) é tal que as falhas de funcionamento não afetam seu comportamento geral. Funções de regeneração ou, em falta disso, de vicariância compensam a destruição ou a pane de certos elementos. Uma lesão do organismo não abole necessariamente sua plasticidade. Não acontece o mesmo com as máquinas.

Podemos, então, perguntar-nos se o uso de modelos elétricos e eletrônicos em biologia representa, no plano da lógica heurística, da *ars inveniendi* [a arte de encontrar], uma mutação tão radical quanto parece sê-lo, no plano da tecnologia, a construção de tais máquinas. Na experimentação analítica, de tipo clássico, uma das condições favoráveis à descoberta reside, sabemos, na diferença entre os resultados da construção baseada na hipótese e os dados da observação. Uma boa hipótese não é sempre a que conduz rapidamente à sua confirmação, que permite aplicar logo em seguida a descrição de um fenômeno sobre um esquema explicativo. É aquela que obriga o pesquisador, pelo fato de uma discordância imprevista entre a explicação e a descrição, seja a corrigir a descrição, seja a reestruturar o esquema de explicação. Não se pode dizer igualmente que em biologia os modelos que têm a sorte de dever ser os melhores são os que freiam nossa precipitação latente à assimilação do orgânico ao seu modelo? Um mau modelo, na história de uma ciência, é o que a imaginação valoriza como um bom modelo. A imaginação é levada a acreditar que construir um modelo é emprestar um vocabulário para obter uma identificação de dois objetos. Quando se chamou de membrana o limite celular, as leis da osmose e a fabricação da parede semipermeável pareceram fornecer uma linguagem e um modelo. Parece, ao contrário, que o biólogo tenha todo interesse em reter a lição do físico-matemático: o que se deve pedir a um modelo é o fornecimento de uma sintaxe para construir um discurso transponível mais original.

Dizendo que a extensão do método dos modelos não constitui, talvez, uma revolução na heurística biológica, queremos dizer simplesmente que os critérios de validade de uma pesquisa sobre modelo ficam conformes ao esquema da relação dialética entre a experiência e sua interpretação. O que valida uma teoria são as possibilidades de extrapolação e de antecipação que ela permite nas direções que a experiência, mantida na superfície dela mesma, não teria indicado. Assim também, os modelos se julgam e se descartam uns aos outros por sua maior amplitude respectiva quanto às propriedades que eles fazem encontrar no objeto problemático, e, também, por sua maior aptidão respectiva em detectar nele propriedades até então não vistas. O modelo, dir-se-ia, profetiza. Mas as teorias matemáticas em física o fazem também.

Não se há de contestar a Grey Walter a importância dos resultados obtidos, no estudo das funções superiores do cérebro e da aprendizagem, pela construção de modelos funcionais, sem pretensão à imitação de estruturas elementares. Entretanto, a despeito de um humor discreto ao encontro dos *pattern* de experimentação recomendados por Claude Bernard, Grey Walter, quando fixa as regras de um uso legítimo dos modelos, encontra, uma vez transpostos, os critérios clássicos da crítica experimental.[25] É legítimo estudar o modelo de um processo indeterminado com três condições: alguns caracteres do fenômeno devem ser conhecidos, a indeterminação não pode ser total; para reproduzir o que é conhecido do fenômeno, o modelo deve compreender somente os elementos operatórios estritamente necessários; o modelo deve reproduzir mais que o conhecido inicial, que tenha sido previsto ou não esse enriquecimento do conhecimento. Para ilustrar essas regras, o exemplo escolhido é o dos modelos do nervo. Excelente exemplo, que permite acompanhar a assimilação sucessiva do nervo a um condutor elétrico passivo não isolado (cabo submarino), depois a uma montagem eletroquímica (nervo artificial de Lillie, 1920-1922) simulando a propagação de um impulso e o estabelecimento de um período refratário, e, enfim, a um modelo de circuito elétrico, combinando bateria e condensador com escape, capaz de restituir o equivalente das 18 propriedades do nervo e das sinap-

25 M. WALTER, Grey. Le cerveau vivant. Neuchâtel/Paris, 1954, Appendice A. p. 205-209.

ses. Vê-se, com esse exemplo, que a sucessão dos modelos, para um mesmo objeto de pesquisas, obedece à norma de substituição dialética das teorias, com a obrigação para uma nova teoria de dar conta, ao mesmo tempo, de todos os fatos que a teoria anterior explicava e dos que continuavam rebeldes à jurisdição de seus princípios. Quanto ao material tecnicamente posto em funcionamento no próprio modelo, é por seu papel que ele é escolhido, num dado momento, e não por sua natureza intrínseca. O modelo elétrico do nervo, diz Grey Walter, não prova, pelo fato de sua maior eficacidade, que a atividade do nervo seja de natureza elétrica. Do ponto de vista da teoria, o modelo não é nada mais que o equivalente de uma série de expressões matemáticas. Essa última afirmação nos parece muito importante, na medida em que nos é permitido ver aí uma aposta de futuro mais do que um balanço de passado. O método dos modelos fará realmente uma revolução em biologia, quando, sem nenhum equívoco, o biólogo emprestará de outras ciências não tanto modelos enquanto figuras quanto modelos enquanto exemplos, ou veículos neles mesmos indiferentes às estruturas matemáticas que unificam sua disparidade fenomenal. O modelo não será mais, então, a montagem eletrônica enquanto tal, mas a função comum a tais e tais montagens, eletrônica, termodinâmica, química (função de transformador, de válvula etc.).[26] Isso supõe, já o dissemos, a constituição de uma biologia matemática, o que não quer dizer necessariamente uma biologia analítica, mas uma biologia na qual estruturas não quantitativas, como as da topologia, por exemplo, permitem não somente descrever, mas teorizar fenômenos.

No conjunto, e em resumo, o uso dos modelos em biologia revelou-se mais fecundo no que concerne ao estudo das funções do que no que concerne ao conhecimento das estruturas e da relação das estruturas com as funções. Analogias de *performance* de conjunto entre modelos e órgãos puderam ser estudadas, sem garantia de analogias dos elementos de constituição e das funções

---

26 ELSASSER, W. M. Op. cit. n. 21, cap. 1.

elementares. Quando se compuseram redes nervosas ("*neural nets*") como meio de abordagem matemática das propriedades do neurônio, pôde-se acreditar ter proposto um modelo do relé neurônico. E, no entanto, o neurofisiologista não reconheceu nesse modelo a independência relativa das funções do cérebro em relação à integridade de sua estrutura.[27] Por um lado, as células nervosas não são relés intercambiáveis; por outro, sua destruição parcial não provoca necessariamente a perda da função global.

Nessas condições, é permitido perguntar-se se o conceito de modelo, do qual uma definição unívoca se revelou cada dia mais difícil de propor,[28] não conservou alguns traços de ambiguidade da intenção inicial à qual ele responde. Indicamos, no início dessas reflexões, que uma certa estrutura tecnológica e pragmática da percepção humana em matéria de objetos orgânicos exprimia a condição do homem, organismo fabricante de máquinas. Acabamos de esquematizar as etapas no curso das quais uma tendência ingênua à assimilação entre organismos e máquinas perdeu o que essa ingenuidade podia ter de mágico ou de pueril. Mas, talvez, uma ingenuidade mais radical, uma atitude da consciência, sábia ou não, diante da vida, inspira fundamentalmente novas tentativas feitas com o fim de exibição num modelo de tais ou tais causalidades orgânicas.

O modelo durante muito tempo teve a ver com o tipo e com a maquete simultaneamente, com a norma de representação e com a mudança de escala de grandeza. Parece-nos, hoje, que o modelo explicativo, réplica integral, seja concreta, seja lógica, das propriedades estruturais e funcionais do objeto biológico, foi relegado à posição de um mito. Da parte da função, o modelo tende a apresentar-se como um simples simulador que reproduz uma *performance*, mas por meios a ele próprios. Da parte da estrutura, ele pode, quando muito, apresentar-se como um análogo, jamais

27 FESSARD, A. Points de contact entre Neurophysiologie et Cybernétique. *Structure et Evolution des Techniques*, V, 35-36, p. 25-33, 1853.

28 BEAMENT, J. W. L. (editor). *Models and analogues in Biology*. Cambridge, 1960.

como um duplo. É, pois, sobre a analogia que repousa o método dos modelos em biologia, que esses modelos sejam mecânicos ou lógicos. Em todos os casos, não há analogia válida senão no seio de uma teoria.

Esperando promover amanhã uma heurística revolucionária, o modelo biológico utiliza hoje os recursos de uma tecnologia revolucionária. Mas seria totalmente injusto esquecer os progressos que a biologia fez ontem graças a métodos de análise experimental, esquecer, por exemplo, que estudiosos como Sherrington e Pavlov não trabalharam construindo modelos. E, para terminar, não é malicioso observar que a descoberta, por Sherrington e Liddell, do reflexo miotático (1924), forneceu, da maneira mais clássica, um argumento de peso aos que, a partir de então, não sabem estudar uma função orgânica de regulação sem procurar construir um modelo de servocontrole?

# 6. O TODO E A PARTE NO PENSAMENTO BIOLÓGICO[1]

Em seu *Traité de psychologie animale*, Buytendijk escreve: "Os organismos se nos manifestam, inicialmente, quando do primeiro contato elementar, como *todos*, unidades totalizantes, formadas, crescentes, móveis e reprodutoras delas mesmas, e encontrando-se em relação *compreensível* com o seu meio."[2] Ele mostra, em seguida, que, por um lado, essas unidades manifestam afinidades e parentescos, e são, por isso, partes de conjuntos mais ou menos amplos ou restritos; que, por outro lado, a análise dos organismos descobre nelas elementos estruturais ou funções distintas. E ele se pergunta como resolver a questão de saber o que, nessa apreensão do objeto biológico é dado ou inferido, real ou nominal, natural ou artificial. O que é feito, por exemplo, da forma e da função, do todo e da parte?

Reteremos somente esta última questão, sem pretender esgotar seu exame. Abordaremos este exame pelo viés da epistemologia e da história, com o pesar de não ter, no terreno da metafísica, nada a dizer de melhor que o que outros já disseram tão bem.

* * *

---

1 Extraído da revista *Les études philosophiques*, XXI, 1, janeiro-março de 1966.

2 Op. cit. p. 44-45.

Estaríamos bastante inclinados a pensar que o *Homo faber*, enquanto *faber*, faz facilmente a distinção entre as estruturas técnicas dependentes de um construtor, de um vigia e de um reformador, e as estruturas orgânicas autoconstitutivas e autocontroladas, entre objetos que são formas para quem os percebe, tais como foram concebidos, e seres que são formados por sua formação espontânea. E, no entanto, é um fato da cultura que só o *Homo sapiens* toma consciência da ruptura que as técnicas do *Homo faber* operam no empreendimento universal de organização da matéria pela vida. Um texto de Leibniz nos *Novos ensaios* testemunha isso e nos conduz diretamente ao nosso problema. Filaleto observa que muitos homens se sentiriam ofendidos se lhes perguntássemos o que eles entendem quando falam da vida, e, no entanto, sua ideia é tão vaga, que eles não sabem decidir se a planta pré-formada na semente, se o ovo de galinha não chocado, se o homem caído em síncope têm ou não vida. Ao que Teófilo responde:

> "Eu acredito que já me expliquei bastante sobre a *noção da vida* que deve sempre ser acompanhada de percepção na alma; de outra maneira, seria apenas uma aparência, como a vida que os selvagens da América atribuíam aos relógios de pulso ou de parede, ou que atribuíam aos fantoches os magistrados que os viam animados por demônios, quando eles quiseram punir como bruxo aquele que tinha dado por primeiro esse espetáculo em sua cidade."[3]

Para retomar os termos utilizados por Buytendijk, a distinção entre as totalidades dadas, reais e naturais, por um lado, e as totalidades inferidas, nominais e artificiais, por outro, não é originária, mas adquirida. Essa aquisição não é tão definitiva que não tolere senão confusões, pelo menos, tentativas de assimilação. É com Aristóteles que começa a história dessa discriminação.

"Um todo", diz Aristóteles, "se entende por aquilo a que não falta nenhuma das partes que são ditas constituir normalmente um todo. É, também, o que contém os componentes de tal modo que eles formam uma unidade. Essa unidade é de duas espécies:

3 Livro III, cap. 10, § 22.

ou enquanto os componentes são cada um uma unidade, ou, então, enquanto de seu conjunto resulta a unidade... Dessas últimas espécies de todos, os seres naturais são mais verdadeiramente todo do que os seres artificiais... Além disso, quantidades tendo um começo, um meio e um fim, aquelas nas quais a posição das partes é indiferente são chamadas um total (πᾶν), e as outras, um todo (ὅλον)".[4] Essa definição da totalidade pela completude, a unificação da soma, a ordem das partes provoca a definição do truncamento e da mutilação:

> "Truncado, mutilado, se diz das quantidades, mas não de quaisquer umas: é preciso não somente que elas sejam divisíveis, mas que elas formem um todo. Não há mutilação para as coisas nas quais a posição das partes é indiferente, como a água ou o fogo; é preciso que elas sejam de uma natureza tal que a posição das partes se prenda à essência... Além disso, as coisas que são todos não são mutiladas pela privação de uma parte qualquer... Um homem não é mutilado se ele perdeu carne ou o baço, mas somente se ele perdeu alguma extremidade, mas não qualquer uma; é preciso que essa extremidade, uma vez cortada, não possa se reproduzir jamais".[5]

A mutilação se mostra, pois, como a confirmação negativa da totalidade do todo. Há todos que, privados de uma parte, a regenerem. Sabe-se bastante qual foi, no século XVIII, a importância científica e filosófica das observações e experiências de Abraham Trembley sobre a regeneração da hidra de água doce, que ocasião de mutações conceituais foi essa descoberta de partes vivas tendo poder de todo. Quanto à mutilação, privação definitiva, ela é, de alguma maneira, a parte pontilhada da totalidade orgânica, a lacuna significante da plenitude morfológica, jamais tão sensível que quando somente em parte indicada. Mas, dizendo "sensível" não se faz da falta, isto é, aqui, da perda por ablação ou deslocamento, a recordação de uma consciência de uma totalidade abolida? A essa objeção, responde já a condição aristotélica: é preciso que a posição das partes se prenda à essência. Ignoramos se há no caracol ou

4 *Metafísica*, Δ, 26, Trad. Tricot. Ed. Vrin, 1933. I, p. 214-215.

5 *Ibidem*, p. 216-217.

na salamandra uma consciência da regeneração como exigência da forma enquanto todo. Sabemos, em todo caso, que há, no homem, uma consciência do membro fantasma, da qual se pergunta se ela não seria, para falar como Raymond Ruyer, mais primária que secundária, isto é, mais biológica que psíquica.

Citamos bem longamente dois textos de Aristóteles com a intenção de precisar exatamente seu alcance. Por um lado, eles contêm uma definição do ser vivo como ser finalizado e unificado pela forma e função, organizado por subordinação das partes ao todo. A totalidade do ser vivo não é uma totalidade de somação, indiferente à ordem na qual ela é alcançada. Não é uma totalidade nominal, para falar como Buytendijuk, percebida e concebida por uma consciência espectadora. A totalidade do ser vivo é uma essência. Ela é um concreto de origem que se completa nele mesmo, e não uma justaposição propondo-se a ser acabada numa consciência. Esses textos invocaram, com o apoio de uma concepção do organismo à maneira de Hans Driesch, segundo quem a equipotencialidade embrionária, garantida, nos primeiros estágios do desenvolvimento do ovo, da regulação e da normalização de todas as dissociações ou associações extraordinárias de partes supostas, é a expressão da dominação inicial da totalidade, então, de sua presença ontológica. E, no entanto, os textos de Aristóteles não sustentam essa assimilação. Porque, por outro lado, eles contêm uma definição rígida e estrita da totalidade orgânica. O todo orgânico não é indiferente à disposição das partes. A finalidade orgânica é, para Aristóteles, uma finalidade de um tipo técnico altamente especializado, uma finalidade estritamente submetida à disposição estrutural. Como prova, uma passagem célebre da *Política*: "A natureza não procede mesquinhamente como os cuteleiros de Delfos cujas facas servem para vários usos, mas peça por peça; o mais perfeito dos seus instrumentos não é o que serve para vários trabalhos, mas a um único."[6] Ora, o estado que o embriologista

---

6 Livro I, cap. I, § 5.

de hoje pode, ele, presumir um destino, isto é, um devir, todas as coisas iguais, aliás, mas, durante o qual o embrião não se acha predestinado a nada além senão ao termo de um desenvolvimento específico, qualquer que seja seu estado inicial. Aristóteles jamais concebeu tal coisa.

Por mais paradoxal que possa parecer nossa tese, afinal, ela se apoia sobre o fato inconteste de que Aristóteles concebe o organismo como uma convergência de órgãos-ferramentas rigorosamente especializados, isto é, diferenciados, em virtude do princípio geral segundo o qual qualquer matéria não pode ser informada por qualquer forma. Não há proposição menos conforme ao pensamento de Aristóteles do que a afirmação da polivalência orgânica e da permutabilidade das partes num todo vivo. A biologia aristotélica é uma tecnologia geral. Ela é uma das formas, a primeira, dessas biologias que Buytendijk chama de *racionais* ou *explicativas*, em oposição às biologias *idealistas* ou *compreensivas*. Concordamos com Buytendijk que a concepção mecanicista da vida seria mais adequadamente designada como tecnológica, mas devemos precisar que *tecnológico* é o gênero lógico de que *mecanista* é uma espécie, o outro sendo *organológico*.

Parece-nos que Aristóteles elevou à dignidade de uma concepção geral da vida uma espécie de estrutura da percepção humana dos organismos animais, estrutura para a qual se poderia reconhecer o estatuto de um *a priori* cultural. O vocabulário da anatomia animal, na ciência ocidental, é rico em denominações de órgãos, vísceras, segmentos ou regiões do organismo, exprimindo metáforas ou analogias tecnológicas.[7] O estudo da formação e da fixação do vocabulário anatômico, de origem grega, hebraica, latina e árabe, revela que a experiência técnica comunica suas normas operatórias à percepção das formas orgânicas.[8] É o que explica a ligação original da anatomia e da fisiologia, a subordinação da se-

7 Cf. os termos tróclea, polia, tiroide, escafoide, martelo, saco, aqueduto, trompa, tórax, tíbia, tecido, célula etc.

8 Cf. o estudo *Modelos e analogias na descoberta em biologia*. p. 306.

gunda à primeira, a tradição galênica da fisiologia como ciência *de usu partium*, a definição da ciência das funções como *anatomia animata* por Harvey até Haller e depois dele. Claude Bernard criticou intensamente essa concepção, com, aliás, mais energia oratória que consequência na aplicação. Em resumo, propomos que por enquanto se busque na tecnologia os modelos de explicação das funções do organismo, as partes do todo são assimiladas a ferramentas e a peças de máquina.[9] As partes são racionalmente concebidas como meios da finalidade do todo, enquanto o todo é, então, enquanto estrutura estática, o produto da composição das partes.

É bem possível que se tenha muito comodamente oposto, quanto aos princípios de suas teorias da vida, o aristotelismo e o cartesianismo. Sem dúvida, não se poderia reduzir a distância que separa uma explicação do movimento animal pelo desejo de uma explicação mecanista do desejo animal. A revolução introduzida na ciência da natureza pelo enunciado dos princípios de inércia e de conservação da quantidade de movimento é irreversível. A teoria e o uso das máquinas com restituição diferida de energia acumulada permitem a Descartes a refutação da concepção aristotélica das relações da natureza e da arte. Mas, que isso fique bem entendido, permanece que o uso de um modelo mecânico do ser vivo impõe a ideia segundo a qual as partes de um organismo o compõem a partir de uma ordem necessária e invariável. Essa ordem é a de uma *fábrica*. Falando, na quinta parte do *Discurso do método*, do *Mundo* – isto é, do *Homem* – que ele não publicou, Descartes diz: "Eu tinha mostrado aí qual deve ser a fábrica dos nervos e dos músculos do corpo humano para fazer com que os espíritos animais que estão dentro tenham a força de fazer mover seus membros...", e, mais adiante, tratando-se das ações dos animais: "É a natureza que age neles segundo a disposição de seus órgãos." Fábrica, disposição são conceitos tecnológicos antes de serem anatômicos. Descartes, leitor de Vesálio, empresta dele o conceito, aliás, bastante divulga-

9 Aristóteles explica a flexão e a extensão dos membros por analogia com o funcionamento de uma catapulta. Cf. *De motu animalium*, 701 b 9.

do, nos séculos XVI e XVII, de *fabrica corporis humani* [fábrica do corpo humano]. A referência aos escritos de Vesálio sucede, numa carta a Mersenne[10] a essa afirmação de princípio:

> "A multidão e a ordem dos nervos, das veias, dos ossos e das outras partes de um animal não mostram que a Natureza não é suficiente para formá-los, visto que se supõe que essa Natureza age em tudo seguindo as leis exatas dos Mecânicos, e que foi Deus quem lhe impôs essas leis."

Esse retorno a Deus como fundamento de um mecanismo, em aparência somente exclusiva de toda teleologia vital, justifica bem o xiste de Raymond Ruyer: quanto mais se assimila o organismo a um autômato, mais se assimila Deus a um engenheiro italiano.

Por outro lado, Descartes foi obrigado, por duas vezes pelo menos, a uma maneira de concessão ao espírito do aristotelismo quando, para explicar a união da alma sem partes – contrariamente à teoria aristotélica – com um corpo estendido e divisível, ele precisou conferir ao corpo humano a natureza de um todo, no sentido aristotélico de ὅλον [*hólon*].[11] Essa noção de totalidade orgânica fez o objeto de uma sábia análise de Guéroult em sua exegese da sexta *Meditação*. Descartes só introduz o conceito de totalidade em biologia humana, e por exigência de relação isomórfica com a indivisibilidade da alma. O único organismo, no sentido aristotélico de todo, que Descartes reconhece, o único ser vivo concretamente unificado, é o homem, cujo princípio unificador é o pensamento, isto é, precisamente essa alma que Aristóteles tinha excluído de sua biologia. Quanto aos animais, se seus organismos sem alma, máquinas vivas por ajuntamento, apresentam disposições de interdependência e de correlação de seus órgãos, se eles satisfazem nisso ao requisito de união da alma e do corpo, por que, deve-se pergun-

---

10 Carta de 20 de fevereiro de 1639. Cf. *Euvres*. Ed. Adam-Tannery, II, y. 525.

11 Cf. *Tratado das paixões*, art. 30: "ele é um, e, de qualquer maneira, indivisível, em razão da disposição de seus órgãos que se relacionam de tal modo um com o outro que, quando algum deles é retirado, isso torna todo o corpo defeituoso". Cf. também a Carta ao P. Mesland, de 9 de fevereiro de 1645 (Adam-Tannery. IV, p. 166-167).

tar Guéroult, tais disposições permanecem inutilizadas? Como não concluir, com ele, que se trata de um mistério "insondável"?

Em resumo, Aristóteles, tanto quanto Descartes, e Descartes assim como Aristóteles, fundamentam a distinção do todo e da parte orgânicos sobre uma percepção tecnologicamente informada das estruturas animais macroscópicas. O modelo tecnológico do ser vivo reduz a fisiologia à dedução anatômica, isto é, à leitura da função na fábrica do órgão. Se, do ponto de vista dinâmico, a parte se encontra subordinada ao todo como a peça de um engenho ou de uma máquina ao engenho ou à máquina construídos para um efeito de conjunto, resulta, no entanto, dessa subordinação funcional que, do ponto de vista estático, a estrutura da máquina é a de um todo composto de partes.

* * *

Uma concepção tal não foi seriamente rejeitada senão no decorrer da primeira metade do século XIX, com a chegada ao estado experimental de duas disciplinas fundamentais, esforçando-se em conquistar a autonomia de seus métodos e a especificidade de seus conceitos, a embriologia e a fisiologia, e, simultaneamente, pela mudança de escala das estruturas orgânicas estudadas pelos morfologistas, isto é, pela introdução da teoria celular na anatomia geral.

À exceção dos fenômenos de regeneração e de reprodução dos famosos animais-plantas observados por Trembley e fenômenos de partenogênese observados por Charles Bonnet entre os pulgões, nenhum fato biológico foi mais difícil de compreender para os teóricos da estrutura orgânica a partir de modelos tecnológicos, no século XVIII, do que a formação da forma viva, do que a aquisição do estado adulto a partir do estado de germe. Os historiadores da biologia ligaram, muito frequentemente, a concepção epigenesista do desenvolvimento à biologia mecanicista, esquecendo a relação estreita e quase obrigatória que liga a esta mesma biologia a teoria da pré-formação. Como uma máquina não se monta ela própria, como não há máquinas de montar, absolutamente falando, máquinas, seria preciso que a máquina viva tivesse relação com algum maquinista, no sentido do século XVIII, entendamos por aí o inventor ou o construtor de máquinas. Na medida em que ele era imperceptível no presente, supúnhamo-lo na origem, e, a partir daí, a teoria do encaixe dos germes acabava logicamente de responder às exigências de inteligibilidade que tinham suscitado a teoria da pré-formação. O desenvolvimento se tornava, então, um simples aumento, e a biologia, uma geometria, segundo uma palavra de Henri Gouhier concernente ao encaixe, para Malebranche.

A partir do dia em que Caspar-Friederich Wolff estabelecia que o desenvolvimento ou a evolução do organismo procede por sucessão de formações não pré-formadas (1759 e 1768) era preciso entregar ao próprio organismo a responsabilidade de sua organização. Essa organização não sendo caprichosa e individual, mas regrada e específica, as anomalias explicando-se enquanto paradas de desenvolvimento, fixação em um estágio normalmente superado, era preciso admitir uma espécie de tendência formativa, um *nisus formativus* [apoio formativo] (Wolff), um *Bildungstrieb* (Blumenbach), resumindo, era preciso supor um sentido imanente à organogênese.

É o conhecimento e a exploração desses fatos que subentendem a teoria kantiana da finalidade e da totalidade orgânicas, tais como elas são expostas na *Crítica da faculdade de julgar*. Uma máquina, diz Kant, é um todo onde as partes existem umas para as outras, mas não umas pelas outras. Nenhuma parte aí é construída por uma outra, nenhuma parte aí é construída pelo todo, nenhum todo é aqui produzido por um todo de mesma espécie. Uma máquina não possui nela mesma energia formativa.

Ora, há exatamente 100 anos, Claude Bernard desenvolvia a mesma tese em sua *Introdução ao estudo da medicina experimental*:

> "O que caracteriza a máquina viva não é a natureza de suas propriedades físico-químicas, por mais complexas que elas sejam, mas a criação dessa máquina que se desenvolve sob nossos olhos em condições que lhe são próprias e segundo uma ideia definida que exprime a natureza do ser vivo e a própria essência da vida."[12]

12 Op. cit. II parte, cap. II, § I.

Claude Bernard, como Kant, chama *ideia* essa espécie de *a priori* morfológico que determina as partes, em sua formação e em sua forma relativamente ao conjunto, por uma reciprocidade de causação. Claude Bernard, como Kant, ensina que a organização natural não sofre nenhuma analogia com um tipo qualquer de causalidade humana. Mais estranho ainda é o fato de que, quando Kant abandona, justificando por fazê-lo, o recurso a todo modelo tecnológico da unidade orgânica, ele se apressa para dar a unidade orgânica como modelo possível de uma organização social.[13] Ora, nós iremos vê-lo, Claude Bernard utiliza essa analogia no outro sentido, quando compara a unidade do ser vivo pluricelular à de uma sociedade humana.

A aproximação estabelecida entre Kant e Claude Bernard pode parecer surpreendente a quem considera o mestre da fisiologia francesa, aluno de Magendie, como um estudioso muito desconfiado em relação a sistemas filosóficos. E, no entanto, se Claude Bernard se felicita pela morte dos sistemas que nenhum esforço poderia ressuscitar, ele confessa que, em reação contra a escola alemã dos filósofos da natureza, "o espírito filosófico foi banido com muito rigor".[14] A simpatia com a qual ele falou, várias vezes, das pesquisas biológicas de Gœthe, não permite considerá-lo totalmente estranho ao espírito do romantismo. Marc Klein consagrou a essa questão um artigo penetrante,[15] no qual ele atribui justamente uma grande importância à passagem da *Introdução* (II parte, cap. II, § I), que começa assim: "O fisiologista e o médico não devem, pois, jamais esquecer que o ser vivo forma um organismo e uma individualidade...", e que continua: "Deve-se, pois, saber bem que se decompomos o organismo vivo, isolando suas diversas partes, é somente para a facilidade da análise experimental, e não para

13 *Crítica da faculdade de julgar*. Tradução de Philonenko. Ed. Vrin. p. 194, § 65, nota.

14 *Leçons sur les phénomènes de la vie communs aux animaux et aux végétaux*. 1879. II, p. 451.

15 Sobre as ressonâncias da filosofia da natureza em biologia moderna e contemporânea. In: *Revista filosófica*, outubro-dezembro de 1954.

concebê-los separadamente." Fazendo alusão às reservas de Cuvier ou dos *vitalistas* contra a possibilidade de experimentar eficazmente sobre seres vivos em razão de sua natureza de todo, Claude Bernard lhes reconhece "um lado justo". Depois de Cuvier, são Gœthe, Oken, Carus, Etienne Geoffroy Saint-Hilaire que são citados, assim como Darwin. Estaríamos, então, malfundamentados dizendo que Claude Bernard ignorou o prestígio romântico do conceito de organismo, no mesmo momento em que ele preparava as técnicas experimentais e explicitava as ideias que lhe permitiam romper, no terreno da biologia, o círculo lógico do todo e da parte.

É preciso compreender bem a razão das reservas que um certo uso do conceito de totalidade pode suscitar no espírito de um experimentador. Se o todo orgânico é a esse ponto totalizado que, por um lado, toda parte que daí se extrai apareça como um artefato, que, por outro, toda extração o desnatura, então, uma descrição dele é a rigor possível, mas não um conhecimento, propriamente falando. Para conhecer, é preciso fazer variar, e, para fazer variar, é preciso poder comparar com uma testemunha intacta um objeto modificado por decisão e por intervenção calculada. Uma das razões pelas quais tantos fisiologistas ou médicos são céticos, quanto ao alcance das teorias neurológicas de Kurt Goldstein, é que o conceito de totalidade lhes parece mais mágico do que científico. Pode-se discutir a questão se essa crítica visa bem a quem a merece,[16] mas é preciso reconhecer sua legitimidade. Se a penetração recíproca de todas as partes supostas é o próprio do todo orgânico, nenhuma determinação aí é possível, nenhuma ordem de apreensão dos fenômenos pode ser seguida, e nada permite distinguir na explicação que se dá dela um vaticínio de conhecimento. A velha analogia simbólica do macrocosmo e do microcosmo não morreu em 1543, apesar do *De revolutionibus orbium cœlestium* e do *De*

---

16 Não esquecer que Goldstein escreveu: "Certamente, isolar partes de um todo é possível, mas jamais compor o todo a partir de partes; o reflexo pode muito bem ser concebido como fenômeno do todo, como um caso particular por isolamento, mas jamais o todo pode ser concebido a partir do reflexo." *A estrutura do organismo*. Tradução francesa. Gallimard. p. 440.

*humani corporis fabrica*. Mais de um filósofo do século XVIII, e Diderot singularmente, usa a analogia sobre o modo circular. Os artigos mais técnicos em aparência da *Enciclopédia* são impregnados por deferência por esse modo de pensamento simbólico, por exemplo, o artigo Dissecção, do anatomista Tarin: "Os corpos animados sendo uma espécie de círculo do qual cada parte pode ser vista como o começo ou ser considerado pelo fim, essas partes se respondem, e elas se apegam todas umas às outras." O próprio Auguste Comte, quando acredita fundamentar sobre considerações de filosofia positiva as reservas que exprime sobre a possibilidade e o alcance da experimentação em biologia, utiliza para caracterizar o organismo o conceito de *consensus*,[17] decomposto, segundo o ensinamento de Barthez, em simpatia e sinergia.[18] Assim, pela filiação montpellieriana, o autor do *Curso de filosofia positiva* remonta às origens da tradição hipocrática, como se ele desejasse muito prolongar até a época de Magendie o eco da palavra *coïque*:[19] "O corpo vivo é um todo harmônico cujas partes se mantêm numa dependência mútua e do qual todos os atos são solidários uns pelos outros." Claude Bernard não se privou também de utilizar a analogia simbólica que suporta a imagem do organismo microcosmo. Ele foi, no entanto, aquele que soube perceber na própria estrutura do organismo a condição de ruptura do obstáculo constituído pela ideia de circularidade vital, e que refutou na prática os interditos pronunciados por Cuvier, em nome dos naturalistas, e por Comte, em nome dos filósofos.

* * *

17 *Curso de filosofia positiva*. 40ª lição. Ed. Schleicher. t. III, p. 169. Claude Bernard utiliza também o termo *consensus* para designar a ordenação dos fenômenos vitais. Cf. *Leçons sur les phénomènes de la vie communs aux animaux et aux végétaux*. 9ª lição, 1878.

18 *Ibidem*, 44ª lição, p. 398-399.

19 **N.T.:** Esta palavra não está dicionarizada em francês, mas refere-se, certamente, à cidade de Cós (cidade natal de Hipócrates). Trata-se de um importante centro de estudos médicos, no século V a. C., cuja concepção teórica de sua escola era vitalista e totalista.

Diferentemente de Auguste Comte, Claude Bernard *aceitou* a teoria celular, e estava aí uma das condições de possibilidade da experimentação em fisiologia; além disso, ele *elaborou* o conceito de meio interior, e estava aí a outra condição necessária. A fisiologia das regulações – ou, como se diz a partir de Cannon, da homeostasia – e a morfologia citológica permitiram a Claude Bernard tratar o organismo como um todo, sem o contornar como um círculo, e promover uma ciência analítica das funções do ser vivo, no entanto, respeitando o fato de que o ser vivo é, no sentido autêntico do termo, uma síntese. As *Leçons sur les phénomènes de la vie communs aux animaux et aux végétaux*, professadas por Claude Bernard, no Muséum, nos últimos anos de sua vida, contêm os textos mais importantes para nosso assunto.[20] O organismo está construído com vistas à vida elementar, isto é, à vida celular. A célula é, nela mesma, um organismo, seja distinto, seja indivíduo elementar do qual o animal ou a planta são uma sociedade. Com esse termo sociedade, de que Virchow e Haeckel se serviram na mesma época, Claude Bernard introduz na inteligência das funções orgânicas um modelo completamente diferente do modelo tecnológico. É um modelo econômico e político. O organismo complexo é doravante concebido como totalidade subordinando-se elementos virtualmente autônomos. "O organismo, como a sociedade, é construído de tal maneira que as condições da vida elementar ou individual nele são respeitadas."[21] A divisão do trabalho é a lei do organismo como da sociedade. Em conformidade com um modelo tecnológico, o organismo é um ajustamento estrito de mecanismos elementares. Em conformidade com um modelo econômico e político, o organismo é feito da complicação progressiva de aparelhos, diversificando funções primitivas confundidas, especializando-as. Desde o elemento célula até o homem, explica Claude Bernard, encontram-se todos os graus de complicação, os órgãos se acrescentam aos órgãos, e o animal mais aperfeiçoado possui vários sistemas: circulatório, respiratório, nervoso etc.

---

20 Cf. 9ª lição do tomo I, publicado em 1878.

21 *Ibidem*, p. 356-357.

É, então, a fisiologia que dá a chave da totalização orgânica, chave que a anatomia não tinha sabido fornecer. Os órgãos, os sistemas de um organismo altamente diferenciado, não existem para eles mesmos, nem uns para os outros enquanto órgãos ou sistemas, eles existem para as células, para os radicais anatômicos inumeráveis, criando-lhes o meio interior, de composição constante por compensação de distâncias, que lhes é necessária. De maneira que sua associação, isto é, sua relação de tipo social, fornece aos elementos o meio coletivo de viver uma vida separada: "Se pudéssemos realizar a cada instante um meio idêntico ao que a ação das partes vizinhas criada continuamente para um organismo dado, este *viveria em liberdade exatamente como em sociedade.*"[22] A parte depende de um todo que não se constituiu senão para seu cuidado. A fisiologia geral, trazendo para a escala da célula o estudo de todas as funções, dá conta do fato de que a estrutura do organismo total é subordinada às funções da parte. Feito de células, o organismo é feito para as células, para partes que são elas mesmas todos de menos complicação.

A utilização de um modelo econômico e político forneceu aos biólogos do século XIX o meio de compreender o que a utilização de um modelo tecnológico não tinha permitido antes. A relação das partes ao todo é uma relação de *integração* – e esse último conceito enriqueceu-se em fisiologia nervosa – cujo fim é a parte, porque a parte não é mais doravante uma peça ou um instrumento, é um indivíduo. No período em que o que devia tornar-se muito positivamente a teoria celular dependia tanto da especulação filosófica quanto da exploração microscópica, o termo mônada foi muitas vezes utilizado para designar o elemento anatômico, antes de se ver preferir geralmente e definitivamente o termo célula. É sob o nome de mônada, em especial, que Auguste Comte recusa a teoria celular.[23] A influência indireta, mas real, da filosofia leibniziana sobre os primeiros filósofos e biólogos românticos que sonharam

---

22 *Leçons sur les phénomènes de la vie...* I, p. 359-360.

23 *Curso de filosofia positiva.* 41ª lição, *in fine.*

com a teoria celular nos autoriza a dizer da célula o que Leibiniz diz da mônada, ela é *pars totalis*. Ela não é um instrumento, uma ferramenta, ela é um indivíduo, um sujeito de funções. O termo harmonia volta frequentemente sob a pena de Claude Bernard, para dar uma ideia do que ele entende por totalidade orgânica. Não é difícil reconhecer aí também um eco enfraquecido do discurso leibniziano. Assim, com o reconhecimento da forma celular como elemento morfológico de todo corpo organizado, o conceito de organização muda de sentido. O todo não é mais o resultado de um agenciamento de órgãos, ele é uma totalização de indivíduos.[24] No século XIX, paralela e simultaneamente, o termo parte perde seu sentido aritmético tradicional, pelo fato da constituição da teoria dos conjuntos, e seu sentido anatômico tradicional, pelo fato da constituição da teoria celular.

* * *

Cerca de 30 anos depois da morte de Claude Bernard, a técnica da cultura *in vitro* de células explantadas, afinada por A. Carrel, em 1910, mas inventada por J. Jolly, em 1903, trouxe a prova experimental de que o organismo é construído como uma sociedade de tipo liberal – porque é a sociedade de seu tempo que Claude Bernard toma por modelo – onde as condições de vida individual são respeitadas e poderiam ser prolongadas fora da associação, sob reserva do fornecimento artificial de um meio apropriado? De fato, para que o elemento em liberdade, isto é, liberado das inibições e das estimulações que ele sofre pelo fato de sua integração ao todo, viva em liberdade como em sociedade, é preciso que o meio que lhe fornecem envelheça paralelamente a ele mesmo, o que equivale a tornar a vida elementar lateral em relação ao todo cujo meio artificial constitui o equivalente, lateral e não independente. Além disso, a vida em liberdade proíbe o retorno ao estado de sociedade,

---

24 Cf. nosso estudo sobre a teoria celular em *O conhecimento da vida*, e o Apêndice II sobre as relações da teoria celular e da filosofia de Leibniz. A ser brevemente editado por Forense Universitária.

prova disso é que a parte liberada perdeu irreversivelmente seu caráter de parte. Como observa Etienne Wolff:

> "Jamais a associação de células previamente dissociadas chega à reconstituição da unidade estrutural. A síntese jamais seguiu a análise. Por um ilogismo de linguagem, dá-se frequentemente o nome de culturas de tecidos a proliferações celulares anárquicas que não respeitam nem a estrutura nem a coesão do tecido de que elas provêm."[25]

Em resumo, um elemento orgânico não pode ser dito elemento senão no estado não separado. Nesse sentido, deve-se reter a fórmula hegeliana segundo a qual é o todo que realiza a relação das partes entre elas como partes, de maneira que fora do todo não há partes.[26]

Nesse ponto, então, a embriologia e a citologia experimentais retificaram o conceito da estrutura orgânica muito estreitamente associada por Claude Bernard a um modelo social que não era, talvez, afinal, senão uma metáfora. Em reação contra o uso dos modelos mecânicos em fisiologia, Claude Bernard escreveu um dia: "A laringe é uma laringe, e o cristalino, um cristalino, isto é, suas condições mecânicas ou físicas não são realizadas em nenhum outro lugar senão no organismo vivo."[27] Existem modelos sociais em biologia como modelos mecânicos. Se o conceito de totalidade reguladora do desenvolvimento e do funcionamento orgânicos ficou, desde a época em que Claude Bernard verificava, como um dos primeiros, sua eficácia experimental, um conceito invariante, pelo menos formalmente, do pensamento biológico, é preciso re-

---

25 As culturas de órgãos embrionários "in vitro" (*Revista científica*, p. 189, maio-junho de 1952).

26 *Science de la logique*. Tradução de Jankélévitch. t. II, p. 161.

27 Caderno de notas, publicado por D. Grmek. Gallimard, 1965. p. 171. É possível que Claude Bernard responda a uma afirmação de Magendie: "Eu vejo no pulmão um fole, na traqueia um tubo de aeração, na glote uma palheta vibrante... Temos para o olho um aparelho de óptica, para a voz, um instrumento musical, para o estômago, um alambique vivo." (*Lições sobre os fenômenos da vida*; aulas de 28 e de 30 de dezembro de 1836.)

conhecer, no entanto, que ele deixou de unir sua sorte à do modelo social que o tinha primeiramente sustentado. O organismo não é uma sociedade, mesmo quando ele apresenta como uma sociedade uma estrutura de organização. A organização, no sentido mais geral, é a solução de um problema concernente à conversão de uma concorrência em compatibilidade. Ora, para o organismo, a organização é seu fato; para a sociedade, é sua tarefa. Como Claude Bernard dizia, "a laringe é uma laringe", nós podemos dizer que o modelo do organismo é o próprio organismo.

# O NOVO CONHECIMENTO DA VIDA

## O CONCEITO E A VIDA[1]

### I

Interrogar-se sobre as relações do conceito e da vida é, se não especificarmos mais, engajar-se em tratar, pelo menos, de duas questões, segundo que por vida se entenda a organização universal da matéria, o que Brachet chamava de "criação das formas", ou, então, a experiência de um ser vivo singular, o homem, consciência da vida. Por vida, pode-se entender o particípio presente ou o particípio passado do verbo viver, o vivente e o vivido. A segunda acepção é, a meu ver, comandada pela primeira, que é mais fundamental. É somente no sentido em que a vida é a forma e o poder do vivente que eu gostaria de tratar das relações do conceito e da vida.

Pode o conceito, e como, oferecer-nos o acesso à vida? A natureza e o valor do conceito estão aqui em questão, tanto quanto a natureza e o sentido da vida. Procedemos, no conhecimento da vida, da inteligência à vida, ou, então, vamos da vida à inteligência? No primeiro caso, como a inteligência encontra a vida? No segundo caso, como pode faltar a vida? E, enfim, se o conceito fosse a própria vida, seria necessário perguntar-se se ele está apto ou não a nos oferecer, ele próprio, o acesso à inteligência.

---

1 Texto de duas aulas públicas dadas em Bruxelas, na Ecole des Sciences philosophiques et religieuses de la Faculté universitaire Saint-Louis, em 23 e 24 de fevereiro de 1966. Elas foram publicadas, pela primeira vez, na *Revue philosophique de Louvain*, tomo LXIV, maio de 1966.

Tratarei, inicialmente, das dificuldades históricas da questão. Tratarei, em seguida, da maneira como a biologia contemporânea poderia ajudar-nos a fazer a pergunta com novos custos.

* * *

Pode parecer surpreendente que se tenha de se interrogar sobre as relações do conceito e da vida. A teoria do conceito e a teoria da vida não têm a mesma idade, o mesmo autor? E esse mesmo autor não liga uma e outra à mesma fonte? Aristóteles não é, ao mesmo tempo, o lógico do conceito e o sistemático dos seres vivos? Quando Aristóteles, naturalista, procura na comparação das estruturas e dos modos de reprodução dos animais um método de classificação permitindo a constituição de um sistema segundo o modo escalar, não é aquele que importará esse modelo na composição de sua lógica? Se a função de reprodução desempenha um papel tão eminente na classificação aristotélica, é porque a perpetuação do tipo estrutural, e, por conseguinte, da conduta, no sentido etológico do termo, é o sinal mais claro da finalidade e da natureza. Essa natureza do ser vivo, para Aristóteles, é uma alma. E essa alma é também a forma do vivente. Ela é, ao mesmo tempo, sua realidade, a *ousia* [οὐσία – substância, essência], e sua definição, *logos* [λόγος – palavra ]. O conceito do vivente é, então, finalmente segundo Aristóteles, o próprio vivente. Há, talvez, mais do que uma simples correspondência entre o princípio lógico de não contradição e a lei biológica de reprodução específica. Porque qualquer ser não pode nascer de qualquer ser; também, não é possível afirmar qualquer coisa sobre qualquer coisa. A fixação da repetição dos seres obriga o pensamento à identidade da asserção. A hierarquia natural das formas no cosmos comanda a hierarquia das definições no universo lógico. O silogismo conclui, segundo a necessidade em virtude da hierarquia que faz da espécie dominada pelo gênero, um gênero dominante em relação a uma espécie inferior. O conhecimento é, então, mais o universo pensado na alma do que a alma pensante no universo. Se a essência de um ser é sua forma natural, ela provoca o fato de que os seres, sendo o que são, são conhecidos como eles são e para o que eles são. O intelecto se identifica aos inteligíveis. O mundo é inteligível, e os viventes em particular o são, porque o inteligível está no mundo.

Mas uma primeira e grande dificuldade aparece na filosofia aristotélica a respeito das relações entre o conhecer e o ser, entre a inteligência e a vida em particular. Quando se faz da inteligência uma função de contemplação e de reprodução, se lhe dermos um lugar entre as formas, ainda que esse lugar seja eminente, situamos, isto é, delimitamos, o pensamento da ordem em um lugar na ordem universal. Mas como o conhecimento pode ser, ao mesmo tempo, espelho e objeto, reflexão e reflexo? A definição do homem como ζῷον λογικόν, animal racional, se ela é uma definição de naturalista (pela mesma razão que a definição, segundo Lineu, do lobo como *canis lupus*, ou do pinho marítimo como *pinus maritima*), equivale a fazer da ciência, e da ciência como de toda ciência, uma atividade da própria vida. Ficamos, então, obrigados a nos perguntar qual é o órgão dessa atividade, e, em seguida, conduz a julgar que a teoria aristotélica do intelecto ativo, forma pura sem relação orgânica, opera um descolamento da inteligência e da vida e introduz de fora, θύραθεν, diz Aristóteles, como pela porta, no embrião humano, o poder extranatural ou transcendente de tornar inteligíveis as formas essenciais que os seres individuais realizam. E, assim, essa teoria faz da concepção dos conceitos ou uma tarefa mais que humana, ou, então, embora sempre tarefa humana, supravital.

Uma segunda dificuldade, que nada mais é que a primeira tornada manifesta por meio de uma aplicação ou de uma exemplificação, refere-se à impossibilidade de dar conta, pela identificação da ciência com uma função biológica, do conhecimento matemático. Um texto célebre da *Metafísica* (B 2 996 *a*) diz que a matemática não tem nada a ver com a causa final, o que equivale a dizer que há inteligíveis que não são, propriamente falando, formas, e que a inteligência desses inteligíveis não concerne em nada à inteligência da vida. Não há, então, modelo matemático do vivente. Se a natureza é dita por Aristóteles engenhosa, fabricante, modeladora, nem por isso ela é assimilável ao demiurgo do *Timeu*. Uma das proposições mais surpreendentes dessa filosofia biológica é que a responsabilidade de uma produção técnica não compete ao artesão, mas à arte. Não é o médico, é a saúde que cura o doente. É a presença da forma da saúde na atividade médica que é precisamente a causa da cura. A arte, isto é, a finalidade não deliberativa de um *logos* natural. Em um sentido, poder-se-ia dizer, meditando sobre o exemplo do médico que não cura porque ele é médico, mas porque ele é habitado e animado pela forma da saúde, a presença do conceito no pensamento, sob forma de fim representado como modelo, é um epifenômeno. O antiplatonismo de Aristóteles se exprime, então, também, na depreciação da matemática, porquanto a vida sendo o próprio atributo de Deus é depreciar uma disciplina, interdizer-lhe o acesso a essa espécie de atividade imanente, pela inteligência da qual, isto é, pela imitação da qual o homem pode esperar fazer-se alguma ideia de Deus.

Suponhamo-nos um instante bergsoniano. Essa alusão a um antiplatonismo de Aristóteles por interdição feita à inteligência matemática de se introduzir no domínio da vida, essa interdição nos pareceria incompreensiva de uma certa unidade de inspiração da filosofia grega, tal como Bergson acreditou destacá-la e a expõe no capítulo 4 da *Evolução criadora*. Aristóteles, pensa Bergson, chega, em suma, ao ponto de onde Platão partiu: o físico é definido pelo lógico; a ciência é um sistema de conceitos mais reais que o mundo percebido; a ciência não é a obra de nossa inteligência, ela é a geradora das coisas.

Deixemos, agora, de nos supor bergsonianos para nos surpreender com o fato de que Bergson tenha podido, numa mesma condenação de Platão e de Aristóteles, compor uma certa concepção da vida e uma certa concepção da matemática, que ele julgava, uma e outra, baseadas na biologia e na matemática de seu tempo, isto é, do século XIX, enquanto elas eram, de fato, uma e outra, em atraso de uma revolução já mais do que começada em biologia e em matemática. Bergson censura Aristóteles pela identificação do conceito e da vida na medida em que essa imobilização da vida contradiz o que ele pensa ser a verdade não spenceriana do fato da evolução biológica, a saber: 1º) que a vida universal é uma realidade em devir, sob imperativo de ascensão; 2º) que as formas específicas dos seres vivos são apenas a generalização de variações individuais insensíveis e incessantes, e que, sob a aparência de generalidade estrutural, generalidade estável, se dissimula a incansável originalidade do devir.

Mas se a cultura de Bergson, autor da *Evolução criadora*, é considerável, se essa cultura retém todo o essencial do que o século XIX produziu no domínio da biologia, se, em 1907, Bergson nos remete a De Vries e até a Bateson, ele está, no entanto, bastante longe de suspeitar que a teoria mutacionista da evolução já prepara os espíritos para receber e assimilar, não a descoberta, mas a redescoberta das leis da hereditariedade mendeliana, precisamente por De Vries e Bateson, entre outros. Bergson escreve a Evolução criadora no momento em que a teoria cromossômica da hereditariedade vem se escorar em novos fatos experimentais e pela elaboração de novos conceitos, a crença na estabilidade das estruturas produzidas pela geração. Que se entenda pelo termo genética a ciência do devir, ou a ciência da geração; em todo caso, é uma ciência antibergsoniana, e que dá conta da formação das formas vivas pela presença, na matéria, do que se chama hoje informação, pela qual o conceito nos fornece, seria preciso dizer, um melhor modelo do que o faz a inspiração. Bergson censura Platão por ter erigido as essências matemáticas em realidades absolutas, por ter seguido a tendência da inteligência que chega à geometria, isto é, ao espaço, à extensão, à divisão e à medida, com essa consequência de confundir o que dura com o que se mede, o que vive com o que se repete, e por ter proposto à posteridade a exatidão e o rigor como normas da ciência. Mas, embora ele tenha sido inicialmente matemático, Bergson, menos bem informado em matemática do que em biologia, denuncia a incapacidade da matemática de exprimir a qualidade, a alteração e o devir, na época em que a geometria acaba de desligar sua sorte da de uma métrica, em que a ciência das situações e das formas realiza a revolução começada com a geometria descritiva de Monge e a geometria projetiva de Poncelet, na época em que o espaço se purifica de sua relação milenar e somente histórica, então, contingente, com a técnica da medida, em resumo, na época em que a matemática deixa de considerar como um modelo eternamente válido a geometria do *homo faber*.

Por conseguinte, na medida em que a incompatibilidade do conceito e da vida é um tema filosófico que é frequentemente tocado com o que se pode chamar de acompanhamento bergsoniano, não parece inútil fazer, desde já, algumas reservas sobre a justeza de som do instrumento utilizado. Convenhamos que o estado da biologia, o estado da matemática e o estado das relações entre matemática e biologia não permitem hoje uma condenação da concepção aristotélica da vida tão peremptória quando se podia acreditar no início deste século.

Entretanto, uma dificuldade do aristotelismo subsistiu concernente ao estatuto ontológico e gnoseológico da individualidade num conhecimento da vida à base de conceitos. Se o indivíduo é uma realidade ontológica e não somente a imperfeição da realização do conceito, que alcança atribuir à ordem dos seres representados na classificação por gêneros e espécies? Se o conceito preside ontologicamente à concepção do ser vivo, de que modo de conhecimento o indivíduo é susceptível? Um sistema de formas vivas, se ele está fundamentado no ser, tem como correlativo o indivíduo inefável. Mas um plural ontológico de indivíduos, quando dado, tem como correlativo o conceito como ficção. Ou então é o universal que faz do individual um vivente e um tal vivente, e a singularidade é para a vida o que uma exceção é para a regra: ela a confirma, isto é, revela seu fato e o direito, visto que é pela regra e contra a regra que a singularidade aparece, e, poder-se-ia quase dizer, explode. Ou então é o individual que empresta sua cor, seu peso e sua carne a esse abstrato fantasmático que chamamos universal, na ausência do que a universalidade seria para a vida uma maneira de falar dela, isto é, exatamente nada dizer dela. Esse conflito de pretensões para o ser entre o individual e o universal concerne a todas as figuras da vida: o vegetal, como o animal; a função, como a forma; a doença, como o equilíbrio. É preciso que haja homogeneidade entre todas as abordagens da vida. Se existem espécies de viventes, existem espécies de doenças dos viventes; se só existem indivíduos, só existem doentes. Se uma lógica é imanente à vida, todo conhecimento da vida e de seus comportamentos, sejam eles normais ou patológicos, deve ter como tarefa reencontrar essa lógica. A natureza é, então, um quadro latente de relações cuja permanência está por descobrir, mas que, uma vez descoberta, confere aos passos da determinação, pelo naturalista, ou do diagnóstico, pelo médico, uma garantia tranquilizadora. Em duas de suas obras, *História da loucura* e *Nascimento da clínica*, Michel Foucault, iluminadamente, estabeleceu em que os métodos da botânica forneceram aos médicos do século XIX o modelo de suas nosologias. "A racionalidade do que ameaça a vida", escreve ele, "é idêntica à racionalidade da própria vida". Mas, diremos nós, há racionalidade e racionalidade. Sabe-se bem de que importância é na filosofia, na teologia e na política da Idade Média a questão dos universais. É uma questão que não será abordada aqui, mas contornada e lembrada somente pelo viés de algumas considerações sobre o nominalismo na filosofia moderna, nos séculos XVII e XVIII.

Os argumentos do nominalismo são variados, mas permanentes. Se eles não são os mesmos para todos, porque nem todos os nominalistas, de Occam a Hume, passando por Duns Scot, Hobbes, Locke e Condillac, fazem do seu nominalismo a mesma arma de um mesmo combate, alguns desses argumentos apresentam-se, no entanto, como invariantes, o que não é de tal forma paradoxal, em razão da intenção comum de considerar o universal como um certo uso das coisas singulares, e não como uma natureza das coisas. Que digamos as universais *suposições* (isto é, posições de substituição), como Occam, *imposições arbitrárias*, como Hobbes, *representações instituídas como signos*, à maneira de Locke, os conceitos aparecem como um tratamento humano, isto é, factício e tendencioso, da experiência. Nós dizemos: humano, porque nós não sabemos se temos o direito de dizer intelectual. Não basta dizer que o espírito é uma tábula rasa, para ter o direito de dizer, invertendo a proposição, que uma tábula rasa é um espírito. Mas essa latitude indefinida de conveniência comum aos seres singulares, onde os nominalistas veem o equivalente autêntico do universal, não é uma máscara de falsa simplicidade, dissimulando uma armadilha, a armadilha da semelhança? A ideia geral, segundo Locke, é um nome (significante) geral, isto é, o significante de uma mesma qualidade indeterminada quanto às circunstâncias de sua percepção, a qual qualidade idêntica é pensada por abstração, isto é, por "consideração do comum separado do particular". E, desde então, ele é válido como a representação de todas as ideias particulares de mesma espécie. Se, contrariamente a Locke, Hume coloca no princípio da generalização não somente um poder de reprodução memorial, mas um poder livre de transpor a ordem segundo a qual as impressões foram recolhidas, um poder próprio à imaginação, de infidelidade em relação a lições da experiência, em todo caso, segundo ele, a semelhança das ideias induz a imaginação ao hábito, isto é, à uniformidade de um certo ataque do meio pelo ser humano. No hábito, de alguma forma, estão encaixadas todas as experiências singulares, das quais basta que uma seja evocada por um nome para que, aplicando-se a ideia individual para além dela mesma, nós cedamos à ilusão da generalidade.

Vê-se rapidamente o desconforto de toda posição nominalista concernente às relações do conceito e da vida. Ela equivale a dar-se na partida a semelhança, pelo menos mínima, do diverso como uma propriedade do próprio diverso, a fim de poder construir o conceito em sua função de suplente na ausência de essências universais. De maneira que todos esses autores do século XVIII, dos quais se pode dizer que foram empiristas, quanto ao conteúdo do conhecimento, e sensualistas quanto à origem de suas formas, não fizeram senão, no fundo, dar ao aristotelismo uma réplica às avessas, já que se esforçaram em procurar o conhecer entre o conhecido, em fazer o conhecimento da vida interior na ordem da vida. O vivente humano é, segundo eles, dotado de um poder (que se poderia também, aliás, considerar como medida de uma impotência) de fingir classes e, por conseguinte, uma distribuição ordenada dos seres, mas com a condição de que esses seres encerrem, eles próprios, neles mesmos, caracteres comuns, traços repetidos. Como se pode falar de natureza ou de naturezas, quando se é nominalista? Simplesmente, fazendo como Hume, invocando uma natureza humana, o que equivale a admitir, pelo menos, uma uniformidade dos homens, ao mesmo tempo em que se considera, como ele, essa natureza como inventiva, artificiosa, isto é, especificamente capaz de convenções deliberadas. Fazendo isso, o que se faz? Pratica-se um corte no sistema dos viventes, já que se define a natureza de um pelo artifício, pela possibilidade de convir, em vez de exprimir a natureza. E, por conseguinte, para Locke ou Hume, como para Aristóteles, a questão da concepção dos conceitos recebe uma solução que vem romper o projeto de naturalizar o conhecimento da natureza.

Observou-se, muito frequentemente, que a controvérsia que dividiu, no século XVIII, os naturalistas sistemáticos em partidários do método e partidários do sistema, ressuscitava, em suma, a querela dos universais. Buffon censurava Lineu pelo artifício de seu sistema de classificação botânica com base nos caracteres sexuais. Quanto a ele, havia começado sua *Histoire dês Animaux*, condenando indiferentemente os métodos e os sistemas, isto é, as classificações ditas naturais e as classificações ditas artificiais. Buffon sustentava que não existe na natureza senão indivíduos, e que os gêneros e as espécies são produtos da imaginação humana. Consequentemente, a ordem à qual Buffon se curva, nos primeiros capítulos de sua *Histoire naturelle*, é uma ordem completamente pragmática, que é baseada nas relações de utilidade e de familiaridade do animal com o homem. É assim que se vê Buffon classificar os animais, primeiramente em domésticos e em selvagens, em animais da Europa e em animais do Novo Continente, isto é, efetivamente, segundo a docilidade e a proximidade que são naturalmente relações num termo humano, e que nada têm a ver com a ordem dos viventes entre eles, separadamente do naturalista que o estuda. Deve-se, no entanto, privar-se de concluir, no que diz respeito a Lineu e a Buffon, pelo alinhamento de sua sistemática natural sobre sua filosofia. Porque Buffon, mais tarde, quando chegou ao estudo dos macacos e ao estudo das aves, construiu um quadro das espécies, tratando de caracterizá-las pelo maior número de caracteres, e decalcando, em suma, a flexibilidade de seu método na riqueza de seu objeto. De modo que Buffon, nominalista quanto à natureza e ao valor dos conceitos, comporta-se como alguém que pretendesse escrever sob o próprio ditado da natureza. E Lineu, ao contrário, cuja pretensão inicial em reproduzir a própria ordem da natureza e o plano eterno da criação não deixa dúvida, preocupa-se muito pouco em procurar, por um método natural, fazer aparecer um parentesco dos seres baseado em todos os caracteres. Ele escolhe, uma vez por todas, um caractere que acha essencial na planta, a frutificação, a fim de determinar os gêneros, e o utiliza exclusivamente, isto é, artificialmente, e ele o sabe. O sistema era, para Lineu, um meio de dominar uma variedade de formas à exuberância da qual ele era extraordinariamente sensível.

A significação dessas discordâncias entre as técnicas científicas do naturalista e a filosofia explícita ou implícita que as subentendia é mais bem esclarecida, parece, pela filosofia do que pela história das ciências. Um texto magistral de Kant comprova isso. Esse texto está situado no Apêndice à Dialética transcendental da *Crítica da Razão pura*: sobre o uso regulador das ideias da razão pura. Kant introduz nesse texto a imagem de *horizonte lógico* para dar conta do caráter regulador e não constitutivo dos princípios racionais de homogeneidade do diverso segundo os gêneros, e de variedade do homogêneo segundo as espécies. O horizonte lógico, segundo Kant, é a circunscrição de um território por um ponto de vista conceitual. O conceito, diz Kant, é um ponto de vista. No interior de um tal horizonte há uma multidão indefinida de pontos de vista, a partir do que se abre uma multidão de horizontes de menor abertura. Um horizonte não se decompõe senão em horizontes, assim como um conceito não se analisa senão em conceitos. Dizer que um horizonte não se decompõe em pontos sem circunscrição é dizer que espécies podem dividir-se em subespécies, mas jamais em indivíduos, porque conhecer é conhecer por conceitos, e o entendimento não conhece nada só pela intuição.

Essa imagem de horizonte lógico, essa definição do conceito dos naturalistas como ponto de vista de circunscrição não é um retorno a um nominalismo, não é a legitimação do conceito por seu valor pragmático como procedimento de economia de pensamento. A razão, segundo Kant, prescreve, ela própria, esse procedimento, e prescrevê-la é proscrever a ideia de uma natureza onde não apareceria nenhuma semelhança, visto que, nessa eventualidade, a lei lógica das espécies e a do próprio entendimento seriam simultaneamente anuladas. (Teremos a oportunidade de voltar a um texto análogo, o das três sínteses na dedução dos conceitos puros do entendimento, na primeira edição da *Crítica da razão pura.*) A razão se faz, então, no terreno onde o conhecimento da vida prossegue sua tarefa heurística de determinação e de classificação das espécies, a intérprete das exigências do entendimento. Essas exigências definem uma estrutura transcendental do conhecimento. Desta vez, pareceria que rompemos o círculo onde se encerravam todas as teorias naturalistas do conhecimento. A concepção dos conceitos não pode ser um conceito entre os conceitos. E, então, o corte que o aristotelismo e o nominalismo dos empiristas não podiam evitar se encontra aqui fundamentado, justificado e exaltado.

Mas se ganhamos a legitimação de uma possibilidade, a do conhecimento por conceitos, não teríamos perdido a certeza de que, entre os objetos do conhecimento, se encontra uma cuja existência é a necessária manifestação da realidade de conceitos concretamente ativos? Dizendo de outra maneira, não teríamos perdido a certeza de que, entre os objetos do conhecimento, se encontram, de fato, seres vivos? A lógica aristotélica recebia, pelo fato de que as formas do raciocínio imitavam a hierarquia das formas vivas, uma garantia de correspondência entre a lógica e a vida. A lógica transcendental não chega, em sua constituição *a priori* da natureza como sistema de leis físicas, a constituir, de fato, a natureza como o teatro dos organismos vivos. Compreendemos melhor as pesquisas do naturalista, mas não chegamos a compreender os passos da natureza. Compreendemos melhor o conceito de causalidade, mas não compreendemos a causalidade do conceito. A *Crítica da faculdade de julgar* esforça-se em dar um sentido a essa limitação que o entendimento sofre como um fato. Um ser organizado é um ser que é, ao mesmo tempo, causa e efeito dele mesmo, que se organiza e que reproduz sua organização, que se forma e que se dá a réplica, de acordo com um tipo, e cuja estrutura teleológica, onde as partes estão em relação entre elas sob controle do todo, testemunha a causalidade não mecânica do conceito. Dessa espécie de causalidade não temos nenhum conhecimento *a priori*. Essas forças que são formas e essas formas que são forças são mesmo a natureza, estão na natureza, mas não o sabemos por entendimento, nós o constatamos por experiência. Eis a razão pela qual a ideia de fim natural, que é a própria ideia de um organismo construindo-se ele próprio, não é, para Kant, uma categoria, mas uma ideia reguladora cuja aplicação não pode fazer-se senão por máximas. Sem dúvida, a arte nos fornece uma analogia para julgar o modo de produção da natureza. Mas não temos o direito de esperar poder colocar-nos no ponto de vista de um intelecto arquetípico, para quem o conceito seria também intuição, isto é, doador, porque produtor de seu objeto, para quem o conceito seria, ao mesmo tempo, conhecimento e, para falar como Leibniz, origem radical dos seres. Se Kant considera as belas-artes como as artes do gênio, se ele considera que o gênio é a natureza dando sua lei à arte, ele se interdiz, no entanto, de colocar-se dogmaticamente num ponto de vista semelhante – no ponto de vista do gênio –, para apreender o segredo do *operari* da natureza. Em resumo, Kant não admite a identificação entre o horizonte lógico dos naturalistas e o que se poderia chamar de horizonte poético da natureza naturante.

Mas um filósofo como Hegel não recusou o que Kant se proibiu. Na *Fenomenologia do espírito*, assim como na *Real-filosofia* de Iena, ou a *Propedêutica* de Nuremberg, o conceito e a vida são identificados. "A vida", diz Hegel, "é a unidade imediata do conceito em sua realidade, sem que esse conceito aí se distinga". A vida, diz ainda, é um automovimento de realização segundo um triplo processo, e aqui Hegel não faz outra coisa, em suma, senão retomar as análises de Kant na Crítica do julgamento teleológico. Esse triplo processo é: a estruturação do próprio indivíduo; sua autoconservação em relação à sua natureza inorgânica; a conservação da espécie. A autoconservação é a atividade do produto produtor. "Só se produz", diz a *Propedêutica* de Hegel, "o que já está aí". Fórmula aristotélica, como se fosse dele. O ato é anterior à potência. Comentando uma passagem análoga da *Fenomenologia*, Jean Hyppolite escreve: "O que o orgânico atinge em sua operação é ele mesmo. Entre o que ele é e o que ele procura, há somente a aparência de uma diferença, e assim ele é conceito nele mesmo." Em um sentido, então, o vivente contém nele próprio a vida como totalidade e a vida em sua totalidade. A vida como totalidade, em razão do fato de que seu começo é fim, que sua estrutura é teleológica ou conceitual. E a vida em sua totalidade, enquanto produto de um produtor e produtor de um produto, o indivíduo contém o universal.

Por banal que seja essa ideia para os românticos alemães e para os filósofos da natureza, ela toma, para Hegel, uma força e um alcance novos, na medida em que o movimento da vida trai – trai porque ele tenta traduzir – a infinidade da vida que, elevando-se no homem à consciência de si, inaugura a vida espiritual. Mas não se poderia, sob pena de erro, concluir por recorrência da vida espiritual à vida biológica, porque a multidão das espécies causa obstáculo à universalidade da vida. A justaposição dos conceitos específicos, as modificações que suas relações com os meios fazem os indivíduos sofrerem, impedem a vida de tomar ela própria consciência de sua unidade, de refletir sua identidade e, em consequência, de viver para si e de ter, propriamente falando, uma história.

Seja como for, deve-se colocar para Hegel a questão de saber como, se é verdade que conceito e realidade coincidem imediatamente na vida, é possível no nível da ciência um conhecimento da vida pelos conceitos. A resposta é, evidentemente, que o conhecimento não pode organizar-se ele próprio senão pela vida própria do conceito. "Eu coloco", diz Hegel, "no automovimento do conceito, aquilo por que a ciência existe". Comentando uma passagem da *Fenomenologia*: "O conhecimento científico exige que nos abandonemos à vida do objeto ou, o que significa a mesma coisa, que tenhamos presente e que exprimamos a necessidade interior desse objeto";[2] uma outra passagem contém uma fórmula admirável: "Os pensamentos verdadeiros e a penetração científica podem somente ganhar-se pelo trabalho do conceito. Só o conceito pode produzir a universalidade do saber."[3]

Tratando-se do organismo, aproximar-se-á essa tese hegeliana da posição de Kurt Goldstein, o autor da obra *A estrutura do orga-*

---

2 *Fenomenologia do espírito*. Tradução de Hyppolite. I, p. 47.

3 *Ibidem*, p. 60.

*nismo*. "A biologia", diz Goldstein, "trata de indivíduos que existem e tendem a existir, isto é, a realizar sua capacidade da melhor maneira possível em um dado ambiente. As performances do organismo em vida são somente compreensíveis conforme sua relação com essa tendência fundamental, isto é, somente como expressão do processo de autorrealização do organismo". E ele acrescenta: "Somos capazes de atingir esse objetivo através de uma atividade criadora, de um passo que é essencialmente aparentado com a atividade pela qual o organismo compõe com o mundo ambiente de maneira a poder realizar-se ele próprio, isto é, existir."[4] Essa profissão de fé de um biólogo suscitou da parte de Raymond Ruyer críticas muito incisivas e, que, para além de Goldstein, se poderia, a rigor, aplicar a Hegel. Ruyer escreve: "Trabalhar com biologia não é sinônimo de viver. Compreendemos bem que a moda atual" – diz ele, visando Goldstein e os goldsteinianos – "é de aproximar mais a biologia teórica da vida do que a vida da biologia teórica. Para perceber uma melodia, como para cantá-la, é verdade que é preciso, num sentido, vivê-la nós mesmos, mas não exageremos nada. Ouvir cantar e entrar num coro permanecem duas operações distintas."[5] Ou seja, identificar o conhecimento da vida com o fato de viver o conceito de vivente é seguramente garantir que a vida será o conteúdo do conhecer, mas é renunciar ao conceito do conhecer, porquanto ele é o conceito do conceito. A ciência da vida reencontra a natureza naturante, mas aí se perde enquanto conhecimento conhecedor, enquanto conhecimento em posse de seu próprio conceito.

Vê-se, então, a diferença de uma filosofia como a de Hegel com a de Kant, para cima, e com a de Bergson, para baixo. Kant tinha dito que podemos compreender o vivente como se sua organização fosse a atividade circular do conceito. Hegel diz: "A vida é a realidade imediata do conceito." E diz também: "A vida não é histórica." Bergson dirá que a vida é duração, consciência, que ela

4 *Remarques sur le problème épistémologique de la biologie* (Congrès International de Philosophie des Sciences. Paris: Hermann, 1951. I, p. 142).

5 *Neofinalismo*, p. 217.

é, à sua maneira, história. Uma filosofia do orgânico à maneira hegeliana jamais seduziu muito os filósofos da cultura francesa. Kant lhes pareceu frequentemente mais fiel ao método efetiva e modestamente praticado pelos naturalistas e biólogos. Bergson pareceu mais fiel ao fato da evolução biológica, de que seria difícil encontrar em Hegel, apesar de algumas imagens, um pressentimento autêntico.

E, no entanto, hoje podemos colocar-nos a questão de saber se o que os biólogos sabem e ensinam concernente à estrutura, à reprodução e à hereditariedade da matéria viva, na escala celular e macromolecular, não autorizaria uma concepção das relações da vida e do conceito mais próxima da de Hegel do que da de Kant e, em todo caso, do que da de Bergson.

## II

Henri Bergson não se mostrou menos severo com os sucessores imediatos de Kant do que ele foi com o próprio Kant, censurando-lhes, assim como a ele, o desconhecimento da duração criadora da vida. "A duração real", diz Bergson na *Evolução criadora*, "é aquela em que cada forma deriva das formas anteriores, acrescentando a elas alguma coisa, e explica-se por elas na medida em que ela pode explicar-se". É evidente que uma filosofia da vida assim concebida não pode ser uma filosofia do conceito, visto que a gênese das formas vivas não é um desenvolvimento acabado, não é uma derivação integral e, então, uma réplica. O que a duração *acrescenta* não está contido no conceito, e só pode ser apreendido pela intuição. Não há fechamento sobre ela mesma da operação de organização, o fim não coincide com o começo.

Uma filosofia tal deve, então, dar conta de seus conceitos, que não são a vida, que não fazem a vida. O conceito é, na filosofia de Bergson, o ponto de chegada de uma tática da vida em sua relação com o meio. O conceito e a ferramenta são mediações entre o organismo e seu ambiente. Bergson tratou sucessivamente da questão do conceito no terceiro capítulo de *Matéria e memória*, na *Evolução criadora*, e na segunda parte da Introdução a *O pen-*

*samento e o movente*. Mas há uma diferença capital, sobre a qual não se poderia, parece, insistir muito, entre o primeiro texto e o terceiro, entre a teoria das ideias gerais, tal como é exposta em *Matéria e memória*, e a teoria das ideias gerais, tal como é exposta em *O pensamento e o movente*. É a passagem da ideia de semelhança como identidade de reação orgânica à ideia de semelhança como identidade de natureza das coisas.

Bergson admite, na passagem concernente às ideias gerais em *O pensamento e o movente*, que existem ideias gerais naturais que servem de modelo a outras. Ou seja, Bergson admite que há semelhanças essenciais, generalidades objetivas que são inerentes à própria realidade. Em *Matéria e memória*, a questão da ideia geral se encontra limitada à percepção das semelhanças. Bergson explica que todas as dificuldades concernentes aos universais se prendem a um círculo. Para generalizar, é preciso primeiramente abstrair, mas, para abstrair, é preciso já generalizar. Um postulado é comum a essas teorias adversas, é que a percepção começa pelo individual ou pelo singular. Bergson contesta esse postulado. Ele mostra que a percepção das diferenças é um luxo, e que a representação das ideias gerais é um refinamento. Por conseguinte, ele vai colocar-se a igual distância dessas duas preciosidades e instalar-se na atitude necessitada do vivente confrontado com as dificuldades da vida. Ele vai instalar-se no terreno do pragmático e mostrar que nós iniciamos por um sentimento inicial de onde a percepção do incomparável e a concepção do geral vão nascer por dissociação. Esse sentimento inicial é um sentimento confuso de qualidades marcantes ou de semelhanças. Sabe-se bem como Bergson, reduzindo a percepção à sua função utilitária, mostra que as coisas são apreendidas em relação com necessidades, e que a necessidade, não tendo o que fazer das diferenças na partida, na medida em que há necessidade de identidade de apreensão, visa a semelhanças. Então, o discernimento do útil nos limita à percepção das generalidades. Encontra-se uma palavra famosa em *Matéria e memória*: "É a erva em geral que atrai o herbívoro." Entendamos por isso que a semelhança age de fora, como uma força, e provoca reações idênticas. A reação inicial é concebida aqui à imagem de uma reação química, e do mineral à planta, da planta aos mais simples seres conscientes, esse procedimento de generalização é descrito por Bergson. A explicação aqui é simplesmente fisiológica. Bergson utiliza, de alguma maneira, para a construção de sua teoria da ideia geral a função reflexa do sistema nervoso, isto é, a identidade de reação para excitações variáveis. A estabilidade da atitude é o hábito. A generalização é, pois, em *Matéria e memória*, o hábito ressurgindo da esfera dos movimentos à esfera do pensamento. O gênero é esquematizado mecanicamente pelo hábito, e a reflexão sobre essa operação nos conduz à ideia geral de gênero.

Em *Matéria e memória*, há, então, uma fonte, uma só fonte, da ideia geral de gênero. Mas, em *O pensamento e o movente*, somos avisados desde o início que há várias fontes da ideia geral. Donde essa fórmula, em um sentido irônico: "Tratando das ideias gerais, não se deve generalizar." Tendo lembrado inicialmente as conclusões do estudo de *Matéria e memória*, Bergson explica que a psicologia deve ser funcional, que a percepção das generalidades especialmente tem uma significação vital. "A biologia fornece à psicologia um fio que ela não deveria jamais soltar." (Observemos aqui que Bergson diz biologia e não mais somente fisiologia.) O problema de *Matéria e memória* era, primeiramente e essencialmente, o problema da conservação das lembranças, e o corpo aí era estudado como uma estrutura cujo sistema nervoso garante, ou supostamente garante, o funcionamento. Por conseguinte, em *Matéria e memória*, a explicação da ideia geral apelava para dados clínicos ou fisiológicos que podemos dizer de neurologia. Em O *pensamento e o movente*, estamos lidando, ao contrário, com considerações de biologia geral. E, então, Bergson explica o que não é somente o organismo completo, o organismo macroscópico, que generaliza. Tudo o que é vivo, a célula, o tecido, generaliza. Viver, em qualquer escala que seja, é escolher e é desprezar. Bergson se refere, então, à assimilação, tomando-a em toda sua ambiguidade semântica. A assimilação é, por um lado, a redução do alimento, isto é, do que fornece o meio inerte ou vivo, à substância do animal que se nutre. Mas a assimilação é também a maneira de tratar indistintamente, indiferentemente, o que se assimila. A diferença está entre o que é retido e o que é rejeitado. Há, então, no homem uma generalização de caráter vital que está a meio caminho entre a generalização impossível, isto é, o reconhecimento de que tudo é diverso, e a generalização inútil, isto é, o reconhecimento de que tudo é idêntico.

Somente aparece em *O pensamento e o movente* um problema que não se colocava em *Matéria e memória*. O problema é enunciado da seguinte maneira: Como ideias gerais que servem de modelos a outras são possíveis? Ou seja, para que o vivente humano possa acabar esse trabalho reflexivo de generalização de uma generalidade inicialmente quase instintivamente percebida, é preciso que um pretexto, que uma ocasião seja dada nas próprias coisas. Isto quer dizer que é preciso procurar as raízes reais de uma operação que não era justificada em *Matéria e memória*, senão pelo seu sucesso vital. "Entre essas semelhanças", diz Bergson em *O pensamento e o movente*, "existem umas que estão ligadas ao fundo das coisas". É, então, aqui que vemos um problema colocado: o das generalidades objetivas inerentes à própria realidade. Eis que está ultrapassada a fórmula de *Matéria e memória*: "É a erva em geral que atrai o herbívoro." Com certeza, há a erva em geral, mas há o herbívoro, isto é, há espécies vivas. Em *Matéria e memória*, estávamos lidando com um fato de fisiologia puro e simples, mas, em *O pensamento e o movente*, lidamos com um fato de biologia geral. E, em vez de explicar pela estrutura, como se fazia em *Matéria e memória*, é preciso explicar a estrutura: há herbívoros. E Bergson vai desenvolver a distinção que ele estabelece entre três grupos de semelhança: a semelhança vital, a semelhança física e a semelhança tecnológica. A semelhança entre formas biológicas, a semelhança entre elementos, no sentido físico-químico do termo, e a semelhança entre instrumentos ou ferramentas. Eis por que razão é preciso confessar que entre *Matéria e memória* e *O pensamento e o movente* produziu-se uma mudança radical que transforma totalmente esse problema da percepção da ideia geral.

Bergson finalmente reencontra aqui uma dificuldade que não deixa de ter relação com aquela com que Kant tinha-se chocado de frente na explicação que propunha a *Analítica transcendental*, da representação do diverso intuitivo na unidade de um conceito. É o que a Dedução dos conceitos puros do entendimento, na primeira edição de 1781 da *Crítica da razão pura*, desenvolve sob o nome de três sínteses: a síntese da apreensão do diverso na intuição; a síntese da reprodução na imaginação e a síntese da recognição no conceito. É na análise, no sentido reflexivo do termo, desse procedimento de síntese de reprodução na imaginação que Kant cita a famosa passagem sobre o cinabre:

> "Se o cinabre[6] fosse ora vermelho, ora preto, ora pesado, ora leve; se um homem se transformasse ora num animal, ora noutro; se num longo dia a terra ficasse coberta ora de frutas, ora de gelo e de neve, minha imaginação empírica não encontraria ocasião para receber no pensamento o pesado cinabre com a representação da cor vermelha."

Resumindo, esse encontro, que não me parece fortuito, esse recorte de dificuldades em Kant e em Bergson, no seio de duas problemáticas bem diferentes, parece-me confirmar a resistência da coisa, não ao conhecimento, mas a uma teoria do conhecimento que procede do conhecimento à coisa. É, para Kant, o limite da revolução copernicana. A revolução copernicana é inoperante quando não há mais identidade entre as condições da experiência e as condições de possibilidade da experiência. Então, a reciprocidade das perspectivas não funciona mais, e não é mais equivalente dizer que daremos conta das mesmas aparências, supondo ora que nosso conhecimento se regula sobre o objeto, ora que o objeto se regula sobre nosso conhecimento. Porque há, no conhecimento da vida, um centro de referência não decisório, um centro de referência que se poderia dizer absoluto. O vivente é precisamente um centro de referência. Não é porque eu sou pensante, não é porque eu sou sujeito, no sentido transcendental do termo, é porque sou vivente que devo procurar na vida a referência da vida. Em resumo, Bergson é responsável por fundamentar a concepção biológica do conceito sobre a realidade dos conceitos em biologia. A erva, o herbívoro, isso não é o encontro de dois devires imprevisíveis, é uma relação de reinos, de gêneros e de espécies.

---

6 O cinabre é um minério de mercúrio.

Bergson, no texto de *O pensamento e o movente*, concernente à ideia geral, diz, a propósito dessa semelhança vital (que ele se reserva de assimilar com a semelhança no sentido físico ou com a semelhança no sentido instrumental, o que o justifica quando diz que há várias fontes da generalidade): "A vida trabalha como se ela quisesse reproduzir o idêntico." Finalmente, Bergson parece voltar a um "como se" de aparência kantiana. E, no entanto, a diferença é considerável. Porque o "*als ob*" kantiano, o "como se", era a expressão de uma prudência fundamentada na análise reflexiva ou crítica das condições do conhecimento. A *Analítica transcendental* tinha exposto as condições de possibilidade do conhecimento de uma natureza em geral e encontrava um limite no fato de que a vida não é somente natureza no sentido de natureza naturada, mas natureza no sentido de natureza naturante. Ao passo que o "como se" bergsoniano é a expressão de uma espécie de conivência entre a vida e o conhecimento da vida. Kant dizia: pode-se tratar da vida como se ela trabalhasse por conceitos sem representação de conceitos. Bergson diz: a vida trabalha como se, criando seres que se parecem, ela mimicasse conceitos. Podemos, e parece-me também que devamos, perguntar-nos como a vida se encontra disposta a esquematizar em seus produtos o que um dos seus produtos, o homem, perceberá, errando e acertando, ao mesmo tempo, como um convite da vida à conceitualização da vida pelo homem.

A explicação dessa ilusão passa pela teoria bergsoniana da individuação. Se a vida esquematiza o conceito, produzindo indivíduos com semelhança específica, é em razão de sua relação com a matéria. Existe aí uma das dificuldades principais da filosofia bergsoniana. Porque Bergson diz que a vida teria podido não se individualizar, teria podido não se precisar em organismos. Ela podia, segundo sua própria expressão, "permanecer vaga e imprecisa". "Por que o elã único, diz ele, não seria impresso num corpo único que tivesse evoluído indefinidamente?" Em vez disso, de fato, é a matéria que divide, que diversifica, que dispersa, que multiplica a vida e a obriga, de alguma maneira, a decair na cisão de com ela mesma. Aí está o fundamento da repetição vital: a matéria numera a vida e a obriga à especificação, isto é, a uma imitação da identidade. Nela mesma, a vida é elã, isto é, ultrapassagem de toda posição, transformação incessante. A hereditariedade biológica, diz Bergson, é a transmissão de um elã. Compreendemos então por que nessa expressão tão curiosa, "A vida trabalha como se", o termo trabalho é tão importante quanto os termos "como se". O trabalho é a organização da matéria pela vida, a aplicação da vida ao obstáculo da matéria. O trabalho da vida é, sem dúvida, um trabalho no sentido antitecnológico, mas não há corte, finalmente, para Bergson, entre o trabalho antitecnológico e o trabalho propriamente tecnológico, que é o do homem utilizando ferramentas para atacar o meio. A semelhança por especificação se prolonga na invenção humana do conceito que é somente um com a invenção humana da ferramenta: conceito e ferramenta são uma e outra mediações. E, sem dúvida, a erva em geral atrai também o homem que carrega uma foice, o homem que, tendo domesticado alguns herbívoros, ceifa os prados e não faz diferença entre as ervas, para garantir aos seus herbívoros domésticos sua ração de erva em geral.

Em resumo, para adotar, acompanhando Bergson, uma concepção das relações entre o conceito e a vida que tem de se inscrever na própria vida a condição de possibilidade da conceitualização da vida pelo conhecimento humano, é preciso subscrever a uma proposição do bergsonismo, que é, ao mesmo tempo, capital e opaca. Vladimir Jankélévitch diz que é a proposição secretamente mais importante do bergsonismo. Ei-la: "O elã é finito e foi dado uma vez por todas. Ele não pode superar todos os obstáculos." O que pode significar isso, senão, primeiramente, que o obstáculo ao elã é contemporâneo do próprio elã. Que, em seguida, a matéria, suposta de introduzir nesse elã, dispersando-o, o relaxamento, a distensão e, no final, a extensão, isto é, no fim, o espaço e a geometria, essa matéria seria isso originariamente. Então, monismo de substância, dualismo de tendências, todas as interpretações são possíveis para essa dificuldade.

Certamente, por essa teoria compreendemos que a especificação é um limite, compreendemos que a vida seja capaz de depor espécies que ela ultrapassa. Mas, então, não compreendemos por que esse processo de especificação se encontra depreciado, se é verdade que uma das condições, a matéria, tida como o negativo da outra condição, a vida, é tão originária quanto a própria vida. Compreendemos que o vivente prefere a vida à morte, mas não chegamos a entender até o fim uma filosofia biológica que subestima o fato de que é somente pela manutenção ativa de uma forma, e de uma forma específica, que todo vivente obriga, ainda que precariamente, é verdade, a matéria a retardar, mas não a interromper sua queda, e a energia, sua degradação. É possível que, como o diz Bergson, a hereditariedade seja a transmissão de um elã. É certo, em todo caso, que esse elã transporte, e transporte, de alguma maneira, ao imperativo, um *a priori* morfogenético.

Em relação a isso é instrutivo – não somente do ponto de vista histórico, mas do próprio ponto de vista da inteligência filosófica de nosso problema – comparar com a concepção bergsoniana uma teoria das relações da forma e da vida, que Bergson conhecia bem, e da qual utilizou, pelo menos (basta reportar-se ao Discurso de 1913, em honra do centenário do nascimento de Claude Bernard), as conclusões epistemológicas que essa teoria sugeria ao seu autor. Quero dizer as aulas de Claude Bernard reunidas sob o título: *Leçons sur les phénomènes de la vie communs aux animaux et aux végétaux*, que foram publicadas em 1878, o mesmo ano da morte de Claude Bernard. Obra fundamental, pelo menos em sua primeira parte, porque ela é a única de que tenhamos a garantia de que se Claude Bernard não a escreveu integralmente, que se trata de aulas transcritas em estenografia por seus alunos, ele as reviu, pelo menos, já que morreu corrigindo as provas dessa obra.[7] Obra sem a qual certos textos de Claude Bernard, mais clássicos, tais como a *Introdução ao estudo da medicina experimental*, de que se celebrou o centenário no ano passado, e o *Rapport sur la marche et les progrès de la physiologie générale en France*, de 1867, não podem ser seriamente comentados. As considerações de Claude Bernard são feitas por ele como uma teoria científica de fisiologia geral. Mas o seu interesse vem precisamente do fato de que Claude Bernard não

7 Esse texto foi reeditado, em 1966, pelas Edições Joseph Vrin, Paris.

separa o estudo das funções do estudo das estruturas e, também, de que, na época de Claude Bernard, a única estrutura que era mantida comum aos animais e aos vegetais, a estrutura no nível da qual devia doravante situar-se o estudo da vida, era a estrutura celular. Claude Bernard não separa, pois, o estudo das funções do estudo das estruturas, e não separa o estudo das estruturas do estudo da gênese das estruturas. De maneira que essa teoria de fisiologia geral se encontra escorada constantemente por referências permanentes à embriologia, que, desde os trabalhos de Von Baer, foi para os biólogos do século XIX uma ciência-piloto, fornecendo às outras disciplinas uma provisão de conceitos e de métodos.

Segundo Claude Bernard, o que ele próprio chama de sua concepção fundamental da vida se sustenta em dois aforismos. Um é o seguinte: *a vida é a morte*. O outro: *a vida é a criação*. Durante muito tempo, considerou-se que era pela primeira vez na *Introdução ao estudo da medicina experimental* que Claude Bernard tinha dito: *a vida é a criação*. Fazia-se, então, remontar essa proposição a 1865. Mas, desde a publicação, pelos cuidados do Dr. Grmek, do *Carnet de notes* de Claude Bernard, podemos fazer remontar bem mais antes e perto de 10 anos antes a fórmula: *a vida é a criação*. Porque é já perto do fim de 1856, ou no início de 1857, que se encontram no *Carnet* essas duas proposições: "*a vida é uma criação*", e a seguinte: "*a evolução é uma criação*". Para Claude Bernard, a palavra evolução não tem absolutamente o sentido que ela assumiu hoje a partir da biologia transformista. Para Claude Bernard, evolução conserva o sentido que tinha no século XVIII que significava exatamente desenvolvimento. Então, por evolução, é preciso entender, em Claude Bernard, a ontogênese, a passagem do germe e do embrião à forma adulta. A evolução é o movimento da vida na estruturação e na manutenção de uma forma individual. Por conseguinte, dizendo que a evolução é uma criação, Claude Bernard não diz outra coisa senão isto: a vida é uma criação, visto que, precisamente, o que caracteriza a vida é essa conquista progressiva de uma forma acabada, a partir de premissas das quais se trata de determinar a natureza e a forma.

Assim concebida, a vida não é um princípio vital, no sentido que lhe dava, então, a Escola de Montpellier, mas ela não é mais a resultante ou a propriedade de uma composição físico-química, no sentido dos positivistas. A fisiologia geral de Claude Bernard é, primeiramente, uma organogenia, e a concepção fundamental da vida deve resolver, ou, pelo menos, deve colocar corretamente um problema que a biologia positivista contornava, que a biologia materialista, no sentido mecanicista desse termo, resolvia por uma confusão de conceitos. Esse problema é o seguinte: em que consiste a organização de um organismo? Essa questão tinha obcecado os naturalistas do século XVIII. Não é, com efeito, uma questão que seja fácil de resolver pela utilização de modelos mecânicos. E é tão verdadeiro que as teorias da pré-formação, as teorias segundo as quais a constituição progressiva de um indivíduo adulto a partir de um germe não é mais que o crescimento de uma miniatura contida no germe, teorias que prolongavam logicamente em teoria do encaixe dos germes, remetiam à origem, isto é, ao Criador, o fato da organização. O aparecimento da embriologia como ciência fundamental no século XIX permitiu colocar, com novos custos, esse problema da organização. Para Claude Bernard, a existência dessa questão, e o obstáculo que ela levanta diante das possibilidades de explicação fornecidas pela física e pela química, garantem ao estudo da vida, à fisiologia geral, sua especificidade científica.

Uma parte do sucesso da *Introdução ao estudo da medicina experimental*, na época, é que ela pareceu fornecer a muitos argumentos contra um certo materialismo em biologia e, então, contra o materialismo filosófico. Claude Bernard foi envolvido. Na realidade, ele sempre se preocupou muito pouco em saber a quem e a que ele fornecia ou não argumentos. Ele era possuído por uma ideia, e essa ideia é de que o ser vivo organizado é a manifestação temporariamente perpetuada de uma *ideia diretriz* de sua evolução. As condições físico-químicas não explicam por elas mesmas a forma específica de sua composição segundo tal ou tal organismo. Nas *Leçons sur les phénomènes de la vie*, essa tese está longamente desenvolvida. "Eu direi, da minha parte", escreve ele, "a concepção à qual me conduziu minha experiência... Eu considero que há necessariamente no ser vivo duas ordens de fenômenos: os fenômenos de criação vital ou de síntese organizadora; os fenômenos de morte ou de destruição orgânica... O primeiro desses dois fenômenos é único, sem análogo direto, ele é particular, especial ao ser vivo: essa síntese evolutiva é o que há de verdadeiramente vital". Por conseguinte, para Claude Bernard, o organismo que funciona é um organismo que se destrói. O funcionamento do órgão é um fenômeno físico-químico, é a morte. Esse fenômeno, nós podemos apreender, nós podemos compreender, caracterizar, e é essa morte que somos levados a chamar, ilusoriamente, de vida. Inversamente, a criação orgânica, a organização são atos plásticos de reconstituição sintética das substâncias que o funcionamento do organismo deve gastar. Essa criação orgânica é síntese química, constituição do protoplasma, e síntese morfológica, reunião dos princípios imediatos da matéria viva em uma forma particular. Molde era a expressão de que se servia Buffon ("*a forma interior*") para explicar que, através desse turbilhão incessante que é a vida, persiste um molde específico.

À primeira vista, poder-se-ia pensar que Claude Bernard separa aqui duas espécies de sínteses que a bioquímica contemporânea reuniu, e que ele desconhece a natureza estruturada do citoplasma. Ora, não é possível, hoje, pensar com Claude Bernard que, "em seu grau mais simples, despojado dos acessórios que a marcaram na maior parte dos seres, a vida, contrariamente ao pensamento de Aristóteles, é independente de toda forma específica. Ela reside numa substância definida por sua composição, e não pela imagem: o protoplasma".

A bioquímica contemporânea repousa hoje, ao contrário, sobre esse princípio de que não há composição, mesmo no nível químico, sem imagem e sem estrutura. Somente é o caso de desculpar Claude Bernard, e seu erro é tão total como se poderia pensar? Não declara ele, mais adiante: "O protoplasma, por mais elementar que seja, não é ainda uma substância puramente química, um simples princípio imediato da química, ele tem uma origem que nos escapa, ele é a continuação do protoplasma de um ancestral?" O que quer dizer: há uma estrutura, e essa estrutura é hereditária. "O próprio protoplasma", diz ele, "é uma substância atávica que não vemos nascer, mas que vemos simplesmente continuar." Se, então, não esquecemos que, sob o nome de evolução, Claude Bernard entende a lei que determina a direção fixa de uma mudança incessante, que essa lei única domina as manifestações da vida que começa e as da vida que se mantém, que ele não concebe diferença entre a nutrição e a evolução, então não podemos sustentar que Claude Bernard não levou até o fim a separação da matéria e da forma, da síntese química e da síntese morfológica, e que ele suspeitou, pelo menos, que, na vida do protoplasma, a substituição dos componentes químicos se opera segundo um imperativo estrutural? Essa estrutura, ele a considera como um fato diferente dos que o conhecimento de um determinismo de tipo físico-químico dá o meio de reproduzir à vontade. Essa estrutura é, então, um fato de hereditariedade, e não um fato de artifício. Essa estrutura é, para retomar seus próprios termos: "A manifestação aqui e agora de um impulso primitivo, de uma ação primitiva e de uma *senha*, que a natureza repete após tê-la regulamentado antes."

Claude Bernard parece ter pressentido que a hereditariedade biológica consiste na transmissão de alguma coisa que se chama hoje de informação codificada. Semanticamente, não está longe uma senha de um código. Seria, no entanto, incorreto concluir daí que a analogia – a analogia semântica – recobre um real parentesco de conceitos. Por uma razão que se refere a um sincronismo. Ao mesmo tempo em que aparece a *Introdução ao estudo da medicina experimental*, em 1865, um monge obscuro, que não conhecerá jamais em sua vida a celebridade que não foi regateada com Claude Bernard, Grégor Mendel, publica suas *Recherches sur quelques expériences d'hybridation*. Não podemos emprestar a Claude Bernard conceitos análogos aos que hoje são correntes na teoria da hereditariedade, porque o próprio conceito de hereditariedade é um conceito totalmente novo em relação à ideia que Claude Bernard podia ter da geração e da evolução. Então, não cedamos à tentação de assimilar termos separados de seu contexto. E, no entanto, pode-se manter que existe entre o conceito bernardiano de senha de evolução e os conceitos atuais de código genético e de mensagem genética uma afinidade de função. Essa afinidade repousa sobre sua relação comum com o conceito de informação. Se a informação genética é definida: o programa codificado da síntese das proteínas, então não se pode sustentar que os termos seguintes, que são todos de Claude Bernard, e não uma vez e por acaso, mas constantemente utilizados em sua obra, *senha, ideia diretriz, desígnio vital, pré-ordenamento vital, plano vital, sentido dos fenômenos*..., são também tentativas para definir, na ausência do conceito adequado, e por convergência de metáforas, um fato biológico que é, de alguma maneira, pontuado antes mesmo de ser atingido?

Em suma, Claude Bernard utilizou conceitos próximos ao de informação, no sentido psicológico do termo, para dar conta de um fato hoje interpretado por conceitos de informação, no sentido físico do termo. E é a razão, a meu ver, geralmente mal entendida, pela qual Claude Bernard se defende em duas frentes da biologia em sua época. Porque ele utiliza conceitos de origem psicológica, como *ideia diretriz, senha, desígnio* etc., ele se sente, eventualmente, suspeito de vitalismo, e se defende disso, porque aquilo em que ele pensa é numa certa estrutura da matéria, numa estrutura na matéria. Mas, porque ele pensa, por outro lado, que as leis da física e as leis da química somente explicam degradações, e são impotentes para dar conta da estruturação da matéria, então, ele deve defender-se de ser materialista. De onde o sentido de uma passagem como esta, emprestada do *Rapport sur les progrès et la marche de la physiologie générale em 1867*:

> "Se condições materiais especiais são necessárias para dar nascimento a fenômenos de nutrição ou de evolução determinada, nem por isso seria preciso acreditar que é a matéria que gerou a *lei de ordem e de sucessão que dá o sentido ou a relação dos fenômenos*,[8] seria cair no erro grosseiro dos materialistas."
>
> E essa outra passagem emprestada das *Leçons sur les Phénomènes de la vie*: "Não é um encontro fortuito de fenômenos físico-químicos que constrói cada ser num plano e segundo um desenho

8 Grifamos.

> fixo e previsto por antecipação e suscita a admirável subordinação e o harmonioso concerto dos atos da vida."

A construção, o crescimento, a renovação regulada, a autorregeneração da máquina viva não é um encontro fortuito. O caráter fundamental da vida, a evolução segundo Claude Bernard é o inverso da evolução segundo os físicos, isto é, a sucessão de estados de um sistema isolado e regido pelo princípio de Carnot-Clausius. Os bioquímicos de hoje dizem que a individualidade orgânica, inalterada enquanto sistema em equilíbrio dinâmico, exprime a tendência geral da vida em retardar o crescimento da entropia, em resistir à evolução para o estado mais provável de uniformidade na desordem.

Voltemos, agora, a essa expressão completamente surpreendente, tratando-se de um biólogo que todo o mundo conhece como pouco suspeito de complacência pela utilização de conceitos e de modelos matemáticos em biologia: "A lei de ordem e de sucessão que dá o sentido ou a relação dos fenômenos." Está aí uma fórmula quase leibniziana muito próxima da definição dada por Leibniz da substância individual: "*Lex seriei suarum operationum*", lei da série no sentido matemático do termo, lei da série de suas operações. Essa definição quase formal, logicamente falando, da forma hereditária, biologicamente, não deve aproximar-se da descoberta fundamental em biologia molecular da estrutura da molécula de ácido desoxirribonucleico constituindo o essencial dos cromossomas, veículos do patrimônio hereditário, veículos cujo próprio número é um caráter específico hereditário?

Em 1954, Wattson e Crick, que receberam oito anos mais tarde por isso o Prêmio Nobel, estabeleceram que é uma ordem de sucessão de um número finito de bases ao longo de uma hélice emparelhada de fosfatos açucarados que constitui o código de instrução, de informação, isto é, a língua do programa ao qual a célula se conforma para sintetizar os materiais proteínicos das novas células. Estabeleceu-se, desde então, e o Prêmio Nobel recompensou, em 1965, essa nova descoberta, que essa síntese se faz a pedido, isto é, em função das informações vindas do meio – meio celular, é claro. De maneira que, trocando a escala em que são estudados os fenômenos mais característicos da vida, os de estruturação da matéria e os de regulação das funções, a função de estruturação inclusive, a biologia contemporânea mudou também de linguagem. Ela deixou de utilizar a linguagem e os conceitos da mecânica, da física e da química clássicas, linguagem à base de conceitos mais ou menos diretamente formados sobre modelos geométricos. Ela utiliza agora a linguagem da teoria da linguagem e a da teoria das comunicações. Mensagem, informação, programa, código, instrução, decodificação, tais são os novos conceitos do conhecimento da vida.

Mas, objetar-nos-ão, esses conceitos não são finalmente das metáforas importadas, pela mesma razão que o eram essas metáforas pela convergência das quais Claude Bernard procurava suprir a falta de um conceito adequado? Aparentemente sim, de fato, não. Porque o que garante a eficácia teórica ou o valor cognitivo de um conceito é sua função de operador. É, por conseguinte, a possibilidade que ele oferece de desenvolvimento e de progresso do saber. Eu disse que há homogeneidade, e que deve haver necessariamente homogeneidade, entre todos os métodos de abordagem da vida. Os conceitos biológicos de Claude Bernard, que ele tinha formado no próprio terreno de sua prática experimental, para dar conta do que tinha descoberto de surpreendente, e para que ele deve ter criado um termo aparentemente paradoxal: o da secreção interna, conceito de que ele é o autor em 1855, esses conceitos de Claude Bernard lhe permitiam uma concepção da fisiologia que autorizava uma certa concepção da medicina. O estado patológico podia aparecer em um certo nível de estudo das funções fisiológicas como uma alteração simplesmente quantitativa, para mais ou para menos, do estado normal. Claude Bernard não percebia e não podia perceber – todos os estudiosos estão no mesmo caso – que a descoberta na ocasião da qual ele tinha forjado um certo número de conceitos lhe barrava a via para outras descobertas. A glicogenia hepática fornece um exemplo de secreção interna que não é da mesma ordem que a secreção de insulina pelo pâncreas ou de adrenalina pela suprarrenal. A função glicogênica do fígado é a produção de um metabolito intermediário. Claude Bernard não suspeitava, então, que pudesse haver secreções internas como o que se chamou, pela primeira vez, mensageiros químicos, porque é para as secreções internas que, em biologia, se utilizou, pela primeira vez, o conceito de mensagem e de mensageiro. Claude Bernard podia pensar que sobre sua fisiologia se fundamentava uma concepção da doença que autorizava uma certa forma da medicina. Mas o diabetes não é uma doença que depende unicamente do fígado e do sistema nervoso, como Claude Bernard tinha acreditado, desprezando, em consequência, o que os clínicos já tinham, na época, suspeitado: a participação, a intervenção de um certo número de outras vísceras, o pâncreas em particular. Com maior razão ainda, a definição da doença como alteração quantitativa de uma função fisiológica normal não convém para essas doenças que, desde que se possua seu conceito, são descobertas em número crescente, e que dependem da transmissão hereditária de perturbações de um dado metabolismo. O que um médico inglês, Sir Archibald Garrod, chamou, no início do século XX, de "erros inatos do metabolismo".[9]

Mas já existe uma medicina cuja eficácia terapêutica confere aos conceitos biológicos fundamentais da teoria da hereditariedade, interpretada na teoria da informação, uma garantia de realidade. Por exemplo, a descoberta do erro metabólico no que se chama, desde os trabalhos de Fölling, de idiotia fenilpirúvica. Essa descoberta permite pela instauração de um certo regime corrigir esse erro, com a condição que o tratamento seja indefinidamente prolongado. Se a descoberta pelo Pr. Jérôme Lejeune da anomalia cromossômica, a trissomia 21, ainda não conduziu a uma terapêutica antimongólica, ela indica, pelo menos, sobre que ponto devem convergir as pesquisas.

Quando se diz, então, que a hereditariedade biológica é uma comunicação de informação, reencontra-se, de uma certa maneira, o aristotelismo de que tínhamos partido. Expondo a teoria hegeliana da relação do conceito e da vida, perguntei-me se, numa teoria que se aparentava tão fortemente com o aristotelismo, não

---

9 Tratamos mais longamente dessa questão na segunda parte da obra *O normal e o patológico*. Paris: PUF, 1966. Editado por Forense Universitária.

corríamos o risco de encontrar um meio de interpretação mais fiel que numa teoria intuitivista, como a de Bergson, para os fenômenos descobertos pelos biólogos contemporâneos e para as teorias explicativas que eles propõem sobre eles. Dizer que a hereditariedade biológica é uma comunicação de informação é, em certo sentido, voltar ao aristotelismo, se é admitir que há no vivente um *logos*, inscrito, conservado e transmitido. A vida faz desde sempre sem escrita, bem antes da escrita e sem relação com a escrita, o que a humanidade procurou pelo desenho, pela gravura, pela escrita e pela imprensa, a saber, a transmissão de mensagens. E doravante o conhecimento da vida não se pareça mais com um retrato da vida, o que ela podia ser quando o conhecimento da vida era descrição e classificação das espécies. Ela não se parece com a arquitetura ou com a mecânica, o que ela era quando era simplesmente anatomia e fisiologia macroscópica. Mas ela se parece com a gramática, com a semântica e com a sintaxe. Para compreender a vida, é preciso empreender, antes de lê-la, decifrar a mensagem da vida.

Isso produz várias consequências de alcance provavelmente revolucionário, e cuja exposição, não do que elas são, mas do que elas estão começando a ser, tomaria, na realidade, o tempo de muitas aulas. Definir a vida como um sentido inscrito na matéria é admitir a existência de um *a priori* objetivo, de um *a priori* propriamente material, e não mais somente formal. Em relação a isso, parece-me que se poderia considerar que o estudo do instinto à maneira de Tinbergen ou de Lorentz, isto é, pela evidenciação de padrões inatos de comportamento, é uma maneira de averiguar a realidade de tais *a priori*. Definir a vida como o sentido é obrigar-se a um trabalho de descoberta. Aqui a invenção experimental não consiste senão na pesquisa da chave, mas a chave uma vez encontrada, o sentido é encontrado, e não construído. Os modelos a partir dos quais são pesquisadas as significações orgânicas utilizam matemáticas diferentes das matemáticas conhecidas pelos gregos. Para compreender o vivente, é preciso apelar para uma teoria não métrica do espaço, isto é, para uma ciência da ordem, para uma topologia. Para compreender o vivente na escala na qual nos colocamos, é preciso apelar para um cálculo não numérico, para uma combinatória, é preciso apelar para o cálculo estatístico. Por isso, também, há retorno, de uma certa maneira, a Aristóteles. Aristóteles pensava que a matemática era inutilizável em biologia porque ele não conhecia outra teoria do espaço, senão essa geometria que Euclides devia sistematizar, dando-lhe seu nome. Uma forma biológica, diz Aristóteles, não é um esquema, não é uma forma geométrica. Isso é verdadeiro. Num organismo considerado nele próprio, por ele próprio, não há distância, o todo está em toda parte presente na pseudoparte. O próprio do vivente é, precisamente, que na medida em que ele é vivo, ele não está mais distante dele mesmo. Suas "partes", o que nós chamamos ilusoriamente de parte, não estão a distância umas das outras. Por intermédio de suas regulações, pelo intermédio do que Claude Bernard chamava de "meio interior", é o todo que está em todo momento presente em cada parte.

Por conseguinte, Aristóteles, num certo sentido, não estava errado em dizer que para a forma biológica, isto é, essa forma segundo a finalidade ou o todo, essa forma indecomponível em que o começo e o fim coincidem, em que o ato domina a potência, uma certa matemática, a que ele conhecia, não nos é de nenhuma ajuda. E, nesse ponto, Bergson seria menos desculpável que Aristóteles por não ter visto que essa geometria do espaço, que ele tem razão de julgar incompatível com a inteligência da vida, não é toda a ciência do espaço, porque, precisamente no tempo de Bergson, a revolução que acabou na dissociação da geometria e da métrica, como vimos, se tinha operado. Bergson viveu numa época em que a matemática tinha rompido com o helenismo. Bergson, que censura, de alguma maneira, todos os seus predecessores por terem importado para a filosofia um modelo helênico, não se dá conta de que ele próprio continua a julgar matemática em função do modelo helênico da matemática.

Se a ação biológica é produção, transmissão e recepção de informação, compreende-se como a história da vida é feita, ao mesmo tempo, de conservação e de novidade. Como explicar o fato da evolução a partir da genética? Sabe-se, pelo mecanismo das mutações.

Objetou-se a essa teoria que as mutações são muito frequentemente subpatológicas, bastante frequentemente letais, isto é, que o mutante vale biologicamente menos que o ser a partir do qual ele constitui uma mutação. De fato, é verdade, as mutações são frequentemente monstruosidades. Mas, em relação à vida, existem monstruosidades? O que são muitas formas vivendo ainda hoje, e bem vivas, senão monstros normalizados, para retomar uma expressão do biólogo francês Louis Roule. Por conseguinte, se a vida tem um sentido, é preciso admitir que possa haver perda de sentido, risco de aberração ou de engano. Mas a vida supera seus erros por outras tentativas, um erro da vida sendo simplesmente um impasse.

O que é, então, o conhecimento? Porque é preciso terminar com essa questão. Eu o disse, se a vida é o conceito, o fato de reconhecer que a vida é o conceito nos dá acesso à inteligência? O que é, então, o conhecimento? Se a vida é sentido e conceito, como conceber o conhecer? Um animal – e faço alusão ao estudo do comportamento instintivo, comportamento estruturado por padrões inatos – é informado hereditariamente a não recolher e a não transmitir senão certas informações. Aquelas que sua estrutura não lhe permite recolher são para ele como se elas não fossem nada. É a estrutura do animal que desenha, no que parece ao homem o meio universal, tantos meios próprios a cada espécie animal, como Von Uexkull o estabeleceu. Se o homem é informado dessa mesma forma, como explicar a história do conhecimento, que é a história dos erros e a história das vitórias sobre o erro? Deve-se admitir que o homem tornou-se tal por mutação, por um erro hereditário? A vida teria, então, chegado por erro a esse vivente capaz de erro. De fato, o erro humano é somente um junto com a errância. O homem se engana porque ele não sabe onde se colocar. O homem se engana quando não se coloca no lugar adequado para recolher uma certa informação que ele procura. Mas também, é porque ele se desloca que recolhe informação, ou, deslocando-se, por todas as espécies de técnicas – e se poderia dizer que a maioria das técnicas científicas volta a esse processo – os objetos, uns em relação aos outros, e o conjunto em relação a ele. O conhecimento é, então, uma procura inquieta da maior quantidade e da maior variedade de informação. Por conseguinte, ser sujeito do conhecimento, se o *a priori* está nas coisas, se o conceito está na vida, é somente estar insatisfeito com o sentido encontrado. A subjetividade é, então, unicamente a insatisfação. Mas aí está a própria vida. A biologia contemporânea, lida de uma certa maneira, é, de algum modo, uma filosofia da vida.

# PSICOLOGIA

## O QUE É A PSICOLOGIA?[1]

A questão "O que é a psicologia?" parece mais incômoda para todo psicólogo do que é, para todo filósofo, a questão "O que é a filosofia?". Porque, para a filosofia, a questão de seu sentido e de sua essência a constitui, bem mais do que a define, uma resposta a esta questão. O fato de que a questão renasça incessantemente, por falta de resposta satisfatória, é, para quem gostaria de poder dizer-se filósofo, uma razão de humildade, e não uma causa de humilhação. Mas, para a psicologia, a questão de sua essência, ou mais modestamente de seu conceito, coloca em questão também a própria existência do psicólogo, na medida em que, por falta de poder responder exatamente sobre o que ele é, se tornou para ele bem difícil responder sobre o que ele faz. Ele só pode, então, procurar numa eficácia sempre discutível a justificação de sua importância de especialista, importância da qual não desagradaria a um ou a outro que ela gerasse para o filósofo um complexo de inferioridade.

Dizendo da eficácia do psicólogo que ela é discutível, não se tem a intenção de dizer que ela é ilusória; quer-se simplesmente observar que essa eficácia é, sem dúvida, malfundamentada, enquanto não se tenha prova de que ela é mesmo devida à aplicação de uma ciência, isto é, enquanto o estatuto da psicologia não seja

---

1 Conferência realizada no Collège philosophique, em 18 de dezembro de 1956. Foi publicada, pela primeira vez, na *Revue de Métaphysique et de Morale*, 1958, 1. Reproduzida nos *Cahiers pour l'Analyse*, 2, março de 1966.

fixado de tal maneira que se deva considerá-la como mais e melhor que um empirismo compósito, literariamente codificado para os fins de ensino. De fato, de muitos trabalhos de psicologia, retira-se a impressão de que eles misturam a uma filosofia sem rigor uma ética sem exigência e uma medicina sem controle. Filosofia sem rigor, porque eclética sob pretexto de objetividade; ética sem exigência, porque, associando experiências etológicas, elas mesmas sem crítica, a do confessor, a do educador, a do chefe, a do juiz etc.; medicina sem controle, visto que das três espécies de doenças mais ininteligíveis e menos curáveis, doenças da pele, doença dos nervos e doenças mentais, o estudo e o tratamento das duas últimas forneceram sempre à psicologia observações e hipóteses.

Portanto, pode parecer que, perguntando "O que é a psicologia?", se coloca uma questão que não é nem impertinente nem fútil.

Durante muito tempo, procurou-se a unidade característica do conceito de uma ciência na direção de seu objeto. O objeto ditaria o método utilizado para o estudo de suas propriedades. Mas era, no fundo, limitar a ciência à investigação de um dado, à exploração de um domínio. Quando se evidenciou que toda ciência se dá mais ou menos seu dado e se apropria, por esse fato, do que se chama seu domínio, o conceito de uma ciência, progressivamente, teve mais em conta seu método do que seu objeto. Ou mais exatamente, a expressão "objeto da ciência" recebeu um sentido novo. O objeto da ciência não é mais somente o domínio específico dos problemas, dos obstáculos a resolver, é também a intenção e o desígnio do sujeito da ciência, é o projeto específico que constitui como tal uma consciência teórica.

À questão "O que é a psicologia?" pode-se responder evidenciando a unidade de seu domínio, apesar da multiplicidade dos projetos metodológicos. É a esse tipo que pertence a resposta brilhantemente dada pelo Pr. Daniel Lagache, em 1947, a uma pergunta feita, em 1936, por Edouard Claparède.[2] A unidade da psicologia é aqui procurada em sua definição possível como teoria

2 *A unidade da psicologia*. Paris: PUF, 1949.

geral da conduta, síntese da psicologia experimental, da psicologia clínica, da psicanálise, da psicologia social e da etnologia.

Olhando bem, no entanto, diz-se que, talvez, essa unidade se parece mais com um pacto de coexistência pacífica concluído entre profissionais do que com uma essência lógica, obtida pela revelação de uma constância numa variedade de casos. Das duas tendências entre as quais o Pr. Lagache procura um acordo sólido: a naturalista (psicologia experimental) e a humanista (psicologia clínica), tem-se a impressão de que a segunda lhe parece ter um peso maior. É o que explica, sem dúvida, a ausência da psicologia animal neste exame das partes do litígio. Com certeza, compreende-se que ela está contida na psicologia experimental – que é, em grande parte, uma psicologia dos animais – mas ela está aí inserida como material em que aplicar o método. E, com efeito, uma psicologia não pode ser dita experimental senão em razão de seu método e não em razão de seu objeto. Enquanto, a despeito das aparências, é pelo objeto mais do que pelo método que uma psicologia é dita clínica, psicanalítica, social, etnológica, todos esses adjetivos são indicativos de um único e mesmo objeto de estudo: o homem, ser loquaz ou taciturno, ser sociável ou insociável. A partir de então, pode-se rigorosamente falar de uma teoria *geral* da conduta, enquanto não se tiver resolvido a questão de saber se há continuidade ou ruptura entre linguagem humana e linguagem animal, sociedade humana e sociedade animal? É possível que, nesse ponto, seja não a filosofia que deva decidir, mas a ciência, de fato, várias ciências, inclusive a psicologia. Mas, então, a psicologia não pode, para se definir, prejulgar o que ela é chamada a julgar. Sem o que, é inevitável que, propondo-se ela própria como teoria geral da conduta, a psicologia faça sua alguma ideia do homem. É preciso, então, permitir a filosofia perguntar à psicologia de onde ela retira essa ideia, e se não seria, no fundo, de alguma filosofia.

Gostaria de tentar, porque não sou um psicólogo, de abordar a questão fundamental posta por um caminho oposto, isto é, pesquisar se é ou não a unidade de um projeto que poderia conferir sua unidade eventual às diferentes espécies de disciplinas ditas psicológicas. Mas meu procedimento de investigação exige um recuo. Procurar em que os domínios se recobrem pode fazer-se por sua exploração separada e sua comparação na atualidade (uma dezena de anos no caso do Pr. Lagache). Procurar se projetos se encontram exige que se destaque o sentido de cada um deles, não quando ele se perdeu no automatismo da execução, mas quando ele surge da situação que o suscita. Procurar uma resposta à questão "O que é a psicologia?" torna-se para nós a obrigação de esquematizar uma história da psicologia, mas, é claro, considerada somente em suas orientações, em relação com a história da filosofia das ciências, uma história necessariamente teleológica, visto que destinada a veicular até a questão proposta o sentido originário suposto das diversas disciplinas, métodos ou empreendimentos, cuja disparidade atual legitime essa questão.

## I. A psicologia como ciência natural

Enquanto a psicologia significa etimologicamente ciência da alma, é notável que uma psicologia independente esteja ausente, em ideia e de fato, dos sistemas filosóficos da antiguidade, onde, no entanto, a *psique*, a alma, é considerada como um ser natural. Os estudos relativos à alma se encontram aí divididos entre a metafísica, a lógica e a física. O tratado aristotélico *Da alma* é, na realidade, um tratado de biologia geral, um dos escritos consagrados à física. Segundo Aristóteles, e segundo a tradição da Escola, os cursos de filosofia do início do século XVII tratam ainda da alma num capítulo da física.[3] O objeto da física é o corpo natural e organizado, tendo a vida em potência; então, a física trata da alma como forma do corpo vivo, e não como substância separada da matéria. Desse ponto de vista, um estudo dos órgãos do conhecimento, isto é, dos sentidos exteriores (os cinco sentidos usuais) e dos sentidos interiores (sentido comum, fantasia, memória), não difere em nada do estudo dos órgãos da respiração ou da digestão.

---

3 Cf. DU PLEIX, Scipion. *Corps de philosophie contenant la logique, la physique, la métaphysique et l'ethique.* Genebra, 1636 (1. ed. Paris, 1607).

A alma é um objeto natural de estudo, uma forma na hierarquia das formas, mesmo se sua função essencial é o conhecimento das formas. A ciência da alma é uma província da fisiologia, em seu sentido originário e universal da teoria da natureza.

É a essa concepção antiga que remonta, sem ruptura, um aspecto da psicologia moderna: a neurofisiologia – considerada por muito tempo como psiconeurologia exclusivamente (mas, hoje, além disso, como psicoendocrinologia) – e a psicopatologia como disciplina médica. Em relação a isso, não parece supérfluo lembrar que antes das duas revoluções que permitiram o desenvolvimento da fisiologia moderna, a de Harvey e a de Lavoisier, uma revolução de não menos importância do que a teoria da circulação ou da respiração é devida a Galeno, quando ele estabelece, clínica e experimentalmente, depois dos médicos da Escola de Alexandria, Herófilo e Erasístrato, contra a doutrina aristotélica, e conforme as antecipações de Alcméon, Hipócrates e Platão, que é o cérebro e não o coração que é o órgão da sensação e do movimento, e a sede da alma. Galeno funda verdadeiramente uma filiação ininterrupta de pesquisas, pneumologia empírica durante séculos, cuja peça fundamental é a teoria dos espíritos animais, descoroada e substituída, no fim do século XVIII, pela eletroneurologia. Embora decididamente pluralista em sua concepção das relações entre funções psíquicas e órgãos encefálicos, Gall procede diretamente de Galeno e domina, apesar de suas extravagâncias, todas as pesquisas sobre as localizações cerebrais, durante os 60 primeiros anos do século XIX, até Broca inclusive.

Em suma, como psicofisiologia e psicopatologia, a psicologia de hoje remonta ainda ao século II.

## II. A psicologia como ciência da subjetividade

O declínio da física aristotélica, no século XVII, marca o fim da psicologia como parafísica, como ciência de um objeto natural, e, correlativamente, o nascimento da psicologia como ciência da subjetividade.

Os verdadeiros responsáveis pela chegada da psicologia moderna, como ciência do sujeito pensante, são os físicos mecanicistas do século XVII.[4]

Se a realidade do mundo não é mais confundida com o conteúdo da percepção, se a realidade é obtida e colocada por redução das ilusões da experiência sensível usual, a diminuição qualitativa dessa experiência engaja, pelo fato de ser possível como falsificação do real, a responsabilidade própria do espírito, isto é, do sujeito da experiência, enquanto ele não se identifica com a razão matemática e mecânica, instrumento da verdade e medida da realidade.

Mas essa responsabilidade é, aos olhos do físico, uma culpabilidade. A psicologia se constitui, então, como uma tarefa de desculpação do espírito. Seu projeto é o de uma ciência que, em face da física, explica por que o espírito é, por natureza, obrigado a enganar primeiramente a razão relativamente à realidade. A psicologia se faz física do sentido externo, para dar conta dos contrassensos de que a física mecanicista culpa o exercício dos sentidos na função de conhecimento.

## A - A FÍSICA DO SENTIDO EXTERNO

A psicologia, ciência da subjetividade, começa, então, como psicofísica por duas razões. Primeiramente, porque ela não pode ser menos que uma física por ser levada a sério pelos físicos. Segundo, porque ela deve procurar numa natureza, isto é, na estrutura do corpo humano, a razão de existência dos resíduos irreais da experiência humana.

Mas nem por isso se trata de um retorno à concepção antiga de uma ciência da alma, ramo da física. A nova física é um cálculo. A psicologia tende a imitá-la. Ela procurará determinar constantes quantitativas da sensação e das relações entre essas constantes.

---

4 Cf. GURWITSCH, Aron. Développement historique de la Gestalt-psychologie. In: *Thalès*, ano II, p. 167-175.

Descartes e Malebranche são aqui os precursores. Nas *Regras para a direção do espírito* (XII), Descartes propõe a redução das diferenças qualitativas entre dados sensoriais com uma diferença de figuras geométricas. Trata-se aqui de dados sensoriais enquanto são, no sentido próprio do termo, informações de um corpo por outros corpos; o que é informado pelos sentidos externos é um sentido interno, "a fantasia, que não é nada além de um corpo real e figurado". Na *Regra XIV*, Descartes trata expressamente do que Kant chamará de grandeza intensiva das sensações (*Crítica da razão pura, analítica transcendental, antecipação da percepção*): as comparações entre luzes, entre sons etc. não podem ser convertidas em relações exatas senão por analogia com a extensão do corpo figurado. Se acrescentarmos que Descartes, se ele não é propriamente falando o inventor do termo e do conceito de reflexo, afirmou, contudo, a constância da ligação entre a excitação e a reação, vemos que uma psicologia, entendida como física matemática do sentido externo começa com ele para chegar a Fechner, através da ajuda de fisiologistas como Hermann Helmholtz – apesar e contra as reservas kantianas, criticadas, por sua vez, por Herbart.

Essa variedade de psicologia é ampliada por Wundt às dimensões de uma psicologia experimental, sustentada em seus trabalhos pela esperança de evidenciar, nas leis dos "fatos de consciência", um determinismo analítico do mesmo tipo que aquele cuja mecânica e a física deixam esperar por toda ciência a universal validade.

Fechner morreu em 1887, dois anos antes de Bergson, *Ensaio sobre os dados imediatos da consciência* (1889). Wundt morreu em 1920, tendo formado muitos discípulos, dos quais alguns estão ainda vivos, e não sem ter assistido aos primeiros ataques dos psicólogos da Forma contra a física analítica, ao mesmo tempo experimental e matemática, do sentido externo, conforme as observações de Ehrenfels sobre as qualidades de forma (*Ueber gestaltqualitäten*, 1890), observações estas aparentadas com as análises de Bergson sobre as totalidades percebidas como formas orgânicas dominando suas partes supostas (*Ensaio*, cap. II).

## B – A CIÊNCIA DO SENTIDO INTERNO

Mas a ciência da subjetividade não se reduz à elaboração de uma física do sentido externo, ela se propõe e se apresenta como a ciência da consciência de si ou a ciência do sentido interno. É do século XVIII que data o termo psicologia, tendo o sentido de ciência do eu (Wolff). Toda a história dessa psicologia pode escrever-se como a dos contrassensos dos quais as *Meditações* de Descartes foram o motivo, sem carregar a responsabilidade.

Quando Descartes, no início da *Meditação III*, considera seu "interior" para tratar de tornar-se mais conhecido e mais familiar a ele mesmo, essa consideração visa ao pensamento. O interior cartesiano, consciência do *Ego cogito*, é o conhecimento direto que a alma tem dela mesma, enquanto entendimento puro. As *Meditações* são chamadas por Descartes de *metafísicas*, porque elas pretendem atingir diretamente a natureza e a essência do *Eu penso* na apreensão imediata de sua existência. A meditação cartesiana não é uma confidência pessoal. A reflexão que dá ao conhecimento do Eu o rigor e a impessoalidade da matemática não é essa observação de si que os espiritualistas, no início do século XIX, não temerão fazer patrocinar por Sócrates, a fim de que Pierre-Paul Royer-Collard possa dar a Napoleão I a segurança de que o *Conhece-te*, o *Cogito* e a *Introspecção* fornecem ao trono e ao altar seu fundamento inexpugnável.

O interior cartesiano nada tem de comum com o sentido interno dos aristotélicos "que concebe seus objetos interiormente e dentro da cabeça",[5] e do qual se viu que Descartes o considera como um aspecto do corpo (*Regra XIII*). É a razão pela qual Descartes diz que a alma se conhece diretamente e mais comodamente que o corpo. Está aí uma afirmação cuja intenção polêmica explícita se ignora muito frequentemente, porque, segundo os aristotélicos, a alma não se conhece diretamente.

> "O conhecimento da alma não é direto, mas somente por reflexão. Porque a alma é semelhante ao olho que vê tudo e não pode

5 DU PLEIX, Scipion. Op. cit. *Physique*. p. 439.

> ver-se a si próprio senão por reflexão, como num espelho... e a alma igualmente não se vê e não se conhece senão por reflexão e reconhecimento de seus efeitos."[6]

Tese que suscita a indignação de Descartes, quando Gassendi a retoma em suas objeções contra a *Meditação III*, e à qual ele responde: "Não é o olho que se vê a ele próprio, nem o espelho, mas sim o espírito, o qual somente conhece tanto o espelho, quanto o olho e a si mesmo."

Ora, essa réplica decisiva não consegue acabar com esse argumento escolástico. Maine de Biran o volta uma vez mais contra Descartes na *Mémoire sur la décomposition de la pensée*; Auguste Comte o invoca contra a possibilidade da introspecção, isto é, contra esse método de conhecimento de si que Pierre-Paul Royer-Collard empresta de Reid para fazer da psicologia a propedêutica científica da metafísica, justificando pela via experimental as teses tradicionais do substancialismo espiritualista.[7] O próprio Cournot, em sua sagacidade, não desdenha o fato de retomar o argumento a favor da ideia de que a observação psicológica concerne mais à conduta de outrem que ao eu do observador, que a psicologia se aparenta mais com a prudência do que com a ciência, e que "é da natureza dos fatos psicológicos traduzir-se em aforismos mais do que em teoremas".[8]

É que se desconheceu o ensinamento de Descartes, ao mesmo tempo, constituindo, contra ele, uma psicologia empírica como história natural do eu – de Locke a Ribot, passando por Condillac, os ideólogos franceses e os utilitaristas ingleses – e constituindo, segundo ele, acreditava-se, uma psicologia racional fundamentada na intuição de um eu substancial.

Kant conserva ainda hoje a glória de ter estabelecido que, se Wolff pôde batizar esses recém-nascidos pós-cartesianos (*Psychologia empirica*, 1732; *Psychologia rationalis*, 1734), nem por isso

---

6 *Ibidem*, p. 353.

7 *Curso de filosofia positiva*, 1ª lição.

8 *Essai sur les fondements de nos connaissances*, 1851, §§ 371-376.

conseguiu fundamentar suas pretensões na legitimidade. Kant mostra que, por um lado, o sentido interno fenomenal é somente uma forma da intuição empírica, que ele tende a confundir-se com o tempo, que, por outro lado, o eu, sujeito de todo julgamento de apercepção, é uma função de organização da experiência, mas do qual não poderia haver ciência, já que ele é a condição transcendental de toda ciência. Os *Primeiros princípios metafísicos da ciência da natureza* (1786) contestam à psicologia o alcance de uma ciência, seja à imagem da matemática, seja à imagem da física. Não há psicologia matemática possível, no sentido em que existe uma física matemática. Mesmo se aplicarmos às modificações do sentido interno, em virtude da antecipação da percepção relativa às grandezas intensivas, a matemática do contínuo, não obteremos nada de mais importante do que o seria uma geometria limitada ao estudo das propriedades da linha reta. Também não há psicologia experimental no sentido em que a química se constitui pelo uso da análise e da síntese. Não podemos nem sobre nós mesmos, nem sobre outrem, nos entregar a experiências. E a observação interna altera seu objeto. Querer surpreender-se a si mesmo na observação de si conduziria à alienação. A psicologia não pode, pois, ser senão descritiva. Seu lugar verdadeiro está numa *Antropologia*, como propedêutica a uma teoria da habilidade e da prudência, coroada por uma teoria da sabedoria.

## C – A CIÊNCIA DO SENTIDO ÍNTIMO

Se chamarmos psicologia clássica aquela que temos a intenção de refutar, é preciso dizer que em psicologia há sempre clássicos para alguém. Os ideólogos, herdeiros dos sensualistas, podiam considerar como clássica a psicologia escocesa, que não pregava como eles um método indutivo senão para afirmar melhor, contra eles, a substancialidade do espírito. Mas a psicologia atomística e analítica dos sensualistas e dos ideólogos, antes de ser rejeitada como psicologia clássica pelos teóricos da *Gestaltpsychologie*, era já considerada como tal por um psicólogo romântico como Maine de Biran. Por ele, a psicologia torna-se a técnica do diário íntimo e a ciência do sentido íntimo. A solidão de Descartes era a ascese de um matemático. A solidão de Maine de Biran é a ociosidade de um subprefeito. O *Eu penso* cartesiano fundamenta o pensamento em si. O *Eu quero* biraniano fundamenta a consciência por si, contra a exterioridade. Em seu gabinete fechado, Maine de Biran descobre que a análise psicológica não consiste em simplificar, mas em complicar, que o fato psíquico primitivo não é um elemento, mas já um relatório, que esse relatório é vivido no esforço. Ele chega a duas conclusões, inesperadas para um homem cujas funções são de autoridade, isto é, de comando: a consciência requer o conflito de um poder e de uma resistência; o homem não é, como pensava De Bonald, uma inteligência servida por órgãos, mas uma organização viva servida por uma inteligência. É necessário que a alma seja encarnada, e, então, não há psicologia sem biologia. A observação de si não dispensa o recurso à fisiologia do movimento voluntário, nem à patologia da afetividade. A situação de Maine de Biran é única entre os dois Royer-Collard. Ele dialogou com o doutrinário e foi julgado pelo psiquiatra. Temos de Maine de Biran um *Promenade avec M. Royer-Collard dans les jardins du Luxembourg*, e temos de Antoine-Athanase Royer-Collard, irmão caçula do precedente, um *Examen de la doctrine de Maine de Biran.*[9] Se Maine de Biran não tivesse lido e discutido Cabanis (*Rapports du physique et du moral de l'homme*, 1798), se ele não tivesse lido e discutido Bichat (*Recherches sur la vie et la mort*, 1800), a história da psicologia patológica o ignoraria, o que ela não pode. O segundo Royer-Collard é, de acordo com Pinel e com Esquirol, um dos fundadores da Escola Francesa de Psiquiatria. Pinel tinha advogado pela ideia de que os alienados são, ao mesmo tempo, doentes como os outros, nem possuídos, nem criminosos, e diferentes dos outros, então devendo ser tratados separadamente dos outros e separadamente, segundo os casos, em serviços hospitalares especializados. Pinel fundou a medicina mental como disciplina indepen-

9 Publicado por seu filho Hyacinthe Royer-Collard (nos *Annales Médico-Psychologiques*, 1843. t. II, p. 1).

dente, a partir do isolamento terapêutico dos alienados em Bicêtre e na Salpêtrière. Royer-Collard imita Pinel na Maison Nationale de Charenton, da qual ele se torna o médico chefe em 1805, no mesmo ano em que Esquirol sustenta sua tese de medicina sobre as *Passions considérées comme causes, symptômes et moyens curatifs de l'aliénation mentale*. Em 1816, Royer-Collard se torna professor de medicina legal na Faculdade de Medicina de Paris, depois, em 1821, primeiro titular da cadeira de medicina mental. Royer--Collard e Esquirol tiveram como alunos Calmeil, que estudou a paralisia nos alienados, Bayle, que reconheceu e isolou a paralisia geral, Félix Voisin, que criou o estudo do retardamento mental nas crianças. E é na Salpêtrière que, depois de Pinel, Esquirol, Lelut, Baillarger e Falret, entre outros, Charcot se torna, em 1862, chefe de um serviço cujos trabalhos serão seguidos por Théodule Ribot, Pierre Janet, o Cardeal Mercier, e Sigmund Freud.

Tínhamos visto a psicopatologia começar positivamente em Galeno; vemo-la terminar em Freud, criador, em 1896, do termo *psicanálise*. A psicopatologia não se desenvolveu sem relação com outras disciplinas psicológicas. Por conta das pesquisas de Biran, ela obriga a filosofia a perguntar-se, desde mais de um século, de qual dos dois Royer-Collard ele deve emprestar a ideia que é preciso conhecer a psicologia. Assim, a psicopatologia é, ao mesmo tempo, juíza e parte no debate ininterrupto de que a metafísica legou a direção à psicologia, sem, aliás, renunciar a dar sua palavra, sobre as relações do físico e do psíquico. Essa relação foi, por muito tempo, formulada como somatopsíquica, antes de tornar-se psicossomática. Essa inversão é a mesma, aliás, que a que se operou na significação dada ao inconsciente. Se identificamos psiquismo e consciência – abonando-se em Descartes, erroneamente ou com razão –, o inconsciente é de ordem física. Se pensamos que do psíquico talvez inconsciente, a psicologia não se reduz à ciência da consciência. O psíquico não é mais somente o que está escondido, mas o que se esconde, o que escondemos; ele não é mais somente o íntimo, mas também – segundo um termo retomado dos místicos por Bossuet – abissal. A psicologia não é mais somente a ciência da intimidade, mas a ciência das profundezas da alma.

## III. A psicologia como ciência das reações e do comportamento

Propondo definir o homem como organização viva servida por uma inteligência, Maine de Biran marcava antecipadamente – melhor, parece, que Gall, segundo o qual, segundo Lelut, "o homem não é mais uma inteligência, mas uma vontade servida por órgãos"[10] – o terreno no qual se ia constituir, no século XIX, uma nova psicologia. Mas, ao mesmo tempo, ele lhe atribuía seus limites, visto que, em sua *Antropologia*, ele situava a vida humana entre a vida animal e a vida espiritual.

O século XIX vê constituir-se, ao lado da psicologia como patologia nervosa e mental, como física do sentido externo, como ciência do sentido interno e do sentido íntimo, uma biologia do comportamento humano. As razões desse advento nos parecem ser as seguintes. Primeiramente, razões científicas, a saber, a constituição de uma biologia como teoria geral das relações entre os organismos e os meios, e que marca o fim da crença na existência de um reino humano separado; em seguida, razões técnicas e econômicas, a saber, o desenvolvimento de um regime industrial orientando a atenção para o caráter industrioso da espécie humana, e que marca o fim da crença na dignidade do pensamento especulativo; enfim, razões políticas, que se resumem no fim da crença nos valores de privilégio social e na difusão do igualitarismo: a conscrição e a instrução pública tornando-se negócio de estado, a reivindicação de igualdade diante dos encargos militares e funções civis (a cada um segundo seu trabalho, ou suas obras, ou seus méritos) é o fundamento real, embora frequentemente não percebido, de um fenômeno próprio às sociedades modernas: a prática generalizada da avaliação, no sentido amplo, como determinação da competência e despistamento da simulação.

Ora, o que caracteriza, a nosso ver, essa psicologia dos comportamentos, em relação aos outros tipos de estudos psicológicos,

---

10 *O que é a frenologia? Ou ensaio sobre a significação e o valor dos sistemas de psicologia em geral e do de Gall, em particular*. Paris, 1836. p. 401.

é sua incapacidade constitucional em apreender e em exibir com clareza seu projeto instaurador. Se, entre os projetos instauradores de certos tipos anteriores de psicologia, alguns podem ser tidos como contrassensos filosóficos, aqui, ao contrário, toda relação com uma teoria filosófica sendo recusada, coloca-se a questão de saber de onde uma pesquisa psicológica tal pode tirar seu sentido. Aceitando tornar-se, sobre o padrão da biologia, uma ciência objetiva das aptidões, das reações e do comportamento, essa psicologia e esses psicólogos esquecem totalmente de situar seu comportamento específico em relação às circunstâncias históricas e aos meios sociais nos quais eles são levados a propor seus métodos ou técnicas, e a fazer aceitar seus serviços.

Nietzsche, esquematizando a psicologia do psicólogo no século XIX, escreve:

> "Nós, psicólogos do futuro..., nós consideramos quase como um sinal de degenerescência o instrumento que se quer conhecer a si mesmo, somos os instrumentos do conhecimento e gostaríamos de ter toda a ingenuidade e a precisão de um instrumento, então, não devemos nos analisar a nós mesmos, conhecer-nos."[11]

Surpreendente mal-entendido, e quão revelador! O psicólogo quer ser somente um instrumento, sem procurar saber de quem ou de quê ele é o instrumento. Nietzsche tinha parecido mais bem inspirado quando, no início da *Genealogia da moral*, ele se tinha inclinado sobre o enigma que representam os psicólogos ingleses, isto é, os utilitaristas, preocupados com a gênese dos sentimentos morais. Ele se perguntava, então, o que tinha levado os psicólogos na direção do cinismo, na explicação das condutas humanas pelo interesse, pela utilidade e pelo esquecimento dessas motivações fundamentais. E eis que, diante da conduta dos psicólogos do século XIX, Nietzsche renuncia a todo cinismo por provisão, isto é, a toda lucidez!

A ideia de utilidade, como princípio de uma psicologia, estava ligada à tomada de consciência filosófica da natureza humana

---

11 *A vontade de poder*. Tradução de Bianquis, livro III, § 335.

como poder de artifício (Hume, Burke), mais prosaicamente à definição do homem como fabricante de ferramentas (os Enciclopedistas, Adam Smith, Franklin). Mas o princípio da psicologia biológica do comportamento não parece ter-se afastado, da mesma maneira, de uma tomada de consciência filosófica explícita, sem dúvida porque ele não pode funcionar senão com a condição de ficar informulável. Esse princípio é a definição do próprio homem como ferramenta. Ao utilitarismo, implicando a ideia da utilidade para o homem, a ideia do homem juiz da utilidade sucedeu o instrumentalismo, implicando a ideia de utilidade do homem, a ideia do homem como meio de utilidade. A inteligência não é mais o que faz os órgãos e se serve deles, mas o que serve os órgãos. E não é impunemente que as origens históricas da psicologia de reação devem ser procuradas nos trabalhos suscitados pela descoberta da equação pessoal própria aos astrônomos utilizando o telescópio (Maskelyne, 1796). O homem foi estudado inicialmente como instrumento do instrumento científico, antes de sê-lo como instrumento de todo instrumento.

As pesquisas sobre as leis da adaptação e da aprendizagem, sobre a relação da aprendizagem e das atitudes, sobre a detecção e a medida das aptidões, sobre as condições do rendimento e da produtividade (que se trate de indivíduos ou de grupos) – pesquisas inseparáveis de suas aplicações à seleção ou à orientação – admitem todas um postulado implícito comum: a natureza do homem é de ser um instrumento, sua vocação é de ser colocado em seu lugar, em sua tarefa.

É claro, Nietzsche tem razão em dizer que os psicólogos querem ser os "instrumentos ingênuos e precisos" desse estudo do homem. Eles se esforçaram para chegar a um conhecimento objetivo, mesmo se o determinismo que eles pesquisam nos comportamentos não é mais hoje o determinismo de tipo newtoniano, familiar aos primeiros físicos do século XIX, mas antes um determinismo estatístico, progressivamente assentado sobre os resultados da biometria. Mas, enfim, qual é o sentido desse instrumentalismo à segunda potência? O que leva ou inclina os psicólogos a fazerem-se, entre os homens, os instrumentos de uma ambição de tratar o homem como um instrumento?

Nos outros tipos de psicologia, a alma ou o sujeito, forma natural ou consciência de interioridade, é o princípio se se dá para justificar em valor uma certa ideia do homem em relação com a verdade das coisas. Mas, para uma psicologia em que a palavra alma afugenta, e a palavra consciência ri, a verdade do homem é dada no fato de que não há mais ideia do homem, enquanto valor diferente do de uma ferramenta. Ora, é preciso reconhecer que, para que possa ser questão de uma ideia de ferramenta, é preciso que nem toda ideia seja colocada na posição de ferramenta, e que, para poder atribuir a uma ferramenta algum valor, é necessário, precisamente, que nem todo valor seja o de uma ferramenta cujo valor subordinado consiste em obter dele algum outro. Se, então, o psicólogo não busca seu projeto de psicologia numa ideia do homem, crê ele poder legitimá-lo por seu comportamento de utilização do homem? Nós dizemos: por seu comportamento de utilização, apesar de duas objeções possíveis. Podem-nos fazer observar, com efeito, por um lado, que esse tipo de psicologia não ignora a distinção entre a teoria e a aplicação; por outro, que a utilização não é o fato do psicólogo, mas daquele ou daqueles que lhe pedem relatórios ou diagnósticos. Responderemos que, salvo confundir o teórico da psicologia e o professor de psicologia, deve-se reconhecer que o psicólogo contemporâneo é, no mais das vezes, um prático profissional cuja "ciência" é completamente inspirada pela pesquisa de "leis" da adaptação a um meio sociotécnico – e não a um meio natural – o que confere sempre a suas operações de "medida" uma significação de apreciação e um alcance de avaliação. De maneira que o comportamento do psicólogo do comportamento humano encerra quase obrigatoriamente uma convicção de superioridade, uma boa consciência dirigista, uma mentalidade de administrador das relações do homem com o homem. É por isso que se deve chegar à questão cínica: quem designa os psicólogos como instrumentos do instrumentalismo? Em quê se reconhece aqueles dentre os homens que são dignos de atribuir ao homem-instrumento seu papel e sua função? Quem orienta os orientadores?

Não nos colocamos, isso é óbvio, no terreno das capacidades e da técnica. Que haja bons ou maus psicólogos, isto é, técnicos hábeis depois da aprendizagem, ou malfeitores por parvoíce não sancionada pela lei, não é a questão. A questão é que uma ciência ou uma técnica científica não contêm por elas mesmas nenhuma ideia que lhes confere seu sentido. Em sua *Introdução à psicologia*, Paul Guillaume fez a psicologia do homem submetido a uma prova de teste. O testado se defende contra uma tal investigação, ele teme que exerçam sobre ele uma ação. Guillaume vê nesse estado de espírito um reconhecimento implícito da eficacidade do teste. Mas poder-se-ia ver aí também um embrião da psicologia do testador. A defesa do testado é a repugnância em se ver tratado como um inseto, por um homem em quem ele não reconhece nenhuma autoridade para lhe dizer o que ele é e o que ele deve fazer. "Tratar como um inseto", a palavra é de Stendhal, que a pega emprestada de Cuvier.[12] E se tratássemos o psicólogo como um inseto; se aplicássemos, por exemplo, ao sombrio e insípido Kinsey a recomendação de Stendhal?

Dizendo de outro modo, a psicologia de reação e de comportamento, nos séculos XIX e XX, acreditou tornar-se independente, separando-se de toda filosofia, isto é, da especulação que procura uma ideia do homem olhando para além dos dados biológicos e sociológicos. Mas essa psicologia não pode evitar a recorrência de seus resultados sobre o comportamento daqueles que os obtêm. E a questão "O que é a psicologia?", na medida em que interdizemos à filosofia de procurar sua resposta, torna-se "Onde querem chegar os psicólogos fazendo o que fazem? Em nome de que eles se instituíram psicólogos?" Quando Gedeão recruta os combatentes israelitas à frente dos quais ele afasta os madianitas para além do

12 "Em vez de odiar o livreirinho da vila vizinha que vende o *Almanaque popular*, dizia eu a meu amigo Sr. de Ranville, aplique-lhe o remédio indicado pelo célebre Cuvier; trate-o como um inseto. Procure quais são seus meios de subsistência, tente adivinhar suas maneiras de fazer amor." (*Mémoires d'un Touriste*. Ed. Calmann-Lévy. tomo II, p. 23.)

Jordão (*A Bíblia:* Juízes, Livro VII), ele utiliza um teste com dois graus que lhe permite só reter inicialmente 10 mil homens dos 32 mil, depois 300 dos 10 mil. Mas esse teste deve ao Eterno não só o fim de sua utilização, mas também o procedimento de seleção utilizado. Para selecionar um selecionador, é preciso normalmente transcender o plano dos procedimentos técnicos de seleção. Na imanência da psicologia científica a questão permanece: quem tem, não a competência, mas a missão de ser psicólogo? A psicologia repousa sempre sobre um desdobramento, mas não é mais o da consciência, segundo os fatos e as normas que comporta a ideia do homem, é o de uma massa de "sujeitos" e de uma elite corporativa de especialistas investindo-se eles próprios de sua própria missão.

Em Kant, e em Maine de Biran, a psicologia se situa numa *Antropologia*, isto é, apesar da ambiguidade, hoje muito na moda, desse termo, numa filosofia. Em Kant, a teoria geral da habilidade humana continua em relação com uma teoria da prudência. A psicologia instrumentalista se apresenta como uma teoria geral da habilidade, fora de toda referência à prudência. Se não podemos definir essa psicologia por uma ideia do homem, isto é, situar a psicologia na filosofia, não temos o poder, é claro, de interdizer a quem quer que seja de se dizer psicólogo e de chamar de psicologia o que ele faz. Mas ninguém pode mais interdizer à filosofia de continuar a interrogar-se sobre o estatuto maldefinido da psicologia, maldefinido do lado das ciências, como do lado das técnicas. A filosofia se conduz, agindo assim, com sua ingenuidade constitutiva, tão pouco semelhante à patetice que ela não exclui um cinismo provisório, e que a conduz a se voltar, uma vez mais, do lado popular, isto é, do lado nativo dos não especialistas.

É, pois, muito vulgarmente que a filosofia coloca à psicologia a questão: diga-me a que você visa, para que eu saiba o que você é. Mas o filósofo pode também dirigir-se ao psicólogo sob a forma – uma vez não é sempre – de um conselho de orientação, e dizer: quando se sai da Sorbonne pela rua Saint-Jacques, pode-se subir ou descer; se vamos subindo, aproximamo-nos do Panthéon, que é o Conservatório de alguns grandes homens, mas se vamos descendo, dirigimo-nos com certeza para a Chefatura da Polícia.

# MEDICINA

## 1. TERAPÊUTICA, EXPERIMENTAÇÃO, RESPONSABILIDADE[1]

Em medicina, como nas outras esferas da atividade humana, a tradição se vê sempre mais rapidamente depreciada pela aceleração das invenções técnicas. Lamentar esse estado de coisas não é necessariamente adotar uma atitude reacionária. Porque a tradição é somente uma rotina e a recusa da invenção; ela é, também, para toda invenção, prova de eficácia, discriminação progressiva dos benefícios e dos inconvenientes, revisão de consequências inicialmente latentes, em resumo, experiência de uso. O entusiasmo pelo progresso técnico privilegia a novidade em relação ao uso. O homem reencontra aqui, sob uma forma erudita, uma tática muito primitiva do ser vivo, mesmo unicelular: a dos ensaios e dos erros, mas com essa diferença, que a reiteração acelerada dos ensaios o priva do tempo necessário à instrução pelo erro. A invenção técnica se inscreve doravante no termo técnico, que é desvario e descontinuidade, e fora do tempo biológico, que é maturação e duração.

A medicina, que não pode e não deve rejeitar, para a defesa da vida, nenhum dos socorros que a vida pode receber da técnica, passa a ser, necessária e eletivamente, o campo no qual o vivente humano toma consciência do conflito, da discordância entre os valores orgânicos e os valores mecânicos, no sentido amplo de ar-

1 Extraído da *Revue de l'Enseignement Supérieur*, 2, 1959.

tifício. Como, além disso, a medicina, tanto quanto qualquer outra forma de atividade técnica, é, hoje, um fenômeno na escala das sociedades industriais, escolhas de caráter político se acham implicadas em todos os debates concernentes às relações do homem e da medicina. Toda tomada de posição concernente aos meios e fins da nova medicina comporta uma tomada de posição, implícita ou explícita, concernente ao futuro da humanidade, à estrutura da sociedade, às instituições de higiene e de segurança social, ao ensino da medicina, à profissão médica, de tal maneira que, às vezes, é incômodo distinguir o que leva a melhor, em algumas polêmicas, preocupação para o futuro da humanidade ou temores para o futuro do estatuto dos médicos. Não é somente a razão que tem suas astúcias, os interesses também têm as suas.

A forma hoje mais aguda da crise da consciência médica é a diversidade, e até a oposição de opiniões relativas à atitude e ao dever do médico, diante das possibilidades terapêuticas que lhe oferecem os resultados da pesquisa em laboratório, a existência dos antibióticos e das vacinas, a afinação de intervenções cirúrgicas de restauração, de implante ou de prótese, a aplicação ao organismo dos corpos radioativos. O público dos doentes reais ou possíveis deseja e teme, ao mesmo tempo, a ousadia em terapêutica. Por um lado, estima-se que tudo o que pode ser feito para proporcionar a cura deve ser feito, e aprova-se toda tentativa para recuar os limites do possível. Por outro, teme-se que se deva reconhecer nessas tentativas o espírito antifísico que anima a técnica, a extensão de um fenômeno universal de desnaturação que atinge agora o corpo humano. A terapêutica moderna parece ter perdido de vista toda norma natural de vida orgânica. Sem referência expressa, muito frequentemente, à norma singular de saúde de tal ou tal doente, a medicina é levada, pelas condições sociais e legais de sua intervenção no seio das coletividades, a tratar o vivente humano como uma matéria para a qual normas anônimas, julgadas superiores às normas individuais espontâneas, podem ser impostas. O que de surpreendente se o homem moderno apreende confusamente, errando ou acertando, que a medicina chega a despossuí-lo, sob o pretexto de servi-lo, de sua existência orgânica própria e da responsabilidade que ele pensa caber-lhe nas decisões que concernem ao seu curso.

Nesse debate, os médicos não estão à vontade. Servidores, conselheiros e diretores de seus doentes, oscilam entre o desejo de seguir a opinião e a necessidade de esclarecê-la. Raros são os que, aderindo sem restrições a algum ideal de tecnocracia explícita, reivindicam, em nome de valores biológicos e sociais impessoais, o direito integral de usar da experimentação terapêutica, sem olhar para os valores bioafetivos em nome dos quais os indivíduos acreditam ter algum direito sobre seu próprio organismo e algum direito de atenção sobre a maneira como dispõem dele, aplicando-lhe tal ou tal terapêutica revolucionária, mais ou menos próxima de seus inícios experimentais. Mais numerosos são, por outro lado, os médicos que proclamam seu apego aos deveres médicos tradicionais (*primum non nocere*), e que, reunindo as conclusões de uma moral humanista ou personalista difusa, a coberto de diversas ideologias, nas sociedades semiliberais do Ocidente, tomam o que se tornou banal chamar partido do homem. Em defesa dessa posição, busca-se o socorro da tradição hipocrática, um tanto ou quanto solicitada, e sob o nome de confiança na natureza, lembrando, ao mesmo tempo, que só há doentes e não doenças, há um esforço para desacreditar a técnica que se identifica com o exagero, e para fazer, simultaneamente, a apologia da clínica e da ética médicas.

Gostaríamos muito de admitir que o partido do homem é o bom partido, e que caiba ao homem pronunciar-se em último recurso sobre as relações da medicina e do homem, visto que é ele quem está, finalmente, em questão aqui. Mas a ingenuidade ou a inocência, se elas existem, não constituem a autoridade requerida de um juiz, em matérias onde a natureza e a arte não são discriminadas por um índex infalível. Nada é mais comum no homem que a ilusão sobre seu próprio bem, mesmo orgânico. Se a humanidade se deu uma medicina, é porque ela não podia dispensá-la.

Sobre tal assunto, um juiz poderia ser um filósofo. Mas acontece com o filósofo o que acontece com o juiz. Um e outro são a ideia de uma possibilidade. E é precisamente em nome dessa ideia que todo homem que se gostaria de designar pelos nomes de juiz ou de filósofo deve recusar a denominação.

O juiz seria, então, um teólogo? Mas um juiz assim, que, ele pelo menos, diferentemente do filósofo, se aceita como tal, não será reconhecido por todas as partes no debate. As sociedades modernas, nas quais se coloca e se agita a questão das relações entre o homem e a técnica, são dessacralizadas, precisamente pelos efeitos das ciências e das técnicas, das sociedades nas quais os subordinados ancilares da teologia se emanciparam.

Na falta de um juiz, contentar-nos-emos com um jurista ou com um legista? Mas um e outro fazem profissão de ciência em matéria de direito ou de leis. Eles não têm poder de decisão, nem de legislação, nessas matérias.

Reconheçamos o fato. Não existe hoje nenhuma qualificação de competência no enunciado e na prescrição de regras destinadas a conter, em limites incontestados pela consciência moral, a audácia terapêutica que as novas técnicas médicas e cirúrgicas mudam tão facilmente em temeridade.

* * *

Uma interrogação tal sobre os deveres do médico, quando técnicas inéditas de prevenção ou de cura lhe são oferecidas, não é sem precedente. Houve um tempo em que a reflexão sobre questões dessa ordem era considerada como uma das atribuições da filosofia. Lembrá-la não é ceder a alguma nostalgia de uma época em que a filosofia teria tido mais audiência e prestígio que hoje, porque se pode discutir sobre isso, mas é, pelo menos, reconhecer que houve um tempo em que ela tinha mais coragem, mesmo infeliz.

No último escrito que o próprio Kant publicou, em 1798, *O conflito das faculdades*, encontra-se exposto, ao mesmo tempo que o estatuto do alto ensino universitário do século XVIII, no qual uma sociedade em transformação de estrutura pode ainda perceber a hierarquia dos conhecimentos que ela reconhecia até então, um sistema de princípios para uma organização, mais racional que corporativa, das diferentes seções da cultura e do saber, concorrendo para um fim único, a humanização do homem pela luz do verdadeiro.

A divisão das Faculdades em Faculdades superiores (teologia, direito, medicina) e Faculdades inferiores (filosofia, isto é, segundo a nomenclatura de hoje, letras e ciências) evidencia-se para Kant uma divisão legítima, ainda que dependente da decisão da autoridade política, na medida em que o governo tem o direito de zelar, pelo controle indireto que ele exerce sobre as Faculdades superiores, pelos meios através dos quais o povo se preocupa em garantir o seu bem, sob o triplo aspecto da salvaguarda, da propriedade e da saúde.

Entre as Faculdades superiores, Kant considera a Faculdade de medicina como a mais livre das três, a mais próxima da Faculdade de filosofia. Com efeito, o médico, diz Kant, é um "artista" e, como tal, ele deve utilizar um saber pelo qual depende não somente de sua própria Faculdade, mas também da Faculdade de filosofia, na medida em que ela comporta um ensino da matemática e da física, como propedêutica obrigatória. O governo não deve prescrever ao médico regras de conduta. Elas não podem ser tiradas senão de um saber buscado nas fontes da natureza, que uma Faculdade deve sistematizar, mas que nenhum governo poderia codificar. É somente como protetor da saúde pública que um governo pode supervisionar a prática e a profissão médicas, através de uma Comissão superior da saúde e por meio de regras sanitárias. Esses regulamentos são antes de tudo negativos: reservar o exercício da profissão somente aos diplomados, proibi-lo aos empíricos, segundo a norma lembrada por Kant: "Não há *Jus impune occidendi* [Não há direito de matar impunemente], segundo o princípio: *Fiat experimentum in corpore vili*" [Faça-se experimento em corpo sem valor]. O governo pode e deve, por conseguinte, exigir de todo prático que ele fique submisso ao julgamento de sua Faculdade, em relação somente com a política médica.

Percebe-se sem dificuldade o alcance e os limites exatos das reflexões de Kant: o dever de cuidar para que a terapêutica não se volte para a experimentação cega e irresponsável é confiado à própria Faculdade de medicina, na medida em que o exercício da prática médica é proibido pela lei aos empíricos e reservado aos diplomados.

Mas se acontecesse de ser na própria Faculdade que um novo saber, a partir daí retirado dos resultados da técnica e não mais somente das fontes da natureza, viesse a introduzir o imperativo do *fiat experimentum*, quem, então, se levantaria contra o *jus impune occidendi*? O que fazer, se a divisão se introduzisse, na própria Faculdade, entre tradicionalistas e inovadores? O que fazer se, por acaso, acontecesse de se emprestar dos empíricos, desacreditados pela lei, alguma prática da qual só a aplicação sistemática e refletida, mas necessariamente aleatória no início, permitisse constatar que, afinal de contas, ela também é retirada das fontes da natureza? Se acontece que um saber prévio garanta a validade das aplicações que se fazem dele, não faltam casos em que é a técnica espontânea que cria as condições de aparecimento do saber e, então, o precede.

Kant encontrou esse problema, sob a forma do ensaio dos métodos de luta coletiva contra a varíola, no século XVIII: inoculação ou variolização, depois vacinação. A flutuação do julgamento de Kant é bem instrutiva. Ora ele admite que a técnica é preferível à natureza, mas que um problema de responsabilidade aparece, que só o médico não pode resolver:

> "Entre as aflições variadas que o destino suspendeu por cima da espécie humana, existe uma – as doenças – para a qual o perigo é maior de se confiar que a natureza tome a dianteira e colocá-la ao seu lado para curar com mais segurança; trata-se da varíola, a respeito da qual eis agora a questão moral: o homem racional tem o direito de se dar a varíola por inoculação, a ele mesmo e aos outros que não têm juízo (as crianças) – ou, então, essa maneira de se colocar em perigo de morte (ou de mutilação) não é, do ponto de vista moral, totalmente inadmissível: nesse ponto, não é, então, o médico sozinho, mas também o jurista moral que será necessário requerer."

Ora ele tenta uma definição do *corpus vile* sobre o qual a experimentação seria legítima e, correlativamente, uma definição dos ensaios no homem de novas terapêuticas, ensaios que ele assimila à ação épica: *Fiat experimentum in corpore vili*, e por *vilia* entende-se cada sujeito que não é, ao mesmo tempo, legislador (republicano). A vacinação se inscreve, então, sob a rubrica das *heroica*.

Parece que, definitivamente, e no dizer de um de seus biógrafos, Kant tenha renunciado a legitimar, em matéria de medicina, a superioridade da ousadia técnica sobre a confiança naturista:

> "Ele considerava a descoberta de Brown como uma descoberta capital... Mas sua disposição foi, desde o primeiro momento, exatamente inversa, quando o Dr. Jenner deu a conhecer a descoberta da vacinação quanto ao seu grande proveito para a espécie humana. Ele lhe recusava, mesmo muito tarde, o nome de varíola preventiva; ele pensava até que a humanidade aí se familiarizaria muito com a animalidade, e que lhe inoculavam talvez uma espécie de brutalidade (no sentido físico). E mais, ele temia que pela mistura do miasma animal ao sangue ou, pelo menos, à linfa, se comunicasse ao homem receptividade para esse mal contagioso. Enfim, ele punha até em dúvida, fundamentando-se na falta de experiências suficientes, a virtude preventiva (da vacinação) contra a varíola humana."[2]

Percebe-se aqui como os escrúpulos do moralista acabam por anular a questão que ele examina, enquanto encontram argumento, contra a utilização de uma terapêutica, na insuficiência das provas às quais ela foi submetida. Se nos abstivermos de experimentar, jamais julgaremos as experiências suficientes.[3]

É, então, diretamente, só do ponto de vista técnico, que se deve abordar as relações da medicina e da experimentação, sem que, por isso, se perca de vista que as questões de ordem ética colocadas por Kant conservam toda sua significação.

* * *

Os médicos sempre experimentaram, no sentido de que sempre esperaram um ensino de seus gestos, quando eles tomavam a

---

2 Somos gratos a M. Francis Courtès, professor do primeiro superior do Lycée de Montpellier, pela tradução dessas citações de Kant e de sua biografia, Wasianski.

3 Encontraremos em um artigo de Pr. Pasteur-Vallery-Radot, posterior a nosso estudo, uma relação de acusações lançadas contra Pasteur no momento em que ele experimenta no homem a vacina antirrábica (*Revue de Paris*, dezembro de 1964).

iniciativa. É mais frequentemente na urgência que o médico deve decidir. É sempre com indivíduos que ele trata. A urgência das situações e a individuação dos objetos se prestam mal ao conhecimento *more geometrico*. É preciso tomar seu partido da obrigação profissional de tomar partido. Nesse ponto, os médicos, longe de se deixar impor por uma opinião puerilizada de vãs precauções oratórias, deveriam tomar virilmente a responsabilidade de reivindicar uma regra de conduta sem a qual não seriam o que o público espera que eles sejam: práticos. A primeira obrigação dos médicos em geral, com relação aos seus doentes, consiste, pois, em reconhecer abertamente a natureza própria de seus gestos terapêuticos. Cuidar é fazer uma experiência. Os médicos franceses costumam ir procurar nos escritos de Claude Bernard a autoridade de alguns aforismos de metodologia geral. Que tirem daí também a permissão de afirmar que "todos os dias o médico faz experiências terapêuticas com seus doentes, e, todos os dias, o cirurgião pratica vivisecções em seus operados", e que "entre as experiências que se pode tentar no homem, as que somente podem prejudicar são proibidas, as que são inocentes são permitidas, e as que podem fazer bem são ordenadas". Mas, como Claude Bernard, nem, aliás, quem quer que seja, pode dizer antecipadamente por onde passa o limite entre o nocivo, o inocente e o que faz bem, como esse limite pode variar de um doente ao outro, que todo médico se diga e faça saber que em medicina só se experimenta, isto é, só se cuida, tremendo. Melhor, uma medicina cuidadosa do homem em sua singularidade de vivente só pode ser uma medicina que experimenta. Não se pode não experimentar no diagnóstico, no prognóstico, no tratamento. Sem nenhum paradoxo, uma medicina que não se dirigisse senão a doenças, seja a entidades nosológicas, seja a fenômenos patológicos, poderia ser, durante períodos de classicismo mais ou menos longos, uma medicina teorizada, axiomatizada. O *a priori* convém ao anônimo. Então, é ilegítimo, e, aliás, absurdo, encerrar simultaneamente, em vagos filosofemas de medicina dita humanista ou personalista, a expressão de uma preocupação de atingir no doente o ser singular e o anátema sentimental contra todo comportamento experimentalista.

Pedimos que se entenda bem. Reivindicar o dever de experimentação clínica é aceitar todas as suas exigências intelectuais e morais. Ora, em nossa opinião, elas são esmagadoras. A inconsciência em que se sentem muitos médicos, em nossos dias, não é de desconhecimento, mas, ao contrário, de reconhecimento indireto, por um desses mecanismos de fuga ou de esquecimento, cuja elucidação constitui um traço de gênio de Freud.

Um fato deveria surpreender-nos, até escandalizar. É o exame do P. C. B.[4] [Certificado de estudos físicos, químicos e biológicos – extinto em 1962] ou as provas de ciências fundamentais no primeiro e segundo anos de estudos médicos, que eliminam, na maior parte do tempo, estudantes que se tinham orientado para a medicina, seja por tradição, seja por imitação, por falta de imaginação, por gosto de certos valores sociais e, é claro, também, algumas vezes, por um gosto refletido pela dedicação. Ousamos com dificuldade falar aqui de vocação, porque, como haveria vocação, no sentido estrito, para uma atividade que exige a coordenação estudiosa de tantas exigências, no início, espontaneamente distintas, senão concorrentes? Não é realmente espantoso que jamais seja diante da revelação das responsabilidades de sua tarefa futura que recuem os estudantes de medicina? Não é surpreendente que o ensino da medicina trate de tudo, menos da essência da atividade médica, e que se possa tornar-se médico sem saber o que é e o que deve fazer um médico? Na Faculdade de medicina, pode-se aprender a composição química da saliva, pode-se aprender o ciclo vital das amebas intestinais da barata de cozinha, mas há assuntos sobre os quais é certo que não se receba jamais o menor ensino: a psicologia do doente, a significação vital da doença, os deveres do médico em suas relações com o doente (e não somente com seus confrades ou com o promotor), a psicossociologia da doença e da medicina. Não ignoramos que os médicos não se desinteressam desses problemas, mas o interesse que têm por eles se exprime mais sob forma de literatura médica do que sob forma de pedago-

4 Atualmente, G.P.E.M.

gia médica. Não nos enganamos que tal pedagogia, se ela existisse – e ela deveria existir, a nosso ver, como parte obrigatória de uma propedêutica médica específica –, não obteria, por ela só, o resultado que nos preocupa. Supondo-se que seja oferecido o ensino cuja ausência lastimamos, os estudantes cuja mudança de orientação ele determinaria, seriam, talvez, já que os mais sensíveis e os mais conscientes, os que merecessem mais ser mantidos, enquanto os perseverantes mostrariam, eventualmente, mais arrogância do que sentido de responsabilidade! Eis a razão pela qual devemos ir até o fim de nosso pensamento e confessar que, em nossa opinião, já que aceitar tratar é, cada vez mais, hoje, aceitar experimentar, é também aceitar fazê-lo, sob uma responsabilidade profissional rigorosamente sancionada. Não há exemplo de que, nas sociedades modernas, um deslocamento de causalidade, sob o efeito das inovações técnicas, tenha levado, com maior ou menor prazo, a uma substituição dos sujeitos jurídicos da responsabilidade. Que se pense na legislação sobre os acidentes do trabalho, no fim do século XIX, e no deslocamento da presunção de imprudência. A medicina, visto que ela está doravante científica e tecnicamente armada, deve aceitar o fato de se ver radicalmente dessacralizada. O tribunal diante do qual o médico de hoje deve ser, do ponto de vista profissional estrito, isto é, em sua relação com o doente, chamado a responder pelas suas decisões, não é mais o tribunal de sua consciência, não é mais somente o Conselho da Ordem, é um tribunal simplesmente. A noção de imprudência em medicina deve ser o objeto de uma nova elaboração, de tal forma que surja, por causa disso, a noção de imprudência no ensino da medicina. Se a medicina moderna reivindica o poder e a glória de reformar a natureza, ela deve, em contrapartida, reclamar a honra de reformar a consciência médica. Ora, reformar a consciência médica é, inicialmente, informar a consciência do estudante de medicina. É ensinar-lhe, antes de qualquer outra coisa, a responsabilidade específica do médico.

Tranquilizemo-nos. Não se trata de reeditar o *Conflito das faculdades*. Não se trata de rejuvenescer a distinção das Faculdades superiores e das Faculdades inferiores, e de inverter a antiga subordinação em proveito da filosofia, que deixou, há muito tempo, de dar seu nome a uma Faculdade. Se a Faculdade de medicina sentisse a necessidade de ela própria organizar uma verdadeira propedêutica, onde a psicologia e a deontologia médicas teriam o lugar que as novas terapêuticas justificam pelas responsabilidades que elas provocam, ela encontraria em seu seio os mestres capazes e dignos de dar aí o ensino correspondente. É a médicos de grande cultura e de longa experiência que cabe ensinar aos seus jovens êmulos que tratar é sempre, em algum grau, decidir empreender, em proveito da vida, alguma experiência.

# 2. PODER E LIMITES DA RACIONALIDADE EM MEDICINA[1]

A comemoração de um centenário se apoia, no pior dos casos, num interesse de convenção, e, no melhor, numa conjectura favorável. Que em 1978, o ano de 1878 evoca, na França, a morte de Claude Bernard e a sobrevivência de sua obra, isso tem a ver com a convicção persistente de que fica um modelo insuperável da pesquisa científica em medicina. Mas em Estrasburgo, e precisamente na Universidade Louis Pasteur, em 1878, pode evocar outros acontecimentos científicos cuja lembrança teria como efeito evitar que se possa confundir uma homenagem justificada com uma hagiografia de circunstância.

O ano de 1878 é o ano em que o médico-geral Charles Sédillot (1804-1883), ex-professor de patologia externa na Faculdade de Medicina de Estrasburgo, inventou uma palavra consagrada por Émile Littré, não no *Dicionário da língua francesa*, cujo suplemento foi publicado em 1879, mas na edição de 1886 do célebre *Dicionário de medicina*. Essa palavra é *micróbio*, chamado para o destino que se conhece entre os estudiosos e no público, porque ele é mais que a identificação de uma realidade até então mal-circunscrita, ele é a instigação de uma nova atitude científica, social

1 Conferência de 7 de dezembro de 1978, para o Seminário sobre os fundamentos das ciências, em Estrasburgo (Universidade Louis Pasteur), por ocasião do Centenário de Claude Bernard (1813-1878).

e política, do homem confrontado com suas doenças. Micróbio devia progressivamente ocultar ou obliterar os vocábulos cujo lugar ele assumia: parasita, micro-organismo, germe. É esse último termo que o próprio Pasteur utilizava na célebre Comunicação à Academia de Medicina de 30 de abril de 1878: *A teoria dos germes e suas aplicações na medicina e na cirurgia*. É em relação com essa Comunicação decisiva que se deve medir a importância da Comunicação de Sédillot na Academia das Ciências: *Da influência das descobertas de Pasteur sobre os progressos da cirurgia*. E é em relação com essas duas Comunicações de 1878 que se deve reter o julgamento de um Mestre cujo nome a Faculdade de Medicina de Estrasburgo não pôde esquecer, René Leriche: "Em 1878, Pasteur lhes indicou [aos cirurgiões] o caminho que eles deviam tomar" (*A filosofia da cirurgia*. 1951. p. 161). Mas, como nada é mais tolo, em história das ciências, que o nacionalismo manifesto ou latente, não se pode deixar de lembrar que 1878 é também a data de publicação da obra na qual Robert Koch demonstrava a causalidade específica dos micro-organismos nas infecções: *Untersuchungen über die Aetiologie der Wundinfektionskrankheiten*. Por essa publicação, Koch fundava uma reputação que não o rebaixava em nada em relação à de Pasteur.

Por que dirão insistir particularmente no surgimento de novas escolas em patologia cujas publicações inaugurais fazem, por sua concordância, do ano de 1878 um ano memorável? É, evidentemente, para tornar a questionar sobre uma certa maneira de apresentar a história da medicina e de seus progressos de eficácia a partir da segunda metade do século XIX.

* * *

Não é contestável que as aquisições progressivas do saber médico em disciplinas fundamentais, tais como a anatomia patológica, a histologia e a histopatologia, a fisiologia, a química orgânica, obrigaram a patologia e a terapêutica a revisões lancinantes de muitas atitudes diante da doença que os médicos tinham herdado do século XVIII. De todas as disciplinas, é a fisiologia que, não sem razões, tendia a contestar mais o paradigma naturista que se recomendava, erroneamente ou com razão, de um hipocratismo trazido, de idade em idade, ao gosto do dia. Proclamando a essencial identidade do estado normal e do estado patológico do organismo, podia-se legitimamente pretender deduzir uma técnica de restauração de um conhecimento condições de exercício. O estatuto experimental dessa ciência, à imagem dos da física e da química que ela tomava como auxiliares, não somente não se opunha, mas, ao contrário, convidava a formar o projeto de uma nova medicina fundamentada em razões. O termo *racionalismo* surgia, então, de todas as partes, para caracterizar essa medicina do futuro. E, primeiramente, em Estrasburgo, onde, por volta de 1844, – como mostraram, em um estudo de 1967, Marc Klein e a Senhora Sifferlen[2] – Charles Schützenberger preconizava a aplicação à medicina do que ele chamava de "racionalismo experimental", expressão que, ainda em 1879, lhe parecia mais pertinente que a de medicina experimental. Em seguida, na Alemanha, onde Jakob Henle publicava, em 1846, um *Handbuch der rationellen Pathologie*. Claude Bernard não era, na época, mais que um jovem doutor em medicina (1843), e é mais tarde, nos anos 1860, que ele devia retomar ou redescobrir o termo racionalismo, como mostram os *Principes de médecine expérimentale*, inéditos até 1947, e Notas manuscritas, conservadas no Collège de France, com o objetivo de uma obra sobre os problemas surgidos no exercício prático da medicina.

> "O empirismo científico é o oposto do racionalismo, e difere essencialmente da ciência. A ciência é fundamentada no racionalismo dos fatos... A ciência médica é aquela na qual explicamos racional e experimentalmente as doenças, de maneira a prever seu comportamento ou a modificá-las."[3]

E ainda mais claramente: "A medicina é a arte de curar, mas deve-se fazer dela a ciência de curar. A arte é o empirismo de curar.

---

2 C. R. XCII Congresso Nacional das Sociedades Eruditas, Estrasburgo e Colmar, 1967, Seção de Ciências; t. I, p. 111-121.

3 *Principes...*, nova edição J. J. Chaumont, Genebra-Paris-Bruxelas, 1963. p. 95 e p. 125.

A ciência é o racionalismo de curar."[4] Que nos seja concedido preferir, para uma exposição de epistemologia, o termo racionalidade ao de racionalismo, inadequado fora da história da filosofia. E, aliás, quem consulta o *Dictionnaire de médecine* de Littré e Robin (1873) encontra aí um verbete "racionalismo" que serve para definir "racional", para indicar que o tratamento racional de uma doença é fundamentado em indicações sugeridas pela fisiologia e pela anatomia, e que não é o simples resultado do empirismo. Essa definição de uma terapêutica racional é exatamente retomada no *Dictionnaire de la Langue française*, em 1878, no verbete "racionalidade".

Se nos mantivéssemos somente na palavra dessas proclamações ou dessas definições, aí detectaríamos dificilmente um progresso de cientificidade em relação a certos textos médicos do século XVIII. A ambição de uma medicina racional, isto é, de uma prática cuja eficácia depende da aplicação de um conhecimento tido como certo, remonta ao século XVII, como projeto, e no século XVIII, como programa. Sobre as mecânicas galileana e cartesiana médicos franceses e italianos acreditaram poder fundamentar racionalmente o que se chamou de iatromecanismo. O célebre Frédéric Hoffmann, professor em Halle e rival universitário de Geroges-Ernest Stahl, compôs uma *Medicina rationalis systematica* (1718). No prefácio de suas *Consultations*, ele escreveu que, para uma prática eficaz, "o julgamento só não basta, mas é preciso, além disso, uma teoria sólida, física, mecânica, química e médica, sem a qual não se pode descobrir pelas observações nenhuma verdade, nem explicar as causas de nenhum efeito e de nenhum fenômeno".[5] Claude Bernard teria podido subscrever tal declaração se ele não se tivesse esforçado precisamente em distinguir e em opor teoria e sistema. "O sistema é imutável... enquanto a teoria é sempre aberta ao progresso que lhe acrescenta a experiência."[6] Não estão aí dora-

4 GRMEK, M. D. Réflexions inédites de Claude Bernard sur la médecine pratique. In: *Médecine de France*. 1964. p. 7, n. 150.

5 Citado por DAREMBERG. *História das ciências médicas*. p. 924.

6 *Princípios...*, p. 186.

vante senão banalidades, e o problema da racionalidade propriamente médica deve ser colocado de outra forma.

Não há figura exemplar, não há classicismo da racionalidade. Se o século XIX teve de aprendê-lo, o século XX sabe de agora em diante que cada problemática exige a invenção de um método apropriado. Em medicina, como em outra parte, a racionalidade se revela tarde demais, descobre-se no espelho dos seus sucessos, e não se define uma vez por todas. Claude Bernard sofreu muitas vezes para admitir que uma operação de racionalidade outra que não a sua podia ser aplicada a outros problemas além daqueles que ele tinha chegado a resolver e que pareciam paradigmáticos. Ele não poupou críticas a Virchow e à patologia celular. Se aprovou a refutação pasteuriana da teoria das gerações espontâneas, ele não conseguiu entrever a fecundidade teórica da aplicação terapêutica eventual da teoria dos germes. Para compreender racionalmente os fenômenos da infecção e do contágio, era preciso não ser obcecado pela convicção dogmática de que todas as doenças são de origem nervosa. Se é exato, a rigor, que, como o dizia Claude Bernard, os nervos têm uma ação sobre as doenças infecciosas, valeria mais a pena para ele não ter escrito: "Uma paralisia nervosa pode produzir uma doença séptica."[7] Nessa matéria, o tipo de racionalidade fisiopatológica conduz a uma explicação dos sintomas, mas foram Pasteur e Koch que iniciaram o tipo de racionalidade capaz de resolver as questões de etiologia. E se é necessária uma prova pelo fato dos limites de uma racionalidade médica ilustrada pela exacerbação do fisiologismo, nós a encontraremos, mais do que no combate de retaguarda exercido por Elie de Cyon contra os pasteurianos vencedores, em um estudo pouco conhecido de um estudioso que o culto da racionalidade bernardiana levou à invenção perseverante de instrumentos detectores de objetividade. Trata-se de um *Essai de théorie physiologique du choléra* (1865)

7 GRMEK. *Caderno de notas.* Paris: Gallimard, 1965. p. 126.

por Etienne-Jules Marey.[8] Marey se mostra perfeitamente consciente com o fato de que é somente pela identificação do que ele chama ainda um parasita microscópico que dirigiria a terapêutica "na busca de uma medicação absolutamente eficaz ou de uma profilaxia correta".[9] O advérbio "absolutamente", o adjetivo "correta" são aqui o eco dessa racionalidade bernardiana que, por exaltação do determinismo, recusa e zomba da introdução em medicina de conceitos e de procedimentos de ordem probabilística e estatística. Mas, pelo menos, Marey é plenamente consciente do fato de que o conhecimento do papel do sistema nervoso vasomotor na circulação e a calorificação não permite, na época, fundamentar por ela só uma terapêutica anticolérica mais racional que a multidão de medicações empiricamente tentadas até então contra as formas intestinais ou pulmonares da doença.

A publicação do artigo de Marey pode ser considerada como a tomada de consciência dos limites de um tipo de racionalidade, enquanto no mesmo momento o homem que celebra sua universal validade pode escrever: "Não acredito que a medicina possa mudar nada nas leis da mortalidade do homem na Terra, nem mesmo num povo."[10] E ainda: "A medicina deve agir sobre indivíduos. Ela não é destinada a agir sobre coletividades, povos."[11]

Concordaremos que, desde a invenção dos soros e das vacinas, desde a fabricação industrial dos antibióticos, e em vista das polêmicas relativas à economia da saúde, se tornou difícil sustentar que, agindo sobre os indivíduos a medicina não age sobre as coletividades, e que as leis da mortalidade – que não se deve confundir com a necessidade congênita da morte – são imutáveis. Essa revolução se deve antes de tudo à invenção e à eficácia da quimioterapia inaugurada pelos trabalhos de Paul Ehrlich (1854-1915), onde se mostra em funcionamento um tipo sem precedente de racionali-

---

8 V. Masson et fils, editores, Paris. O artigo foi publicado inicialmente na *Gazette hebdomadaire de médecine et de chirurgie.*

9 Op. cit. p. 117.

10 *Principes...* p. 117.

11 *Pensées. Notes détachées*, publicadas por L. Delhoume; 1937, p. 76.

dade médica, tomando por objeto nas moléculas proteicas suas cadeias laterais instáveis. Para a intersecção das técnicas de coloração das preparações micrográficas em patologia celular e das técnicas de imunização sérica experimentadas por Von Behring e por Roux, Ehrlich inventou o método que consistia, segundo seus próprios termos, em visar aos germes por variação química ("*zielen lernen durch chemische variation*"). Deve-se subscrever ao julgamento de E. H. Ackerknecht que é preciso reconhecer a Ehrlich a qualidade, tão frequentemente mal atribuída, de espírito genial.[12] Desde então, a bioquímica explora a ideia de que a combinação química específica entre antígeno e anticorpo é uma relação do tipo agressão-resposta. Que a resposta eficaz não elimina definitivamente o agressor e o excita de alguma maneira a responder ele mesmo por mutações específicas, os fenômenos de resistência aos antibióticos demonstram isso. É um acaso se Ehrlich, discípulo de Koch, e Metchnikoff, discípulo de Pasteur, em relações de correspondência, e em partilha de celebridade – o Prêmio Nobel lhes foi concedido conjuntamente em 1908 – puderam convidar por seus trabalhos a colocar a questão da luta dos homens contra suas doenças em termos cientificamente valorizados pelo tipo darwiniano de racionalidade biológica? No fim de seu estudo sobre Pasteur, François Dagognet mostrou como o pastorismo pôde progressivamente integrar conceitos aparentados com o evolucionismo.[13] No mundo dos viventes, inclusive humanos, as doenças podem ser consideradas como a expressão das relações normalizadoras entre formas e forças concorrentes. Charles Nicolle disse que a doença pode ter três existências: individual, coletiva, histórica. Em relação a esse último aspecto, ele pôde dar a uma de suas obras o título de *Naissance, Vie et mort des ma-*

---

12 Man darf Ehrlich wohl das missbrauchte Prädikat genial zuerkennen. *Therapie von den Primitiven bis zum 20. Jahrhundert*, Fr. Enke Verlag, Stuttgart, 1970. p. 141. Sobre os trabalhos de Ehrlich, consultar também GLASER, Hugo. *Das denken in der medizin*. Berlim: Duncker-Humblot, 1967. p. 102-110.

13 *Méthodes et doctrine dans l'œuvre de Pasteur*. Paris: PUF, 1967. p. 243 e p. 248.

*ladies infectieuses* (1930). Termina com essas palavras: "A doença infecciosa é um fenômeno biológico como os outros. Ela carrega os caracteres da vida que procura perpetuar-se, que evolui e que tende ao equilíbrio." A nova racionalidade médica, em ação na história da bacteriologia e da quimioterapia, encontrou seus limites pelo próprio fato do seu poder. Ela não encontrou seu limite porque descobriu limites exteriores, mas porque ela, em seu progresso, suscitou antagonismos e provocou, pelos próprios meios de seus sucessos, novas espécies de derrotas.

* * *

A glória de um homem, disse Rainer-Maria Rilke, é a soma dos mal-entendidos acumulados em seu nome. O prestígio da medicina contemporânea não seria a soma das divergências reveladas na ideia que se fazem aqueles que a produzem como saber, aqueles que a utilizam como poder, aqueles que têm a produção desse saber e o exercício desse poder como um dever em relação a eles e em benefício deles? A medicina não é vista como ciência no I. N. S. E. R. M., no C. N. R. S., no Instituto Pasteur, como prática e técnica num serviço hospitalar de reanimação, como objeto de consumo e, eventualmente, de reclamações, nos escritórios da Seguridade Social, e como tudo isso ao mesmo tempo num laboratório de produtos farmacêuticos? Parece, então, indispensável distinguir os diferentes campos nos quais podemos nos situar quando nos interrogamos sobre o poder da racionalidade médica. Devemos nos perguntar se na passagem de um campo a outro, a partir do primeiro, o valor de racionalidade, doravante reconhecida no saber médico, é ou não conservado. A prática médica veicula até o consumidor de medicamentos e de cuidados a racionalidade do saber do qual ela é a aplicação? Inversamente, não apareceram progressivamente, no campo do consumo médico, comportamentos coletivos, em reação ao fato biológico da doença, cuja ação, em retorno, sobre a prática e a profissão médica, e por repercussão a partir desse segundo campo, vêm perturbar e desviar o exercício da racionalidade científica em seu campo inicial?

Se a questão se coloca assim, é porque, como acabamos de lembrar, a medicina, pela primeira vez em sua história, no século XX, pôde sustentar efetivamente sua ambição de curar indivíduos, prevenir e eliminar doenças contagiosas – por exemplo, este ano, a varíola –, de prolongar, e, de fato, dobrar a esperança de vida. Esses benefícios da racionalidade científica são o efeito, não somente do gênio de alguns pesquisadores como Koch, Ehrlich ou Fleming, mas também de instituições públicas, de ordem política em última análise, que, à imagem da instrução, tornaram a saúde laica, obrigatória e, em parte, gratuita. Durante séculos, a atividade do médico tinha sido a resposta à oração do homem atingido pelo mal. Ela se tornou uma exigência do homem que rejeita o mal. Essa conversão da imploração em reivindicação é um fato de civilização, de natureza política tanto quanto científica. Nas sociedades industriais, os homens aceitam dificilmente que certas doenças deem ocasião aos médicos de confessar sua impotência, e os médicos aceitam dificilmente que se possa acreditar que eles são incapazes de remover um desafio. Assim se explica a emulação na corrida para as novas moléculas. E. Ackerknecht, em sua história da terapêutica, assim como o professor Jean Cheymol, em seu estudo sobre a perícia em farmacologia,[14] lembraram, aliás, com uma simpatia jocosa, a lista dos 20 medicamentos sobre os quais se fundamentava a *Thérapeutique* de Huchard e Fiessinger (5. ed. 1921). Soros, vacinas, hormônios aí figuravam. Mas foi na década seguinte, de 1930 a 1940, que sulfamidas, cortisona e penicilina precipitaram a revolução terapêutica. Em 1974, num livrinho que irritou profundamente o corpo médico,[15] Henri Pradal fixou em 100 o número dos medicamentos mais correntes no arsenal francês da terapêutica, cujo desenvolvimento contínuo se traduz, de ano em ano, pela espessura crescente do *Dictionnaire Vidal*. Essa orgia de invenção em farmacoterapia pôde ser considerada como uma forma de incitação ao desperdício. Mas o aspecto econômico do

---

14 *L'expert en matiére de médicaments, son rôle et les limites de son pouvoir*. 1959.

15 *Guide des médicaments les plus courants*. Paris: E. du Seuil.

fenômeno merece menos ser aqui retido do que a significação do comportamento cultural que o suscita. Conhece-se a máxima apreciada por alguns médicos do século XIX, segundo a qual é preciso apressar-se em tomar um medicamento enquanto ele cura.[16] Era, então, da parte dos enfermeiros, um princípio de ceticismo ou de niilismo terapêutico. Tornou-se hoje, da parte dos doentes, a expressão de uma confiança irracional na racionalidade médica e seu progresso. Crer no progresso leva, muitas vezes, a confundir valor e último grito. O choque do novo lhe dá imagem de melhor. Já que, doravante, pensa-se, não se pode não curar, se terminará bem, mudando de remédio, por achar o bom. Essa impaciência de cura no instante chama e justifica o frenesi de inovação farmacológica, e reciprocamente – graças à vulgarização da novidade, organizada pelos que a exploram.

Assim, nas sociedades de tipo ocidental, o comportamento cultural dos doentes efetivos ou potenciais repercute, em retorno, sobre a estimulação e a conduta da pesquisa no campo inicial de racionalidade. Há aí o que Paul Valéry chamava de efeito do efeito. Um saber cuja racionalidade deveria garantir a autonomia se encontra orientado por pesos, nascidos de atitudes coletivas de exigência para as quais os sucessos que ele tornou possíveis fornecem o melhor dos argumentos. Tal pesquisa dita de ponta se reencontra ulteriormente a reboque de uma demanda, por haver feito levantar-se uma nova esperança. Perto de 1960, pesquisas anteriormente empreendidas por experimentação no animal, concernentes às condições da rejeição de implantes de órgãos, foram prolongadas em operações de transplantação renal no homem. Os primeiros resultados obtidos, sucessos e insucessos, deram lugar a uma imensa literatura de ordem científica, ética, econômica. Foi possível perguntar-se se a racionalidade em ação nas pesquisas iniciais se encontrava ou não nos programas nacionais de repartição

---

16 Em suas *Pesquisas sobre a História da Medicina* (1768), Th. de Bordeu dá a Dumoulin o seguinte conselho: "Apresse-se em fazer uso de um remédio que faz milagres há pouco: logo ele não servirá para nada" (*Oeuvres complètes de Bordeu*, 1818. tomo II, p. 599).

dos meios de intervenção terapêutica. Em muitos países do terceiro mundo, onde a patologia parasitária ou infecciosa vem no primeiro lugar das causas de mortalidade, a transplantação de órgãos é julgada irracional. Ela o é ainda mais quando se choca, como em alguns países da África, com o obstáculo das crenças animistas. A cada um ser irracional. Evidencia-se, assim, que o poder da racionalidade no alto, junto aos detentores do saber e aos que o aplicam, está, em cada sociedade, sob a dependência da racionalidade de baixo, na opinião daqueles que são carnalmente interessados por novos avanços em terapêutica. As técnicas de transplantes de órgãos supõem, nas sociedades onde são colocadas em ação, uma atitude geral de indiferença pelo problema da identidade congênita dos indivíduos com o todo do seu organismo. Salvo no caso da doação voluntária de órgão, a prática do transplante implica que se tenha racionalizado o fenômeno da morte, decompondo-o. Quando se sabe definir a morte cerebral por critérios de irreversibilidade da desintegração funcional, pode-se permitir-se subtrair um órgão ainda vivo, como o coração. Inventam-se, então, protocolos de troca de órgãos disjuntos. Encara-se como possível a constituição de um *pool* nacional, até mesmo internacional, de vísceras separadas, disponíveis sob demanda. Tendo assim inventado, em benefício de uma elite de pacientes, uma técnica de produção de órgãos anônimos, os médicos esqueceram ou não que a racionalidade de sua disciplina se manifestou inicialmente a todos pelas provas que ela lhes deu de seu poder de assistência para a realização de um de seus mais velhos sonhos (a conservação e o bom uso de sua saúde)?

* * *

Colocar essa questão aos médicos não é colocar a medicina em questão à maneira, hoje na moda, daqueles que buscam seus argumentos em um amálgama ideológico onde se redescobre a qualidade da vida, o naturismo agroalimentar e alguns subprodutos da psicanálise. Esse amálgama de banalidades, paramentado com uma reivindicação de autogestão da saúde pessoal, tem como efeito o renascimento de magias terapêuticas. Os escritos de Ivan Illich forneceram argumentos a esse requisitório. *Nêmesis médica*, expropriação da saúde, essas expressões fizeram sucesso. "Os atos médicos são uma das principais fontes da morbidade moderna."[17] E, no entanto, ainda uma vez, se é novidade tem consequência. *Némésis médicale* data de 1840. É o título de uma coletânea de sátiras em versos de François Fabre, ilustrada por Honoré Daumier.[18] Quanto ao conceito de iatrogênese das doenças, completado e aprofundado por aqueles de ativismo médico e de obstinação terapêutica, são bem mais velhos do que se creem os que se servem dele como uma arma nova.

Quanto à obstinação terapêutica, encontra-se sua definição, já há um século, no *Dictionnaire de médecine* de Littré e Robin: "Hábito de certos médicos que esgotam todos os meios farmacêuticos, mesmo os mais enérgicos, ao passo que não há a menor probabilidade de salvar o doente, atormentando-o assim em seus últimos momentos e lhe tornando a morte mais penosa." O termo assim definido é o de "cacotanásia", cujo desaparecimento não se deve lamentar.

Quanto à iatrogênese médica, como é possível pensar que os médicos tenham esperado a segunda metade do século XX para observar os efeitos secundários, inesperados e muitas vezes nocivos, de certas drogas que eles julgavam que era bom prescrever? Ackerknecht observou que no século XVIII a escola de medicina de Halle foi um verdadeiro centro de estudos de doenças por iatrogênese. De fato, se consultarmos – por exemplo, no *Dictionnaire historique de la médecine* de Dezeimeris – a lista das obras de Stahl e de Hoffmann e das teses inspiradas por eles, encontramos: para Stahl, *Programma de intempestiva adsumptione medicamentorum* [Programa sobre a intempestiva aceitação dos remédios] (1708), *Dissertatio de abstinentia medica* [Dissertação sobre a abstinência médica] (1709); para Hoffmann, *Programma de medicamentorum*

17 L'expropriation de la santé. In: *Esprit*, n. 436, p. 931, juin de 1974.

18 As caricaturas de Daumier são reproduzidas no início de cada um dos capítulos do livro de ACKERKNECHT, *Medicine et Paris Hospital* 1794-1848, Baltimore, 1967.

*prudenti applicatione* [Programa sobre a aplicação prudente de remédios] (1694), e de G. E. Weiss, *De medicis morborum causis* [Das causas médicas das doenças] (1728). Desde essa época, segundo Ackerknecht, a medicina alemã não parou de interessar-se pela questão, como o mostra, em 1881, o tratado de Louis Lewin (1850-1929), *Die Nebenwirkungen der Arzneimittel*.[19]

Vamos querer dizer que os ricos outrora reconhecidos no uso do ópio, da digital e da quinina não têm medida comum com os que não souberam prever os homens que inventaram, produziram e prescreveram a talidomida? Não é contestável que os imperativos da farmacovigilância, em médio e longo prazos, podem ceder diante do entusiasmo e do interesse. Mas não é arbitrário atrair a atenção sobre um medicamento de alto risco, isolando-o na geração dos medicamentos à qual ele pertence, e cujo efeito global positivo é brilhante? Em 1910, a talidomida não existia, mas a taxa de mortalidade por tuberculose era, na França, de 215 para 100.000 habitantes, e a meningite tuberculosa da criança, hoje vencida, era sua forma mais atroz. Em 1960, na idade da isoniazida e da estreptomicina, a taxa de mortalidade era 10 vezes menor.

É verdade, por outro lado, que a noção de saúde não pôde deixar de sofrer uma mudança de sentido pela extensão de sua aplicação ao conjunto de uma população progressivamente protegida por medidas legislativas e instituições ditas sucessivamente de higiene, de salubridade, de segurança. Em sua *Histoire de la médecine*, Jean Starobinski relata a palavra de Virchow, segundo a qual "a medicina é uma ciência social".[20] Foi em 1848 que o ortopedista francês Jules Guérin (1801-1816) propôs a expressão "medicina social".[21] A partir do dia em que se denominou saúde o que antes se chamava condição física e moral de uma população,[22] a

19 *Therapie...* p. 155-159.

20 Op. cit. Edições Rencontre, 1963. p. 86.

21 *Gazette médicale de Paris*, 3 de março de 1848. Citado por HUARD, P. *Sciences, Médecine, Pharmacie de la révolution à l'empire (1789-1815)*. Paris: Ed. R. Dacosta, 1970. p. 188.

22 Cf. o *Avis au Peuple sur sa santé*, por Tissot, 1761.

saúde foi percebida em suas relações com o poder econômico e militar de uma nação. A saúde dos indivíduos não é mais somente, segundo a definição de Leriche, "a vida no silêncio dos órgãos",[23] ela é a vida no barulho feito em torno das estatísticas baseadas em balanços. Correlativamente, o corpo médico se tornou um aparelho de Estado. Esse aparelho é encarregado de exercer, no corpo social, um papel de regulação análogo ao que se julgava exercer a natureza na regulação do organismo individual. Compreende-se assim que a racionalidade da pesquisa na cidade científica médica possa ser ocultada pela racionalização da prática médica na sociedade civil. Na propaganda atual para uma desmedicalização da sociedade, confunde-se o desatino de um poder e a irracionalidade da pesquisa. Se há desatino, é na tendência em considerar o patológico não mais como desvio do fisiológico no indivíduo, mas como desvio no corpo social. Mas a oposição aos abusos de uma racionalização irracional termina na contestação da racionalidade em seu campo inicial de exercício, a patologia. A reivindicação de autonomia individual quanto à apreciação e à cautela da saúde favorece a volta das medicinas pré-racionais. Não existe, no entanto, na amálgama ideológica em questão, nenhum núcleo de positividade digno de ser retido e reconhecido como apelo a uma renovação da racionalidade, capaz de superar a limitação da antiga?

* * *

Não se pode negar que a história da medicina do século XX se apresenta como uma sucessão de conversões conceituais na inteligência e no tratamento dos fenômenos patológicos. Inicialmente, o conhecimento e o tratamento das doenças infecciosas e das doenças funcionais, tais como as doenças endócrinas, conduziram a uma revisão da velha noção de doença considerada como uma agressão atingindo do exterior um organismo desarmado e inocente. Os progressos da imunologia e da alergologia permitiram

23 Em *La médecine, histoire et doctrines* (2. ed. 1865), p. 323, Charles Daremberg definiu a saúde como "o silêncio das funções da vida".

reconhecer no organismo a existência de um sistema de réplicas de autodefesa. Pelo excesso de suas reações de defesa, o organismo pode comportar-se como o cooperante de seu agressor. Ao arsenal das medicações destinadas a sustentar o organismo em sua luta acrescentou-se a lista das medicações destinadas a retê-lo. A invenção e o uso dessas medicações de inibição não demonstram uma menor racionalidade do que exigia a invenção das primeiras. O conceito de doenças dos sistemas de defesa contra as doenças não é um escândalo para a racionalidade.

A racionalidade médica, porque ela é inicialmente a racionalidade aplicada à biologia, não é escravizada pelos princípios da lógica clássica. Por que não toleraria ela a contradição, enquanto o próprio organismo opera a inversão da proteção em ataque? Pouco importa que a chamem ou não dialética, a palavra não muda em nada a coisa. Assim, também, a racionalidade médica não é obrigada pelas regras da aritmética elementar, quando ela reconhece que a adição de vários medicamentos não é independente da ordem na qual eles são administrados. Da mesma forma, enfim, a racionalidade médica renunciou à concepção de um determinismo verificado pela universal identidade de suas obrigações.[24] Para a nova patologia molecular, não há mais oposição entre causalidade e individualidade. Reconhecendo a existência de lesões bioquímicas, essa nova patologia, estreitamente ligada às aquisições da genética, favoreceu a inteligência dos caracteres fundamentais da individualidade, manifesta por funções normais de rejeição de hétero-implantes, por predisposições pré-patológicas em certas afecções. Em relação a isso, a racionalidade médica pode ser dita não bernardiana, na medida em que ela funda o que a outra não conseguiu jamais integrar, a individualidade biológica, constantemente considerada como infidelidade ao tipo, sempre tratada como obstáculo lamentável, e não como um objeto de alcance científico.

Mas o pensamento médico pode manter-se racional, pode não romper com as exigências de objetividade que comandaram

24 "O determinismo quer a identidade do efeito com a identidade da causa" (*Introdução ao estudo da medicina experimental.* 2ª parte, cap. I, IX, fim).

seus sucessos, integrando os fenômenos que lhe opõem, como um limite ao seu poder, os autogestionários de sua saúde e de suas doenças? Depois de ter racionalizado as doenças dos sistemas de defesa do organismo, é possível racionalizar as doenças da consciência do organismo? É um fato que a consciência do doente tem o poder de potencializar ou de reprimir a eficácia de um medicamento, especialmente em razão das circunstâncias e do modo de sua administração. Basta citar a técnica do *placebo* para justificar a interrogação: como racionalizar o fenômeno de eficácia teórica de um fantasma? Como distinguir racionalmente cura objetiva e cura subjetiva, isto é, tratar objetivamente a subjetividade? É crença dever sustentar que o fenômeno depende da fisiologia cerebral? Invocar-se-á Pavlov, ainda mais que os cães são sensíveis ao efeito do placebo. Estima-se dever defender a irredutibilidade do psíquico? Voltamo-nos para Freud, e, melhor ainda, para Groddeck. A suposição do *Id* é bem cômoda... Que se julgue:

> "Todo tratamento do doente é aquele que se lhe deve, ele é sempre e, em todas as circunstâncias, tratado da melhor maneira, seja segundo as regras da ciência ou a do pastor curandeiro. O resultado não é obtido pelo que nós receitamos conforme o nosso saber, mas pelo que o *Id* faz de nosso doente com nossas receitas. Se não fosse assim, qualquer fratura óssea reduzida e engessada deveria sarar. Mas não é o caso."[25]

Os escritos de Groddeck são bastante apropriados para confortar os partidários agressivos da nocividade da medicina científica ou os propagandistas persuasivos da medicina Balint. A carta escrita a um professor de medicina de Berlim (1895), o retrato que ele traçou de Schweninger, médico pessoal de Bismarck (1930),

25 *Le Livre du Ça* [O Livro do *Id*]. Tradução francesa. Gallimard, 1973. p. 284. Nota complementar (1982): num romance antigo (1909-1921) recentemente reeditado e traduzido, *Le chercheur d'âme* (Gallimard), Groddeck, meio sério, meio fantasioso, sustentava já a tese do poder curativo do Id, réplica de seu poder patogênico cuja eficácia demoníaca pode ser medida pelo seguinte efeito: "Um calo no pé se constitui pela pressão dos pensamentos assim como pela pressão da bota" (p. 31).

podem ser considerados como textos de atualidade.[26] Hesitar-se-á, no entanto, em reconhecer em Groddeck um dos mestres da psicossomática, na medida em que, em última análise, o *Id*, inicialmente concebido sobre o modelo do inconsciente freudiano, é pouco a pouco identificado com o Desconhecido e, finalmente, assimilado à enteléquia de que Hans Diresch emprestou o conceito de Aristóteles.[27] O psíquico desvanece na natureza. Como uma racionalidde médica poderia integrar, senão os fatos não contestáveis em geral, apresentados por Groddeck, pelo menos o tipo de explicação que deles dá o homem que escrevia um dia a Ferenczi: "Acontece que eu gosto do indeterminado... É a razão pela qual a invenção do *Id* é tão cômoda para mim... Por que deveríamos levar tão a sério o que se chama científico?"[28] Compreende-se que Freud tenha podido, numa carta a Groddeck, não hesitar em fazer reservas sobre "a mitologia do *Id*".[29]

O freudismo não exclui a racionalidade. Freud disse que a análise "repousa sobre a concepção científica geral do mundo".[30] Sabe-se que sua concepção do *Id* evoluiu e que ele chegou a explicá-lo em termos de energia, de hereditariedade filogênica e, finalmente, de instinto. É significativo, em todo caso, que Freud jamais tenha pensado que o seu câncer podia ser tratado de outro modo que não pela cirurgia e pela radioterapia. Nos últimos dias de sua vida, em Londres, não era ele, mas o radiologista inglês Finzi que preconizava para ele, e somente como meio de luta contra a dor, uma medicação psicológica.[31] Estamos longe do tratamento psi-

---

26 Encontrar-se-ão esses textos em *Ça et Moi* [*Id* e *Ego*]. Tradução francesa Gallimard, 1977.

27 Cf. A carta a um paciente médico, op. cit. p. 165 e seguintes.

28 Op. cit. p. 186.

29 Op. cit. p. 121.

30 *Correspondência de Freud com o pastor Pfister*. Gallimard, 1966. p. 186. Trad. Imago.

31 SCHUR, Max. *A morte na vida de Freud.* Gallimard, 1975. p. 612, nota 22: cf. a carta do Dr. Finzi ao Dr. Lacassagne, amigo de Marie Bonaparte. Há tradução em português. Ed. Imago.

cológico dos cânceres praticado por Groddeck em sua clínica de Baden-Baden. O pensamento íntimo de Freud é que a doença é a expressão da precariedade do organismo enquanto totalidade de elementos,[32] e da força latente do desejo de volta ao inorgânico.

Entre os que hesitaram em seguir Freud nesse último ponto, o nome de Paul Schilder merece ser lembrado. Sua obra se situa na intersecção de duas linhas de teorização, a de Freud e a de Goldstein, e sob a luz da psicologia da Gestalt e da fenomenologia. A obra célebre *A imagem do corpo* (1935) contém um desenvolvimento sobre as doenças orgânicas e sua psicogênese, cuja última nota merece ser citada por inteiro: "A doença física não é, com certeza, um problema unicamente moral, ainda que o aspecto moral não esteja jamais ausente... Quanto ao mais, não é nada certo que uma doença de origem psíquica deva ser tratada pelos métodos psicológicos."[33] Mas a própria noção de esquema postural, encarregado de racionalizar as modalidades da autorrepresentação do

---

32 *Correspondência com Pfister*. p. 150. "Estou cansado, como é normal estar depois de uma existência laboriosa, e acredito ter honestamente merecido o repouso. Os elementos orgânicos que, por tanto tempo, aguentaram juntos, tendem a separar-se. Quem gostaria de obrigá-los a ficarem juntos por mais tempo?"

33 O texto completo é o seguinte: "Com certeza, o aspecto psicológico da medicina é importante, mas não se deve exagerar nada. A mortalidade dos bebês decresceu, como a dos tuberculosos; as doenças infecciosas estão em regressão; a duração média da vida aumentou consideravelmente; aí estão tantos títulos de glória para a medicina somática. A cirurgia não tem menos; mencionemos apenas seus resultados no domínio dos tumores do sistema nervoso central. A medicina psicológica terá de fazer muito para chegar a resultados tão belos. Ela obterá provavelmente mais, dando-se por objeto tornar feliz e adaptado à realidade o indivíduo fisicamente sadio, do que se metendo em curar o indivíduo fisicamente atacado; em outros termos, a medicina psicológica tem a ambição gigantesca de resolver o problema moral da humanidade. Mas a doença física não é, certamente, um problema unicamente moral, ainda que o aspecto moral não esteja jamais ausente. É certo que existem doenças somáticas, até graves, que são pura e simplesmente manifestações de dificuldades morais; mas não penso que elas sejam muito numerosas e, quanto ao mais, não é nada certo que uma

indivíduo humano em situação de saúde ou de doença na existência não consegue superar a ambiguidade do projeto de que ela procede. Ora apresentado como entidade fisiológica, ora enraizado na afetividade, o modelo postural do corpo permanece objeto e sujeito. A fenomenologia do corpo próprio, segundo Schilder, não mais que segundo Merleau-Ponté ulteriormente, não consegue superar o paradoxo da consciência de si como corpo no espaço, paradoxo tão sutilmente percebido por Lewis Carrol quando ele faz Alice dizer, diante do terreiro do coelho: "Eu gostaria de poder entrar em mim mesma como um telescópio." E a construção semântica da palavra *psicossomático* mostra por ela mesma que a medicina assim designada, por não ter conseguido o encaixe, se contenta, de fato, com uma justaposição.

* * *

Eis que chegamos ao ponto em que a racionalidade médica se cumpre no reconhecimento de seu limite, entendida não como o insucesso de uma ambição que deu tantas provas de sua legitimidade, mas como a obrigação de mudar de registro. É preciso reconhecer, enfim, que não pode haver homogeneidade e uniformidade de atenção e de atitude em relação à doença e ao doente, e que o encargo de um doente não depende da mesma responsabilidade que a luta racional contra a doença.

Não se trata, de maneira alguma, de fazer coro com todos os que colocam em questão o imperativo de observância de regras terapêuticas confortadas pelos resultados, criticamente experimentados, da pesquisa médica. Mas é preciso chegar a admitir que o doente é mais e diferente de um terreno singular onde a doença se enraíza, que ele é mais e diferente de um sujeito gramatical qualificado por um atributo emprestado da nosologia do momento. O doente é um Sujeito, capaz de expressão, que se reconhece como Sujeito em tudo o que ele não sabe designar senão por possessivos: sua dor e a representação que ele tem dela, sua angústia, suas esperanças e seus so-

---

doença de origem psíquica deva ser tratada pelos métodos psicológicos" (*A imagem do corpo*. Gallimard, 1968. p. 205).

nhos. Enquanto no olhar da racionalidade se detectariam em todas essas posses tantas ilusões, o que fica é que o poder de ilusão deve ser reconhecido em sua autenticidade. É objetivo reconhecer que o poder de ilusão não é a capacidade de um objeto.

Quando o médico substituiu à queixa do doente e à sua representação subjetiva das causas de seu mal o que a racionalidade obriga a reconhecer como a verdade de sua doença, o médico nem por isso reduz a subjetividade do doente. Ele lhe permitiu uma posse diferente do seu mal. E se ele tentou desapossá-lo disso, afirmando-lhe que ele não está acometido de nenhuma doença, ele nem sempre conseguiu desapossá-lo de sua crença nele mesmo doente, e, às vezes, mesmo de sua complacência nele mesmo doente. Em resumo, é impossível anular na objetividade do saber médico a subjetividade da experiência vivida do doente. Não é, então, nessa impotência que se deve buscar a falha característica do exercício da medicina. Ele tem lugar no esquecimento, tomado em seu sentido freudiano, do poder de desdobramento próprio ao médico que lhe permitiria projetar-se ele mesmo na situação de doente, a objetividade de seu saber sendo não repudiada, mas colocada entre parênteses. Porque cabe ao médico imaginar que ele é um doente potencial e que ele não está mais seguro do que seus doentes de conseguir, se for o caso, substituir pelos seus conhecimentos sua angústia. Charcot, segundo Freud, dizia: teoria é bom, mas isso não impede de existir. É, no fundo, o que pensam, às vezes, os doentes dos diagnósticos de seus médicos. Esse protesto de existência merece ser ouvido, enquanto ele opõe à racionalidade de um julgamento bem fundado o limite de uma espécie de teto impossível de rebentar.

A consciência que os doentes têm de sua situação não é jamais uma consciência nua, selvagem. Não se poderia ignorar a presença, na experiência vivida do doente, dos efeitos da cultura e da história. Pascal escreveu: "Platão para dispor ao cristianismo." Ele enganou-se, pelo menos no que concerne à atitude do homem em face da doença. Pascal, cristão, considera a saúde do corpo como o perigo da alma, e a doença como o estado no qual os cristãos devem passar sua vida. Gilberte Périer relata que seu irmão dizia não ter pena do estado em que se encontrava, "que ele apreendia até de curar, e, quando lhe perguntavam a razão, ele dizia: é que eu conheço o perigo da saúde e as vantagens da doença." Ora, Platão não quer tratar, em sua república, senão com homens providos pela natureza e pelo regime de uma boa saúde, e cujas doenças são somente ataques locais. "Não convém tratar", diz ele, "um homem incapaz de viver o tempo fixado pela natureza, porque isso não é vantajoso nem a ele próprio nem ao Estado." Se Esculápio ensinou essa medicina que Platão aprova é "porque ele sabia que, num Estado bem governado, cada um tem sua tarefa prescrita que ele é obrigado a cumprir, e que ninguém tem permissão para passar sua vida ficando doente e se tratando." E, quando Glauco objeta a Sócrates: "Fazes de Esculápio um político", Sócrates responde: "Ele já o era, de fato".[34]

Nossos contemporâneos, nas sociedades de tipo ocidental, industrial e democrático, estão, em geral, e mesmo se eles são cristãos, bastante distantes de pensar, como Pascal, que a doença é seu estado natural. E se eles pensam, à maneira de Platão, que o Estado tem poder, por intermédio dos serviços de saúde pública, sobre a saúde dos cidadãos, é, com certeza, na medida em que esperam dele, contrariamente a Platão, "a permissão de ficar doentes e de se tratarem" e o reconhecimento de seu direito a essa possibilidade.

Assim, a solidão angustiante à qual a doença condena o doente é povoada de imaginações veiculadas pela cultura, sejam elas míticas, religiosas ou racionais, no primeiro lugar das quais na imagem popular do homem benfeitor, capaz de livrar do mal, curandeiro ou médico ou os dois ao mesmo tempo. Se os doentes, em nossa sociedade, dão ocasião, por suas exigências de uma eficácia médica sempre maior, à indignação de ideólogos divididos entre a nostalgia naturista e a utopia libertária, é porque os doentes são informados, mal ou bem, dos meios de ação e dos sucessos que a prática médica encontrou, há um século, no exercício da racionalidade médica, meios e sucessos com que antes os homens só tinham podido sonhar.

Quando a contestação é levada até a afirmação de que a saúde dos indivíduos está em razão inversa à socialização da medicina,

---

34 *A República*. III, 406c-407-e.

como não se perguntar qual é a idade e qual é o nível de cultura dos contestatários? Quem guardou a lembrança da epidemia de gripe espanhola em 1918-1919, e das centenas de cadáveres inumados sem caixão num tal departamento do sul da França, que leu que essa epidemia fez 20 milhões de mortos no mundo, pode dificilmente admitir que o isolamento do vírus A por Wilson Smith (1933) e do vírus B por Thomas Francis (1940) contribuiu, pelas técnicas de prevenção tornadas possíveis, com a expropriação da saúde individual.

* * *

Esperamos, na falta de convencimento sobre o rigor de nossa análise, ter demonstrado nossa preocupação em não depreciar o valor da racionalidade médica, tentando situar seu ponto de conversão que não é um ponto de recuo. Esperamos também não ter atentado contra a glória de um mestre da fisiologia, hesitando em admitir, depois dele e com ele, que sua ideia da racionalidade médica era o modelo da racionalidade. De 1878 a 1978, a racionalidade médica se manifestou pela invenção de novos modelos. O teto do anfiteatro do Collège de France, onde Claude Bernard dava suas aulas, evocava Hipócrates e Aristóteles. Um dia do ano universitário 1859-1860, numa das conferências que foram publicadas em 1871, sob o título de *Leçons de pathologie expérimentale*, ele disse aos seus ouvintes:

> "Aqui mesmo, nas pinturas que ornam o forro desse anfiteatro, vocês veem Aristóteles e Hipócrates curvados, por assim dizer, sob o peso dos anos e da ciência. Se é um emblema da Ciência que se quis representar, teria sido necessário tomar o contrapé do que se fez, e, em vez de velhos, pintar crianças que estivessem apenas nos seus primeiros balbucios."[35]

Sem dúvida, o discurso científico começou por balbucios de criança, mas que adulto aplicado em racionalizar esse discurso pode gabar-se de ter chegado ao estágio de articulação sintática das frases?

35 Op. cit. p. 437.

# 3. O ESTATUTO EPISTEMOLÓGICO DA MEDICINA[1]

No prefácio às suas *Observationes medicae* (1666), Sydenham escreveu:

> "Como não é fácil saber quem, em primeiro lugar, inventou os edifícios e as roupas para se garantir contra os estragos do ar, assim também não se poderia mostrar os primeiros traços da medicina: ainda mais que essa arte, assim que algumas outras, sempre esteve em uso, embora ela tenha sido mais ou menos cultivada conforme a diferença dos tempos e dos países."[2]

Há poucas Histórias da Medicina que não começam por uma declaração desse gênero, bastante frequentemente ilustrada por recaídas de literatura etnográfica. A arte de contrariar a doença e a dor se ornamentou, e se ornamenta ainda, em diversas regiões do globo, com o prestígio da magia. Qual é a história da antiga medicina egípcia que poderia abster-se de evocar exorcismos, amuletos, cosméticos etc.

É a razão pela qual se interrogar sobre o estatuto epistemológico da medicina é, antes de tudo, situar-se na área geográfica de civilização e de cultura em que a palavra *episteme*, ou qualquer ou-

---

1 Conferência internacional: Medicina e Epistemologia: saúde, doença e transformação do conhecimento (em Perúsia, Itália, 17-20 de abril de 1985). Publicada em *History and philosophy of life sciences*, 10, sup. (1988).

2 SYDENHAM, Th. *Euvres de médecine pratique*. Tradução francesa de A. F. Jault, nova edição por J. B. Baumes, Montpellier, 1816. t. 1, p. CXVII.

tro equivalente semântico, foi o veículo de um conceito que serve para formar um julgamento de identificação e, ao mesmo tempo, de valor. Inicialmente, essa área geográfica é reconhecida por sítios que têm como nome Cos,[3] Cnido,[4] Alexandria, Roma, e, ulteriormente, Salerno, Córdoba, Montpellier.

Sem ceder à ilusão de retroatividade que consistiria em acreditar que nossa questão de hoje atravessou as idades sob a mesma forma e pelas mesmas razões, é forçoso convir que os médicos gregos se preocuparam em justificar os pressupostos teóricos de suas práticas emprestando desta ou daquela filosofia da época sua teoria do conhecimento. Não se esperou, então, o ano de 1798 depois de Cristo, e o filósofo-médico Cabanis para se perguntar sobre o grau de certeza da medicina. Estávamos interessados em distinguir, entre os médicos, empíricos, dogmáticos, metódicos, bem antes que Galeno se interessasse, mais especialmente em dois de seus tratados, pela exposição crítica dos sistemas concorrentes em medicina. Trata-se: 1) *Das seitas, aos estudantes*; 2) *Da melhor seita, a Trasibulo*.[5] As duas seitas mais estáveis e mais conhecidas são, segundo Galeno, os empíricos confiantes nos poderes da observação e da memória; os racionais ou dogmáticos confiantes no poder do "analogismo", aplicados na pesquisa das causas ocultas, o que os distingue dos metódicos que, sem que por isso sejam empíricos, se satisfazem com as aparências. Não se poderia recusar a Galeno o mérito de ter subordinado o valor das asserções de ordem médica a normas de ordem lógica. "Cada teorema em medicina, e em geral todo teorema, deve ser verdadeiro; em segundo lugar, útil; enfim, em relação com os princípios estabelecidos, porque é conforme essas três condições que se julga a legitimidade de um teorema."[6]

3 **N.T.:** Cós era a cidade natal de Hipócrates. Trata-se de um importante centro de estudos médicos, no século V a. C., cuja concepção teórica de sua escola era vitalista e totalista.

4 **N.T.:** Cnido era famosa pelas correntes mecanicista e organista.

5 GALENO, *Euvres*. Tradução francesa de Charles Daremberg. Paris, 1856. tomo II, a) p. 376; b) p. 398.

6 *Ibidem*, p. 398.

Lembremos simplesmente que Galeno, como mais tarde Averróis, esforçou-se para inserir o saber médico no *Organon* aristotélico.

Esse quadro das diferentes legitimações do saber médico se conservou muito tempo entre os historiadores da medicina. É encontrado, em particular, em Daniel Le Clerc, em sua *Histoire de la Médecine* (1696; 2. ed., 1729). O próprio Daremberg o explora amplamente, em uma obra cujo título inclui uma espécie de alusão a uma reavaliação epistemológica de seu objeto, *Histoire des sciences médicales* (1870). Mas, em tudo isso, trata-se somente de um modo tradicional de classificação.

Por outro lado, há um momento em que o quadro em questão foi chamado a uma função heurística. Uma inovação na cura ou na prevenção de uma doença coloca, ao mesmo tempo, à inteligência e à prática do médico, uma questão de sua alçada de eficácia. A invenção da inoculação variólica forneceu a Théophile de Bordeu a ocasião de utilizar, remanejando-o, o quadro tradicional para confrontar as diferentes maneiras de justificar uma prática revolucionária. Em suas *Recherches sur l'histoire de la médecine* (1768), Bordeu distingue oito classes de médicos. As três primeiras são: os empiristas que só seguem a experiência; os dogmáticos e especialmente os mecanicistas e os físicos modernos; os observadores que tomam a natureza como guia. As classes seguintes não têm aqui interesse para nós.[7] No que diz respeito aos dogmáticos de sua época, convencidos de possuir os métodos de conhecimento verdadeiro das funções da vida e das causas de suas desregulações, Bordeu escreve: "Um médico dogmático se encontra no mesmo caso que um astrônomo certo da verdade de seus cálculos." E mais adiante: "Um exemplo tomado na ciência das máquinas, das bombas e das medidas, convém mais ao nosso tema do que o extraído da astronomia." Entre esses médicos mecânicos, existe um, pelo menos, que entra com certeza no quadro do nosso exame, em razão de sua referência explícita a uma lógica então julgada inova-

7 BORDEU. *Obras completas*. Paris, 1818. tomo II. Trata-se de médicos militares, teólogos, filósofos, legisladores ou juristas.

dora, a do *Novum organum* (1620). Em sua *Praxis medica* (1696), Baglivi cita nomeadamente Bacon (Livro I, Cap. II, § II), utiliza o termo baconiano de ídolo (*falsa medicorum idola*, Cap. III, § I), e, enfim, declara (Cap. VI, § V):

> "Tudo o que a filosofia natural, experimental, e a própria medicina descobriram neste século, é por analogismo e indução que elas o descobriram: não por essa indução que condenamos nos exemplos anteriores, mas pela indução feita segundo a enumeração completa das partes, confirmada por longos e pacientes percursos de experiências, e a partir do que axiomas gerais, concluídos como a totalidade de todas as partes, confirmam perpetuamente a verdade da ciência, nos dirigem para a prática por um caminho seguro, e nos deixam seguros na instituição dos tratamentos das doenças."

O recurso a Bordeu para levar a alusão a uma epistemologia médica de obediência baconiana pode aparecer como um artifício. De fato, esse recurso pareceu justificar-se pelo fato de que seu quadro dos tipos de validação do julgamento médico ignora ou subestima o aparecimento recente, relativamente à valorização, de um tipo inédito, anúncio de uma medicina matemática não cartesiana. Em 1768, Bordeu podia ter tomado conhecimento da Dissertação de Daniel Bernoulli, publicada em 1760: *Essai d'une nouvelle analyse de la mortalité causée par la petite vérole et des avantages de l'inoculation pour la prévenir*.

Estamos aqui em presença dos primeiros sinais precursores de um sismo epistemológico em medicina. Quando em 1798, Jenner publica os resultados de suas experiências de substituição pela vacinação em vez da variolização, ele fortifica para certos médicos a exigência e a esperança de um modo de cálculo da esperança e do risco que desvalorizaria, em matéria de decisão terapêutica, a simples sagacidade do prático experimentado. Em 1814, o *Essai philosophique sur les probabilités* de Laplace comenta os cálculos de Duvillard sobre o crescimento de duração média da vida devido à inoculação da vacina. A dissertação de Duvillard, em 1806, tem como título: *Analyse et tableaux de l'influence de la petite vérole sur la mortalité à chaque âge et de celle qu'un préservatif tel que la vaccine peut avoir sur la population et la longévité*. Por outro lado, Laplace posiciona a medicina na classe das "ciências conjecturais", onde o cálculo das probabilidades fornece uma apreciação das vantagens e inconvenientes dos métodos, por exemplo, quando se trata de reconhecer o melhor dos tratamentos em uso na cura de uma doença.[8]

Num período de efervescência ideológica, no sentido nativo da palavra "Ideologia", enquanto Cabanis, filósofo e médico, exerce um papel político e pedagógico de instrutor formado pela *Lógica* de Condillac, Paris é o lugar onde diferentes programas tendendo a elevar a medicina ao *status* de ciência, por exemplo, à semelhança da química lavoisieriana, confundem-se sob a denominação de *Análise*. Nesse ponto, precisemos que, situando em Paris, onde a revolução política se sufoca, o lugar onde uma revolução médica se esboça, não se esquece que Pinel instruiu-se nos trabalhos da Escola de Edimburgo, e que ele traduziu Cullen, que os médicos militares franceses se instruíram na Itália com aplicações do brownismo, que Corvisart traduziu o tratado de Auenbrügger sobre a percussão (1808) que ele conheceu através de Stoll, da Escola de Viena, dívida importante de que Paris se livrou quando Skoda importou para Viena o método de auscultação de Laennec. Historiadores tão diferentes como Shryock e Ackerknecht concordam em fazer do período de 1800-1850 para um, 1794-1848 para o outro, a época em que a medicina muda de pretensão, de objeto e de método. Ora, curiosamente, esse mesmo intervalo de datas foi indicado, na mesma época, por um autor inesperado na história da medicina, o romancista Honoré de Balzac. Em *A casa Nuncingen* (1838), um personagem declara: "A medicina moderna, cujo mais belo título de glória é de ter, de 1799 a 1837, passado do estado conjectural ao estado de ciência positiva, e isso pela influência da grande Escola analista de Paris, demonstrou que, num certo período, o homem se renovou completamente."

Pouco importa aqui o que Balzac quis dizer por essas últimas palavras. O importante a reter está em duas datas, 1799 e 1837, e uma denominação: ciência positiva.

---

8 LAPLACE, *Essai philosophique sur les probabilités*. 5. ed. Paris, 1825: aplicação do cálculo das probabilidades à filosofia natural.

Se 1799 evoca o Golpe de Estado de 18 do brumário mais do que um acontecimento médico, foi um ano antes que Pinel publicou a *Nosographie philosophique ou la méthode de l'analyse appliquée à la médecine*. Se, ao contrário, 1837 não evoca acontecimento político notório, é o ano em que são publicados o terceiro volume das *Leçons sur les phénomènes physiques de la vie*, por Magendie, e a quarta edição do *Traité d'auscultation médiate*, de Laennec, aumentado por Andral. Enquanto isso, tomaram posição, para a posteridade, Bichat, inventor da anatomia geral, Louis e as estimações numéricas concernentes à tísica (1825), à tifoide (1829) e aos efeitos da sangria (1835), mas também Comte, filósofo que publicou em julho de 1830 o primeiro volume do *Curso de filosofia positiva*, e que fixou em sua acepção positivista o sentido da palavra "positivo".

Aqui vem colocar-se, enfim, nossa interrogação. Entre os mestres da Escola de Paris, qual fez mais para orientar a medicina na via em que ela podia pretender o estatuto epistemológico de ciência positiva, em uma época em que filósofos e eruditos eram apaixonados por classificações de ciências, como o tinham sido anteriormente Bacon e os Enciclopedistas? Desde 1826, um discípulo siciliano de Laennec, Michele Fodera, se tinha perguntado isso num *Discours sur la Biologie ou Science de la Vie*.[9]

No meio do século XX, muitos médicos e epistemólogos teriam ainda respondido a essa pergunta, nomeando Magendie, fisiologista farmacologista, descobridor de Claude Bernard, pioneiro da "medicina experimental", de que ele até pensava ter inventado a denominação, ignorando, sem dúvida, que Malebranche, Mariotte e Pinel o tinham usado antes dele, embora sem programa operante. Mas, hoje, parece que se possa hesitar entre Laennec e Louis.

Que seja primeiramente Laennec. Magendie zombou dele, apresentando-o como um simples anotador de sinais. Ora, a invenção do estetoscópio e a prática da auscultação mediata codificada pelo Tratado de 1819 provocaram o eclipse do sintoma pelo

---

9 Sobre FODERA, cf. HUARD, P.; GRMEK, M. D. Os alunos estrangeiros de Laennec. *Revista de história das ciências*, XXVI, p. 316-317, 1973.

sinal. O sintoma é apresentado, oferecido, pelo doente. O sinal é procurado e obtido por artifício médico. A partir de então, o doente, como portador e frequentemente comentador de sintomas, é colocado entre parênteses. Acontece que o sinal revela o mal antes que um sintoma leve a suspeitá-lo. Laennec (§ 86) dá como exemplo a pectoriloquia como sinal de uma tísica pulmonar provisoriamente sem sintomas.[10] Aqui começa uma medicina não platônica. A realidade sobre a qual o médico exerce seu julgamento é reduzida ao conjunto de sinais que ele faz aparecer.[11] Aqui começa o artificialismo na detecção das alterações, dos acidentes, das anomalias, que vai enriquecer-se progressivamente com todos os estratagemas técnicos dos aparelhos de exame e de medida, assim como das sutilezas na elaboração dos protocolos de testes. Desde o velho estetoscópio até o jovem aparelho com ressonância magnética nuclear, passando pela radiografia, pela escanografia, pela ecografia, a cientificidade do ato médico manifesta-se na substituição simbólica do gabinete de consulta pelo laboratório de exames. Paralelamente, a escala do plano de representação dos fenômenos patológicos se transforma, do órgão à célula, da célula à molécula.

Mas a tarefa do médico consiste em interpretar a informação obtida pelo emprego combinado de diferentes reveladores. Ao mesmo tempo em que soube colocar o doente entre parênteses, a medicina tem por finalidade a luta contra a doença. Nada de medicina sem diagnóstico, sem prognóstico, sem tratamento. O estudo lógico-espistemológico da construção e da prova das hipóteses encontra aqui um de seus objetos. Eis que estamos na alvorada da matemática médica. Os médicos começam a tomar consciência de uma obrigação de ordem epistemológica já reconhecida em cosmologia e em física: não há previsão séria possível sem tratamento quantitativo dos dados iniciais. Mas de que tipo a medida pode estar na medicina? Pode-se medir as variações no exercício de

---

10 LAENNEC. *De l'auscultation médiate*. Paris, 1819. p. 57.

11 François Dagognet sustenta essa tese de maneira brilhante e convincente em *A filosofia da imagem*. Paris: Vrin, 1984. p. 98-114.

funções fisiológicas. É nesse caminho que aparecerão aparelhos de medida tais como o hemodinamômetro de Poiseuille (1828) e o quimógrafo de Ludwig. Pode-se calcular a frequência de aparição e de propagação de doenças contagiosas, e na ausência de etiologia verificada, estabelecer correlações com outros fenômenos de ordem natural à social. É sob essa segunda forma que a quantificação se introduz inicialmente em medicina.

O método estatístico de avaliação dos atos médicos em matéria de diagnóstico etiológico, assim como de conduta terapêutica, remonta à primeira *Mémoire* de Pierre Louis sobre a tísica (1825), quatro anos antes da obra de Hawkins, *Elements of medical statistics*, (1829), publicado em Londres, e cujo ponto de vista é tanto social quanto propriamente médico. Quando se celebram as origens, costuma-se esquecer Pinel. Ora, Pinel, desde 1802, na *Médecine clinique*, tinha estudado estatisticamente a relação entre certas doenças e as variações climáticas. Ele tinha introduzido considerações estatísticas na reedição de seu *Traité médico-philosophique sur l'aliénation mentale*. Ackerknecht diz dele que foi "o verdadeiro pai do método numérico". Não parece sem interesse relatar aqui um julgamento pouco conhecido que diz respeito a ele. Em sua *Histoire des sciences de l'organisation* (1845), De Blainville escreveu:

> "Matemático, Pinel começou pela aplicação da matemática à mecânica animal; filósofo, ele continuou pelo estudo aprofundado das doenças mentais; naturalista e observador, ele se adiantou no método natural aplicado à medicina; e, no fim, ele voltou aos seus primeiros gostos, abraçando essa tese quimérica da aplicação do cálculo das probabilidades à medicina, ou a estatística médica; como se o número das doenças pudesse fazer algo às variantes infinitas de temperamento, alimentação, localidade etc., que influenciam em suas afecções e as tornam tão diversas de um indivíduo a outro".[12]

Se esse julgamento pareceu digno de ser lembrado, é na medida em que ele remete às relações, no entanto tempestuosas, entre

12 DE BLAINVILLE. *Histoire des Sciences de l'Organisation*. Paris, 1847. tomo III, p. 145.

De Blainville e Auguste Comte e em que ele traduz a hostilidade da filosofia positivista ao cálculo das probabilidades. A 40ª Lição do *Curso de filosofia positiva* diz da estatística médica que é "o empirismo absoluto disfarçado sob frívolas aparências matemáticas", e que nada é mais irracional em terapêutica que se remeter à "ilusória teoria das chances". Hostilidade que se reencontrará em Claude Bernard, apesar de suas reservas em relação à filosofia de Comte.

De fato, Louis recorre à estatística com um espírito diferente de Pinel. Trata-se, em primeiro lugar, de substituir por um índice quantitativo a estimação pessoal do clínico, de numerar a presença ou a ausência de sinais bem definidos na inspeção dos doentes, de comparar os resultados de um período com os que outros médicos estabeleceram em outros períodos segundo os mesmos caminhos e meios. Em medicina, a experiência só pode instruir por contabilidade dos casos. A tabela ou o quadro destitui a memória, a apreciação, a intuição. É precisamente a razão da hostilidade declarada de Littré e Robin, positivistas um e outro, no artigo Numérico de seu *Dictionnaire de Médecine, Chirurgie, Pharmacie* (13. ed. 1873). Segundo eles, o cálculo não poderia substituir "os conhecimentos anatômicos e fisiológicos que permitem, somente eles, pesar o valor dos sintomas", e o recurso a esse método tem por consequência que "os doentes são observados, de alguma maneira, passivamente". Como se viu antes, a propósito de Laennec, encontramo-nos em presença de um método que colocou entre parênteses o doente, entendido como solicitante de uma atenção eletiva à sua própria situação patológica.

Será necessário mais de um século para que "a ilusória teoria das chances", como dizia Auguste Comte, seja incorporada eficazmente no diagnóstico e na decisão terapêuticas, pela invenção dos métodos mais eficazes para minimizar os erros de julgamento e os riscos de intervenção, até a exploração por computador dos dados biomédicos e clínicos. A chegada mais recente dessa evolução técnica tanto quanto epistemológica é a construção de "sistemas-peritos" operando segundo diversos modos de inferência, e que levam à enumeração de objetivos eventuais a partir de um registro de dados confrontados com os sinais observados sobre o doente que apresenta o problema. Esse percurso epistemológico conheceu, no início, e na França, em especial, as reservas e, às vezes, a hostilidade de uma classe de biólogos e de médicos que se opuseram à operação empírico-indutiva da estatística. O representante mais eminente dessa tendência é Claude Bernard, teórico e prático da medicina experimental, entendida como método dedutivo de exame de hipóteses por invenção de dispositivos eficientes, a fim de chegar à formulação de leis, expressões de um determinismo rigoroso na produção dos fenômenos. "Confesso não compreender", diz ele, "que chamem *leis* os resultados que se pode tirar da estatística". Deve-se reconhecer que Claude Bernard não está jamais à vontade nas questões colocadas pelos métodos de quantificação. Se ele professa, em geral, que "a expressão da lei dos fenômenos deve sempre ser matemática",[13] ele declara, em particular, que "o fanatismo da exatidão se torna inexatidão em biologia".[14] Donde suas reservas repetidas em relação a métodos de pesquisa pelos fisiologistas alemães das Escolas de Berlim e de Leipzig.

Não se atenta contra a glória de um grande homem constatando que, forte pelos seus próprios sucessos, ele construiu para si caminhos e meios da cientificidade, uma ideia que lhe mascarou as origens de um tipo diferente de cientificidade médica. É difícil não estabelecer uma relação entre a hostilidade de Claude Bernard ao método estatístico e sua falta de interesse, sem falar de seus desprezos, pela etiologia e pela terapêutica das doenças infecciosas ao estudo das quais o método numérico se mostrou propício, e isto no mesmo momento dos primeiros sucessos de Pasteur no estudo das fermentações e das leveduras.[15]

---

13 Essa citação de Claude Bernard, como a anterior, é tirada da *Introdução ao estudo da medicina experimental*, segunda parte, capítulo 11, 9: do emprego do cálculo no estudo dos fenômenos dos seres vivos; das médias e da estatística.

14 *Princípios de medicina experimental*. Lausanne: Aliança Cultural do Livro, 1962. p. 341.

15 Deve-se reter, a esse respeito uma observação de Claude Bernard: "O que é a predisposição preservadora de um vírus, como a da vacina, por exemplo? É bem surpreendente, os contágios!" *Cahier de Notes*, apresentado e comentado por M. D. Grmek, Paris: Gallimard, 1965. p. 80.

Uma renovação epistemológica profunda da medicina foi o efeito relativamente rápido das pesquisas e das descobertas de Pasteur, de Koch e de seus alunos, que, paradoxalmente, fizeram mais pela medicina clínica que os clínicos de sua época. Pasteur, químico, sem formação médica, é o iniciador de uma nova medicina, livre do seu antropocentrismo tradicional, cuja ocasião e o destino não englobam a clínica humana senão como caso singular, visto que elas concernem igualmente aos bichos-da-seda, aos carneiros e às galinhas. Descobrindo uma forma de etiologia não funcional, expondo em plena luz do dia o papel das bactérias e dos vírus, Pasteur impôs à medicina uma mudança de destinação e uma mudança dos seus lugares de exercício. Tratar com vistas a curar se fazia em casa ou no hospital. Vacinar para prevenir ia fazer-se no dispensário, no quartel, na escola. O objeto da revolução médica é doravante menos a doença do que a saúde. Donde o desenvolvimento de uma disciplina médica apreciada desde o fim do século XVIII na Inglaterra, assim como na França: a higiene. Pelo viés da higiene pública, institucionalizada nas sociedades europeias do último terço do século XIX, a epidemiologia leva a medicina ao campo das ciências sociais, e até das ciências econômicas. Não é mais possível de agora em diante considerar a medicina como a ciência das anomalias ou alterações exclusivamente orgânicas. A situação socioeconômica de um doente singular e sua repercussão vivida entram no quadro dos dados que o médico deve levar em conta. A medicina, pelo viés das exigências políticas da higiene pública, vai conhecer uma alteração lenta do sentido de seus objetivos e de seus comportamentos originários. Do conceito de *saúde* ao de *salubridade*, depois ao de *seguridade*, a deriva semântica recobre uma transformação do ato médico. De resposta a uma chamada, tornou-se obediência a uma exigência. A saúde é o poder de resistir à doença eventual, ela comporta, para quem dela goza, a consciência da doença como possível. A seguridade é a negação da doença, a exigência de não ter de conhecê-la. Sob o efeito das demandas da política, a medicina foi chamada a adotar o comportamento e os procedimentos de uma tecnologia biológica. E deve-se constatar aqui, uma terceira vez, a colocação entre parênteses do doente individual, objeto singular, eletivo, da atenção e da intervenção do médico clínico. Pode-se dizer que a individualidade é, apesar de tudo, reconhecida pelo fato de que se teve de inventar a noção de *terreno* para explicar a relatividade do poder dos germes e, por exemplo, a resistência de organismo ao bacilo da cólera? É isso um conceito artificial, destinado a desculpar de laxismo o determinismo bacteriológico? Ou, então, é a indicação de um lugar de espera para um conceito mais bem averiguado por uma teoria que a microbiologia preparou sem ainda anunciá-la?

Se se pode afirmar que a medicina chegou ao estado de ciência, é na época da bacteriologia. A prova da cientificidade de uma prática é que ela fornece um modelo de soluções, e que ela desencadeia um contágio de eficácia. Foi o caso da multiplicação dos soros e das vacinações. Uma segunda prova de cientificidade é a autossuperação da teoria para alguma outra que dá conta das restrições de validade da precedente. É provocando a constituição da imunologia que a bacteriologia forneceu a prova de sua cientificidade militante, na medida em que a imunologia se apresenta não somente como a ampliação e o afinamento das práticas médicas pasteurianas, mas como uma ciência biológica autônoma. A imunologia incorporou a relação do tipo pasteuriano entre organismo vacinado e vírus na relação mais geral anticorpo-antígeno. O anticorpo engloba e generaliza a reação de resistência à agressão. O antígeno engloba e generaliza o micróbio, o agressor. A história da imunologia consistiu na pesquisa do verdadeiro sentido do prefixo *anti*. Anti é semanticamente o equivalente de *contra*, mas não é também o equivalente de *antes*? Ou, então, não seria o índice de uma correlação de complemento a ler nos dois sentidos, uma relação do tipo chave-fechadura?

Para a imunologia que chegou à consciência de seu projeto específico, o que marcou e garantiu sua cientificidade foi, primeiro, sua capacidade de progresso por descobertas não premeditadas e retomadas conceituais de integração, da qual um exemplo muito notável foi, em 1901, a descoberta por Landsteiner dos grupos sanguíneos no homem. Um outro critério foi a coerência dos resultados da pesquisa. A imunologia a realizou tão bem que ela pôde dar o nome de *sistema* a seu objeto, isto é, a um aparelho estruturado, no nível celular e molecular, de respostas positivas de estimulação ou negativas de recusa. Esse conceito apresenta a vantagem de melhor "salvar as aparências", no caso de uma previsão fracassada, que não o fazia antes o conceito de terreno. Numa estrutura sistêmica efeitos de natureza cíclica podem contradizer uma causalidade concebida como linear. Além disso, o sistema imunitário apresenta uma propriedade bem notável, chamada *idiotipia*, que faz de um anticorpo o específico não somente de seu antígeno visado, mas também do indivíduo interessado. O idiotipo é a capacidade do sistema imunitário de marcar a identidade da individualidade orgânica.

É preciso se defender aqui de uma tentação: a de acreditar ter encontrado, graças aos progressos da cientificidade médica, o doente individual concreto, que esses próprios progressos colocaram entre parênteses. A identidade imunitária, apesar do laxismo semântico que a apresenta, algumas vezes, como a oposição do *si* e do *não si*, continua um fato estritamente objetivo. São somente as relações de origem e de destinação entre biologia e medicina, na constituição da imunologia, que permitem à primeira imitar, de alguma maneira, o aspecto subjetivo do vivente humano singular, em proveito do qual a segunda procura converter em aplicações o saber adquirido da primeira. Parece ter chegado o momento de tratar, fora de qualquer evocação histórica, do estatuto epistemológico da medicina e de determinar em quê, aos olhos da imunologia, assim como da genética ou da biologia molecular, sem falar da radioatividade ou da química dos colorantes em uma época anterior, ela pode ser dita *uma ciência aplicada ou uma soma evolutiva das ciências aplicadas.*

Na luta pelo prestígio cultural que conhecem as sociedades ditas desenvolvidas, uma ciência aplicada figura como o parente pobre ou a criança desassistida, ao lado das ciências puras ou fundamentais. É o efeito de uma confusão frequente entre a ciência aplicada e as aplicações da ciência. As aplicações da ciência são consideradas como uma importação de conhecimentos para um solo menos nobre que o de sua elaboração. O útil é julgado como subordinado ao verdadeiro. Por exemplo, a teoria química da respiração animal, elaborada por Lavoisier, foi convertida por ele mesmo em técnica da ventilação nos locais coletivos, como hospitais ou prisões. Uma ciência aplicada, como se pode dizer da medicina sob certos aspectos, conserva o rigor teórico dos conhecimentos que ela empresta para uma melhor realização de seu projeto terapêutico, tão originário quanto o projeto de saber, ao qual, aliás, ela própria trouxe seu concurso. Quando, por exemplo, ela pôde aplicar as primeiras aquisições da ciência química, fazia muito tempo que ela se tinha comportado como uma ciência, sob o nome de Harvey ou de Malpighi, e não somente como uma prática tradicional e livresca, ou como uma leitura esotérica, à maneira de Paracelso, de males e de remédios inscritos por Deus na natureza. Deve-se, aliás, reconhecer que as pesquisas de Harvey poderiam, a rigor, ter encontrado na herança galênica exemplos de procedimentos experimentais dos quais a antiguidade não tirava nada de sua engenhosidade. Foi assim que, para refutar a teoria de Asclepíades, que não atribuía ao rim nenhuma função na formação da urina, Galeno procedeu por experiências. E para refutar a opinião de Lycos, o Macedônio, que considerava a urina como o resto inutilizado da alimentação recebida pelos rins, ele procedeu por cálculo. Ele concluiu de experiências de ligaduras praticadas no animal vivo que a urina é secretada pelo rim. Ele mostrou por medida e comparação de quantidades que a urina é a eliminação da bebida.[16] Owsei Temkin pode aproximar este último argumento daquele pelo qual Harvey justificou a teoria da circulação, invocando a massa de sangue mobilizada em um tempo dado.[17]

*Soma de ciências aplicadas* é uma qualificação de estatuto que parece convir à medicina na medida em que seu próprio proje-

---

16 GALENO. Das faculdades naturais. In: *Euvres*. Tradução de Daremberg. tomo 11, p. 246-249.

17 A galenic model for quantitative physiological reasoning. *Bulletin of the history of medicine*, 25 (1961), 470.

to comporta, para realizar-se, o recurso arrazoado em aquisições científicas por elas mesmas estranhas ao seu projeto próprio. Não há nessa denominação nenhuma depreciação hoje. A física matemática não é depreciada pela denominação de matemática aplicada. Não é o caso na epistemologia positivista. Auguste Comte distinguiu as ciências e suas aplicações, antes de distinguir as ciências abstratas ou fundamentais e as ciências concretas ou secundárias.[18] Por exemplo, a química é abstrata-fundamental, a mineralogia é concreta-secundária. A classificação do *Curso de filosofia positiva* é uma classificação hierárquica, ao mesmo tempo, na ordem histórica de acesso das ciências à positividade e na ordem de dignidade de seu objeto. As duas ordens são inversas. Há poucos estudiosos, no século XIX, que não tenham defendido um ponto de vista semelhante. Claude Bernard escreveu em seu *Cahier de Notes*: "Utilidade da física e da química. São instrumentos, nem mais nem menos."[19] Ainda uma vez Pasteur incomodou, buscando no mineral cristalino o esclarecimento sobre a estrutura do vivente, contradizendo, de fato, a concepção de uma escala hierárquica das ciências.[20] A epistemologia não positivista substituiu pela imagem do plano a da escala. As relações entre ciências se tornaram relações de interconexão reticular.

Por isso, na denominação "ciência aplicada" o acento me parece dever ser colocado em "ciência", em resposta àqueles que veem nas aplicações do saber uma perda de dignidade teórica, e aos que acreditam poder defender a especificidade da medicina chamando-a de arte de tratar. A aplicação médica das aquisições científicas, convertidas em remédios, isto é, em mediações restauradoras de uma ordem orgânica perturbada, não é inferior em dignidade epistemológica às disciplinas de empréstimo. Ela é uma experimentação autêntica, uma pesquisa crítica de instruções sobre a eficácia terapêutica de suas importações. A medicina é a ciência

18 *Curso de filosofia positiva*. 2ª lição: exposição do plano desse curso.

19 Caderno de Notas, 1850-1860, apresentado e comentado por M. D. Grmek, Paris: Gallimard, 1965. p. 40.

20 DAGOGNET, F. *Métodos e doutrina na obra de Pasteur*. Paris: PUF, 1967.

dos limites dos poderes que as outras ciências pretendem conferir-lhe. A língua francesa nos oferece aqui o recurso de uma polissemia. No *Dictionnaire de la langue française*, Émile Littré distingue, no artigo Tratamento, por um lado, "a maneira de conduzir uma doença", por outro, "a operação pela qual se faz passar uma substância para um fim industrial ou científico". Não se trata uma doença como um minério. Um médico escritor, bastante esquecido hoje, Georges Duhamel, disse que a maior parte das pessoas que conduzem um automóvel seria incapaz de conduzir um cavalo. O que é, então, conduzir uma doença? É estar atento, como por dúvida metódica, aos efeitos às vezes capazes de ser transformados em causas de sintomas inesperados; é estar atento à conversão possível de um gesto de apaziguamento, estimulando reações violentas. Essa incorporação pela medicina, como objeto de seu estudo e de sua intervenção das resistências que essa própria intervenção pode suscitar, fazem do diagnóstico, do prognóstico e da decisão de tratamento julgamentos não categóricos. Aqui reaparece a lógica do provável que o estatuto da medicina deve levar em conta, porque ela é uma ciência da esperança e do risco. Em relação a isso, não seria ela autenticamente uma ciência da vida?

Justificamos sem artifício, parece, o breve histórico inicial em que acreditamos poder detectar no esforço para "probabilizar" o julgamento médico um dos verdadeiros começos de sua cientificidade. Se é verdade que os progressos de uma ciência se medem, em um dado momento, pelo esquecimento de seus começos, reconheçamos que o médico hospitalar que, tendo de praticar hoje uma transfusão de sangue, se assegura da compatibilidade dos grupos sanguíneos do doador e do receptor, ignora a maior parte do tempo que sua operação recebe a garantia científica de uma história que, além da imunologia e da bacteriologia, remonta a Lady Montagu e a Jenner, e a uma prática médica, herética aos olhos dos doutrinários, que engajou a medicina no caminho da matemática da incerteza. Incerteza calculada não é exclusiva de racionalidade na construção de hipóteses etiológicas e diagnósticas a partir de informações semiológicas registradas pelos aparelhos apropriados.

No que diz respeito ao estatuto epistemológico da medicina, qual é o especialista qualificado para decidir isso? O filósofo não pode investir-se da competência para inscrever disciplinas não filosóficas num registro de estado-axiológico, como se inscrevem os nascimentos de crianças num registro de estado-civil. "Epistemologia" designa hoje a herança, para não dizer o resto, desse ramo tradicional da filosofia que era a teoria do conhecimento. Pelo fato de as relações do conhecimento com seus objetos terem sido progressivamente produzidos às claras pelos métodos científicos, a epistemologia se definiu em ruptura com os pressupostos filosóficos, ela deixou de deduzir os critérios da cientificidade das categorias *a priori* do entendimento, para emprestá-la da história da racionalidade conquistadora. Nessas condições a medicina não poderia ser, ao mesmo tempo, juiz e parte na questão que a concerne? Por que precisa ela de uma consagração estatutária na cidade científica? Não seria por que ela conserva de suas origens o sentido de uma originalidade de função de que lhe importa saber se se trata de uma sobrevivência precária ou de uma destinação essencial? Ou seja, diagnosticar, decidir, tratar podem deixar de ser *atos* para tornar-se *papéis* na execução de um programa informatizado? Se a medicina não pode desistir do dever de assistência à vida precária dos indivíduos humanos, com o que isso pode eventualmente comportar de transgressão das exigências próprias do saber argumentado e crítico, a medicina pode pretender ser reconhecida como ciência?

Um historiador da medicina, ao mesmo tempo, engenhoso e erudito, Karl Rothschuh, interessou-se por nosso problema, referindo-se aos conceitos-chave de uma epistemologia histórica, a de Thomas Kuhn. Ele se perguntou (1977) se os modelos explicativos propostos por Kuhn para julgar o valor das revoluções científicas, "ciência normal", "paradigma", "grupo científico", são aplicáveis às aquisições conceituais da medicina clínica. Ele conclui que os esquemas de Kuhn são utilizados para o que concerne à integração pela medicina dos resultados das ciências fundamentais desde o início do século XIX, mas que eles são inadequados para dar conta das dificuldades dos progressos encontrados pela medicina clínica devido à complexidade e à variabilidade de seu objeto. Ele termina seu artigo citando uma palavra de Leibiniz "Eu gostaria que em medicina a certeza fosse tão grande quanto a dificuldade."[21] No decorrer de sua análise, Rothschuh relata que Kuhn qualificou, um dia, a medicina de "protociência". Quanto a ele, ele preferiria chamá-la de ciência operacional (*operationale wissenschaft*). Essas duas denominações merecem alguma atenção. *Protociência* é engenhoso, talvez, porque ambíguo. *Proto* é polissêmico. Ele sugere tanto a anterioridade quanto o rudimento. Mas também a prioridade hierárquica. Protociência pode ser dito da medicina anterior ao período histórico que evocamos anteriormente, mas poderia parecer irônico conservá-la num tempo em que certos médicos pedem ao computador que ele permita, sem eles, dirigir, em certos hospitais, os cuidados dados aos doentes, e até que ele permita aos doentes consultá-lo diretamente. Quanto a ciência operacional, essa denominação não parece mais pertinente que a de ciência aplicada, de que não é indiferente saber que ela foi reivindicada pelos próprios médicos, no século XIX, quando eles importaram em terapêutica determinismos físicos ou químicos retomados por sua conta pelos fisiologistas. Por exemplo, os trabalhos de Mateucci, Du Bois-Reymond, Helmholtz sobre os fenômenos de eletricidade animal incitaram Duchenne de Boulogne à invenção de terapias instrumentais diante das afecções musculares. Suas obras principais, publicadas em 1855 e 1867, levam títulos onde figura a palavra aplicação.

É de propósito que é escolhido o exemplo da eletroterapia. Ele indica, com efeito, que a primeira ambição que leva a medicina a tornar-se ciência aplicada concerne à pesquisa de eficácia em terapêutica, como por obediência ao seu imperativo originário. Ora, sabe-se que a ciência da eletricidade tornou-se, depois, e até nossos dias, uma fonte de invenções de aparelhos de detecção. O eletrodiagnóstico sucedeu à eletroterapia. Basta lembrar a invenção

---

21 ROTHSCHUH, K. E. Ist das Kunsche Erklärungsmodell Wissenschaftlicher Wandlugen mit Gewinn auf die Konzepte der klinischen Medicin anwendbar?. In: *Die Struktur Wissenschaftlicher Revolutionen und die Geschichte der Wissenschaften*, von Alwin Diemer, Verlag A. Hain, 1977.

da eletrocardiografia (1903, Einthoven), da eletroencefalografia (1924, Berger), da endoscopia. Já se disse o que é a colocação entre parênteses do doente tomado como alvo de cuidados que permite à medicina sua conversão em ciência aplicada, onde o acento é colocado doravante sobre ciência. Como toda ciência, a medicina teve de passar pelo estágio de eliminação provisória de seu objeto inicial concreto.

Falta justificar na denominação proposta: *soma evolutiva de ciências aplicadas*, os termos *evolutiva* e *soma*. Concordar-se-á facilmente, sem dúvida, que, pura ou aplicada, uma ciência justifica pela renovação dos métodos e pelo progresso de suas descobertas, seu estatuto epistemológico. Não poderia ser diferente em medicina. Seu interesse por todo novo método de abordagem de seus problemas a torna evolutiva. Quando ela admitiu, não sem reservas, sobretudo na França, a existência de transmissores químicos garantindo a passagem do influxo nervoso de um neurônio a outro ou a uma célula muscular ou glandular, é porque os trabalhos de Sir Henry Dale e Otto Loewi vinham preencher as insuficiências das explicações obtidas, no século anterior, pelos métodos elétricos de estudos das funções do sistema nervoso.

Que seja assim para *evolutiva*, dirão. Mas por que *soma*? É que, em nossa opinião, o termo soma não induz somente à imagem de um produto de adição, mas também à de uma unidade de operação. Não se pode falar da física ou da química como de somas. Pode-se da medicina, na medida em que o objeto de que ela suspende, por escolha metodológica, a presença interrogativa, é, no entanto, sempre presente, desde que ele tomou forma humana, indivíduo vivo de uma vida da qual ele não é nem o autor nem o mestre, e que deve, algumas vezes, confiar em um mediador, para viver. Qualquer que seja a complexidade e a artificialidade da mediação, técnica, científica, econômica e social, da medicina contemporânea, qualquer que seja a duração da suspensão do diálogo entre médico e doente, a resolução de eficacidade que legitima a prática médica é baseada nessa modalidade da vida, que é a individualidade do homem. No subconsciente epistemológico do médico, é a frágil unidade do vivente humano que faz das aplicações científicas, sempre mais mobilizadas para o servir, uma verdadeira *soma*. E quando o estatuto epistemológico da medicina advém à consciência como questão, vê-se bem que a pesquisa de uma resposta levanta questões em lugares diferentes, além da epistemologia da medicina.

# FIGURAS

bachelard
coleção mbm

einsten
coleção mbm

foucault
coleção mbm

freud
coleção mbm

galileu
coleção mbm

koyré
coleção mbm

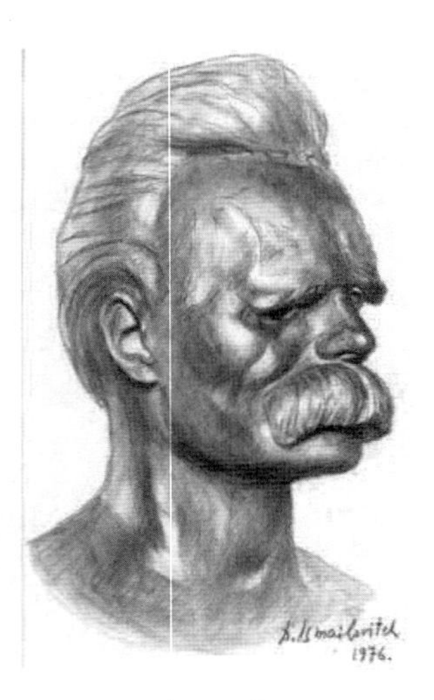

nietzsche
coleção mbm